压缩机
运行与维修实用技术

靳兆文　主编

YASUOJI
YUNXING YU WEIXIU
SHIYONG JISHU

U0389851

化学工业出版社

·北京·

本书详细介绍了初、中、高级以及技师压缩机维护维修人员必须掌握的知识和技能，内容包括：压缩机概述、活塞式压缩机基本知识、活塞式压缩机系统运行操作与维护保养、活塞式压缩机检修、离心式压缩机的基本知识、离心式压缩机运行操作与维护保养、离心式压缩机检修、其他形式压缩机检修。

　　本书可适用于教育、劳动社会保障系统、其他培训机构或社会力量办学所举办的各种类型的培训教学，也适用于各级各类职业技术学校举办的中短期培训教学，以及企业内部的培训教学，还可作为从事压缩机工作的工程技术人员的参考资料。

图书在版编目（CIP）数据

压缩机运行与维修实用技术/靳兆文主编. —北京：
化学工业出版社，2014.1（2024.4重印）
ISBN 978-7-122-18801-4

Ⅰ.①压⋯　Ⅱ.①靳⋯　Ⅲ.①压缩机-运行②压缩
机-维修　Ⅳ.①TH450.7

中国版本图书馆 CIP 数据核字（2013）第 255924 号

责任编辑：辛　　田　　　　　　　　　　　文字编辑：冯国庆
责任校对：宋　玮　　　　　　　　　　　　装帧设计：尹琳琳

出版发行：化学工业出版社（北京市东城区青年湖南街 13 号　邮政编码 100011）
印　　装：北京虎彩文化传播有限公司
787mm×1092mm　1/16　印张 17¾　字数 420 千字　2024 年 4 月北京第 1 版第 10 次印刷

购书咨询：010-64518888　　　　　　　售后服务：010-64518899
网　　址：http://www.cip.com.cn
凡购买本书，如有缺损质量问题，本社销售中心负责调换。

定　价：68.00 元

　　为了进一步加强化工行业技能型人才队伍建设，满足职业技能培训以及鉴定的需求，本书依据《国家职业标准》编写而成，为压缩机检修维护初中高级以及技师的培训教材。本书从强化培养操作技能，掌握压缩机原理、操作、维护保养和检修的实用技术的角度出发，详细介绍了压缩机检修人员必须掌握的知识和技能。本书最后附有大量的检修以及实操案例，可供在实际维修过程中参考。

　　本书在编写中不刻意强调知识的系统性、理论性和完整性，而是根据压缩机检修人员的职业特点，从掌握实用操作技能以及能力培养为根本出发点，基本理论部分以必须和够用为原则，注重知识与技能的联系。

　　本书适用于教育、劳动社会保障系统以及其他培训机构或社会力量办学所举办的各种类型的培训教学，也适用于各级、各类职业技术学校举办的中短期培训教学，以及企业内部的培训教学，也对从事压缩机工作的工程技术人员有很好的参考价值。

　　本书由靳兆文主编，潘传九、施健、仝源、杨英发、李建新、邰丽等也参与了部分章节的编写；在编写过程中，得到了扬子石化公司顾兆锋、严明盛、扬子巴斯夫公司检维修部翟春荣等同志的大力帮助和支持，在此一并表示感谢。

　　限于编者的水平，书中难免有不妥之处，恳请广大读者批评指正。

编　者

目录

第1章　压缩机概述 ···················· 1

1.1　压缩机的用途与分类 ············· 1
1.2　几种压缩机特性对比以及选型 ······ 2
1.3　化工行业对压缩机的要求 ········· 3
1.4　压缩机的发展概况 ··············· 4

第2章　活塞式压缩机基本知识 ···················· 6

2.1　活塞式压缩机的基本结构及工作
　　　原理 ··········· 6
2.1.1　活塞式压缩机的基本结构 ······ 6
2.1.2　活塞式压缩机的工作原理 ······ 7
2.1.3　活塞式压缩机的基本参量 ··· 10
2.1.4　活塞式压缩机的分类及型号
　　　　表示 ············· 16
2.1.5　活塞式压缩机的特点及适用
　　　　范围 ············· 19
2.2　活塞式压缩机的级、段、列 ··· 21
2.2.1　级、段、列的概念 ·········· 21
2.2.2　级在列中的排列 ··········· 21
2.3　活塞式压缩机的主要零部件 ··· 23
2.3.1　气缸组件 ··············· 23
2.3.2　活塞组件 ··············· 27
2.3.3　气阀 ··················· 31
2.3.4　曲轴 ··················· 33
2.3.5　连杆 ··················· 35
2.3.6　十字头 ················· 37
2.3.7　密封元件 ··············· 39
2.4　活塞式压缩机的辅助设备 ··· 41
2.4.1　压缩机的润滑 ············· 41
2.4.2　压缩机的冷却和冷却设备 ··· 48
2.4.3　滤清器 ················· 54
2.4.4　缓冲器 ················· 54
2.4.5　液气分离器 ············· 54
2.4.6　安全阀 ················· 57
2.4.7　噪声控制装置 ············· 58
2.4.8　监护装置 ··············· 59

第3章　活塞式压缩机系统的运行操作与维护保养 ···················· 61

3.1　活塞式压缩机的运行操作 ········· 61
3.1.1　机组的运行基本条件 ········· 61
3.1.2　活塞式压缩机的调试 ········· 61
3.1.3　活塞式压缩机的开车操作 ··· 64
3.1.4　活塞式压缩机的正常运行 ··· 64
3.1.5　活塞式压缩机的停车操作 ··· 65
3.2　活塞式压缩机的维护与保养 ······ 66

第4章　活塞式压缩机的检修 ···················· 68

4.1　往复活塞式压缩机的检修周期与
　　　内容 ··········· 68
4.2　往复活塞式压缩机的拆卸与
　　　装配 ··········· 68
4.2.1　往复活塞式压缩机的拆卸 ··· 69
4.2.2　往复活塞式压缩机主要部件的
　　　　装配及要求 ··· 70
4.2.3　气缸组件的装配 ··········· 72
4.2.4　其余主要部件的装配 ········· 74
4.2.5　压缩机的总装配 ··········· 74
4.3　往复式压缩机的检修 ··········· 75
4.3.1　机体的检修 ············· 75
4.3.2　轴承的检修及装配 ········· 75
4.3.3　曲轴的检修 ············· 78

4.3.4 连杆的检修 …………… 80

4.3.5 十字头及十字头销的检修 … 82

4.3.6 气缸（套）的检修 ……… 83

4.3.7 活塞和活塞环的检修 …… 85

4.3.8 填料的安装修理 ………… 87

4.3.9 往复式压缩机试车与验收 … 88

4.3.10 往复式压缩机状态监测与
故障诊断 ………………… 90

4.3.11 往复活塞式压缩机的常见
故障原因及处理方法 …… 93

第5章　离心式压缩机的基本知识 …………………………………………………… 98

5.1 离心式压缩机的基础知识 …… 98

5.1.1 离心式压缩机的种类 …… 98

5.1.2 离心式压缩机的规格及型号
表示 …………………………… 99

5.2 离心式压缩机的结构及工作
原理 ……………………………… 100

5.2.1 离心式压缩机的基本结构
组成 …………………………… 100

5.2.2 离心式压缩机的工作
原理 …………………………… 101

5.2.3 离心式压缩机的工作
特点 …………………………… 107

5.2.4 离心式压缩机的主要性能
参量 …………………………… 107

5.3 离心式压缩机的主要结构 … 108

5.3.1 隔板 ……………………… 108

5.3.2 主轴 ……………………… 108

5.3.3 叶轮 ……………………… 109

5.3.4 轴向力及平衡装置 …… 112

5.3.5 密封装置 ………………… 113

5.3.6 扩压器 …………………… 116

5.3.7 吸气室 …………………… 117

5.3.8 弯道和回流器 ………… 117

5.3.9 蜗壳 ……………………… 118

5.3.10 滑动轴承 ……………… 119

5.4 辅助设备 …………………… 122

5.4.1 气体中间冷却设备 …… 122

5.4.2 齿轮增速器 …………… 125

5.4.3 润滑油系统设备 ……… 126

5.4.4 工业汽轮机 …………… 128

第6章　离心式压缩机运行操作与维护保养 ………………………………………… 150

6.1 离心压缩机机组运行操作 ……… 150

6.1.1 机组运行的条件 ………… 150

6.1.2 机组启动前的调试 ……… 151

6.1.3 电动机驱动机组的运行
操作 …………………………… 154

6.1.4 汽轮机驱动机组的运行
操作 …………………………… 155

6.1.5 离心式压缩机系统正常
运行标准 …………………… 159

6.2 离心式压缩机运行中的维护与
保养 ……………………………… 160

6.2.1 离心式压缩机组的维护
保养 …………………………… 160

6.2.2 压缩机组附属设备的维护
保养 …………………………… 161

6.2.3 压缩机组部件的清洗 …… 167

6.3 其他附属设备的运行操作 … 171

6.3.1 泵的运行操作 ………… 171

6.3.2 电机的运行操作 ……… 172

6.3.3 汽轮机的运行操作 …… 173

6.3.4 中间冷凝器的运行操作 …… 179

第7章　离心式压缩机检修 …………………………………………………………… 180

7.1 离心式压缩机的拆卸与装配 … 180

7.1.1 离心式压缩机的拆卸 …… 180

7.1.2 离心式压缩机的装配 …… 181

7.1.3 干气密封的拆装及检修 … 184

7.2 离心式压缩机主要部件的

检修 …………………………… 187

7.2.1 滑动轴承 ………………… 187

7.2.2 转子组件 ………………… 197

7.2.3 气缸与隔板 …………… 198

7.2.4 增速箱的检修及技术

　　　　要求 ‥‥‥‥‥‥‥‥‥‥‥ 200
　　7.2.5　离心式压缩机的试运转 ‥‥ 201
　7.3　离心式压缩机的状态监测、常见
　　　　故障及排除 ‥‥‥‥‥‥‥‥ 202
　　7.3.1　离心式压缩机的状态
　　　　　　监测 ‥‥‥‥‥‥‥‥‥ 202
　　7.3.2　离心式压缩机常见的故障及
　　　　　　排除 ‥‥‥‥‥‥‥‥‥ 202
　　7.3.3　冷却水系统常见的故障 ‥‥ 205

　　7.3.4　润滑系统常见的故障 ‥‥‥ 206
　7.4　汽轮机的拆装及常见的故障
　　　　处理 ‥‥‥‥‥‥‥‥‥‥‥ 208
　　7.4.1　检修内容 ‥‥‥‥‥‥‥‥ 208
　　7.4.2　汽轮机的拆、装程序 ‥‥‥ 209
　　7.4.3　汽轮机的调试 ‥‥‥‥‥‥ 211
　　7.4.4　汽轮机常见的故障及
　　　　　　排除 ‥‥‥‥‥‥‥‥‥ 212

第8章　其他形式的压缩机的检修 ‥‥‥‥‥‥‥‥‥‥‥‥‥‥‥‥‥‥‥‥‥‥‥ 214

　8.1　螺杆式压缩机 ‥‥‥‥‥‥‥ 214
　　8.1.1　螺杆式压缩机的分类、基本
　　　　　　结构和工作原理 ‥‥‥‥ 214
　　8.1.2　螺杆式压缩机的主要参数及
　　　　　　其性能指标 ‥‥‥‥‥‥ 216
　　8.1.3　螺杆式压缩机主机的安装与
　　　　　　检修 ‥‥‥‥‥‥‥‥‥ 217
　　8.1.4　螺杆式压缩机的维护与故障
　　　　　　处理 ‥‥‥‥‥‥‥‥‥ 224
　8.2　轴流式压缩机 ‥‥‥‥‥‥‥ 226
　　8.2.1　轴流式压缩机概述及其
　　　　　　特点 ‥‥‥‥‥‥‥‥‥ 226

　　8.2.2　轴流式压缩机的性能参数及
　　　　　　选型的一般要求 ‥‥‥‥ 227
　　8.2.3　轴流式压缩机的结构及附属
　　　　　　设备 ‥‥‥‥‥‥‥‥‥ 227
　　8.2.4　轴流式压缩机的检修 ‥‥‥ 234
　　8.2.5　轴流式压缩机附属设备、
　　　　　　工艺管道及特殊阀门的
　　　　　　检修 ‥‥‥‥‥‥‥‥‥ 240
　　8.2.6　轴流式压缩机开、停机注意
　　　　　　事项 ‥‥‥‥‥‥‥‥‥ 241
　　8.2.7　轴流式压缩机的维护及故障
　　　　　　处理 ‥‥‥‥‥‥‥‥‥ 241

附录 ‥‥ 244

　附录1　转子平衡问题分析与处理
　　　　　实例 ‥‥‥‥‥‥‥‥‥‥ 244
　附录2　大型离心压缩机喘振工况的
　　　　　快速判断与处理 ‥‥‥‥‥ 254
　附录3　GT 063 L3K1 型离心空压机

　　　　　激光找正实例 ‥‥‥‥‥‥ 257
　附录4　活塞式压缩机常见事故处理
　　　　　实例 ‥‥‥‥‥‥‥‥‥‥ 260
　附录5　螺杆式压缩机检修案例 ‥‥ 266

参考文献 ‥‥ 277

第 ① 章

压缩机概述

　　压缩机是通过压缩气体用以提高气体压力的机械。也有人把压缩机称为"压气机"和"气泵"。压缩机提升的压力通常超过 0.2MPa，而提升的压力在 0.015～0.2MPa 时，称为鼓风机；提升的压力小于 15kPa 时，称为通风机。

　　压缩机是最为重要的生产设备之一，它不断地吸入和排出气体，把气体从低压状态压缩至高压状态，使整个生产工艺得以周而复始的进行，因此压缩机又有生产装置的"心脏"之称。

1.1　压缩机的用途与分类

　　(1) 压缩机的用途　　压缩机是一种输送气体和提高气体压力的机器。它在许多生产部门中应用极广，尤其是在石油、化工生产中，压缩机不仅是必不可少的而且是关键的设备。

　　各种气体通过压缩机提高压力后，大致有如下的用途。

　　① 压缩气体作为动力　　空气经过压缩后可以作为动力用，以驱动各种风动机械与风动工具，以及控制仪表与自动化装置等。

　　② 压缩气体用于制冷和气体分离　　气体经压缩、冷却而液化，用于人工制冷，这类压缩机通常称为制冰机或冰机。若液化气体为混合气时，可在分离装置中将各组分分别地分离出来，得到纯度合格的各种气体。如石油裂解气的分离，先是经压缩，然后在不同的温度下将各组分分别分离出来。

　　③ 压缩气体用于合成及聚合　　在化学工业中，某些气体经压缩机提高压力后有利于合成及聚合。如氮与氢合成氨，氢与二氧化碳合成甲醇，二氧化碳与氨合成尿素等。又如高压下生产聚乙烯。

　　④ 气体输送　　压缩机还用于气体的管道输送和装瓶等。如远程煤气和天然气的输送，氯气和二氧化碳的装瓶等。

　　(2) 压缩机的分类

　　① 按压缩机的工作原理和结构形式分类　　压缩机的种类很多，如果按其工作原理和结构形式分类，可分为容积型和速度型两大类。

　　a. 容积型压缩机　　在容积型压缩机中，一定容积的气体先被吸入气缸内，继而在气缸中其容积被强制缩小，气体分子彼此接近，单位体积内气体的密度增加，压力升高，当达到一定压力时气体便被强制地从气缸排出。可见，容积型压缩机的吸排气过程是间歇进行，其流动并非是连续稳定的。

　　容积型压缩机按其压缩部件的运动特点可分为两种形式：往复活塞式（简称往复式）和回转式。而后者又可根据其压缩机的结构特点分为滚动转子式（简称转子式）、滑片式、螺杆式（又称双螺杆式）、单螺杆式等。

　　b. 速度型压缩机　　在速度型压缩机中，气体压力的增加是由气体的速度转化而来的，即先使吸入的气流获得一定的高速，然后再使其缓慢下来，让其动量转化为气体的压力升高，而后排出。可见，速度型压缩机中的压缩流程可以连续地进行，其流动是稳定的。如图1-1 所示为常见压缩机分类及其结构示意。

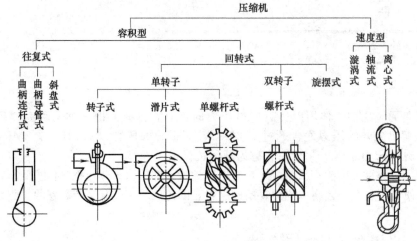

图 1-1　常见压缩机分类及其结构示意

② 压缩机的其他分类方法

a. 按排气压力分类　按压缩机的排气终压力可分为以下几类：

ⓐ 低压压缩机　排气终了压力在 0.2～1.0MPa（表压）。

ⓑ 中压压缩机　排气终了压力在 1.0～10MPa（表压）。

ⓒ 高压压缩机　排气终了压力在 10～100MPa（表压）。

ⓓ 超高压压缩机　排气终了压力在 100MPa（表压）以上。

b. 按轴功率大小分类

ⓐ 小型压缩机　压缩机轴功率在 10～50kW 之间。

ⓑ 中型压缩机　压缩机轴功率在 50～250kW 之间。

ⓒ 大型压缩机　压缩机轴功率大于 250kW。

③ 按压缩机排气量的大小可分类

a. 微型压缩机　排气量在 $1m^3/min$ 以下。

b. 小型压缩机　排气量在 $1～10m^3/min$。

c. 中型压缩机　排气量在 $10～100m^3/min$。

d. 大型压缩机　排气量在 $100m^3/min$。

1.2　几种压缩机特性对比以及选型

几种常见的压缩机特性对比见表 1-1。

表 1-1　几种常见的压缩机特性对比

压缩机类型		特　性	优　点	缺　点
容积式压缩机	活塞式压缩机	气量调解时，排气压力几乎不变	(1)气流速度低、损失小，效率较高 (2)从低压到超高压，适用压力范围广 (3)同一台压缩机可以压缩不同气体	(1)往复惯性力无法彻底平衡 (2)活塞式压缩机排气脉动性大 (3)不适用于大流量场合 (4)维修工作量大

压缩机类型		特 性	优 点	缺 点
容积式压缩机	螺杆式压缩机	具有低压、流量大的特性	(1)该压缩机无往复式压缩机的气流脉动,也没有离心压缩机喘振现象 (2)零部件少,结构紧凑,运行平稳,寿命长,维护简单 (3)对气体带液要求不严格	转子型线复杂,加工要求高,噪声大
速度式压缩机	离心式压缩机	流量和出口压力的变化由特性曲线决定。出口压力过高将导致机组发生喘振	(1)排气量均匀,无脉动 (2)外形尺寸小,重量较轻,结构简单,易损件少,设备维护检修工作量小	(1)气流速度快,损失较大,小流量机组效率低 (2)不适用于在小流量、超高压的范围使用
	轴流式压缩机	流量和出口压力的变化由特性曲线决定。特性曲线较陡,压力变化时流量变化较小;出口压力过高将导致机组发生喘振。流量超过一定限度,流道发生气流阻塞,性能遭到破坏	(1)气流流动摩擦损耗较离心式压缩机小,因此效率较高 (2)适用于中低压大流量场合 (3)可通过调整定子叶片和转子叶片的角度改变流量	(1)稳定工作范围较窄 (2)由于空气动力造成的振动,以及对灰尘污染敏感,有可能损坏叶片 (3)出口压力较低

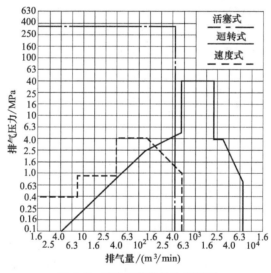

图 1-2 各类压缩机的应用范围

如图 1-2 所示为各类压缩机的应用范围,供初步选型时参考。从图中看出:活塞式压缩机适用于中小输气量,排气压力可以由低压至超高压;离心式压缩机和轴流式压缩机适用于大输气量的中低压情况;回转式压缩机适用于中小输气量的中低压情况,其中螺杆式压缩机输气量较大。

1.3 化工行业对压缩机的要求

(1) 设计与选型要合理

① 在设计选用新机组时,用户应对其已知工作条件提供充分准确的数据,如工艺气体

的实际组成比例、分子量、进出口压力、流量和温度等，以便于选用设计点、额定点和最大、最小工况点，使选用的新机组能适应变工况的需要。

② 采用最佳化设计，如系统简单，选用优良结构；如钎焊型或全焊型三元流工作叶轮、焊接气缸和带有芯子内件的筒式气缸、焊接隔板、带阻尼的浮环密封、干气密封、耐磨损迷宫密封、平衡盘密封前旋转控制器、减振阻尼轴承和鼓膜式联轴器等。

③ 设置在线监测和故障诊断网络系统，该系统可以预测运行寿命、诊断隐患及发展趋势、监测裂纹等，防患于未然。如四川省电子计算机研究中心、西北工业大学、北京英华达电力电子工程科技有限公司的监测装置等。

（2）要严密地监造与检验

① 设计院和用户应组织专业技术人员对设备的制造与试验进行严格的监造，满足国外通用标准（如 API 规范）和我国标准（如 JB/TQ 340—1984）。常见的监造项目有承压件的水压试验、气缸的密封性试验、工作叶轮的超速试验、转子的动平衡试验和不平衡响应试验以及超速试验，汽轮机隔板的弯曲试验和动叶片频率的测定、总装尺寸和间隙的检查、机械运转试验、带负荷性能试验以及试验后的解体检查与修整等。

② 按照合同的规定应对设备进行严格的检验，诸如进口设备的口岸检验、开箱检验和品质检验，不合格的设备零部件绝不允许安装使用，必要时进行索赔。

（3）要精细地安装与调试

① 必须采用专用的安装规程进行精细安装，确保零部件之间的同心度、平行度、垂直度、接触精度以及规定的紧密度和间隙值，减少运行中产生附加作用力，切忌强行安装。

② 现场安装后应进行机械运转试验，有的可做性能试验和喘振试验，确保机组在试验中不遭受损伤，准确记录试验数据并存档。

1.4 压缩机的发展概况

大型压缩机主要应用于化工、石油、制冷和气动领域，21 世纪的今天，离心压缩机、往复压缩机、螺杆压缩机是大中型压缩机的三大主流。

（1）离心压缩机占主导地位

① 推动离心压缩机发展的动力

a. 设备机组的大型化　在很多大型设备机组中，往复压缩机已无法胜任，往复压缩机一般体积硕大无比，占地面积也相当可观，因此要求用离心压缩机取而代之。

b. 清洁气体的要求　离心压缩机所压缩的气体不会被润滑油污染，同时中间冷却器的传热性能得到改善，且可省去油分离装置。

c. 可靠性要求　正确设计与制造的离心压缩机可靠性很高，一般都只需单台运行，而往复压缩机目前还不能做到不用备机，因为在一般的运行过程中，气阀、活塞与填料的更换是难以完成的。

可用工业汽轮机直接驱动，使能量利用更趋完善。

② 离心压缩机实用化的因素

a. 三元流理论等流场计算的实用化　应用三元流理论可以正确设计离心压缩机的叶轮流场与蜗壳流道，大幅度提高了离心压缩机的性能，近年来，计算机的飞速发展及各种成熟软件的编制使这种计算变得很方便。

b. 物性数据的完善　对被压缩气体性质的掌握、各种实际气体热力学过程研究的完善加深了压缩机设计和研究人员对气体压缩过程能量变换的认识，提高了计算的正确性和准确性。

c. 五轴数控铣床等精密加工设备的应用 完善的设计而无加工手段也枉然，自 20 世纪 60 年代发展起来的数控加工设备能够很好地满足空间精密加工的要求，这对离心压缩机及其他具有复杂加工表面的机器的发展起了举足轻重的推动作用。

d. 工艺流程的改进 在高压范围内，离心压缩机的应用还有相当的困难，为适应离心压缩机的工作特点，各种需要高压的工艺逐渐通过改进而在低压下完成。

e. 离心压缩机流量与压力 根据气体性质，目前高压离心压缩机压力达 15～25MPa，有个别文献报道在气动领域中应用已达 70MPa。最小的空气动力用离心压缩机流量为 10m³/min。

(2) 往复压缩机仍为大中型生产系统中的重要设备 往复压缩机在经历了 19 世纪末至 20 世纪中叶的辉煌后，在一些领域中已逐渐被离心压缩机所取代，但有四个因素使它显得仍很有生命力。

① 类型规格繁多 从气量和压力两方面来看，往复压缩机的型式是非常多的，具有极其宽广的应用范围，一些产品只能中小规模生产而又需要较高的压力，它只能由往复压缩机来完成。

② 低密度气体压缩的需要 氢气、甲烷等密度小的气体用离心压缩机压缩相对较困难，而往复压缩机则不存在这方面的限制。

③ 往复压缩机本身的不断完善 经过百余年的努力，往复压缩机的研究与制造已相当完善，如气缸内工作过程与气阀的数学模拟，管路系统的压力脉动与管道振动的数学模拟，零部件结构强度的有限元分析，制造中普遍应用加工中心保证高的零部件形位及尺寸精度等。往复压缩机的可靠性与寿命有了很大的提高，一些工艺系统中已可做到单机运行而不用备机；即使是问题最多的气阀，其可靠性也大大提高，对于清洁气体，低压级已可达 8000h 以上，中高压级也可达 4000～6000h。就热效率而言，往复压缩机在众多机种中处于领先地位。

④ 新材料的应用 材料科学的发展也为往复压缩机提供了方便，现在在气缸无油润滑在 15MPa 以下已较容易实现，用 PEEK（聚醚醚酮）材料制造的气阀流量系数和流通面积有了很大的提高，由此降低了压缩机的功率消耗，同时，非金属阀片的撞击噪声也低于金属阀片。

因此，现代往复压缩机已不再是令人烦恼的机械产品。

(3) 螺杆压缩机 螺杆压缩机取得进展的基础是基于以下几个方面。

① 工作腔内喷油技术的应用 采用工作腔内喷油技术，可对压缩过程进行内冷却，单级压力比可达 8～10，而且排气温度较低（不超过 150℃）；并且阳、阴螺杆可以进行自啮合驱动，结构大为简化；同时，喷入工作腔的润滑油所起的密封作用使对螺杆的加工精度要求也相应降低。

② 对螺杆型线的深入研究 针对严重影响螺杆压缩机性能的密封线泄漏问题现在已制造出一些先进的型线，使螺杆压缩机纵向接触线长度、泄漏三角形与压缩终了封闭容积处于最优情况，由此使压缩过程的泄漏大大降低。

③ 精密螺杆专用铣床与磨床的研制成功 这些生产设备的出现使螺杆型线的加工不仅精度大为提高，而且生产效率也大大提高。

④ 噪声的降低 气罩式降噪的实现使原本噪声比往复压缩机大的螺杆压缩机反倒变成了低噪声压缩机，因此，在 3～100m³/min 的动力用空气压缩机、驱动功率在 7～50kW 的空调与制冷压缩机、相应范围的其他气体压缩机中，螺杆压缩机占据了主导地位。但螺杆压缩机的压力一般低于 4MPa 或压力比在 10 以下，也即它的工作范围不会有离心压缩机与往复压缩机那么广泛。20 世纪 50 年代以后，螺杆压缩机得到了飞速发展，以致现在和可以预见的将来它将在很大范围内取代往复压缩机。

第②章

活塞式压缩机基本知识

2.1 活塞式压缩机的基本结构及工作原理

2.1.1 活塞式压缩机的基本结构

如图 2-1 所示为往复压缩机的结构示意。机器结构为 L 型，两级压缩。图中垂直列为一级气缸，水平列为二级气缸。可以把图中零件分为四个部分。

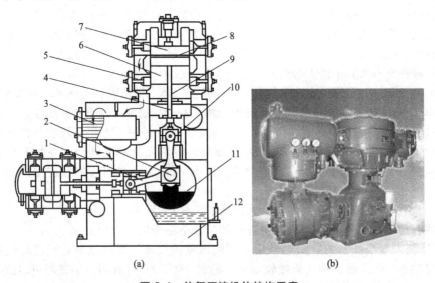

(a)   (b)

图 2-1 往复压缩机的结构示意
1—连杆；2—曲轴；3—中间冷却器；4—活塞杆；5—气阀；6—气缸；7—活塞；
8—活塞环；9—填料；10—十字头；11—平衡重；12—机身

工作腔容积部分是直接处理气体的部分，以一级缸为例，它包括：气阀 5、气缸 6、活塞 7 等。气体从一级气缸上方的进气管进入气缸吸气腔，然后通过吸气阀进入气缸工作腔容积，经压缩提高压力后再通过排气阀到排气腔中，最后通过排气管流出一级气缸。活塞通过活塞杆 4 由传动部分驱动，活塞上设有活塞环 8 以密封活塞与气缸的间隙，填料 9 用来密封活塞杆通过气缸的部位。

传动部分是把电动机的旋转运动转化为活塞往复运动的一组驱动机构，包括连杆 1、曲轴 2 和十字头 10 等。曲柄销与连杆大头相连，连杆小头通过十字头销与十字头相连，最后由十字头与活塞杆相连。

机身部分用来支承（或连接）气缸部分与传动部分的零部件，此外还可安装其他辅助设备。

辅助设备是指除上述主要的零部件外，为使机器正常工作而设的相应设备。如向运动机构和气缸的摩擦部位供润滑油的油泵和注油器；中间冷却器3；当需求的气量小于压缩机正常供给的气量时，以使供给的气量降低的调节系统。此外，在气体管路系统中还有安全阀、滤清器、缓冲容器等。

2.1.2 活塞式压缩机的工作原理

气体在气缸腔内压力提高，根据气体分子运动的理论，压力是指气体分子对单位面积器壁撞击的次数和撞击的强度。其大小由单位容积内分子的数目 n_0、分子的质量 m 及分子速度平方的平均值 $\overline{v^2}$ 决定，即：

$$p = \frac{2}{3} n_0 \frac{m \overline{v^2}}{2}$$

由上式看出，提高气体的压力 p 有两个途径：一是增加单位容积内分子的数目 n_0，以便增加气体分子对器壁单位面积撞的击次数；另一种是通过提高气体的温度来增加气体的运动速度，以便加强气体分子对单位面积器壁撞击的强度。由于工作条件不允许和经济方面的原因，一般不采用后一种途径。因而活塞式压缩机主要是通过增加气体分子的数目（n_0）来提高气体压力的。

2.1.2.1 理论工作循环

压缩机的活塞往复运动一次，在气缸中进行的各过程的总和称为一个循环。为便于分析压缩机的工作状况，做下述简化和假定。

① 在循环过程中气体没有任何泄漏。

② 气体在通过吸入阀和排出阀时没有阻力。

③ 排气过程终了气缸中的气体被全部排尽。

④ 在吸气和排气过程中气体的温度始终保持不变。

⑤ 气体压缩过程按不变的热力指数进行，即过程指数为常数。

凡符合以上假设的压缩机的工作循环都称为理论工作循环（简称理论循环），压缩机的理论循环可用压容图表示（图 2-2）。吸入过程用平行于 V 轴的水平线 4-1 表示，因为气体在恒压 p_1 下进入气缸，直至充满气缸的全部容积 V_1 为止。压缩过程用 1-2 曲线表示，气体在气缸内的容积由 V_1 压缩至 V_2，压力则由 p_1 上升至 p_2。排出过程用平行于 V 轴的水平线 2-3 表示，因为气体在恒压 p_2 下被全部排出气缸。因此压缩机的理论循环由吸入、压缩和排出三个过程构成。除压缩过程具有热力过程的性质外，气体的吸入和排出过程只是气体的流动过程，完全不涉及状态变化。故分析压缩机的理论循环时用 $p\text{-}V$ 图，而不用 $p\text{-}v$ 图。

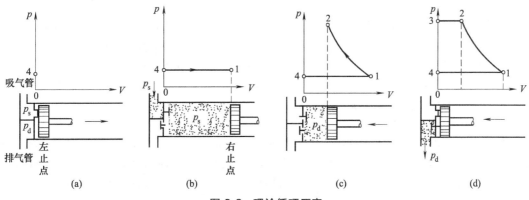

图 2-2 理论循环压容

曲线包围的面积 4-1-2-3-4 表示理论循环所消耗的功,其值为吸入、压缩和排出过程功的总和,故该图称为理论示功图。为求取循环功,规定活塞对气体做功为正,气体对活塞做功为负。则理论循环总功 W 为:

$$W = W_{吸} + W_{压} + W_{排}$$

由图 2-2 可知,吸气过程耗功 $W_{吸} = -p_1V_1$。

$W_{压}$ 为多变压缩过程中活塞对气体所做的功,其值为:

$$W_{压} = \int_2^1 p \mathrm{d}V$$

排出过程所耗功 $W_{排} = p_2V_2$,因此:

$$W = -p_1V_1 + \int_2^1 p\mathrm{d}V + p_2V_2 = \int_1^2 V\mathrm{d}p \tag{2-1}$$

可见,理论循环 W 的值恰好是 p-V 图中 4-1-2-3-4 所包围的面积,即理论循环功 W 的大小在 p-V 图上表示为各个过程线所包围的面积。

由式 (2-1) 可知,由不同的压缩过程所构成的循环,其理论循环功是不同的。现研究等温、绝热、多变三种典型压缩过程的理论循环功。

(1) 等温理论循环功 W_{is}　由等温过程方程式可知:

$$W_{is} = \int_1^2 V\mathrm{d}p = p_1V_1\int_1^2 \frac{1}{p}\mathrm{d}p = \int_1^2 V_1\frac{p_1}{p}\mathrm{d}p = p_1V_1\ln\frac{p_2}{p_1} = p_1V_1\ln\varepsilon \tag{2-2}$$

式中　W_{is}——每一等温循环所消耗的功,kJ;

V_1——每一循环的理论吸气量,m^3;

p_1,p_2——名义吸排气压力,kPa;

ε——名义压力比。

式 (2-2) 还可写为 $W_{is} = mRT_1\ln\frac{p_2}{p_1}$。由此式可知,一定量气体的 W_{is} 与压力比 ε 及吸气温度有关。当 ε 一定时,W_{is} 与 T_1 成正比,即吸入气体的温度越高,则压缩机消耗的功越大。故压缩机工作时吸气温度越低越好,这对绝热压缩过程和多变压缩过程同样适用。

(2) 绝热压缩循环功 W_{ad}　由绝热过程方程式可知:

$$W_{ad} = \int_1^2 V\mathrm{d}p = \int_1^2 V\left(\frac{p_1}{p}\right)^{\frac{1}{k}} = p_1V_1\frac{k}{k-1}\left[\left(\frac{p_2}{p_1}\right)^{\frac{k-1}{k}} - 1\right] \tag{2-3}$$

式中　k——绝热指数,其余符号同式 (2-2)。

(3) 多变理论压缩循环功 W_{pol}　与绝热过程相似,可得多变理论压缩循环功 W_{pol} 为:

$$W_{pol} = p_1V_1\frac{m'}{m'-1}\left[\left(\frac{p_2}{p_1}\right)^{\frac{m'-1}{m'}} - 1\right] \tag{2-4}$$

如图 2-3 所示为不同理论循环功的比较。由图可知,当 $1 < m' < k$ 时,$W_{is} < W_{pol} < W_{ad}$。

这说明在相同的初压 p_1、终压 p_2 下,等温理论循环功最小,绝热理论循环功最大,而有适当冷却的多变理论循环功则介于两者之间。因此应尽可能创造较好的冷却条件,使压缩过程接近等温,即可降低功耗。实际上受传热速率及其他因素的限制,不可能实现等温压缩,而是接近绝热过程的某一多变过程。

2.1.2.2　实际工作循环

在分析压缩机的理论循环时曾做过一系列假设,而实际上在压缩机的循环中,问题比较复杂。为了解实际的压缩循环,一般用示功仪来测量缸内气体体积和压力的变化关系,如图2-4 所示为利用示功仪实际测得的压缩机工作循环,由于图中所包围的面积表示耗功的大小,因此又称为实际示功图。

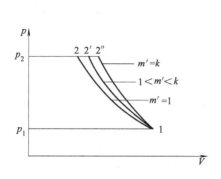

图 2-3　不同理论循环功的比较

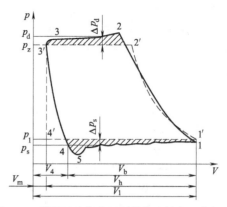

图 2-4　利用示功仪实际测得的压缩机工作循环

图 2-4 中的 1-2 线表示实际压缩过程曲线，2-3 线为实际排出过程曲线，3-4 线为实际膨胀过程曲线，4-1 线为实际吸入曲线。现将实际压缩循环和理论压缩循环（图中虚线）进行比较，发现两者有较大差别，分析如下。

（1）余隙与膨胀　实际工作的压缩机，必然存在一定的余隙容积，它包括活塞运动至止点时与盖端之间的间隙和阀座下面的空间及其他死角。留此间隙（一般为 1.5～4mm）的目的是为了避免因活塞杆、活塞的热膨胀和弹性变形而引起活塞与缸盖的碰撞，同时也可防止因气体带液而发生事故。设 V_M 为余隙容积，$V_h = FS$ 为气缸行程容积，则气缸容积 V_1 为：

$$V_1 = V_h + V_M \tag{2-5}$$

余隙内的气体是排不出的，当活塞离开气缸而返回运动时，这部分气体（排出时的压力）开始膨胀，直到压力降至吸入开始时的压力，新鲜气体才能进入。可见，余隙的存在，使气缸的实际吸入量 V_B 小于气缸的行程容积 V_h，即减少了新鲜气体的吸入量，降低了生产能力。因此，余隙容积在保证运行可靠的基础上，应尽量减小。

（2）气阀的阻力损失　因通道和气阀不可能绝对光滑且无曲折，所以气体通过气阀和管道时，必然要产生阻力损失，因此气缸内的吸入压力总是低于管路中的压力（也称名义吸入压力 p_1），而吸入阀从开始开启至全开又需克服较大的局部阻力，使压力降得更低。图 2-4 中点 4 为吸入阀开始开启，点 5 相应于吸入阀全部开启的情况。同理，气缸内实际排出的压力总是高于排出管道的压力（也称名义排出压力 p_2）。由于排出阀的局部阻力，到点 2 处，排出阀才全部开启。

示功图上吸入线与排出线呈波浪形，是由于气流速度随活塞运动速度而变化及阀片的惯性振动，致使阻力损失不稳定而产生的。

（3）热交换的影响　压缩机工作一段时间后，气缸各部分的温度基本为一个稳定值，它高于气体的吸入温度，低于排出温度。而气体在每一个循环中，传热情况是不断变化的。如在压缩开始时，气体温度较气缸温度低，于是气体自气缸吸取热量而提高本身温度，此时压缩过程是 $m' > k$ 的多变过程。随着过程的进行，气体温度不断提高，气体与气缸的温度差逐渐减小，到某一瞬时，温差等于零，此时气体是绝热压缩，$m' = k$。再以后气温高于壁温，气体进行 $m' < k$ 的多变压缩。膨胀过程与此相仿。

因此，压缩机实际工作过程中热交换的影响是比较复杂的，反映在示功图上，只能看到曲线指数不是常数，实际压缩曲线的开始阶段在理论循环绝热线之外，后一阶段在理论绝热线之内。

2.1.2.3　实际气体的影响

前已述及，在低压或中压范围内且气体温度远高于临界温度时，对于很多气体均可当做

9

理想气体处理，其误差是允许的。但当气体接近或低于临界温度，即使压力不高，由于分子间引力和分子本身体积的影响，理想气体的状态方程不再适用，一般工程上引入可压缩性系数 Z 进行如下修正，即实际气体的状态方程可写为：

$$pv = ZRT \tag{2-6}$$
$$pV = ZGRT \tag{2-7}$$

式中　Z——可压缩性系数，表征实际气体偏离理想气体的程度。

Z 值与气体性质、压力和温度有关，可根据 Z 值曲线图（或采用通用压缩性系数曲线图）查取相应数据（或计算求得）。

实际气体对循环的影响主要是对循环功的影响，可分成两部分考虑：理想气体所耗功；受气体分子的影响（包括分子吸引力和分子体积的影响）。气体分子本身的体积和吸引力在循环中所耗功的计算较复杂，一般采用下述公式近似计算，实践证明误差很小。

实际气体的等温循环功为：

$$W_{is} = p_1 V_1 \ln \frac{p_2}{p_1} \times \frac{Z_1 + Z_2}{2Z_1} \tag{2-8}$$

实际气体的绝热循环功为：

$$W_{ad} = p_1 V_1 \frac{k}{k-1} \left[\left(\frac{p_2}{p_1} \right)^{\frac{k-1}{k}} - 1 \right] \frac{Z_1 + Z_2}{2Z_1} \tag{2-9}$$

实际气体的多变循环功为：

$$W_{pol} = p_1 V_1 \frac{k}{k-1} \left[\left(\frac{p_2}{p_1} \right)^{\frac{k-1}{k}} - 1 \right] \frac{Z_1 + Z_2}{2Z_1} \tag{2-10}$$

式中　Z_1，Z_2——吸气及排气状态下的可压缩性系数。

可见，实际气体与理想气体的偏差是用 $\frac{Z_1 + Z_2}{2Z_1}$ 来加以修正的。

理想气体与实际气体的区分，一般与气体的性质和状态有关。例如空气在 10MPa 大气压下或氮氢混合气在 4～5MPa 大气压以下可以当做理想气体处理，大于此压力则作为实际气体处理。又如氨气在压力不高的情况下已与理想气体有显著差别，比较合理的判别标准是利用可压缩性系数 Z，当 Z 接近于 1 时，可当做理想气体处理。

2.1.3　活塞式压缩机的基本参量

2.1.3.1　压缩机结构参数及工作参数

（1）压缩机转速 n　压缩机转速是指压缩机曲轴在单位时间内的旋转圈数，用 n 表示，单位为转/分（r/min）。转速的变化对排气量、气阀的寿命、相对运动摩擦零部件的磨损，以及对机身固定部件和基础施加的惯性力、机器的振动和机械效率都将产生不同的影响。微型和小型压缩机的转速一般为 1000～3000r/min，中型压缩机为 500～1000r/min，大型压缩机为 250～500r/min。

（2）上止点和下止点（图 2-5）　活塞在气缸内做往复运动，当其由下往上运动至离曲轴中心最远处时，称为活塞的上止点；反之，当活塞由上往下运动至离曲轴中心最近处时，称为活塞的下止点。在 p-V 图中表示如图 2-5 所示。

（3）活塞行程 S　活塞在气缸内由上止点运动至下止点（或由下止点运动至上止点）所移动的距离，称为活塞行程，用 S 表示，如图 2-5 所示。显然它等于曲轴回转半径 R 的两倍，即 $S = 2R$。

（4）气缸直径 D　气缸直径是压缩机重要的结构参数，根据气缸直径的不同，压缩机可以分为不同的系列，同系列压缩机的气缸套和活塞可互换。

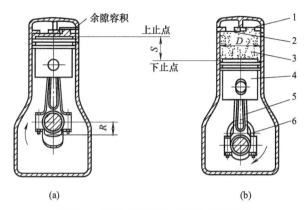

图 2-5　活塞式压缩机的有关几何名称

1—排气阀；2—吸气阀；3—气缸；4—活塞；5—连杆；6—曲轴旋转中心

（5）气缸数 Z　同一台压缩机中具有的同缸径的气缸数量，称为气缸数，用 Z 表示。

（6）活塞平均速度 C_m　活塞平均速度是指活塞在整个行程中的线速度平均值，用 C_m 表示，单位为 m/s，可由下式求得：

$$C_m = \frac{2nS}{60} = \frac{nS}{30} \qquad (2\text{-}11)$$

式中　n——压缩机转速；

　　　S——活塞行程。

（7）余隙容积 V_c　活塞位于外止点时，活塞顶面与气缸端面之间的容积、气阀通道（与气缸一直相通的）及第一道活塞环以上的环形容积的总和，即以图 2-4 中 V_m 表示。

（8）气缸工作容积 V_g　活塞不断进行往复运动，重复进气、压缩、排气三个过程。这样，曲轴每旋转一圈，均有一定量的低压气体被吸入气缸，并被压缩成高压气体排出气缸。在理想的工作过程中，曲轴每旋转一圈，压缩机一个气缸所吸入的低压气体体积称为气缸的工作容积，用 V_g 表示。

$$V_g = \frac{\pi D^2 S}{4} \quad (\text{m}^3) \qquad (2\text{-}12)$$

式中　D——气缸直径，m；

　　　S——活塞行程，m。

（9）相对余隙容积　余隙容积与气缸工作容积之比，以 C 表示，即：

$$C = \frac{V_c}{V_g} \times 100\% \qquad (2\text{-}13)$$

式中　V_c——余隙容积；

　　　V_g——气缸工作容积。

2.1.3.2　压缩机性能参数

（1）压缩机的理论输气量 V_h　如果一台压缩机有 Z 个气缸，转速为 n（r/min），压缩机在单位时间内可吸入的低压气体体积为：

$$V_h = \frac{V_g n Z}{60} = \frac{\pi D^2 S n Z}{240} \quad (\text{m}^3/\text{s}) \qquad (2\text{-}14)$$

V_h 是活塞式压缩机的理论输气量，也称为活塞排量。理论输气量只与压缩机的转速、气缸数和气缸结构尺寸有关。

（2）压缩机容积效率 η_v　活塞式压缩机的实际工作过程比较复杂，它包括进气、压缩、排气和膨胀四个过程，如图 2-4 为压缩机在四个实际工作过程中活塞、曲轴与吸、排气阀动作的相互关系。在实际工作过程中，有很多因素影响压缩机的实际输气量 V_s，因此压缩机的实际输气量 V_s 恒小于其理论输气量 V_h，两者的比值称为压缩机的容积效率（或称为输气系数），用 η_v 表示，即：

$$\eta_v = \frac{V_s}{V_h} \tag{2-15}$$

影响活塞式压缩机实际工作过程的因素主要是气缸余隙容积、进排气阀阻力、吸气过程中气体被加热的程度以及漏气四个方面。因此，可以认为容积效率等于四个系数的乘积，即：

$$\eta_v = \lambda_v \lambda_p \lambda_t \lambda_l \tag{2-16}$$

式中　λ_v——余隙系数；

　　　λ_p——压力系数；

　　　λ_t——温度系数；

　　　λ_l——泄漏系数。

① 余隙系数 λ_v　表示余隙容积对气缸工作容积利用程度的影响。

活塞在气缸中进行往复运动时，活塞行程的上止点并不与气缸顶部完全重合，均需留有一定间隙，以保证运行安全可靠。由于此间隙的存在，对压缩机实际输气量造成的影响，称为余隙系数，它是造成活塞式压缩机实际输气量降低的主要因素。

如图 2-4 所示，当活塞到达上止点 3，即排气结束时，气缸内还剩下一部分容积为 V_c、压力为 p_2 的高压气体。当活塞反向运动时，只有当这部分高压气体膨胀到一定程度，即使气缸内压力降低到稍低于进气压力 p_1 时，进气阀方能开启，低压气体才开始进入气缸。这样，气缸每次吸入的气体量就不等于气缸工作容积 V_g，而减少为 V_1，V_1 与 V_g 的比值就称为余隙系数，即：$\lambda_v = V_1/V_g$。

由于压力为 p_2 的高压气体在膨胀过程中，通过气缸壁与外界有热量交换，所以气体的膨胀过程不是绝热过程，而是一个多变过程。多变过程中气体压力与比容之间的变化关系可用多变过程方程式 $pV^m =$ 常数（指对 m kg 气体而言）表示。因此，压力为 p_2、体积为 V_c 的高压气体膨胀至压力为 p_1 时，其体积为 $V_c + \Delta V_1$，它可用下式计算。

$$\frac{p_2}{p_1} = \left[\frac{V_c + \Delta V_1}{V_c}\right]^m \quad 即 \quad \Delta V_1 = V_c\left[\left(\frac{p_2}{p_1}\right)^{\frac{1}{m}} - 1\right]$$

故

$$\lambda_v = \frac{V_1}{V_g} = \frac{V_g - \Delta V_1}{V_g} = 1 - \frac{\Delta V_1}{V_g} = 1 - C\left[\left(\frac{p_2}{p_1}\right)^{\frac{1}{m}} - 1\right] \tag{2-17}$$

式中　C——相对余隙容积，它等于余隙容积与工作容积之比，即 $C = V_c/V_g$。

由式（2-7）可知，余隙系数与相对余隙容积 C、压缩比 p_2/p_1 及多变指数 m 三个因素有关，相对余隙容积 C 越大，在相同的 p_2/p_1 和 m 值条件下，λ_v 越小。若缩小 C 值则会受到结构、工艺和气阀流通能力的限制。在设计压缩机时，C 值的确定还和压缩机的结构参数 S/D 有关。

当 C 和 m 不变时，p_2/p_1 增大，则 λ_v 随之降低，λ_v 还随膨胀容积 ΔV_1 的不断增大而越来越小。当 p_2/p_1 达到一定值时，$\Delta V_1 = V_g$，则 $\lambda_v = 0$，这时压缩机不再向外排气。

在实际过程中，多变指数取决于膨胀过程中气体与缸壁等的热交换情况，所以多变指数在整个过程中都是变化的，计算时用当量指数 m 来代替，m 值大，则 λ_v 增大；反之，则减小。余隙系数 λ_v 一般取值 0.5~0.9。

② 压力系数 λ_p　指吸气管道中空气的压力脉动或进气阀弹簧力过大等，使吸气压力低于吸气管中的压力而对吸气量产生影响的系数。

气体通过进、排气阀时，断面突然缩小，气体进、出气缸需要克服流动阻力。也就是说，进排气过程中气缸内外有一定压力差 Δp_1 和 Δp_2，其中排气阻力影响很小，主要是进气阀阻力影响容积效率。

由于气体通过进气阀进入气缸时有一定的压力损失，进入气缸内的气体压力将低于进气压力 p_1，比容增加。因此，虽然吸入的气体体积仍为 V_1，但吸入的气体质量将有所减少。与理想情况（即进气阀没有阻力时）相比，仅相当于吸入了体积为 V_2 的气体，V_2 与 V_1 的比值称为压力系数，即：

$$\lambda_p = \frac{V_2}{V_1} = \frac{V_1 - \Delta V_2}{V_1} = 1 - \frac{\Delta V_2}{V_1}$$

由于 1-1″ 过程很短促，可近似认为是等温过程，其过程方程式为 $pV=$ 常数，因此有：

$$(p_1 - \Delta p_1)(V_g + V_c) = p_1(V_g + V_c - \Delta V_2)$$

整理后可得：

$$\Delta V_2 = (V_g + V_c)\frac{\Delta p_1}{p_1}$$

所以

$$\lambda_p = 1 - \frac{V_g + V_c}{V_1} \times \frac{\Delta p_1}{p_1} = 1 - \frac{1+C}{\lambda_v} \times \frac{\Delta p_1}{p_1} \tag{2-18}$$

由式（2-18）可知，$\Delta p_2/p_1$ 是影响压力系数的主要因素，进气阀阻力越大，进气压力越低，则压力系数越小。压力系数 λ_p 一般取值 0.95~0.98。

③ 温度系数 λ_t　指吸入空气在缸内温度升高、体积膨胀后，使吸入容积减少的系数。它反映了吸气过程中热交换对行程容积利用程度的影响。

在活塞式压缩机的实际工作过程中，由于气体被压缩后温度提高，以及活塞与气缸壁之间存在摩擦，故气缸壁温度也较高，因此，进入气缸的低压气体从气缸壁吸收热量，温度有所提高，从而使吸入气缸内的气体比容增大，气体重量减轻。

但是，因气体与气缸壁之间的热交换是一种复杂现象，温度系数 λ_t 不仅与压缩比有关，还与压缩机的构造、气缸尺寸、转速等多种因素有关，很难精确计算。不过，可以肯定地说，排气压力（或冷凝压力）越高，进气压力（或蒸发压力）越低，这种热交换量就越大，温度系数也就越低。温度系数 λ_t 一般取值 0.92~0.99。

④ 泄漏系数又称气密系数 λ_l　它分外泄漏和内泄漏。外泄漏是指直接漏入大气或第一级管道的泄漏，它将影响排气量；内泄漏是指空气由高压级漏入低压级气缸内或级间管道中的泄漏，这时会引起级间压力不正常和排气温度升高、增加功率消耗等。

实际上活塞式压缩机进、排气阀以及活塞与气缸壁之间并不绝对严密，压缩机工作时，少量气体将从高压部分向低压部分泄漏，从而造成压缩机实际输气量减少。泄漏系数就是考虑这种泄漏对压缩机实际输气量的影响。

泄漏系数与压缩机的构造、加工质量、零部件磨损程度等因素有关，此外，还随着压缩比 p_2/p_1 的增大而减小。泄漏系数 λ_l 一般为 0.95~0.98。

综上分析可看出，余隙系数、压力系数、温度系数以及泄漏系数，除与压缩机的结构、加工质量、磨损程度等因素有关外，还有一个共同的规律，就是均随压缩比的增大而减小。因此要精确计算容积效率 η_v 是很困难的，这需要工程技术人员丰富的经验积累。空压机的容积效率见表 2-1。

按照 JB 770—1985 标准，空压机的规定工况为：

a. 吸气压力为 0.1MPa（绝压）；

b. 吸气温度为 20℃；

表 2-1　空压机容积效率

类型		排气压力(0.7MPa)	
		排气量/(m³/min)	容积效率 η_v
微型	单级	0.015~0.06	0.33~0.40
		0.15~0.9	0.58~0.60
		1~3	0.60~0.70
小型	两级	3~12	0.79~0.86
		10~100	0.70~0.82

　　c. 吸气相对湿度为 0。

　　d. 压缩每立方米空气消耗的冷却水量为 2.5L/m³。

　　e. 转速按产品技术文件规定。

　　f. 按空压机在规定工况下的排气量，应不少于公称排气量（即铭牌上）的规定。

　　(3) 压缩机的功率与效率　压缩机在单位时间内所消耗的功，称为功率，物理量符号 N，单位符号 W。功率、效率及容积比能是压缩机的重要性能指标，也是选择电动机的依据。

　　① 单级压缩机的功率　在 p-V 图上气缸压力指示曲线所围面积（图 2-2），即为该气缸一个循环中消耗的功，称为指示功。单位时间内所消耗的指示功为指示功率。求取指示功率的方法一般有两种，即从指示图的面积直接求取和通过计算的方法求取。

　　假如已经从实际运转的压缩机上测得如图 2-2 的指示图，首先量出指示图面积 f_i，长度 s_i，由此求出平均指示压力：

$$p_i = \frac{m_p f_i}{s_i} \quad (\text{Pa}) \tag{2-19}$$

式中　m_p——指示图压力比例尺，Pa/cm。

　　这样，对于单作用压缩机，一个级的指示功率为：

$$N_i = \frac{1}{60} p_i F_h s n \quad (\text{W}) \tag{2-20}$$

式中　F_h——活塞面积，m²；

　　　　s——活塞行程，m；

　　　　n——压缩机的转速，r/min。

　　通过计算方法也可求得指示功率。在转速为 n 时，单位时间内所消耗的指示功率为：

$$N_i = \frac{n}{60} \lambda_v \lambda_p p_i V_h \frac{m}{m-1} \left\{ \left[\varepsilon (1+\delta_0) \right] \frac{m-1}{m} - 1 \right\} \quad (\text{W}) \tag{2-21}$$

式中　m——多变指数；

　　　　δ_0——进、排气过程中总的相对压力损失。

　　对于实际气体，考虑到气体可指示功率：

$$N_i = \frac{n}{60} \lambda_v \lambda_p p_i V_h \frac{m}{m-1} \left\{ \left[\varepsilon (1+\delta_0) \right] \frac{m-1}{m} - 1 \right\} \sqrt{\frac{Z_2'}{Z_1'}} \quad (\text{W}) \tag{2-22}$$

式中　Z_1'，Z_2'——进、排气状态时的压力和温度的可压缩性系数（可查表）；

　　　　　　δ_0——进、排气过程中总的相对压力损失，$\delta_0 = \delta_s + \delta_d$，$\delta_s$ 为进气相对压力损失，δ_d 为排气相对压力损失，δ_s、δ_d 可查得；

　　　　　　m——膨胀系数；

　　　　　　ε——名义压力比。

从前面的分析看出，影响指示功率的因素主要是名义压力比、进排气过程的气体压力损失、压缩过程指数、进气温度、泄漏及实际气体性质等。

② 单级压缩机的等温指示效率　为了把气体压缩到某一压力，一个理想的、不考虑进排气压力损失的等温压缩循环所消耗的指示功最小，把压缩气体时实际所消耗的指示功与等温循环指示功相比较，其比值即为等温指示效率：

$$\eta_{i-is} = \frac{\ln\varepsilon}{\frac{m}{m-1}\{[\varepsilon(1+\delta_0)]^{\frac{m-1}{m}}-1\}} \tag{2-23}$$

式中　ε——压力比；

m——膨胀过程多变指数；

δ_0——总的相对压力损失。

等温指示效率能反映出压力比、过程指数和总的相对压力损失对功率消耗的影响情况，并能表明一个机器的经济性。

③ 多级压缩机的功率　多级压缩机所消耗的总指示功率为 $\sum N_i$，是各级指示功率 N_i 之和。

传入压缩机曲轴的功率，除了用来克服压缩气体所需总的指示功率之外，还必须克服机器的摩擦。用机械效率 η_m 来反映摩擦功率损失，轴功率 $N=N_i/\eta_m$。影响机械效率的因素很多，诸如压缩机的结构型式、转速、活塞平均速度、加工质量，润滑状况等。一般微型压缩机 η_m 为 0.8～0.87，小型压缩机为 0.85～0.90，中、大型压缩机为 0.90～0.95，高压循环压缩机为 0.8～0.85。驱动机若以皮带传动时，还应考虑一个传动效率 $\eta_d=0.9～0.96$。并且由于可能出现超负荷运行，驱动机功率还需具有 10%～12% 的裕度，因此驱动机功率为：

$$N_d = (1.1～1.2)\frac{N_i}{\eta_m \eta_d} \quad (kW) \tag{2-24}$$

④ 多级压缩机的等温指示效率　多级压缩机的等温指示效率和单级压缩机一样，为压缩机理想的等温循环功与实际消耗的功之比值，即：

$$\eta_{i-is} = \frac{\sum N_{i-is}}{\sum N_i} \tag{2-25}$$

如果把压缩机的等温指示功率与轴功率相比，其比值称为等温轴效率或称全等温指示效率。

$$\eta_{is} = \frac{\sum N_{i-is}}{\frac{\sum N_i}{\eta_m}} = \eta_{i-is}\eta_m \tag{2-26}$$

现有的压缩机，$\eta_{is}=0.60～0.75$，设计制造优良的大型固定式压缩机 η_i 可达上限值，高速小型移动式压缩机 η_i 最低。

也有把压缩机理想的绝热循环所消耗的功与实际消耗的功相比，其比值称为绝热效率 η_{ad}。绝热效率主要反映了气阀阻力损失等的影响，但不直接反应压缩机功率消耗指标。

(4) 压缩机的排气温度　压缩机的排气温度取决于进气温度、压力比以及压缩过程指数，即：

$$T_d = T_s[\varepsilon(1+\delta_0)]^{\frac{m'-1}{m'}} \quad (K) \tag{2-27}$$

式中　T_d——排气温度，K；

T_s——进入气缸中的气体温度，K；

ε——名义压力比；

δ_0——进、排气过程中总的相对压力损失；

m'——压缩过程指数。

因此，要降低排气温度，无非是从进气温度、压力比、相对压力损失和压缩过程指数等几个方面去考虑。一般在压缩机设计时，降低压力比 ε 的值最为方便，在总压力比一定时，采用较多级数便能使各级压力比降低。要大幅度地降低进气温度，则需在进气口前采用特殊的冷却措施，如冷却器等。压缩机设计时，降低进、排气阻力损失以降低实际压力比，也能在一定程度上降低排气温度，压缩过程指数则取决于气体性质和冷却的状况。在多级压缩机中，若发现某一级排气温度超过许用范围而其他级并未超过时，可通过改变气缸直径或调整相应的余隙容积，适当改变压力比分配以达到降低该级排气温度的目的。

（5）压缩机的排气压力　活塞式压缩机的排气压力通常是指最终排出压缩机的气体压力，排气压力应在压缩机末级排气接管处测量，常用单位为 Pa。

多级压缩机末级以前各级的排气压力，称为级间压力或称为该级的排气压力。压缩机的排气压力并非恒定。压缩机可在额定排气压力以内的任何压力下工作，并且只要强度和排气温度等允许，也可在超过额定排气压力的条件工作。压缩机排气压力的高低并不取决于压缩机本身，而是由压缩机排气系统内的气体压力，即所谓"背压"决定的。而排气系统内的气体压力，又取决于在该压力下压缩机所排入系统的气量与从系统输走的气量是否平衡。所以活塞式压缩机中压力变化往往是气量供求变化的反映，压力变化是现象，气量变化是本质。

一台压缩机的排气压力并非是固定的，压缩机铭牌上标出的排气压力是指额定排气压力，实际上，压缩机可在额定排气压力以下的任意压力下工作，并且只要强度和排气温度等允许，也可超过额定排气压力工作。

2.1.4　活塞式压缩机的分类及型号表示

2.1.4.1　活塞式压缩机的分类

活塞式压缩机分类方法很多，名称也各不相同，通常有如下几种分类方法。

（1）按气缸中心线位置分类

① 立式压缩机　气缸中心线与地面垂直，如图 2-6（a）所示。

② 卧式压缩机　气缸中心线与地面平行，且气缸只布置在机身一侧，如图 2-6（b）所示。

③ 对置式压缩机　气缸中心线与地面平行，且气缸布置在机身两侧，如图 2-6（g）～（i）所示；在对置式压缩机中，如果相对列的活塞相向运动，又称为对称平衡式，如图 2-6（g）、（h）所示。

④ 角度式压缩机　气缸中心线互成一定角度，按气缸排列所呈的形状，又分为 L 形，如图 2-6（c）所示；V 形，如图 2-6（d）所示；W 形，如图 2-6（e）所示；S 形，如 图 2-6（f）所示等。

（2）按活塞在气缸内所实现的气体循环分类

① 单作用压缩机　气缸内仅一端进行压缩循环，如图 2-7（a）所示。

② 双作用压缩机　气缸内两端都进行同一级次的压缩循环，如图 2-7（b）所示。

③ 级差式压缩机　气缸内一端或两端进行两个或两个以上的不同级次的压缩循环，如图 2-7（c）、（d）所示。

（3）按气缸的排列方法分类

① 串联式压缩机　几个气缸依次排列于同一根轴上的多段压缩机，又称单列压缩机。

② 并列式压缩机　几个气缸平行排列于数根轴上的多级压缩机，又称双列压缩机或多列压缩机。

③ 复式压缩机　由串联式和并联式共同组成的多段压缩机。

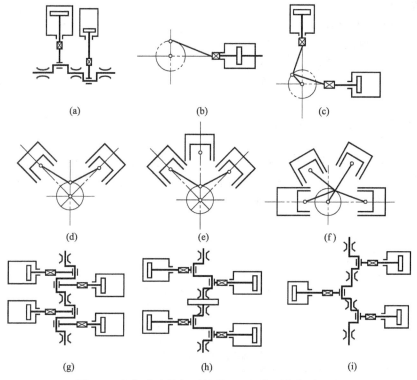

图 2-6　气缸中心线相对地平面不同位置的各种配置

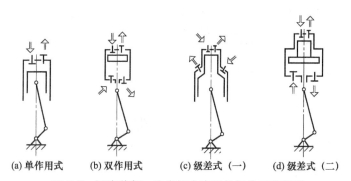

(a) 单作用式　　(b) 双作用式　　(c) 级差式（一）　　(d) 级差式（二）

图 2-7　活塞往复一次汽缸中实现的气体压缩循环

④ 对称平衡式压缩机　气缸横卧排列在曲轴轴颈互成 180°的曲轴两侧，布置成 H 形，惯性力基本能平衡（大型压缩机都朝这个方向发展）。

（4）按活塞的压缩动作分类

① 单作用压缩机　气体只在活塞一侧进行压缩，又称单动压缩机。

② 双作用压缩机　气体在活塞两侧均能进行压缩，又称复动或多动压缩机。

③ 多缸单作用压缩机　利用活塞一面进行压缩，而有多个气缸的压缩机。

④ 多缸双作用压缩机　利用活塞两面进行压缩，而有多个气缸的压缩机。

（5）按冷却方式可分类

① 水冷式压缩机　利用冷却水的循环流动导走压缩过程中的热量。

② 风冷式压缩机　利用自身风力通过散热片导走压缩过程中的热量。

（6）按动力机与压缩机的传动方法可分类

① 装置刚体联轴节直接传动压缩机或称紧贴接合压缩机。

② 装置挠性联轴节直接传动压缩机。

③ 减速齿轮传动压缩机。

④ 皮带（平皮带或三角皮带）传动压缩机。

⑤ 无曲轴-连杆机构的自由活塞式压缩机。

⑥ 正体构造压缩机，即摩托压缩机动力机气缸与压缩机座整体制成，并用共同的曲轴的压缩机。

此外，压缩机还有固定式和移动式之分，也有十字头和无十字头之分。

2.1.4.2 活塞式压缩机的型号编制

压缩机的型号编制应反映出压缩机的主要结构特点、结构参数及主要性能参数。

原机械工业部 JB 2589《容积式压缩机型号编制方法》规定活塞式压缩机的型号由大写汉字拼音字母和阿拉伯数字组成，表示方法如下。

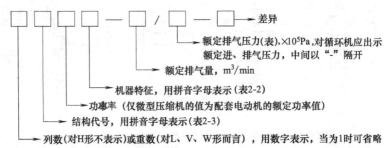

说明：原动机功率小于 0.18kW 的压缩机不标排气量和排气压力值。

表 2-2　活塞式压缩机的特征代号

特征代号	含义	来源	特征代号	含义	来源
W	无油润滑	W-WU	F	风冷	F-FENG
D	低噪声罩式	D-DI	Y	移动式	Y-YI

表 2-3　活塞式压缩机的结构代号

结构代号	含义	来源	结构代号	含义	来源
V	V 形	V-V	M	M 形	M-M
W	W 形	W-W	H	H 形	H-H
L	L 形	L-L	D	两列对称平衡	D-DUI
S	扇形	S-SHAN	MT	摩托	M-MO,T-TUO
X	星形	X-XING	DZ	对置式	D-DUI,Z-ZHI
Z	立式	Z-ZHI	ZH	自由活塞	Z-ZI,H-HUO
P	一般卧式	P-PING			

举例如下。

① 4VY-12/7 型压缩机表示：4 列；V 形；移动式；额定排气量为 12m³/min；额定排气压力（表）为 7×10⁵Pa。

② 2DZ-12.2/250-2200 型乙烯增压压缩机表示：2 列；对置式；移动式；额定进气压力为250×10⁵Pa；额定排气压力为 2200×10⁵Pa。

注：在此标准颁布之前，活塞式压缩机的型号编制略有不同。

① H22165/320 型氮氢气压缩机表示：H 形；活塞推力为 22×10⁴N；额定排气量为165m³/min；额定排气压力为 320×10⁵Pa。

② 4M12-45/210 型二氧化碳压缩机表示：4 列；M 形；活塞推力为 12×10^4 N；额定排气量为 45m³/min；额定排气压力为 210×10^5 Pa。

2.1.5 活塞式压缩机的特点及适用范围

2.1.5.1 活塞式压缩机的特点

活塞式压缩机是一种容积式压缩机，与其他类型压缩机相比具有以下一系列的特点。

（1）优点

① 因为有气阀的控制，所以排气压力稳定。它能够达到的压力范围非常广，单级压缩机的终压为 0.3～0.5MPa，而多级压缩机的终压目前已达到 350MPa 以上。

② 机器的效率较高。

③ 排气量范围广，小型活塞式压缩机每分钟排气量只有几升，而大型压缩机的排气量可达 500m³/min。

④ 热效率较高，一般大、中型机组绝热效率可达 0.7 左右。

⑤ 气量调节时，排气量几乎不受排气压力变动的影响。

⑥ 气体的密度和特性对压缩机的工作性能影响不大，同一台压缩机可以用于不同的气体。

⑦ 在一般压力范围内，对材料的要求低，多采用普通的钢铁材料。

⑧ 驱动机比较简单，大都采用电动机，一般不调速。

（2）缺点

① 结构复杂、机器体积大而笨重，易损件多，占地面积大，投资较高，维修工作量大，使用周期较短，但经过精心努力和保养可以达到 8000h 以上。

② 转速不高，单机排气量一般小于 500m³/mm。

③ 动平衡性差，机器运转中有振动。

④ 排气不均匀，气流有脉动，容易引起管道振动。

⑤ 流量调节采用补充容积或旁路阀，虽然简单、方便、可靠，但功率损失大，在部分载荷操作时效率降低。

⑥ 用油润滑的压缩机，气体中带油，需要排除。

⑦ 大型工厂采用多台压缩机时，操作人员多。

2.1.5.2 活塞式压缩机的适用范围

根据活塞式压缩机的特点，可以看出它的适用范围主要是高压力、中小流量。根据压缩机的使用场合，考虑运转维护方便、动力平衡性能好、结构紧凑、易于变型和制造方便等因素，可采用立式、角度式和卧式三大类型机组。

（1）立式压缩机 立式压缩机的气缸直立，中心线与地面垂直，气缸工作面不承受活塞重量，活塞与气缸磨损较为均匀而且磨损量小。在三种类型机组中设备结构最紧凑，占地面积最小，润滑油沿气缸表面可以均匀分布，对活塞环的工作较为有利。沿气缸中心线可以自由膨胀和弹性变形，这样机器的使用年限得以延长。

立式压缩机转速较高，尺寸小，重量轻，轻便。在惯性平衡方面，两列以上时动力平衡性较好，但由于惯性力直接垂直作用在基础之上，机身处于较为有利的垂直拉压力负荷的受力状态，对机身在热态时变形的约束性较小，故基础可做得小一些，为一般卧式压缩机的 2/3。

立式压缩机气缸和活塞垂直吊装比较方便，占地面积小，但列间距离较小，致使安装、配管、维修和操作都有不便。

大型立式机组高度高，容易振动，需设置操作平台，不但影响操作人员的视线，而且拆装、操作、维修和管理都不方便，管道的布置也较困难。多级立式机组附属设备占地面积大。

立式压缩机仅用于中小型或微型机组，可使机器高度处于人体高度，便于操作。对于中型机组，主要用于无油润滑压缩机，此时活塞无需支承而仅需导向。采用立式压缩机，级数以少为宜，避免管道布置复杂。

(2) 角度式压缩机　角度式压缩机的气缸中心线小于180°夹角，有L型、S型、V型和W型等几种，如图2-6所示。

角度式压缩机结构紧凑，动力平衡性能较好。每个曲轴多数只有一个曲拐，可装两根以上的连杆，曲轴简单，长度短，可以采用滚动轴承。

这种压缩机各列的一阶惯性力的合力，可利用曲轴上的平衡重量部分或全部平衡，故机器转速较高，动力平衡以L形、W形为最佳。

由于气缸彼此错开一定角度，相距较远，气阀与管道安装方便，缸间管道和中间冷却器可直接设置在机器上。

大型角度式机组由于高度高而应用较少，这种结构一般多用于中小型机组。V形、W形、T形结构广泛应用于小型低压移动式压缩机，它们大多数做成单作用式，排气量不超过$20m^3/min$，排气压力一般为$0.7\sim0.8MPa$。国外某些工厂也有将V形、W形等做成双作用式压缩机，排气量达$30\sim100m^3/min$，但这样的压缩机一般高度较高，维修也不太方便。L形压缩机除具有角度式压缩机的优点之外，它本身还固有某些优点，诸如各列往复质量相等时，二阶往复惯性力恒处于与水平成45°的方向，其运转比V形、W形更为平稳。作为动力用的空压机，其第一级气缸垂直配置，第二级气缸水平配置，与其他角度式压缩机比较，不仅本身的受力情况得到改善，管道的布置也方便，故固定式空气动力用的压缩机多采用L形。但是大型机组垂直列高度大，维修不方便，变型也不方便。

(3) 卧式压缩机　卧式压缩机的气缸中心线与地面平行，有一般卧式、对置式和对动式（对置平衡式）之分，如图2-3所示。

① 卧式压缩机的气缸可配成单列或双列，级间设备可配置在压缩机的下方，厂房内空间视野宽广，安装配管、操作和维修等均较立式方便。但其外形尺寸较大，重量大，安装时需要大型起重装置，安装和检修都比较复杂。

一般卧式压缩机的优点是经济可靠，操作方便，但结构型式老，结构复杂，惯性力不能平衡，转速不高，不平衡惯性力对基础的作用力较大，基础设计笨重，占地面积大。大型高压机组曲轴和活塞等运动部件重量很大。气缸和活塞磨损因受重力影响，下部磨损较上部严重，检修间隔期短。早期化工装置大都采用这种结构，现在大、中型机组已被淘汰，只有在小型高压机组上，因其结构紧凑，可避免一些缺点，才被采用。

② 对置式压缩机的气缸水平布置，并设置在曲轴箱两侧，但曲柄错角不等于180°。对置式压缩机可视为单列压缩机、角度式压缩机和多列卧式压缩机的特例，按其结构分为奇数列和偶数列两种。两种压缩机的区别在于前者的相对气缸中心不在一条直线上，而后者曲轴两侧相对的气缸中心线同在一条直线上。对置式压缩机的机身与曲轴刚性较好，但其惯性力的平衡性能较差，振动较大，基础设计要求高，且主轴承数较多，对曲轴和机身制造精度相应要有较高的要求。该类机组运转比较平稳，但惯性力的平衡性一般较差，在列数较多的情况下还是能获得较好的动力平衡性的，特别是在某些特殊场合下（如超高压）可比对称平衡型更优越些。

③ 对动式（对置平衡式）压缩机为活塞做对称运动的对置型压缩机，它具有一般卧式压缩机的优点，却避免了一般卧式压缩机的缺点，它是由卧式压缩机发展而来的。气缸水平设置且分布在曲轴箱的两侧，气缸中心线与曲轴中心线垂直，每相邻两列有一对错角为

180°的曲拐，活塞做相对运动。该类压缩机的动力平衡性能特别好，其第一、二阶惯性力可以完全平衡，惯性力矩也很小，转速可比卧式压缩机提高 1～1.5 倍，一般机组可达到 333r/min，小型机组可高达 450r/min。因此，压缩机和电动机在重量上和外形尺寸上可减少 50％～60％。由于活塞相对运动，相对两列的活塞力相反，能互相抵消，减轻了主轴承的负载，改善了轴承的磨损，活塞工作面上的最大载荷和作用在部件上的应力及力矩减小，可使压缩机的尺寸和重量大大减小。该类压缩机的系列化和变型比较方便，因此在大中小型范围，无论在国内外都获得了很大的发展，以压倒的优势取代了一般卧式和大型立式压缩机组。

对动型压缩机按电动机配置的位置不同可分为 H 形、M 形两种。

M 形压缩机的电动机配置在机身的一端，列间距较小。机身利于整个构造，安装简单，增加列数的可能性大，有利于变型。但其机身和曲轴的刚性不如 H 形，而且机身和曲轴的制造也比 H 形困难。M 形多用于多种用途的联合压缩机。

H 形压缩机的电动机配置在两个机身之间，列间距离较大，便于操作维修。但它只能是 4 列、8 列或 12 列设置，占地面积略大，两个机身的安装也比较困难，变型不如 M 形压缩机方便。基础产生不均匀沉降时影响较大，故一般只在大型时才采用。中小型机组或由于制造厂加工设备的限制，不能加工较长的曲轴和机身，或者希望列与列之间具有较大的距离以便于维修，也可采用这种结构。

近年来，国外大型高压压缩机，又出现一种 H-M 形（或称为双 M 形）的新结构，其特点是变型自由度大，有利于缩小机身和曲轴尺寸，但安装调整技术难度高，基础设计要求均匀沉降。

2.2 活塞式压缩机的级、段、列

2.2.1 级、段、列的概念

（1）级 气体仅通过工作腔或叶轮压缩的次数称为级数。压缩机按级数可分为

① 单级压缩机（气体仅通过一次工作腔或叶轮压缩）；

② 两级压缩机（气体顺次通过两次工作腔或叶轮压缩）；

③ 多级压缩机（气体顺次通过多次工作腔或叶轮压缩，相应通过几次便是几级压缩机）。

（2）段 在容积式压缩机中，每经过一次工作腔压缩后，气体便进入冷却器中进行一次冷却；而在动力式压缩机中，往往经过两次或两次以上叶轮压缩后，才进入冷却器进行冷却，并把每进行一次冷却的数个压缩级合称为一个段。在日本，把容积式压缩机的级称为"段"。我国个别地区，个别文献受此影响，也把级称为段。

（3）列 一个连杆的中心线对应的活塞组即为一列。压缩机按列数的多少可分为单列和多列压缩机。现在工厂里，除微型压缩机采用单列压缩机外，其余的都用多列压缩机。

2.2.2 级在列中的排列

（1）多列压缩机的特点

① 通过合理布置曲柄错角，使切向力曲线均匀，因此可减小飞轮重量。同时可使各列最大惯性力互相错开和互相抵消，因而惯性力平衡性好，转速可提高，基础减小。

② 功率相同的压缩机，列数增多，每列承受的气体压力减小，每列运动机构较小，机

器较轻。

③ 每列串联气缸数少，气缸和活塞的拆装方便。

多列压缩机的缺点是传动机构零件多，发生故障的可能性增多；填料函增多，泄漏机会增加；曲拐数增多，长度增加，刚性下降，加工困难。

（2）列的选择　选择压缩机列数的原则，主要取决于排气量、排气压力、机器型式和级数，运转维修和加工厂的生产条件等。

立式压缩机可制成单列或多列，一般卧式压缩机可制成单列或双列，对动式和对置式压缩机可制成多列结构。V 形只能制成两列（单重 V 形）或四列（双重 V 形），W 形只能制成三列（单重 W 形）或六列（双重 W 形），L 形可制成两列，双 L 形可制可成四列。

对小排气量而级数又少的压缩机，选两列或三列即可满足要求。排气量大而级数又多的压缩机采用级差式气缸和活塞时，列数可相应减少。

（3）级在列中排列原则

① 力求各列内、外止点的活塞力相等，使运动机构的重量较轻，惯性力较小，机械效率较高。

列的活塞力 P_q 是指每列的各气缸中气体压力 p 与所作用活塞面积 F 乘积的代数和，设连杆受拉伸为正，受压缩为负。

$$P_q = \sum Fp \tag{2-28}$$

列中最大活塞力的绝对值是活塞在止点位置时的数值，如果往返行程止点位置的活塞力绝对值相等，说明运动机构得到充分利用，活塞力的均衡性最好。

活塞力的均衡程度通常用活塞力的均衡系数 μ 来表示，即：

$$\mu = \frac{P_{q_1} + P_{q_2}}{2P_{q_{max}}} \times 100\% \tag{2-29}$$

式中　P_{q_1}——活塞向轴行程终了时的活塞力；

　　　P_{q_2}——活塞向盖行程终了时的活塞力；

　　　$P_{q_{max}}$——以上两活塞力中绝对值较大的数值。

使活塞力均衡的措施如下。

a. 采用双作用活塞，可使 P_{q_1} 与 P_{q_2} 接近相等，所以 $\mu \approx 1$，若是贯穿活塞杆，$P_{q_1} = P_{q_2}$，则 $\mu = 1$。

b. 合理采用级差式活塞可使活塞力均衡，如图 2-8（a）所示，只有向盘行程在压缩气体，所以活塞力在向盘行程时最大，向轴行程时最小，均衡性最差。图 2-8（b）中往返行程都压缩气体，均衡性较好，$\mu = 0.5 \sim 1$。如图 2-8（c）所示为多级压缩机中常用的一种三级级差式活塞。

c. 采用平衡容积可补偿高低压级活塞面积的差值，引入适当的气体压力，能改善列的活塞力的均衡性，如图 2-9 所示。

② 力求减少气体泄漏。例如填料尽量设置在压差较小的气缸上以及使密封周长减小。

③ 应使级间设备和管道得到较有利的布置，以便降低流体阻力损失和减小气流脉动。

④ 力求制造、安装、维修操作方便。

（4）配制形式　配制形式大致有两种形式：一种是每列配置一级，除小型压缩机采用单作用外，一般都采用活塞力均衡性较好的双作用；另一种为每列配置两个以上的级。如图 2-8 所示为无十字头压缩机的两级（b）和三级（c）级差式配置。

图 2-10 所示为有十字头压缩机的两级级差式活塞。

① 方案（a）　第 I 级为双作用，第 II 级为单作用，第 I 级气缸利用充分、直径较小，但活塞力不均匀。

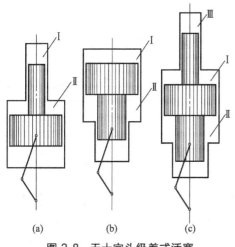

图 2-8　无十字头级差式活塞

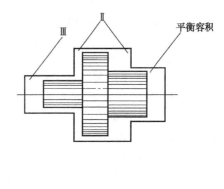

图 2-9　平衡容积

② 方案（b）　中间设有平衡容积使第Ⅰ级气缸直径增大，但活塞力均匀。方案（a）用于低压级，方案（b）用于较高的级次。

③ 方案（c）　两个双作用级串在一起，用于大型立式中低压级。

有十字头压缩的三级级差式活塞可配置成如图 2-11 所示形式。通常一列中最多配置三级。

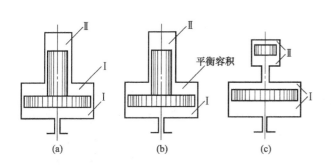

图 2-10　有十字头压缩机的两级级差式活塞

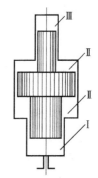

图 2-11　有十字头压缩机
的三级级差式活塞

2.3　活塞式压缩机的主要零部件

2.3.1　气缸组件

气缸是构成压缩容积、实现气体压缩的主要部件，是压缩机主要零部件中最复杂的一个，因此气缸应满足以下几方面的要求：

① 足够的刚度和强度；

② 工作表面有良好的耐磨性；

③ 在有油润滑的气缸中，工作表面处于良好的润滑状态；

④ 尽可能减小气缸内的余隙容积和阻力；

⑤ 有良好的冷却；

⑥ 结合部分的连接和密封可靠；

⑦ 有良好的制造工艺性，装拆方便；

⑧ 气缸直径和气阀安装孔等尺寸符合标准化、通用化、系列化的要求。

2.3.1.1 气缸的基本结构形式

气缸的结构主要取决于气体的工作压力、排气量、材料、冷却方式以及制造厂的技术条件等。气缸的形式很多，按冷却方式分，有风冷和水冷两种；按缸内压缩气体的作用方式分，有单作用、双作用和级差式气缸；按气缸所用材料分，有铸铁、稀土球墨铸铁、钢等。

（1）铸铁气缸　气缸因工作压力不同而选用不同强度的材料。一般工作压力低于6.0MPa的气缸用铸铁制造，工作压力低于20MPa的气缸用铸钢或稀土球墨铸铁制造，工作压力更高的气缸则用碳钢或合金钢制造。

如图2-12所示为4M12-45/210二氧化碳压缩机的一级缸，其作用是水冷双作用组合铸铁气缸。组合结构由环形缸体、锥形前缸盖、锥形后缸盖以及气缸套四部分组成。因这种结构的缸体和缸盖是分段的，所以铸铁应力降低，铸造和机加工都比较方便，但密封比较困难且气缸的同轴度较差。气缸盖与缸体是用长螺栓连接在一起的，结合处加有衬垫以防漏气。镶入缸套的目的是可用质量好、耐磨性好的铸铁制造，以延长寿命，并可通过更换不同内径的缸套，得到不同的吸入容积，因而更能满足气缸系列化的要求。为了冷却气缸壁，缸套与外面一层壁构成的空间通以冷却水，称为水套。进、排气阀配置在前后缸盖上。在左侧前缸盖上设有调节排气量的辅助余隙容积即补助容积，在右侧的后缸盖上因有活塞杆通过，故设有密封用填料函。

气阀在气缸上的布置方式，对压缩机的容积效率和气缸结构有很大影响。布置气阀的主要要求：在满足余隙空间最小的条件下，使通道面积最大。

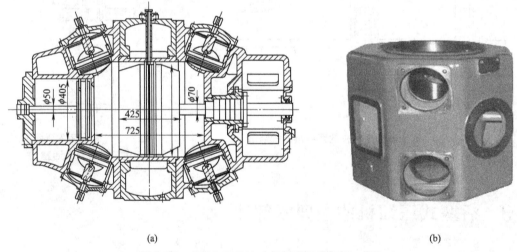

(a)　　　　　　　　　　　　　　　(b)

图2-12　4M12-45/210二氧化碳压缩机的一级缸

（2）铸钢气缸　铸钢的浇铸性较铸铁差，不允许用于制造复杂形状的气缸，还要求气缸的各部位便于检查和焊补存在的缺陷，因此铸钢气缸的形状只能设计得比铸铁气缸简单。铸钢气缸有时采用分段焊接的方法制成，这样容易保证形状较为复杂的双作用气缸的铸造质量。如图2-13所示为内径185mm、工作压力13MPa的铸钢气缸。

（3）锻制气缸　因不可能锻制出缸体所需的一切通道，有些通道只能依靠机械加工来获得，故锻制缸体的结构应比较简单。如图2-14所示为内径为80mm、工作压力为32MPa的整体锻制气缸。

2.3.1.2　气缸套

采用气缸套的原因如下。

① 高压级的锻钢或铸钢气缸，因钢的耐磨性较差，易于产生将活塞环咬死的现象，为此镶入摩擦性能好的铸铁缸套。

② 高速或高压气缸以及压缩较脏气体的气缸，其磨损相当强烈，工作一段时间以后气缸便要修理，修理时，可重新镗缸壁，然后压入一个缸套。

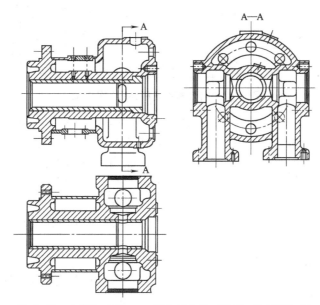

图 2-13　内径为 185mm、工作压力为 13MPa 的铸钢气缸

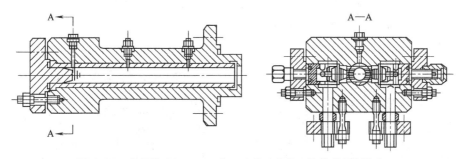

图 2-14　内径为 80mm、工作压力为 32MPa 的整体锻制气缸

③ 便于实现气缸尺寸系列化　气缸套有干式和湿式两种。所谓湿式气缸套，就是气缸套外表面直接与冷却水接触，一般用于低压级。采用湿式气缸套，不仅有利于传热和便于气缸铸造，而且有利于气缸系列化。所谓干式气缸套，指气缸套外表面不与冷却水接触，它不过是气缸内表面附加的一个衬套而已。因干式气缸套与缸体的配合要求较高，除压缩脏的气体或腐蚀性强的气体采用以外，一般低压级气缸不采用，但高压级钢质气缸中均采用干式气缸套。

干式气缸套应与缸体贴合为一体，一般采用过盈配合。为了安装时压入方便，将气缸套外侧及气缸内表面做成对应的阶梯形式，可分为两段或三段（图 2-15）。

2.3.1.3　气缸的润滑与冷却

气缸润滑的目的是为了改善活塞环的密封性能，减少摩擦功和磨损，并带走摩擦热。气缸一般都采用压力润滑油润滑，压力润滑油总是通过接管引到气缸工作表面。大多数是将接管直接拧在气缸上，为了安全，在接管内带有止回阀。

卧式气缸的润滑点应布置在气缸的最上方，借助于油的重力和活塞环将其分布到整个工作表面。根据气缸直径的大小，可选1～4个注油点。

冷却气缸的目的是为了改善气缸壁面的润滑条件和气阀的工作条件，使气缸壁面温度均匀，减小气缸变形。

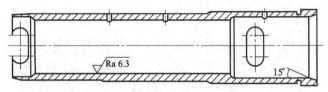

图2-15　外圆表面呈阶梯形的气缸套

风冷气缸依靠气缸外壁加散热片来冷却，水冷气缸则在气缸外用冷却水冷却。铸铁气缸的冷却水套可以直接铸出，但应注意留有清砂和清洗水道。铸钢和锻钢气缸一般用钢板焊接在气缸外或做成可拆卸的外加水套。为了避免在水套内形成死角和气囊，并提高传热效率，冷却水最好从水套一端的最低点进入水套，从另一端的最高点引出。大直径的气缸可设两个进水口和两个出水口，以便冷却更加均匀。

冷却水如果是硬水，则水温最好不超过313K，否则在水套壁面易沉淀水垢，降低传热效果。冷却水流速一般取1～1.5m/s。

2.3.1.4　气阀在气缸上的布置形式

气阀在气缸上的布置形式对气缸的结构有很大影响，布置气阀要求通道截面大，余隙容积小，安装容积小，安装和修理方便。为了简化气缸的结构，小型无十字头压缩机的气阀可以安装在气缸盖上，中、大直径气缸上的气阀布置在气缸侧面或气缸盖上，使气阀的中心线相对于气缸工作表面的圆周做径向布置，或相对于气缸中心线做倾斜（或平行的）布置，径向布置（图2-16）是最普遍的一种应用方式。

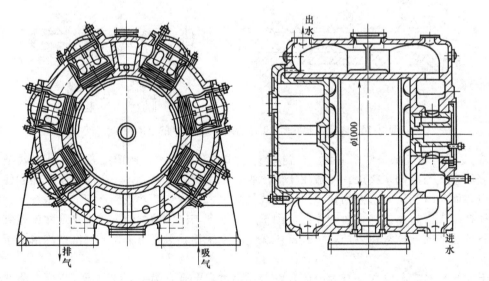

图2-16　气阀在气缸上做径径的布置

2.3.1.5　气缸的密封与连接

气缸与端盖、气缸与机身以及气缸与气阀之间都必须密封。一般采用软垫片、金属片、研磨等方法密封。

工作压力低于 4.0MPa 的气缸，通常采用软垫密封。常用的软垫材料为橡胶和石棉板，也可采用金属石棉垫片。软垫片的密封接口形式如图 2-17 所示，密封面的表面粗糙度 $Ra＝6.3～3.2\mu m$。

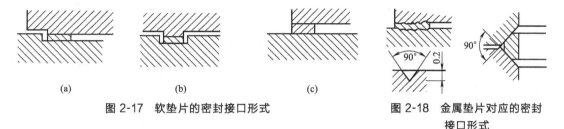

(a)　　　　　　(b)　　　　　　(c)

图 2-17　软垫片的密封接口形式　　　　图 2-18　金属垫片对应的密封
接口形式

工作压力较高或密封周长较短的气缸，采用金属垫片密封。常用的金属垫片材料为铜、铝、不锈钢等。金属垫片对应的密封接口形式如图 2-18 所示。

2.3.2　活塞组件

在压缩机中，一般将活塞、活塞杆和活塞环称为活塞组件，它是压缩机的重要部件之一。活塞组件的结构取决于压缩机的排气量、排气压力以及压缩气体的性能及气缸的结构。

2.3.2.1　活塞

活塞与气缸构成了压缩容积，在气缸中做往复运动，起到压缩气体的作用。对活塞的基本要求：活塞必须具有良好的密封性；具有足够的强度、刚度和表面硬度；重量要轻并具有良好的制造工艺性等。

（1）活塞的基本结构形式　往复式压缩机中，活塞的基本结构形式有筒形、盘形、级差式等。

① 筒形活塞用于无十字头的单作用压缩机中，如图 2-19 所示。它通过活塞销与连杆小头连接，故压缩机工作时，筒形活塞除起压缩作用外，还起十字头的导向作用。筒形活塞分为裙部和环部，工作时裙部承受侧向力，环部装有活塞环和刮油环，活塞环一般装在靠近压缩容积一侧，起密封作用，刮油环靠近曲轴箱一侧起刮油、布油作用。

筒形活塞一般采用铸铁或铸铝制造，主要用于低压、中压气缸，多用于小型空气压缩机或制冷机。

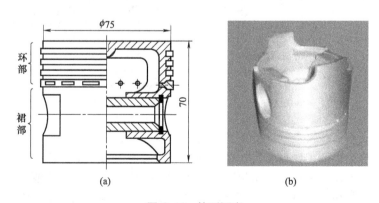

(a)　　　　　　　　　(b)

图 2-19　筒形活塞

② 盘形活塞如图 2-20 所示。一般活塞都做成空心的，以减轻重量。为增加其刚度和减少壁厚，其内部空间均带有加强筋。加强筋的数目由活塞的直径而定，为 3～8 条。为避免铸

造应力和缩孔，以及防止工作中因受热而造成的不规则变形，铸铁活塞的筋只能与上下端面相连。

为了支承型芯和清除活塞内部空间的型砂，在活塞端面每两筋之间开有清砂孔，清砂后用螺塞堵死。直径较大的活塞常采用焊接结构。

除立式压缩机外，其余各种压缩机的盘形活塞大多支承在气缸工作表面上，直径较大的活塞在外圆面专门以耐磨材料制成承压面，为了避免活塞因热膨胀而卡住，承压表面在圆周上只占 90°~120° 的范围，并将这部分按气缸尺寸加工，活塞的其余部分与气缸有 1~2mm 的半径间隙。承压面两边 10°~20° 的部分略锉去一点，而前后两端做成 2°~3° 的斜角，以形成楔形润滑油层。

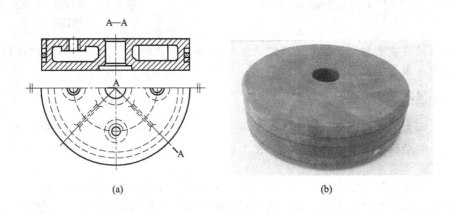

(a)　　　　　　　　　　(b)

图 2-20　盘形活塞

③ 级差式活塞用于串联两个以上压缩机级的级差式气缸中。如图 2-21 所示为大型氮氢混合气压缩机的级差活塞，低压级为铸铁活塞。

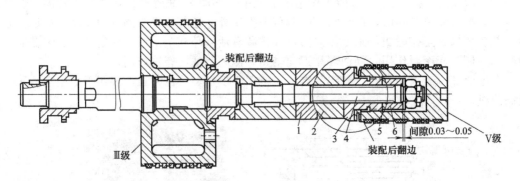

图 2-21　大型氮氢混合气压缩机的级差活塞
1,6—球面座零件；2,5—球面零件；3,4—连接零件

级差式活塞大多制成滑动式。为了易于磨合和减小气缸镜面的磨损，一般都在活塞的支承面上铸有轴承合金。为使距曲轴较远的活塞能够沿气缸表面自动定位，末级活塞与前一级活塞可以采取滑动连接。在串联三级以上的级差式活塞中，采用球形关节连接，末级活塞相对于前一级活塞既能做径向移动，又能转动。高压活塞有可能发生弯曲。为了避免活塞与气缸摩擦，高压级活塞的直径应比气缸直径小 0.8~1.2mm。

（2）活塞材料

活塞常用的材料见表 2-4。

表 2-4 活塞常用的材料

活塞结构形式		材 料						
筒形活塞		ZL7	ZL8	ZL10	HT200	HT250	HT300	
盘形活塞	铸造	ZL7	ZL8	ZL10	ZL15	HT200	HT250	HT300
	焊接	20 钢	16Mn	Q235	B			
级差活塞	低压部分	HT200	HT250	HT300 或 20# 钢	16Mn	Q235 焊接结构		
	高压部分	ZG25 或锻钢						
柱塞		35CrMoAlA、38CrMoAlA,均渗碳						

2.3.2.2 活塞杆及与活塞的连接

活塞杆是用于连接活塞与十字头,以传递活塞力,一般分为贯穿活塞杆与不贯穿活塞杆两种。活塞杆与活塞的连接,通常采用圆柱凸肩连接和锥面连接两种。如图 2-22 所示为活塞杆与活塞为凸肩连接的结构,整个活塞力的传递分别由活塞杆上的凸肩和螺母来承担,所以要求连接可靠。活塞凹槽与活塞杆凸肩的支承面需研磨,以增大有效接触面和改善密封性能。

为了防止活塞发生松动,活塞与活塞杆的连接螺母必须有防松措施。防松方法有加开口销或加制动垫圈,以及螺母凸缘翻边等。同时在另一端用键或销钉将活塞周向固定,否则活塞与活塞杆要发生相对转动。活塞与活塞杆的锥面连接结构如图 2-23 所示,其优点是装拆方便,活塞与活塞杆不需要定位销,但锥面的加工复杂,且难以保证锥面间密切贴合,也难以保证活塞与活塞杆的垂直度,故这种方法很少使用。

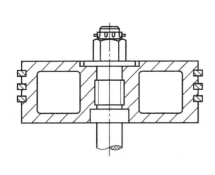

图 2-22 活塞杆与活塞凸肩连接的结构

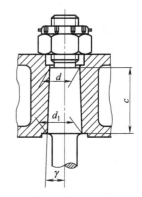

图 2-23 活塞与活塞杆的锥面连接结构

2.3.2.3 活塞环

活塞环分气环和油环两种,如图 2-24 所示。气环的作用是保持活塞与气缸壁的气密性;而油环的作用是刮去附着于气缸内壁上多余的润滑油,并使缸壁上油膜分布均匀。

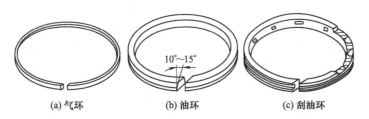

(a) 气环　　(b) 油环　　(c) 刮油环

图 2-24 活塞环的结构型式

活塞环都采用开有切口的弹力环结构形式。这种开口环，在自由状态下，具有比缸径大的直径和较大的切口开度，待装入气缸后，切口处仅留下供活塞环受热膨胀用的工作间隙（称为热间隙）。活塞口的切口分三种形状：直口、斜口、搭口，如图 2-25 所示，其中直口密封效果最差，搭口密封效果最好，斜口居中。但直口制造最方便，搭口制造最麻烦，一般高速、短行程采用直口环，而低速、长行程采用斜口环或搭口环，同一活塞上安装几个活塞环时，应使切口相互错开，以减少泄漏。

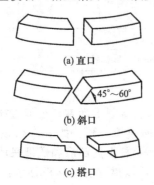

(a) 直口

(b) 斜口　$45°\sim60°$

(c) 搭口

图 2-25　活塞环的切口形状

（1）气环　活塞组装入气缸后，由于气环的弹性作用，使其产生对气缸壁的预紧压力，如图 2-26 所示，设活塞作压缩行程，气缸工作容积缩小，气体压力上升，活塞两侧压力存在差异。高压气体通过气环工作间隙产生节流，压力由 p_1 降至 p_2，于是在气环前后产生了一个压差（p_1-p_2），由于压差力作用，气环被推向了低压 p_2 方，阻止气体由环槽端面间隙泄漏。此时，环内表面上作用的气体压力（简称背压）可近似地等于 p_1，而环外表面上作用的气体压力是变化的，近似地认为是线性变化关系，其平均值等于 $\frac{1}{2}(p_1+p_2)$。若近似地认为气环内、外表面积相同，均为 A，于是在环内、外表面形成的压差作用力为：

$$\Delta p \approx \left[p_1 - \frac{1}{2}(p_1+p_2)\right]A = \left[\frac{1}{2}(p_1-p_2)\right]A$$

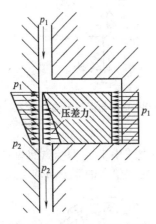

图 2-26　活塞环密封原理图

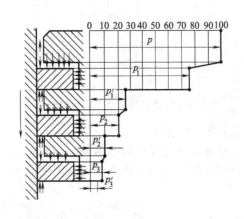

图 2-27　气体通过活塞环的压力变化

在此压差力的作用下，使环压向气缸工作表面，阻塞了气体沿气缸壁泄漏。

由此可见，气环工作时的密封力是由气体压力自己产生的，且随气体压力增加而增加，密封效果更好，因而气环具有自紧密封的特点，但气环开口并具有的弹力是形成自紧密封的前提。

对采用多道气环的密到效果进行试验发现，气体经过第一道环的节流密封后，其气体压力降至原压力的 26%，经第二、三道环密封后，压力分别降至原压力的 10% 和 7.5%，可见采用多道气环密封，第一道环的密封效果最好，但它的寿命也因磨损量大而缩短（图 2-27）。

所以活塞环数不易过多，过多反而增加磨损和功耗。不过在高压级中，第一道环因压差大，磨损也大。第一道环磨损以后，缝隙增大而引起大量泄漏，即失去了密封作用，此时主要压力差由第二道环承担，第二道环即起第一道环的作用，其磨损也加剧。依此类推，所以高压级中要采用较多的活塞环数。

气环数的多少要根据实际情况而定，一般高压级要采用较多的活塞环数，对于易漏气体也可多些。采用塑料活塞环时，因密封性能好，环数可比金属少些。另外，活塞环与所密封的压力差、环的耐磨性、切口形式等有关，所以实际压缩机中也不一致，一般的选用见表 2-5。

表 2-5　活塞两边的压差与活塞环数的选用

活塞两边压差/×10⁵kPa	5	5～30	30～120	120～240
活塞环数/个	2～3	3～5	5～10	12～20

由于活塞组在气缸内高速往复运动，不断将曲轴箱飞溅起来的润滑油带入气缸内壁或气缸工作容积中，若不及时刮去，许多润滑油就会随介质流入其他系统，这样不仅污染了介质，还造成大量润滑油的浪费，油环的刮油和布油作用较好地解决了上述问题，如图 2-28 所示。为了改善刮油效果，油环本身开设足够的泄油孔或油槽。

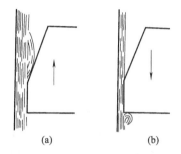

(a)　　　(b)

图 2-28　布油及刮油作用

（2）活塞环的技术要求

① 表面要求　铸铁活塞环的硬度较缸套的硬度高 10%～15% 较为适合。如果采用经硬化处理的钢质缸套，或是超高压压缩机的高硬度碳化钨缸套，则将合金铸铁活塞环的硬度提高到 320～350HB。同一活塞环上的硬度不能相差 4 个布氏硬度单位。

铸铁活塞环的表面不允许有裂痕、气孔、夹杂物、疏松等铸造缺陷，环的两端及外圆柱面上不允许有划痕。

② 加工精度　活塞环的外径 D 按 gd3 公差加工，高度 h 按 df 公差制造。

活塞环在磁性工作台上加工之后，应进行退磁处理。

2.3.3　气阀

气阀是活塞式压缩机的主要部件之一，其作用是控制气体及时吸入和排出气缸。目前，活塞式压缩机上的气阀一般为自动阀，即气阀不是用强制机构而依是靠阀片两侧的压力差来实现启闭的。

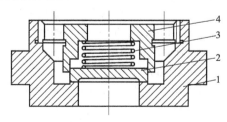

图 2-29　自动阀的组成
1—阀座；2—阀片；3—弹簧；4—升程限制器

2.3.3.1　气阀的结构

气阀的组成包括阀座、阀片（或阀芯）、弹簧、升程限制器等，如图 2-29 所示。

气阀未开启时，阀片在弹簧力作用下紧贴在阀座上，当阀片两侧的压力差（对气阀而言，当进气管中的压力大于气缸中的压力，或对排气阀而言，当气缸中的压力大于排气管中的压力）足以克服弹簧力与阀片等运动重量的惯性力时，阀片便开启。

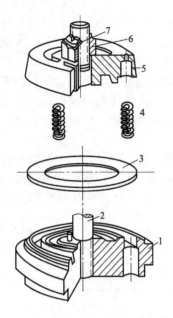

图 2-30 环状阀的结构
1—阀座；2—连接螺栓；3—阀片；
4—弹簧；5—升程限制器；
6—螺母；7—开口销

当阀片两侧压差消失时，在弹簧力的作用下使阀片关闭。

气阀的形式很多，按气阀阀片结构的不同形式可分为环阀（环状阀、网状阀）、孔阀（碟状阀、杯状阀、菌形阀）、条阀（槽形阀、自弹条状阀）等。其中以环状阀应用最广，网状阀、组合阀次之。

（1）环状阀　如图 2-30 所示为环状阀的结构，它由阀座1、连接螺栓2、阀片3、弹簧4、升程限制器5、螺母6等零件组成。阀座呈圆盘形，上面有几个同心的环状通道，供气体通过，各环之间用筋连接。

当气阀关闭时，阀片紧贴在阀座凸起的密封面（俗称凡尔线）上，将阀座上的气流通道盖住，截断气流通路。

升程限制器的结构和阀座相似，但其气体通道和阀座通道是错开的，它控制阀片升起的高度，成为气阀弹簧的支承座。在升程限制器的弹簧座处，常钻有小孔，用于排除可能积聚在这里的润滑油，防止阀片被粘在升程限制器上。

阀片呈环状，环数一般取1～5环，有时多达8～10环片。环片数目取决于压缩气体的排气量。

弹簧的作用是产生预紧力，使阀片在气缸和气体管道中没有压力差时不能开启。在吸气、排气结束时，借助弹簧的作用力能自动关闭。

气阀依靠螺栓将各个零件连在一起，连接螺栓的螺母总是在气缸外侧，这是为了防止螺母脱落进入气缸的缘故。吸气阀的螺母在阀座的一侧，排气阀的螺母在升程限制器的一侧。在装配和安装时，应注意切勿把排气阀、吸气阀装反，以免发生事故。

如图 2-31 所示为环状阀的结构，用于低压级的进气侧。阀片由装在升程限制器中的弹簧压住，因而升程限制器的通道与阀座的通道处在不同的直径上。

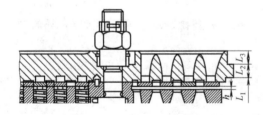

图 2-31　环状阀的结构

（2）网状阀　如图 2-32 所示为网状阀的结构。阀片呈网状，相当于将环状阀片连成一体。阀片本身具有弹性，自中心起的第二圈上将径向筋条铣出一个斜口，同时在很长弧度内铣薄。当阀片中心圈被夹紧而外缘四周作为阀片时，即能在升程内上下运动。网状阀的优点：各环阀片起落一致，阻力较环状阀小；设计缓冲片，阀片对升程限制器的冲击小；弹簧力能适应阀片启闭的需要；无导向部分摩擦。网状阀的缺点：阀片结构复杂，气阀零件多，制造困难，技术条件要求高，应力集中处多，运行容易损坏。它在进口压缩机上应用较多，特别适用于无油润滑压缩机。

2.3.3.2　对气阀的要求

气阀工作的好坏，直接影响压缩机的排气量、功率消耗和运转的可靠性，故气阀工作时

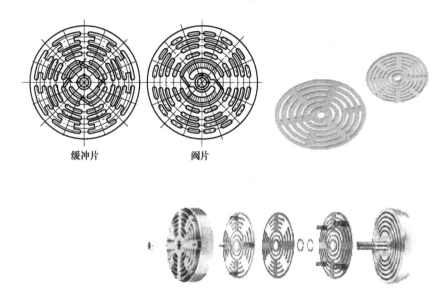

缓冲片　　　　　阀片

图 2-32　网状阀的结构

要注意以下几点。

（1）阀片启闭应及时　若开启不及时，压力损失增加，增加功耗，对吸气量也有影响；若关闭不及时，使气体倒流，不仅影响排气量，而且阀片对阀座的撞击大，降低阀片寿命。

（2）气体通过气阀的阻力要小　由于气阀的节流作用所引起的功耗较大，有时竟达到指示功率的 15％～20％，其大小与采用的气阀形式、气阀结构参数及阀片运动规律有关。

（3）气阀的寿命要长　气阀中最易损坏的元件是阀片和弹簧，而弹簧和阀片的寿命不仅与所用材料、工艺过程有关，而且和阀片对升程限制器和阀座的反复撞击速度有关，要求阀片在反复撞击下，不致早磨损和破坏。

（4）气阀关闭时严密不漏　为使气阀严密不漏，密封元件应具有较高的加工精度，阀片与阀座的密封口应完全贴合。密封性能在装配后用煤油试漏，从阀座侧注入煤油 5min 之内，只允许有少量的滴状渗漏。

此外，还要求气阀余隙容积要小，噪声小，结构简单，制造维修方便，以及气阀零件（特别是阀片）的标准化、通用化水平要高。

2.3.3.3　气阀的材料

气阀是在冲击载荷条件下工作的，所以对气阀的材料有较高要求，强度高、韧性好、耐磨、耐腐蚀、机械加工工艺性能好。

氮氢气压缩机、空气压缩机、石油气压缩机由于被压缩的气体没有腐蚀性，阀片材料常采用 30CrMnSiA。压缩具有腐蚀性气体（如 CO_2、氧气）的压缩机阀片材料常采用 3Cr13、2Cr13、1Cr13 等，还可采用 30CrMoA、20CrNi4VA、37CrNi3A 等材料。阀座和升程限制器常采用优质 $35^\#$、$40^\#$、$45^\#$ 碳钢，40Cr、35CrMo 合金钢，锻钢、稀土球墨铸铁、合金铸铁等。

2.3.4　曲轴

曲轴是压缩机中主要的运动件，它承受着方向和大小均有周期性变化的较大载荷和摩擦磨损。因此，对疲劳强度与耐磨性均有较高的要求。

2.3.4.1　曲轴结构

压缩机曲轴有两种基本形式，即曲柄轴和曲拐轴。曲柄轴多用于旧式单列或双列卧式压缩机，这种结构已被淘汰。曲拐轴如图 2-33 所示，曲拐轴由曲轴颈、曲柄销、曲柄及轴身等组成。现在大多数压缩机采用这种结构，它广泛应用在对称平衡式、角度式、立式等压缩机中。

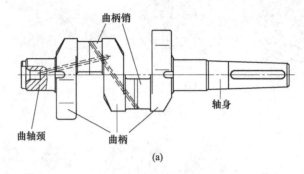

(a)

(b)

图 2-33　曲拐轴

压缩机曲轴通常都设计成整体式，在个别情况下，例如在制造和安装方面有要求时，也可以把曲轴分成若干部分分别制造，然后用热压配合、法兰、键销等永久或可拆的连接方式组装成一体，构成组合式曲轴。

机器运转时曲轴上所需润滑油通常是从主轴承处加入的，通过曲轴钻出的油路通往连杆轴承。轴颈上的油孔一般有斜油孔和直油孔两种形式，可根据曲轴形状和供油方式而定。

2.3.4.2　曲轴的材料

曲轴材料一般有锻造和铸造两种。锻造曲轴常用材料是 $40^{\#}$ 、 $45^{\#}$ 优质碳素钢。铸造曲轴常用稀土-镁球墨铸铁材料。由于铸造曲轴具有良好的铸造性和加工性能，可铸出较复杂、合理的结构形状，吸振性好，耐磨性高，制造成本低，对应力集中敏感性小，因而得到广泛的应用。

2.3.4.3　提高曲轴疲劳强度的措施

曲轴的截面形状尺寸沿轴向有着很大的变化，大直径与小直径的连接处是应力集中最为严重的地方。在交变载荷的作用下，应力集中处可能会发生进展性裂缝，造成曲轴的断裂。为减小过渡区的应力集中，一般制成圆角圆滑过渡。过渡圆角的结构形式如图 2-34 所示，图 2-34（a）是最常用的过渡圆角形状，图 2-34（b）是由几个不同半径的光滑连续圆弧组成的，称为变曲率多圆弧圆角，适用于大型曲轴。当压缩机轴向长度需严格限制时，可采用内圆角结构，如图 2-34（c）所示。

为了提高曲轴疲劳强度，可以用滚珠或滚轮对曲柄圆角进行滚压或以 0.5mm 粒度的钢丸喷射在曲轴表面进行强化，使其在圆角和表面产生较大的残余压应力，还可通过表面高频淬火的方法、表面氮化处理的方法提高轴颈与圆角的抗疲劳强度。大型压缩机的曲轴做成空心结构，既可减轻重量、降低惯性力，又能提高其抗疲劳强度。

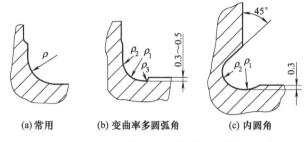

(a)常用　　(b)变曲率多圆弧角　　(c)内圆角

图 2-34　过渡圆角的结构形式

2.3.5　连杆

连杆是将作用在活塞上的推力传递给曲轴,将曲轴的旋转运动转换为活塞往复运动的机件。连杆本身的运动是复杂的,其中大头与曲轴一起做旋转运动,而小头则与十字头相连做往复运动,中间杆身做摆动。

2.3.5.1　连杆的结构

连杆分为开式和闭式两种。闭式连杆(图 2-35)的大头与曲柄轴相连,这种连杆无连杆螺栓,便于制造,工作可靠,容易保证其加工精度,常用于大型压缩机。

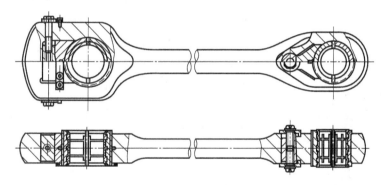

图 2-35　大头为闭式的连杆

现在普遍应用的是开式连杆,如图 2-36 所示。开式连杆包括杆体、大头、小头三部分。大头分为与杆体连在一起的大头座和大头盖两部分,大头盖与大头座用连杆螺栓连接,螺栓上加有防松装置,以防止螺母松动。在大头盖和大头座之间加有垫片,以便调整大头瓦与主轴的间隙。杆体截面有圆形、矩形、工字形等。圆形截面杆体加工方便,但在同样强度下,其运动重量最大。工字形的运动重量最小,但加工不方便,只适于模锻或铸造成形的大批生产中应用。

开式连杆大头又分为直剖式和斜剖式两种。如图 2-36 所示为直剖式,斜剖式如图 2-37 所示。连杆大头斜剖的目的是使连杆的外缘尺寸减小,既方便装拆,又便于活塞连杆组件直接从气缸中取出,但斜剖式连杆大头加工较复杂,故不如直剖式应用广泛。

2.3.5.2　连杆的材料

连杆材料通常采用 $35^{\#}$、$40^{\#}$、$45^{\#}$ 优质碳素结构钢,近年来也广泛采用球墨铸铁和可锻铸铁制造连杆。为了减小连杆惯性力,低密度的铝合金连杆在小型活塞式压缩机中也得到广泛的应用。模锻和铸造连杆体既省材,又简化加工,是制造连杆的常用方法。

2.3.5.3　连杆轴瓦

连杆大头多用剖分式轴瓦,通过在剖分面加减垫片的方式调整轴瓦间隙。现代高速活塞

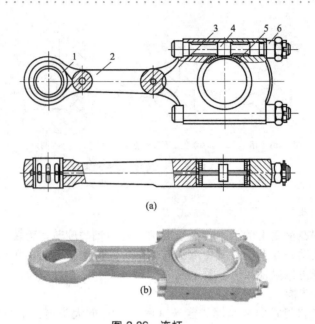

图 2-36 连杆

1—小头；2—杆体；3—大头座；4—连杆螺栓；5—大头盖；6—连杆螺母

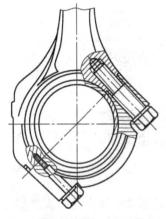

图 2-37 斜切口连杆大头

式压缩机的剖分式连杆大头中一般镶有薄壁轴瓦，如图 2-38 所示，其制造精度高，互换性好，易于装修，价格低廉，深受广大用户欢迎。

薄壁轴瓦总壁厚仅为轴瓦内径的 2.5%～4%，底瓦用 08#、10#、15# 薄钢板制，表面覆合 0.2～0.7mm 厚的减摩轴承合金，导热性良好。

减摩合金层要求有足够的疲劳强度，良好的表面性能（如抗咬合性、嵌藏性和顺应性）、耐磨性和耐蚀性，高锡铝合金、铝锑镁合金和锡基铝合金是常用减摩合金的材料。

连杆小头常采用整体铜套结构，该结构简单，加工和拆装都方便。为使润滑油能达到工作表面，一般都采用多油槽的形式，材料采用锡青铜或磷青铜。有时，希望小头轴瓦磨损后能够调整，则常采用如图 2-36 所示的可调结构，依靠螺钉拉紧斜铁来调整磨损后的轴与十字头销间的间隙。

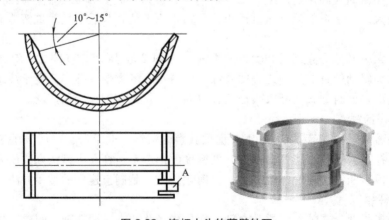

图 2-38 连杆大头的薄壁轴瓦

2.3.5.4 连杆螺栓

连杆螺栓是压缩机中最重要的零件之一。尽管其外形很小，但要承受很大的交变载荷和几倍于活塞力的预紧力，它的损坏会导致压缩机最严重的事故。连杆螺栓的断裂多属疲劳破坏，所以螺栓的结构应着眼于提高耐疲劳能力。

中、小型压缩机的连杆螺栓外形如图 2-39（a）所示，大型压缩机的连杆螺栓外形如图 2-39（b）所示。由于连杆螺栓受力复杂，因此，螺栓上的螺纹一般采用高强度的细牙螺纹，螺栓头底面与螺栓轴线要相垂直。连杆螺栓的材料为优质合金钢，如 40Cr、45Cr、30CrMo、35CrMoA 等。

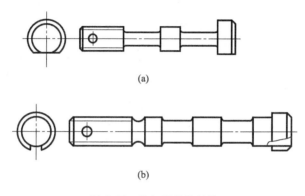

(a)

(b)

图 2-39 连杆螺栓的结构

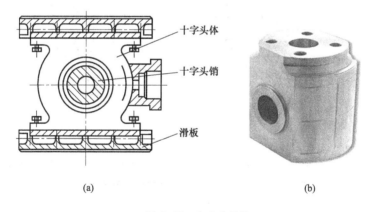

(a)

(b)

图 2-40 十字头结构

2.3.6 十字头

十字头是连接活塞杆、连杆并承受侧向力的零件，它也具有导向的作用。它借助连杆，将曲轴的旋转运动转变为活塞的往复直线运动。对十字头的要求是具有足够的强度、刚度、耐磨损、重量轻，工作可靠。

2.3.6.1 十字头的结构

十字头由十字头体、滑板、十字头销等组成，如图 2-40 所示。按十字头体与板的连接方式，可分为整体式和可拆式两种。整体式十字头多用于小型压缩机，它具有结构轻便、制造方便的优点，但不利于磨损后的调整。高速压缩机上为了减轻运动重量也可采用整体十字头。大、中型压缩机多采用可拆式十字头结构（图 2-40），它具有便于调整十字头滑板与滑道之间间隙的特点。

十字头与活塞杆的连接主要有螺纹连接、连接器连接以及法兰连接等。各种连接方式均应采取防松措施，以保证连接的可靠性。螺纹连接结构简单、重量轻、使用可靠，但每次检修后都要重新调整气缸与活塞的余隙容积。如图 2-41 所示为目前采用的螺纹连接形式，它大多采用双螺母拧紧作为防松装置锁紧。

如图 2-42 所示为十字头与活塞杆用连接器和法兰连接的结构，这两种结构使用可靠，调整方便，使活塞杆与十字头容易对中，不受螺纹中心线和活塞杆中心线偏移的影响，而直接由两者的圆柱面配合公差来保证。其缺点是结构笨重，故多用于大型压缩机。

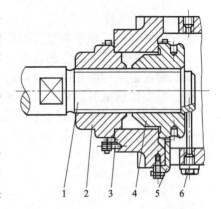

图 2-41 十字头与活塞杆用螺纹连接的结构

1—活塞杆；2,4—螺母；
3—防松齿形板；5,6—防松螺钉

2.3.6.2 十字头销

十字头销是压缩机的主要零件之一，它传递全部活塞力，因此要求它具有韧性、耐磨、耐疲劳的特点。常采用 $20^\#$ 钢制造，表面渗碳、淬火，表面硬度为 $55\sim62$HRC，表面粗糙度 Ra 值为 $0.4\mu m$。

十字头销有圆柱形 [图 2-43 (a)]、圆锥形 [图 2-43 (b)] 及一端为圆柱形另一端为圆锥形 [图 2-43 (c)] 三种形式。

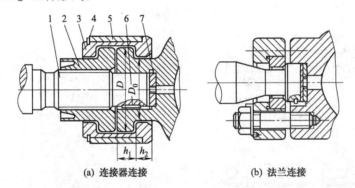

(a) 连接器连接　　　　　　　(b) 法兰连接

1—活塞杆；2—螺母；3—连接器；4—弹簧卡环；5—套筒；6—键；7—调整垫片

图 2-42 十字头与活塞杆用连接器和法兰连接的结构

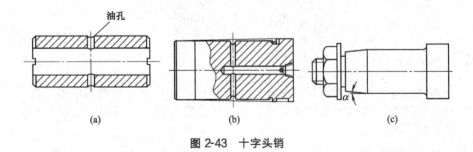

(a)　　　　　　　　　(b)　　　　　　　　　(c)

图 2-43 十字头销

圆柱形十字头销与十字头的装配为浮动式，能在销孔中转动，具有结构简单、磨损均匀等优点，但冲击较大，适用于小型压缩机。

圆锥形十字头销一般与十字头销孔装配为固定式，适用于大、中型压缩机，锥度取 1/20～1/10。锥度大，装拆方便，但过大的锥度将使十字头销孔座增大，以致削弱了十字头体的强度。

2.3.7 密封元件

压缩机中除了在活塞与气缸之间用活塞环来密封外，另外一种重要的密封元件是填料函，用于密封气缸内的高压气体，使气体不能沿活塞杆表面泄漏，其基本要求是密封性能良好且耐用。

填料是填料函中的关键零件，其密封原理与活塞环类似，利用"阻塞"和"节流"作用实现密封。最常用的是金属填料。

在填料函中目前采用最多的是自紧式填料，它按密封圈结构的不同，可分为平面填料和锥面填料两类，前者用于中低压，后者用于高压。

2.3.7.1 平面填料

如图 2-44 所示为低压三瓣斜口密封圈，其结构简单，易于制造，适用于低压级。

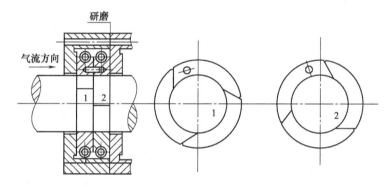

图 2-44　低压三瓣斜口密封圈

压力在 10MPa 以下的中压密封，多采用三瓣、六瓣密封圈（图 2-45）。密封圈安装在填料函内的密封盒中，每个盒中都装有两个密封圈（图 2-46）。六瓣圈为主密封圈，安装在密封盒内的低压侧，它是防止气体沿活塞杆发生轴向泄漏的主要元件。主密封圈由三块弧形片及三块帽形片组成，并在外圈的周向槽内装有镯形小弹簧将此六片箍紧，使三块弧形片抱紧活塞杆而产生密封作用。为使弧形片在内圈受到磨损后仍能抱紧活塞杆，在三块弧形片之间留有三条 1.5～2mm 的径向收缩缝。由于这三条收缩缝的存在，气体就可能沿其轴向及径向泄漏。三块帽形片从径向堵住了气体的泄漏。从轴向堵住泄漏气体的任务由设置在密封盒内高压侧的副密封圈完成，副密封圈由三块扇形片组成，它同样用镯形弹簧从外圈箍紧。在三块扇形片之间也留有三条供扇形内圆磨损后收缩用的收缩缝，主、副密封圈上还有保证主、副圈上收缩相互错开的定位销用的定位孔。

主、副密封圈过去常采用 HT200 或青铜制造，后来采用填充聚四氟乙烯、尼龙等工程塑料制造，近几年推广使用铁基粉末冶金平面填料，这种材料具有良好的减摩性能和自润滑性能。与合金铸铁平面填料相比，它具有材质优良、无合金成分偏析、切削加工量少、材料利用率高、使用寿命长等优点；与填充聚四氟乙烯相比，它具有机械强度高、热膨胀系数小、不易老化等优点。通过装机使用，其连续运转寿命在 25000h 以上。

2.3.7.2 锥面填料

当最大密封压差大于 10MPa 时，填料函内常设置锥面填料。

如图 2-47 所示为锥面填料的结构。在密封盒内装有外圈和固定圈，此两圈的锥形内口固合成一个双锥面的密封腔，密封腔内装有一个 T 形密封环和两个梯形密封环。固定圈高压侧设有轴向小弹簧，推挤两圈将三环夹紧。在 T 形环和梯形环之间的定位销保证三环上的收缩缝相互错开。梯形环为主密封环，T 形环从径向和轴向将梯形环的收缩缝堵死。轴向

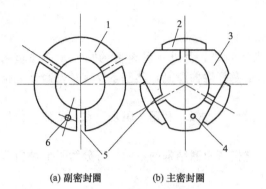

(a) 副密封圈　(b) 主密封圈

图 2-45　三瓣、六瓣式平面密封圈

1—扇形片；2—帽形片；3—弧形片；
4—定位销；5—收缩缝；6—定位孔

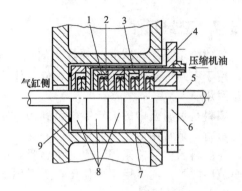

图 2-46　平面填料及填料函

1—副密封圈；2—主密封圈；3—油道；
4—螺栓；5—活塞杆；6—压盖；
7—填料函；8—密封盒；9—垫片

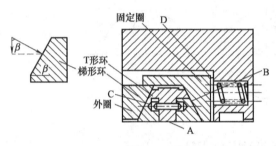

图 2-47　锥面填料的结构

弹簧的推力通过固定圈与密封环间的锥面传递给各密封环。锥面与活塞杆轴线之间的夹角为 β，β 一般为 60°、70°、80°。

根据不同的密封压差，调整夹角 β 即可得到适宜的密封力，既不使磨损加剧，又具有良好的密封性能，这是它较之平面填料的优点。锥面填料结构复杂、加工困难，应用不如平面填料多。

锥面填料的外圈和固定圈用碳钢或合金钢制造。T 形环和梯形环常用青铜 ZQSn8-12（压力大于 27.4MPa）或巴氏合金 ChSDS-bll-6（压力小于 27.4MPa）制造。

除了上述几种填料外，尚有活塞环式的密封圈，如图 2-48 所示。该密封圈的结构和制造工艺都很简单，内圈可按间隙配合 2 级精度或过渡配合公差加工，现已成功地应用于压差为 2MPa 的级别中。

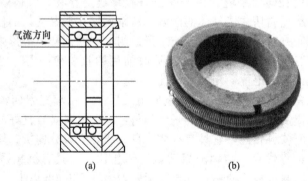

(a)　(b)

图 2-48　活塞环式密封圈

2.3.7.3　自润滑材料与无油润滑压缩机

在压缩机压缩的气体中，有许多是不允许被润滑油污染的，比如食品、生物制品、制糖业等部门，若在压缩气体中夹带有润滑油，不仅影响产品质量，并且可能引起某些严重事故，如爆炸、燃烧等。另外，如果被压缩的气体温度很低，如乙烯为 −104℃，甲烷为 −150℃ 或更低时，润滑油早已冻结硬化，失去正常的润滑性能。因此，目前越来越多的压缩机采用无油润滑技术，既可以避免介质的污染，减少润滑系统设备投入，还可以节省大量润滑油。

实现无油润滑的关键是研制适合的自润滑材料来制造活塞环、填料以及阀片等密封元件。目前使用最多的是填充聚四氟乙烯，其次是尼龙、金属塑料。填充聚四氟乙烯是将聚四氟乙烯与一种或数种填充物如玻璃纤维、青铜粉、石墨、二硫化钼等按一定比例组成的混合物，经压制、烧结后加工成所需的活塞环、密封圈和阀片等。

（1）自润滑材料活塞环　组合盘型无油润滑活塞如图 2-49 所示，其形状与铸铁活塞环相似，多为直切口开口。与金属环相比其结构特点如下。

① 由于塑料活塞环弹性差，为了保证有一定的预紧压力，在环的内径处装上一个金属弹性膨胀环或波状弹簧片等。

② 由于材料的强度低，故环的轴向高度较金属环大，甚至大到 1 倍左右。

③ 由于导热性差、线膨胀系数大，所以轴向和切口间隙都留得远比金属环大，有时大 3～4 倍。

④ 为防止活塞环与气缸镜面接触，不论卧式或立式压缩机均要设导向环（图 2-49）。

（2）自润滑材料密封圈　如图 2-50 所示为无油润滑填料函的结构，密封圈材料为聚四氟乙烯，塑料密封圈可制成整体的半锥形或 V 形，也可与金属密封圈一样，制成单切口的、三瓣或六瓣的平面密封圈。

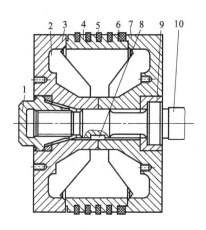

图 2-49　组合盘型无油润滑活塞
1—螺母（H62）；2—垫环（3CR13）；3—活塞上盖
（4 号铝合金）；4—活塞体（磷青铜）；5—活塞环
（填充聚四氟乙烯）；6—导向环（填充聚四氟乙烯）；
7—活塞下盖（4 号铝合金）；8—键（3Cr13）；
9—垫环（3Cr13）；10—活塞杆（3Cr13）

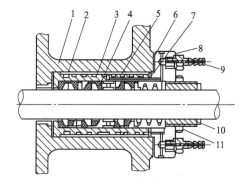

图 2-50　无油润滑填料函的结构
1—衬套；2—水隔套；3—内密封环；4—外密封环；
5—散热漏气垫圈；6—弹簧座；7—弹簧；8—填
料压盖；9—水接头；10—调节螺栓；11—螺母

由于塑料的导热性差，无油润滑填料函的散热与冷却问题必须充分考虑。填充聚四氟乙烯具有冷流性，为了防止密封圈冷流，可在密封圈旁边设置阻流环。

2.4　活塞式压缩机的辅助设备

2.4.1　压缩机的润滑

润滑是压缩机中的重要问题之一，它不仅影响到压缩机的性能指标，而且与压缩机的寿命、可靠性、安全性也直接相关。

润滑的作用如下：

① 降低压缩机的摩擦功、摩擦热和零件的磨损，提高压缩机的机械效率，增加压缩机的可靠性和耐久性；

② 带走摩擦热，使摩擦表面温度不致过高；

③ 润滑油充满与气缸的间隙和轴封的摩擦表面之间，增强了密封作用；

④ 带走磨屑，改善摩擦表面的工作情况。

2.4.1.1 润滑系统

传动机构中的主轴承、曲轴、曲柄销、连杆的大小头轴瓦、十字头销和滑道采用了强制润滑。主油泵由曲轴直接驱动，机身的油池作为系统的油箱来使用，可以储存至少 8min 的油泵循环油量，装有油温和油位就地指示油表。油池对地位置装有放油阀，油路总吸油口设有过滤精度不少于 $30\mu m$ 的粗过滤器，油池与稀油站和主油泵相连。

稀油站包括辅助油泵、油冷却器、油压调节阀、精过滤器（过滤精度不大于 $40\mu m$）、

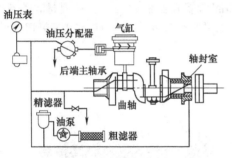

图 2-51 润滑油循环系统

安全阀以及就地安装的温度、压力、压差仪表。润滑油循环系统如图 2-51 所示。主油泵用于压缩机正常工作，辅助油泵可用于压缩机启动前润滑部位的预润滑，也可以在主油泵油压低于预定值时自启动。辅助油泵由单独的电机拖动，主轴承和十字头滑道润滑点都直接与润滑油管线连接。连杆大小头轴瓦是由通过机件内部的油路提供润滑油的。连杆体中心的纵向油孔与大小头轴瓦外部的环形槽相通，由十字头来的润滑油，通过环形槽及油孔对十字头销和曲柄销进行润滑。润滑

系统要求供油温度超过 65℃，油压低于 0.16MPa 时报警并启动辅助油泵，油压低于 0.12MPa 时压缩机自停。气缸和填料如果采用注油润滑方案，可启用注油器系统向指定注油点供油。

2.4.1.2 润滑油的选用

除无油润滑压缩机之外，所有压缩机的气缸部分及运动机构部分都需要进行润滑，除个别压缩机采用特殊润的滑剂之外（如氯气压缩机气缸用浓硫酸，氧气压缩机气缸用蒸馏水加甘油，乙烯压缩机气缸用甘油），绝大多数压缩机都采用矿物油作润滑剂。润滑剂大多数是液体，液体润滑剂不仅能润滑摩擦表面，减少摩擦和磨损，而且在气缸中还能起阻塞液体的作用，在机身中润滑剂对摩擦表面还起清洗和冷却作用，以带走摩擦所造成的磨屑和由摩擦产生的热量。只有个别情况下才采用润滑脂，因为它不能起冷却作用，工作时轴承部分将出现很高的温度，故只有那些滴点大于 200℃ 的润滑脂方可应用。常用的润滑脂有膨润土润滑脂、二硫化钼复合铝基润滑脂和复合钙基润滑脂等。

对润滑油的要求：具有良好的化学稳定性，即不与被压缩的气体发生化学反应；具有一定的黏度，因为润滑油的润滑性能和密封性能取决于黏度；润滑油不应与水形成乳化液以及要求润滑油的闪点超出最高排气温度 20~50K。

所谓闪点就是润滑油被加热到一定温度，产生的油蒸气与空气混合后，遇上明火时会出现火花一闪，此时的温度称为润滑油的闪点。

气缸润滑油的选择要考虑被压缩介质、压力和温度。对于空气压缩机，除了要求润滑有必要的黏度以满足润滑和密封作用的要求外，对易于形成积炭的场合宜用环烷基矿物油，可加抗积炭的添加剂；为防止气路系统中锈蚀，可加抗氧、抗锈剂；气缸壁面容易凝结水时，

用乳化的掺和油；若机器需经常低温启动可用高黏度的石蜡基油；对于高压空气压缩机，为形成油膜和防止泄漏，应用高黏度石蜡基油。

空压机气体含氧量多且排气温度较高，应注意抗氧化性和闪点。一般可采用我国 SY 1216—1972 标准，终压较低的空气压缩机通常选用 HS-3 压缩机油。压力比大于 3 的多级空气压缩机，则采用 HS-19 压缩机油。若最后几级压力比更高，终压超过 35MPa 时，采用 HS-22 压缩机油，因为它含有抗氧化、抗磨添加剂，性质更为稳定。氮气和氢气以及氮氢混合气压缩机，被压缩介质对润滑油有化学惰性，故可用压缩机油，也可按 GB 5904—1986 标准，低压时用 HG-11 饱和气缸油，高压时用 HG-24 饱和气缸油。

氨冷冻机的润滑油要求凝固点低，在低温时黏度变化不大，常用 13 号和 18 号冷冻机油。

氧气压缩机，过去使用纯蒸馏水，但水分在气缸壁上不易黏着，故现今都用含有 6%～8% 的工业用甘油和蒸馏水的混合物，以增加其附着能力，改善润滑性。矿物油是绝不能使用的，也不允许它们由活塞杆表面带入气缸，以免在高温下轻馏分挥发出来引起爆炸。乙烯气也不允许使用矿物油，因乙烯的纯度会受到污染，因此一般采用 80% 甘油及 20% 蒸馏水作为润滑剂。焦炉气压缩机，当气体处于被杂质污染状态时，可用已经使用过的再生油润滑，但数量应加大。石油气压缩机中的石油气，由于临界温度高，易于液化而稀释润滑油，所以使用重润滑剂或硅酮（聚硅氧烷）油，后者不溶于气体和油类，闪点高，凝点低。氯气压缩机中的氯气会与矿物油中的烃类物质反应生成氯化氢，腐蚀金属，应选用润滑脂，或用无润滑材料活塞环及填料函。

氨冷冻机润滑油要求凝固点低，低温时黏度变化不大，常用 13 号和 18 号冷冻机油；以氟里昂为工质的冷冻机用 18 号及 HB 号冷冻机油。

传动机构用的润滑油，一般用 HG-40、HG-50 机油。大型压缩机也可采用压缩机油。

具有氧化能力的气体（例如 CO、O_2 等）及不允许被油污染的气体（如 C_2H_2、氩、氦等稀有气体），不能用矿物油，而只能用甘油、蒸馏水作为润滑剂，目前也趋向于用无油润滑结构。

对氮气、氢气与氮氢混合气的压缩机，因它不含氧，气体对油无作用，可用 HG-11 饱和气缸油。高压时采用 HG-24 饱和气缸油。氨冷冻机的润滑油要求凝固点低，在低温时黏度变化不大，常用 13 号和 18 号冷冻机油。对其他化学性质不活泼的气体，如 CO_2、焦炉气等，均可采用各种牌号的机油作润滑剂。

2.4.1.3　润滑部件及润滑方式

（1）气缸润滑　按照润滑油达到气缸镜面的方式，气缸润滑可分为飞溅润滑、压力润滑和喷雾润滑三种。

① 飞溅润滑　飞溅润滑一般用于单作用式压缩机，当活塞接近上止点时，曲轴箱中飞溅的油雾及油滴落于气缸未被活塞遮盖的镜面，并在活塞下一循环中进入活塞环槽中，再由活塞环布至需要润滑的表面。低压的第一级，在吸气过程中气缸里能产生真空度，故润滑油很易被吸入气缸内，并在压缩气体高温作用下挥发，然后和被压缩气体一起排出压缩机，所以飞溅润滑往往容易出现耗油过多的现象。飞溅润滑的优点是结构简单，缺点是这种润滑方式油压低，工作可靠性差，一般只用于低速、小型压缩机。

② 喷雾润滑　喷雾润滑是在压缩机气缸进气接管处喷入一定量的润滑油，油和气体混合一起进入气缸，然后一部黏附在气缸镜面上供气缸润滑。这种润滑结构也很简单，且第一级进气阀可得到润滑，但油雾仅与气缸接触的一部分能黏附在缸壁上，其他部分仍和气体一起被排出气缸而得不到利用；此外，油和空气密切混合容易发生氧化和积炭，所以喷雾润滑目前应用不多。

③ 压力润滑 压力润滑应用最广，有专门的润滑系统，由注油器在压力下将润滑油注入各级气缸的润滑表面进行润滑，注油点和注油量可以控制。

压力润滑中润滑接管在气缸上的配置：卧式气缸的润滑点应布置在上方，气缸直径较大时，宜在两侧离上方不远的圆周上设两个润滑点，在气缸下方支承表面处往往也另外增加一些润滑点。立式气缸的润滑点在圆周方向均匀配置，根据直径大小可以有 $1\sim4$ 个润滑点。润滑点在气缸轴线方向的位置：单作用气缸在第一道活塞环往返行程中两止点位置的中间；双作用气缸处于工作表面长度的中间位置。输油管多用无缝钢管或紫铜管，内径一般为 4mm。

压力润滑的供油注油器通常由一些独立的柱塞油泵组成，每一油泵供给一个注油点。油泵安装在公共的油箱内，由一根装有若干偏心轮或凸轮的公共轴驱动。注油器的各个通道都布置在沿偏心轮轴线方向的柱塞泵的泵体上，这样，可以很方便地在轴线方向配置所需数目的泵体，而外形尺寸却不至于过大。这种注油器的结构比较复杂，当柱塞和套筒磨损时，润滑油可能由此处间隙泄漏掉而不能保证将滴入罩内的润滑油送至气缸。

如图 2-52 所示为我国自行设计制造的真空滴油式注油器。经实践证明，这种注油器的工作是可靠的。一个注油写内装有很多个小的柱塞式往复泵，每个小油泵负担一个润滑点。

主轴（偏心轮 10）转动使柱塞 2 上下运动，这就是柱塞注油泵的主要动作。当柱塞 2 向下运行时，泵体内形成真空，润滑油就通过吸油管 1 和通道、滴油管 5 进入示滴器 6，再经钢球开启的通道 B，最后油经过通道 C 进入泵体。当柱塞向上运行时，通道 B 的钢球关闭，吸油通道被切断，油就通过注油阀 4 输送出去。从有机玻璃的示滴器中可看出有没有油滴滴出和滴油的多少。如果没有油滴滴出，则表明气缸已断油，此时应立即分析原因并采取措施解决。

旋转调节螺套 7 能升降调节杆 8，可以调节摆杆 D 的极限位置，这样就可改变柱塞的行程，从而调节输油量。压缩机启动前，还可用手动手柄供油。

压缩机所采用的注油器除真空滴油式注油器之外，还有滑阀式注油器与球阀式注油器，它们都能单独地调节各柱塞的供油量并具有供检查油滴数的示滴器。

气缸注油器可以由压缩机曲轴通过棘轮机构或蜗轮、蜗杆减速机构驱动，也可配单独的电动机通过减速器驱动。注油器一般为每分钟注油 $7\sim15$ 滴。压力油润滑时，在气缸注油点的接管处应设有逆止阀，低压时设置一道逆止阀即可，而高压时必须设置双重逆止阀，以防油管破裂时发生气体倒出事故。如图 2-53 所示为气缸注油止逆阀的结构。

(2) 运动机构润滑部件 压缩机运动机构的润滑是指主轴承、曲柄销、十字头销和十字头滑道等摩擦表面处的润滑。润滑的目的除了减少摩擦功和降低磨损之外，还有冷却摩擦表面以及带走摩擦下来的金属小颗粒等作用。因此，不仅要求有一定性能的润滑油，还应有足够的油量。

运动机构的润滑方式有飞溅润滑和压力润滑两种。

① 在无十字头的小型压缩机中可采用飞溅润滑，润滑油是依靠连杆大头上装设的油勺或棒，在曲轴旋转时打击曲轴箱中的润滑油，使其飞溅起并飞至那些需要润滑之处。主轴承采用滚动轴承，位于曲轴箱内，带起来的油雾足够满足主轴承的润滑。润滑油经过连杆大、小头特设的导油孔，将油导至摩擦表面。飞溅润滑需严格控制油面高度，因为润滑油过多时，将增加功率消耗并使润滑油过热。油平面过低时，润滑不足。所以机器运转时需要经常检查油面高度，较为不便。飞溅润滑的优点是简单，缺点是不能有效地带走热量，同时，在工作过程中润滑油不经过滤清，润滑油的污染会加速机器的磨损，所以飞溅润滑只适用于短期工作的小型压缩机。

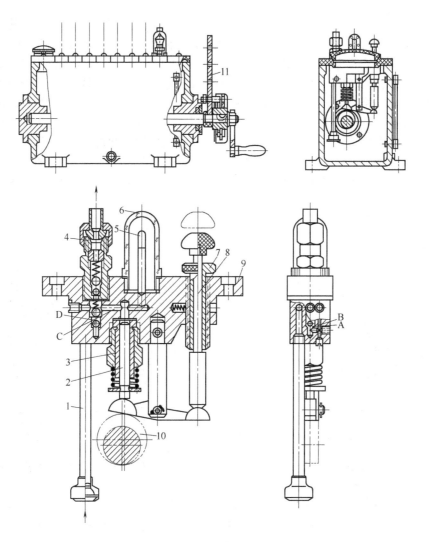

图 2-52 我国自行设计制造的真空滴油式注油器
1—吸油管；2—柱塞；3—柱塞套；4—注油阀；5—滴油管；6—示滴器；7—调节螺套；8—调节杆；
9—泵体；10—偏心轮；11—摆杆

② 中、大型压缩机广泛采用压力润滑，将润滑油以一定的压力输送到运动机构的各润滑表面，而且可以进行专门的滤清和冷却等处理。典型的润滑系统如图 2-51 所示，润滑油依次通过集油箱、油泵、滤清器、冷却器和运动机构的润滑表面又回到集油箱，系统中还包括旁通阀和单向阀等。根据压缩机的具体情况，润滑系统的组成部分可有所增减。

2.4.1.4 润滑设备

压力润滑系统的主要设备有齿轮油泵、油滤清器、油冷却器、压力调节器和集油箱。

（1）齿轮油泵 中、大型高速压缩机的润滑油泵趋向于由单独电动机驱动，因为单独电动机驱动的油泵可在压缩机启动之前先开动，待系统达到规定油压时再开动压缩

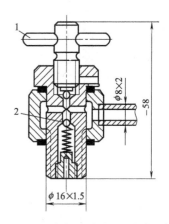

图 2-53 气缸注油止逆阀的结构
1—检查开关；2—钢球

机,这就保证了压缩机启动时得到充分的润滑,以利于提高摩擦件的耐久性,特别是当压缩机的转速大于 750r/min 时,如果启动时轴承得不到及时的润滑,则极易烧毁轴瓦。

润滑油泵大多是容积式的,普遍采用的是外啮合齿轮油泵、月牙形齿轮油泵和内啮合转子油泵三种型式,大型压缩机也有采用螺杆泵的,其制造复杂,但较经济,且噪声小。

① 外啮合齿轮油泵 外啮合齿轮油泵如图 2-54 所示,一对互相啮合的齿轮置于泵体中,齿轮旋转时润滑油从油入口 1 吸进,充满齿隙,并在齿轮旋转时沿着工作室的外圆周移动。当齿轮进入啮合时,油从油出口 2 被压出。齿轮反向转动时油的流向反转,因此不允许改变齿轮泵的旋转方向。当齿轮接近完全啮合时,残留在其中的油将被封闭,造成封闭容积中的压力剧增,这是不允许的,通常都在泵体的端平面上加开通道 3 或采取其他措施予以消除。

这种齿轮油泵的结构虽简单,但只能单方面转动供油,否则将失去泵油能力。

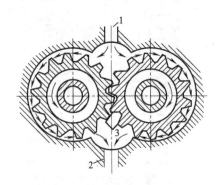

图 2-54 外啮合齿轮油泵
1—油入口;2—油出口;3—通道

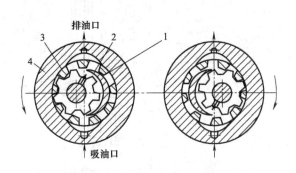

图 2-55 月牙形齿轮油泵
1—外齿轮;2—月牙体;3—内齿轮;4—泵壳

② 月牙形齿轮油泵 月牙形齿轮油泵具有可正反旋转的优点,但制造精度要求高,故使用不够广泛,其结构如图 2-55 所示。

③ 内啮合转子油泵 为了减小外形尺寸,简化结构,齿轮泵已趋向于由两个外齿轮的啮合改为外齿轮和内齿轮的啮合,同时,内齿轮的外圆表面也就是它的支承轴承,结构简单

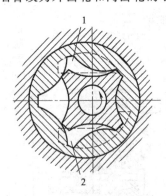

图 2-56 内啮合转子泵
1—油入口;2—油出口

紧凑。也可将齿轮泵的齿数减少到最小值,既利于加工,也提高了输油量。内啮合转子油泵(又称转子泵)就是这些理论下的产品,例如内啮合转子泵。

内啮合转子泵如图 2-56 所示,它由内转子、外转子和壳体三部分组成。工作时内转子由驱动机带着绕其自己的中心转动。由于内转子和外转子的特殊啮合关系,内转子转动时能带着外转子也绕其自身的中心转动。内转子通常为 4 个齿,外转子有 5 个齿槽。内转子每个齿形曲线在任何时候都与外转子上某个点相切,因此每个齿都形成一个封闭容积。由于内、外转子齿数不同,故转速也不一样,内转子每转 90°,外转子转 72°,由此使这些封闭容积的大小和位置在一转中不断变化。在泵壳体的端面相应地开有入口和出口通道,当封闭容积逐渐扩大时油被吸入,当逐渐缩小时油被排出。

转子泵同样具有结构紧凑、可正反旋转的优点。由于外、内转子可用铁-石墨粉末模压烧结成形,因而加工简单、节省材料、精度高、寿命长,被广泛采用。

如图 2-57 所示是内啮合转子油泵的结构,主轴反转时,偏心转子座圈 6 会带动外转子 7

一起转动180°，直到定位销被卡住为止，这样就实现了外转子中心的转移。

油泵可以由压缩机主轴驱动，也可由电动机单独驱动。油泵由压缩机主轴驱动时，应备有手动机构或专门的手动油泵，以保证压缩机启动之前就能对各个润滑表面供油。由主轴驱动时可以用联轴器直接联结油泵主轴或者通过一对螺旋齿轮与主轴联结，并使油泵配置在曲轴箱的油平面之下，避免油泵产生负压，提高工作时特别是启动时的可靠性。功率为1000kW或更高的压缩机，油泵单独由电动机驱动，便于在压缩机启动之前使油泵开始工作。此时，为了防止无润滑油的情况下启动压缩机，压缩机的电动机与润滑油系统应进行联锁，即应保证润滑系统中有油压时驱动压缩机的电动机的电路才能接通而启动。由电动机单独驱动油泵时，可以将润滑系统的各有关机体安装在离压缩机较远的地方。

（2）油滤清器 润滑油在使用中不可避免地要被磨屑、尘埃以及和空气接触时产生的氧化胶状物所污染，这些杂质如不及时滤去会使零件出现早期磨损，或堵塞油道。机器的耐久性与润滑油的清洁程度有很大关系，故设置油滤清器是很重要的。良好的油滤清器应该具有高的滤清效果和小的流动阻力，同时要求尺寸小、重量轻。

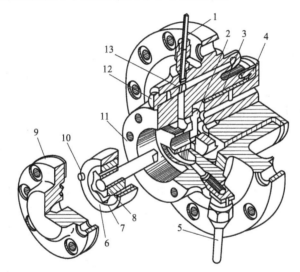

图 2-57 内啮合转子式油泵的结构

1—压力表油管；2—传动块；3—后轴承；4—曲轴；5—吸油管；6—转子座圈；7—外转子；
8—内转子；9—油泵盖；10—定位销；11—后轴承座；12—闷头螺钉；13—排油通道

润滑油的过滤一般经过两次，即粗滤和细滤，也有采用三次过滤的，即增加精滤过程，因此设有粗滤器、细滤器和精滤器。

① 粗滤器 一般为网式，装于集油箱或曲轴箱的润滑油管入口处，在润滑油尚未进入油泵之前进行过滤，目的在于保护油泵，使其免于进入较大的硬质颗粒影响油泵的寿命，当然也有助于以后进行细滤。滤网由铜丝制成，网孔尺寸为 0.6mm×0.6mm，故仅能滤去粒径在 0.8mm 以上的颗粒。

② 细滤器 装于油泵之后，细滤器主要有网式和片式两种。

网式滤清器用 100 目以上的金属网若干层绕于金属骨架上。它制造简单，但体积较大，易堵塞，难清理，一般需同时装两个，并装置切换阀，使压缩机在连续运行中当一个被堵塞需拆下清洗时，另一个可马上接替工作。

片式滤油器主要由金属轮形滤片和星形隔片交替装在一个共同轴上组成，滤片之间的隙缝即为油的通道，机械杂质被阻止于滤片之外或之间。被过滤的杂质的大小取决于隔片的厚度。我国轮形滤片厚 0.25～0.33mm，星形隔片厚 0.07～0.15mm。在另一根轴上装有刮片，其厚度同星形片，并与星形片同样交替安装，但仅夹在环片的边缘内。其作用为清理杂质，即当滤清器被堵塞后，只需将手柄转动使滤芯旋转一圈，刮片便刮下了所有堵于环形片之间的杂质。刮片式滤清器制造虽较复杂，但结构紧凑，使用方便。

线式滤清器是由铜丝压制成一段段矩形截面，绕于波金属圆筒骨架上。波形筒的谷部沿轴向钻有一系列小孔，油通过线隙由外向里流，杂质被阻于线外，线式滤清器清洗也较为困难。

③ 精滤器　细滤器仅能滤去粒径为 0.05～0.1mm 的颗粒，而完善的滤清应能除去大于油膜厚度尺寸（0.01～0.05mm）的颗粒，这就需要精滤器。精滤器分为纤维式和离心式两类。

纤维式精滤器的过滤元件是由毛毡、棉纱、树脂纤维等多孔性材料制成的，润滑油透过较厚的过滤层，能够滤去粒径为 0.05mm 的机械杂质，而且能吸收润滑油中的水分、游离氧等。目前广泛应用的纸质滤清器，纸芯用树脂处理过的专门滤纸作成。为了增加滤清的面积，通常将其常折叠成波纹形或菊花形。纸质滤清器过滤能力较其他纤维式的强，并且能够滤去粒径为 0.01～0.04mm 的颗粒。

离心式精滤器靠离心力的作用使机械杂质和润滑油分离。工作时润滑油由下面通入，经转子轴上的径向钻孔进入转子，再经上边的滤网来到切向喷嘴处。具有压力的油从喷嘴喷出，并推动转子作高速旋转，比油分子密度大的杂质，因离心力的作用被甩到转子外缘而与油分离。喷嘴一般有两个或三个，孔径为 1.8～2.0mm，转速可达 5000～7000r/min。离心式滤油器使用一个时期后也需要清洗，以去掉积沉在转子内的杂质，清洗后还可继续使用。

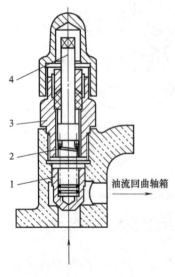

图 2-58　压力调节器
1—阀芯；2—弹簧；3—阀体；
4—调节阀杆

（3）油冷却器　简单的油冷却器是在集油箱或油底壳内装入蛇形管，管内通冷却水。但在集油箱内冷却油将使以后的滤清发生困难，因此应在滤清器之后安装单独的冷却器。油冷却器可制成壳管式或套管式，冷却器中润滑油的流速为 0.4～0.8m/s。由于润滑油黏度较大，故在压缩机启动初期压力损失较大，可采用旁通管使润滑油绕过油冷却器来减少压力损失。

（4）压力调节器　调节油压用的旁通阀与压力表是循环系统中必不可少的配件。如图 2-58 所示，在滤清器前后各装一个压力表，以便及时表示出滤清器工作情况的好坏。压力调节阀的作用是将系统中过量的润滑油排入集油箱中，不使系统中的油压力超过额定压力值。油压力值可通过弹簧调节。

（5）集油箱　集油箱的容量应按每分钟油泵输油量的 3～6 倍来计算，大型压缩机的集油箱制成箱式，安装在地下室中，回油可靠重力自行流入。箱内有浮子液面指示器与自动液面信号器。润滑油流入集油箱时，应经过多层筛孔过滤，在箱内还可进行沉淀。在流出集油箱前，还经过粗滤器。为了在冬季启动时润滑油不致有过高的黏度，集油箱中还配有蒸汽加热蛇管。

2.4.2　压缩机的冷却和冷却设备

2.4.2.1　压缩机装置中的冷却部位

（1）级间冷却　其优劣直接影响到压缩机工作的可靠性与经济性

（2）后冷却　被压缩气体排出压缩机后进行后冷却，其目的如下：

① 改善气体品质。后冷却使气体温度降低，使气体中所含水分与油雾便于分离。

② 减少气体流动阻力损失或减小气体管道直径。排出气体经后冷却，其比容积进一步减少，由此在管径不变时可减小气体流动阻力损失，或保持流速不变时则管道直径可减小。

（3）润滑油冷却　往复压缩机中的润滑油冷却，是为了保证其运动部分能得到合适黏性的润滑油进行润滑。

回转压缩机中，当用润滑油进行内冷却时，对润滑油的冷却主要是间接导走被压缩气体的热量，使润滑油降低温度而可循环使用。

（4）气缸冷却　详见前述压缩机气缸部分内容。

2.4.2.2　对冷却系统与设备的要求

① 必须满足热力设计中对级间冷却与后冷却的温度要求，即能释放所应导走的热量。

② 总传热系数高，使冷却器结构尺寸小、重量轻。

③ 流动阻力损失小。这在气侧可减少压缩机所消耗的功，也减少了热交换器的热负荷（因为由流动阻力转变的热量减少了）；在水侧可减小泵功消耗；风冷时减少风机功耗。

④ 系统应简单、可靠，便于清理与修理。

2.4.2.3　冷却系统

（1）冷却介质选择

① 空气　主要用于移动式或撬装式压缩机，以及缺水的场合。

② 水　水能承担比空气更大的热负荷传递，故适用于中、大型压缩机。但是，多数情况下冷却被压缩气体后升温的水，仍需由空气进行冷却，以使水能循环使用。

③ 润滑油　主要用于回转压缩机内冷却。但冷却后的润滑油大都也需由空气进行冷却，以便进行循环使用，仅在水源丰富时用水再冷却润滑油。

（2）风冷式冷却系统

① 微型风冷压缩机装置　微型风冷压缩机装置的结构比较简单，大都利用带轮轮辐做成风扇，把排气管道做成盘管（光管或带翅片）；由风扇形成的气流先通过盘管再冷却气缸。

② 小型风冷压缩机装置　为使冷却气流均匀，中间冷却器置于风扇进气侧，由风扇抽气冷却，气缸置于吹风侧，为保证气缸良好冷却，应设置导流罩。

③ 中型风冷多级压缩机装置　如图 2-59 所示为 Arid 公司天然气汽车加气站用风冷四级压缩机装置平面布置。图中压缩机为对动式，为方便管道布置，组合式风冷冷却器配置在压缩机非驱动侧，冷却器风扇由单独的电动机经皮带传动来驱动。若为立式或角度式压缩机，且不做成集装箱式结构，则冷却器可安置在压缩机上部。

（3）水冷式冷却系统

① 按冷却水通过气缸与中间冷却器顺序分类

a. 串联式冷却系统　如图 2-60 所示，串联式冷却系统中，冷却水先进入中间冷却器，再顺序流经第Ⅰ级与第Ⅱ级气缸，最后流经后冷却器后排出。该系统特点是结构简单、水的温升较高、水耗量较少，其缺点是发生故障时检查不方便。这是两级压缩机常用的形式。

b. 并联式冷却系统　如图 2-61 所示，冷却水从总进水管分别流到各级气缸与中间冷却器，然后再分别流入总排水漏斗。这种系统水量可分别调节，冷却效果良好，查找故障方便，但系统管线较复杂，水耗量相对于串联式要高一些。

c. 混联式冷却系统　冷却水分别从总水管引入各中间冷却器，然后分别导至相应的各级气缸，最后汇入总排水管。该系统兼有并联与串联的优点，主要用于多级压缩机。

② 按冷却水应用方式分类

a. 开式冷却系统

ⓐ 冷却水一次性使用　当压缩机装置靠近江、河、湖泊等水源，并可直接应用时，冷

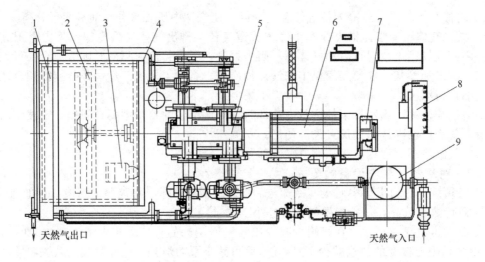

图 2-59　Arid 公司天然气汽车加气站用风冷四级压缩机装置平面布置

1—组合式（1~4 级风冷冷却器）；2—风扇；3—风扇电动机；4—安全罩；5—四级压缩机；
6—压缩机驱动电动机；7—油泵与电动机；8—控制柜；9—进气缓冲器

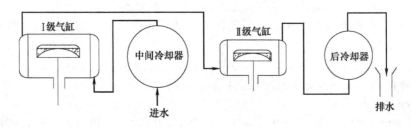

图 2-60　串联式冷却系统

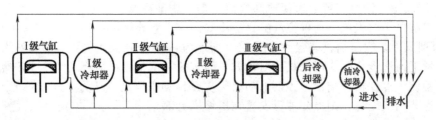

图 2-61　并联式冷却系统

却水因冷却气体而升温后，即排入水源下流处。此种场合应特别注意水质要求及是否会污染水源。

一次性地用城市供水系统的水源是非常不经济的，仅在不经常使用的小型压缩机装置上允许应用。

ⓑ 冷却水循环使用　冷却水因冷却气体而升温后，再送至水冷却塔或水冷却池进行冷却，然后再循环使用。此种系统水质容易控制，并且不会污染环境，但需定期补充水，并且冷却塔与管道配置及水泵要增加一次性投资，泵与冷却塔中的风扇也要消耗电能，它们实际上也要加入单位气体的耗电量中。

b. 闭式冷却系统　冷却水始终置于管道内。因冷却气体而升温的水，再通过专门的热交换器释放热量。导热的介质在缺水地区为空气；在有水源但不宜直接用于级间冷却时（如海水），则可考虑用水冷却，但此种热交换器应特殊设计。

2.4.2.4 冷却设备

压缩机的气缸一般需进行冷却，多级压缩机还需进行级间冷却。此外，在一些压缩机装置中最后排出的气体也需进行后冷却，以分离气体中所含有的水和油。冷却剂通常为水和空气，只有个别场合采用油和其他液体。小型移动式压缩机及中型的压缩机当在缺水地区运行时采用空气冷却。空气冷却效果较差，并且消耗的动力费用一般较耗水费用或循环水的动力费用要大，此外，室内运行时，难以控制室温，故实际上压缩机多采用水冷却。冷却器有板式及管式两大类，根据冷却和被冷却介质的性质、流量的大小、压力的高低，每类又有许多结构型式。

（1）板式冷却器　板式冷却器有平板式及螺旋板式两种，平板式冷却器的结构如图 2-62 所示。冷却器元件是由平板、两板之间类似 V 型铁的嵌条以及平板两侧波浪形的翅片三者钎焊而成。翅片的作用是增加传热面积。A 和 B 分别表示冷却剂和被冷却的介质。

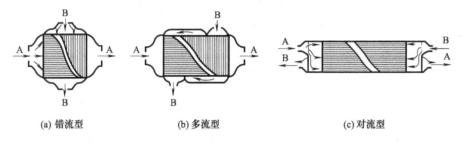

(a) 错流型　　　　　(b) 多流型　　　　　(c) 对流型

图 2-62　平板式冷却器的结构

螺旋板式冷却器的结构如图 2-63，它将两块平行平板卷成螺旋状，借以构成两通道。

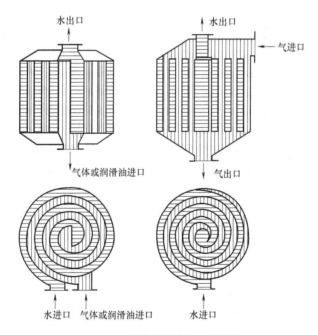

图 2-63　螺旋板式冷却器的结构

板式冷却器单位体积内能提供较大的热交换面积，结构紧凑，但是由于强度原因它仅适用于低压，且清洗困难，制造技术要求较高。现在，板式冷却器在压缩机中使用并不普遍。

（2）管式冷却器　管式冷却器使用的历史很久，通过不断的改进，体积和重量有所减少，目前仍是压缩机装置中普遍采用的形式。管式冷却器有三种型式，即蛇管式、套管式和列管式。

① 蛇管式冷却器　如图 2-64 所示，蛇管式冷却器是把管子绕成螺旋状，并置于一个壳体中，气体在管内流动，水在管外的壳体内流动。冷却水自壳体底部进入，上部流出，随着水逐渐上升，温度也逐渐升高，这样可利用其自然对流的作用。

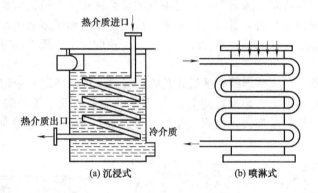

图 2-64　蛇管式冷却器

　　蛇管式冷却器的特点是结构简单，制造方便，且可几个中间冷却器组合在一起，其结构比较紧凑，但是，冷却水在一个较大的壳体中流动流速很慢，故冷却效果较差。一般蛇管材质采用紫铜，以改善总的传热效果。此外，管子直径不宜大，大直径管不仅传热效果差，弯制也较困难。所以，蛇管冷却器仅适用于气量小的压缩机，但压力的高低不限。

② 套管式冷却器　图 2-65 所示为套管式冷却器，在管子外面再套一根管子，气体在管间流动，水在管内流动，为增加传热面积，内管外侧焊有纵向翅片。考虑到内外管子工作时热膨胀的不一致，采取补偿措施。气体在管间流动的套管式冷却器，一般适用于 20MPa 的高压。因为外管直径较大，压力高时壁厚增加，故不经济。此外，补偿部位密封也困难。故更高压力的套管式冷却器，应使气体在管中流动，水在管间流动。

图 2-65　套管式冷却器

套管式冷却器的管径也不宜过大，一般适用于高压级，因为结构不紧凑，故尺寸和重量相对都较大。

③ 列管式冷却器　如图 2-66 所示为低压列管式冷却器，由一束平行排列的光圆管子胀接于两块端板上构成冷却器芯子，芯子置于一个圆筒形壳体中，两端有端盖。气体在换热管外流动，并依靠特设的挡板使气流垂直掠过管束，曲折前进，水在换热管内流动。气体自冷却器壳程接管一端进入，另一端导出。随着气体被逐渐冷却，气体密度增大，故能顺着流动方向下沉。为使气流保持必要的速度，隔板间距是变化的，开始大些，后来逐渐减小。

　　因为压缩机的排气是脉动的，隔板受脉动负荷，故需要较好的支撑定位。若挡板支撑不牢固，工作时发生振动，挡板和管壁不断摩擦，可能导致磨穿管壁，使导管漏气。更严重时挡板从支撑杆上脱落，几块挡板叠合在一起，堵塞通道，造成重大事故。

　　挡板一般做成"缺圆"形的，也有做成圆圆环形的。前者挡板简单，但直径大的冷却器两侧往往要设置挡板，以防止气流从两侧较大的空间流过，起不到冷却作用。后者的结构则无需设置挡板。

　　下部的筒形底座能起分离气液及缓冲容器的作用。

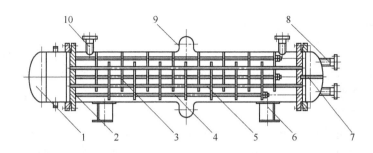

图 2-66 低压列管式冷却器

1—管箱；2—管板；3—挡板；4—拉杆；5—换热管；6—支座；
7—隔板；8—管程接管；9—膨胀节；10—壳程接管

列管式冷却器一般是水在管内流动，这样，当管壁积有水垢时清理比较方便。水的流动可以是双程、三程或四程。当气体污染情况严重时，考虑到清洗的方便，改用气体在管内流动，水在管间流动。采用这种方式，壳体只承受冷却水压力，故可采用很小壁厚。管外表面形成积垢，则只能用化学方法进行清洗。

为了提高传热效果可采用带翅片的导管，这样还可以缩小冷却器的尺寸和重量。翅片最好直接由金属管轧制而成，没有轧制金属翅片管时，也可由金属带绕制，或由金属片套制。后两种需要采取浸锡措施，使翅片与管壁完全接触，避免留有间隙，严重影响翅片的传热效果。翅片管冷却器往往制成一组组元件式的芯子，可由几个元件串联或并联使用，这种冷却器的优点是结构简单、紧凑，在壳体直径相同的情况下布管数最多。由于无弯管部分，管内不易结垢，即使结垢，也便于更换和清洗。如果管子发生泄漏或损坏，也便于进行堵管或换管。缺点是管外机械清洗困难，且难以检查，因而壳程必须采用清洁不易结垢的流体。更主要的缺点是当壳体和管子的壁温或材料的线胀系数相差较大时，在壳体和管子中将产生很大的温差应力。上述冷却器壳体较大，因受强度限制，故只适用于低压。压力高时结构需要改变。压力大于 10MPa 的冷却器，气体只能在管内流动，水在管外流动，它依靠隔板垂直掠过管束，曲折流动。这种列管式冷却器可能很长，占地面积很大，若采用如图 2-67 所示 U 形的结构，便可克服这一缺点。

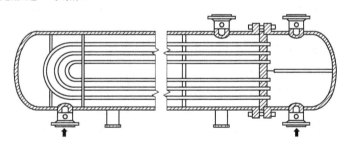

图 2-67 列管式高压冷却器

列管式冷却器导管的尺寸一般取内径为 10～20mm，管径太大不好，因为流量和管径的平方成正比，而表面积与管径的一次方成正比，故管径大了，相对传热表面便减少。此外，在相同的压力下，管径过大，要求壁厚增加，热阻也增大。管径过小，管子数目将增加，制造复杂，并且壁厚过小时胀管也有困难。列管中心距一般为 $(1.25～1.5)d$，其中 d 为管子外径。因为一般列管都是胀接于端板上，考虑到端板的强度，导管外径的最小距离不得小于 5～6mm。冷却水的速度一般为 1～2m/s，具有翅片的冷却器水流速度应提高到 1.5～3m/s。

2.4.3 滤清器

不洁净的气体进入压缩机之前必须经过过滤器，以防止气体中的灰尘等固体杂质进入气缸，增加相对滑动件的磨损。滤清器的作用就是根据固体杂质颗粒的大小及重量与气体分子不同，利用阻隔（即过滤）、惯性及吸附等方法，使进入气缸的气体含尘量不大于 0.03mg/m^3。

在大型压缩机站可建造滤清室，中、小型压缩机采用滤清器。让气体通过干式滤清器中致密的织物（也可用纤维质滤芯），借以滤去固体物质。为了减少气流通过滤芯的阻力，应设法加大通气截面。布质滤清器可以清除 99.9％ 的含尘量。但是必须加强维修及清理，否则会迅速阻塞，增加气流阻力。油浴式过滤器由滤芯和油池两部分组成，进入滤清器中的气体经过气流转折，较大的颗粒落入下面的油层而被清除，较小的颗粒再在后面被阻隔。这种滤清器的滤清效果很好，可以除掉气体中 98％ 的灰尘，多用于小型和移动式空压机组。

起滤清作用的部分通常制成滤清元件，根据需要安装在气体通路中，这样既便于管路的设计，也便于元件的清洗和更换。滤清元件可以是配置若干层的金属丝或纤维层，也可以填充金属环、瓷环或金属刨屑等，目的都是起阻隔灰尘的作用。还可以使滤清元件浸透油脂以加强对灰尘的吸附作用，使滤清效果更好。应该注意，滤清作用都是在气流速度较小的条件下进行的，否则阻力损失太大。所以滤清元件的通流截面大多比相应导管截面大几十倍。同时，被过滤的物质不会自动脱离滤清元件，而是附在其上，故滤清元件极易污染，需定期清洗或更换以保证滤清效果优良，阻力损失小。

2.4.4 缓冲器

活塞式压缩机的气流脉动给压缩机装置带来很大的危害，因此要把压力脉动限制在一定范围内，但目前国内还未制定统一标准。前苏联化工机械研究院的推荐工作压力为 0.5MPa 时，压力不均匀度为 0.02～0.08；工作压力为 0.5～10MPa 时，压力不均匀度为 0.02～0.06；工作压力为 10～20MPa 时，压力不均匀度为 0.02～0.05；工作压力为 20～50MPa 时，压力不均匀度为 0.02～0.04。轻质气体或含氢气的混合气体取较大值，与气缸相连的管段压力不均匀度应当降低到最小许用值，以减小压力脉动对气量和功率消耗的影响。

减少气流压力脉动的最有效的方法是在靠近压缩机的排气（或进气）口处安装缓冲容器。缓冲器的结构形式，低压时为圆筒形，高压时为球形，也有在缓冲器内加装芯子进一步构成声波滤波器。缓冲器最好不用中间管道而直接配置在气缸上。如果不能这样配置，则连接管道的面积应比气缸接管的面积大 50％ 左右。管道应保证气体平稳流动，转折处取较大的弯曲半径。一个级如果有几个气缸时，最好共用一个缓冲器，以保证气流更均匀，且缓冲器的容积也较小。

缓冲器上进气口及排气口接管的配置如图 2-68 所示，图 2-68（a）的方式，进、出气管均配置在同一侧，缓冲作用最差；图 2-68（b）的方式，进、出气管配置在两侧，缓冲能力可提高 15％～20％；图 2-68（c）的方式，由于气流的转折，减少脉动振幅达 60％。

2.4.5 液气分离器

压缩机气缸中排出的气体常含有油（气缸有油润滑时）和水蒸气，经过中间冷却后就形成冷凝液滴。油滴和水滴如果不分离掉而随气体进入下一级气缸，它们会黏附在气阀上，使气阀工作失常，寿命缩短；水滴附着在下一级气缸壁上，使壁面润滑恶化；在化工流程中，气体中含油会使催化剂中毒，使合成效率降低；空气压缩机的管路中油滴大量积聚则有引起爆炸的危险。为把气体中的油滴和水滴分离掉，在各级冷却器之后设置液气分离器。

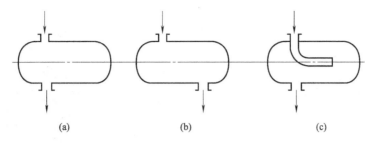

图 2-68　缓冲器上进气口及排气口接管的配置

　　分离器按作用原理分为惯性式、过滤式及吸附式三种。惯性式主要是靠液滴和气体分子的质量不同，通过气流转折利用惯性进行分离。过滤式主要依靠液滴和气体分子的大小不同，使气体通过多孔性过滤填料，液滴便聚集于填料中而实现分离。吸附式则是利用液体的黏性，使其吸附在容器或填料表面。实际上三者往往是组合使用的。

　　如图 2-69 所示利用气流转折的液气分离器，气流从弯管进入，在完成了由下降转变到上升的气流转折后流出。液气的分离作用依靠气流速度及方向的改变来达到。气体在容器内向上运动的速度越低，分离的效果越好，一般低压级不超过 1m/s，中压级不超过 0.5m/s，高压级不超过 0.3m/s。

　　如图 2-70 所示为利用气流多次转折的分离器，采用多次转折使分离作用加强，更适用于压力较高的级次。

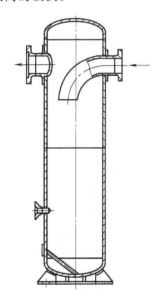

图 2-69　利用气流转折的分离器

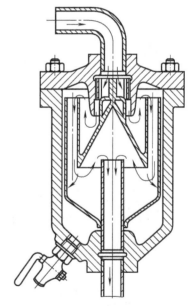

图 2-70　利用气流多次转折的分离器

　　如图 2-71 所示为具有挡板的分离器。气流进入分离器后，撞击垂直挡板，使液滴附在壁面上并沿壁降落，聚积在容器底部后由排污管排出。气流经过转折，剩余的液滴进一步分离，然后气体从出气管引出。

　　如图 2-72 所示是离心式分离器，气流从上端切向流入，气流做旋转运动，液滴在离心力作用下被甩到周围壁面上并沿壁面降落而聚积在底部，气体沿中心管向上引出。这种形式分离效果较好，适用于高压级。

　　如图 2-73 所示是利用附着法分离，气体沿波形板组的间隙前进，受到多次碰撞使液滴附着在板组上，由此达到分离目的。

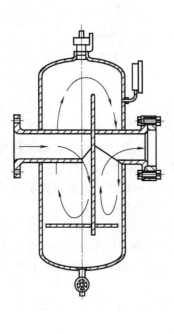

图 2-71　具有挡板的分离器

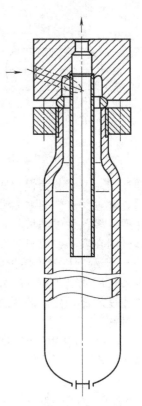

图 2-72　离心式分离器

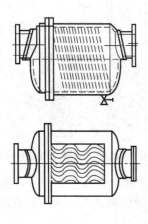

图 2-73　利用附着法的分离器

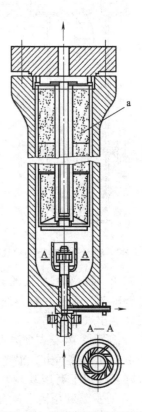

图 2-74　惯性-过滤式分离器

如图 2-74 所示是惯性-过滤式分离器。分离器的下部和图 2-69 相似。a 是分离元件，填充活性炭或多孔性陶瓷，也可以用硅胶或铝胶。通过上述物质的吸附或过滤，可将气体中的最小液滴分离掉，这种分离器用于气体分离要求较高的场合。

液气分离器也可起缓冲器的作用，此时分离器的容积要取得大一些，可以根据压力不均匀度的要求来确定。

2.4.6　安全阀

压缩机每级的排气管路上如无其他压力保护设备时，都需装有安全阀。当压力超过规定值时，安全阀能自动开启放出气体；待气体压力下降到一定值时，安全阀又自动关闭。所以安全阀是一个起自动保护作用的器件。

从生产需要出发，对安全阀提出一系列的要求，如：安全阀达到极限压力时，应及时且无阻碍地开启，阀在全开位置应稳定，无振荡现象；阀在规定压力下处于开启状态，放出的工作介质量应等于压缩机的排气量；当压力略低于工作压力时，阀应当关闭；阀应在关闭状态下保证密封。

安全阀按排出介质的方式可分为开式和闭式两种。开式安全阀是把工作介质直接排向大气，且无反压力。这种安全阀用于空气压缩机装置中，如图 2-75 所示。闭式安全阀是把工作介质排向封闭系统的管路，用于贵重气体、有毒或有爆炸危险的气体压缩机装置中，如图 2-76所示。

安全阀按压力控制元件的不同可分为弹簧式和重载式。弹簧式安全阀结构紧凑，得到了广泛的应用，如图 2-75 和图 2-76 所示。重载式安全阀如图 2-77 所示，它

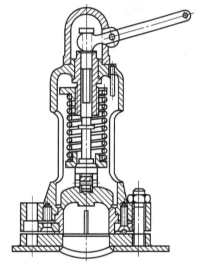

图 2-75　开式安全阀

的优点是封闭器件上升时，作用力是不变的，但由于它对振动很敏感，所以只在固定式装置中尚有应用。

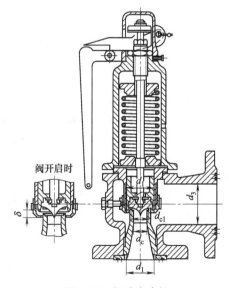

图 2-76　闭式安全阀

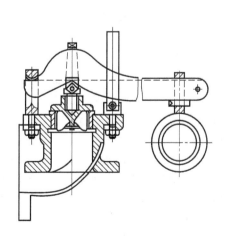

图 2-77　重载式安全阀

安全阀按照封闭器件开启高度的大小又可以分为全启式和微启式两种。全启式安全阀的阀瓣升起高度大于阀座最小通道直径的 1/4，即阀瓣与阀座的缝隙截面大于阀座的最小截面。微启式安全阀的阀瓣升启高度大于阀座最小通道直径的 1/40～1/20，且阀瓣与阀座的缝隙截面小于阀座的最小截面。这种安全阀通常用于气量较小的系统。全启式和微启式两种安全阀在阀瓣上升初期是一样的，即当容器内的压力达到阀的开启压力时，阀瓣逐渐开启。当压力进一步升高时，全启式安全阀是借助辅助机构——调节环和阀瓣上的环状沟槽的作用，使阀达到全升程。

我国已有 $(1～320)×10^5\,Pa$ 的安全阀系列产品，一般只需根据流量和压力选用。由于安全阀不经常工作，为避免锈蚀卡住，应定期检验。

2.4.7　噪声控制装置

压缩机是一种高噪设备，从声源控制噪声，是噪声控制最根本而又有效的措施，为此首先必须对压缩机的噪声源及其特性进行分析。

压缩机的噪声频率比较宽广，一般有影响的主要峰值频率在 20～2000 Hz 之间。压缩机的声源是一种综合性的机械噪声源，从性质上讲，它包含了机械性噪声和空气动力性噪声两种类型。从发声部位上讲，压缩机的各个零件都会发出噪声，只是噪声的强弱与频率的高低有所不同，各种压缩机的噪声源部位及其传递途径大体上是类似的。

2.4.7.1　噪声源

① 气缸内气体压力变化产生噪声。

② 切向力波动引起噪声。

③ 活塞（或十字头）敲击激振。

④ 气阀噪声。

气阀噪声分阀片的敲击声、涡流噪声和阀片自激振动声三种。

⑤ 阀室与进、排气管系中的噪声。

⑥ 压缩机结构表面辐射的噪声。

此噪声主要由压缩机本体的结构表面辐射的噪声与压缩机附件的外表面辐射的噪声组成。

⑦ 风扇噪声。

风扇噪声主要是空气动力性噪声。此噪声主要由旋转噪声与涡流噪声组成。

⑧ 带传动的噪声。

⑨ 电动机噪声。

⑩ 齿轮噪声。

上述这种齿与齿之间的周期冲击，使齿轮产生啮合频率的受迫振动和噪声。

除了上述基本原因外，还有齿轮旋转不平衡力，或齿轮单齿跳动，或齿轮轴所受的波动的负载转矩所引起的与转速一致的低频振动和噪声，有时也会出现该转动频率的高阶谐波频率的噪声。

此外，齿轮受到外界激振力作用，会产生瞬态自由振动，从而发出固有振动频率的噪声。一般高阶固有频事的泛音，多数在很短时间内消失，齿轮的基频与齿轮直径的平方成反比，与齿轮厚度成正比。当齿轮的啮合频率与其固有频率互为整数倍时，将产生强烈共振，从而辐射很大的噪声。

2.4.7.2　噪声控制

首先在机器的设计阶段便应注意使各噪声源发出的声能尽量小；其次是采取消声措施。消声措施主要是采用隔声罩或装设消声器。在压缩机进口装设消声器仅能消除进气噪声的一部分，隔声罩则能控制全部噪声。

（1）吸声　当室内有声源辐射噪声时，室内的受声点除了听到由噪声源传来的直达声外，还可听到由平整、坚硬的室内四周壁面多次来回反射形成的反射声（混响声）。如果在室内四周壁面或空间悬挂、敷设一些多孔吸声材料或吸声结构，则可以降低反射声，从而可以降低室内总的噪声强度，这就叫吸声处理。这种吸声技术除了用在车间、办公室等的室内外，也可运用在压缩机的隔声罩、储气罐、空调风道及阻性消声器中。

（2）隔声与隔声罩　隔声用在风道及隔声间中，以隔绝气体声。气体声的隔声问题，属于声波透过一层具有不同的特性阻抗的介质进行传播的问题。隔声具体的措施是采用隔声罩设计。

隔声罩是一种隔断气体噪声的装置。把噪声较大的部件或者整台机器用隔声罩封闭起来，可以有效地控制噪声的外传，减少噪声对周围的影响。当然，设置隔声罩会给维修、监视压缩机、管路安排、仪表布置等带来不便，成本也有所提高，并且由于隔声罩所用材料和结构一般都不利于机器的散热，从而增加机器温升，有时需要通风以加强冷却罩内的空气。在解决这些问题后，隔声罩仍然是一种可取的降噪有效措施。隔声构件组成如图 2-78 所示，隔声罩与管路连接如图 2-79 所示。

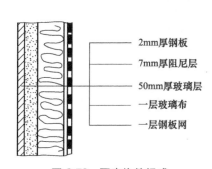

图 2-78　隔声构件组成

- 2mm厚钢板
- 7mm厚阻尼层
- 50mm厚玻璃层
- 一层玻璃布
- 一层钢板网

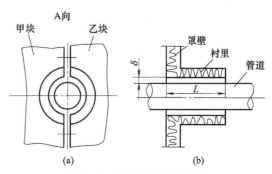

图 2-79　隔声罩与管路连接

（3）消声器　消声器是阻止声音传播而允许气流通过的一种器件，是消除空气动力性噪声的重要技术措施。

消声器的型式很多，主要有阻性、抗性和阻抗复合型消声器等。

2.4.8　监护装置

大型压缩机的安全运转率，往往要求达到 99％ 以上，否则，任何事故都会带来较大的经济损失。所以这类压缩机以及某些防爆要求高的压缩机均应备有完善的监护系统。

监护的对象是各主轴承处的温度；冷却和润滑系统在各部位的进出口温度及压力；各级排气管的温度和压力等。监护系统的任务是监视上述部位的参数，当参数在远离设计值并将达危险值时，及时发出信号，必要时能立即切断电源，停机待修。例如，当齿轮油泵供油压力低于额定值 0.2～0.4MPa，达到 0.1～15MPa 时，或某级排气温度超过限制安全值之后，监护系统就应起作用。监护系统的信号元件多采用气动元件或电磁元件或两者串联并用。信号元件敷设在监护部位，如管壁、主轴承盖中央，直达轴瓦材料处、中间冷却器的封头上等。

监控温度的元件如图 2-80 所示，温度传感器 1 内充有

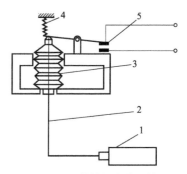

图 2-80　监控温度的元件

易挥发气体，当监护处产生过高温度时，易挥发气体即通过导管 2 使波纹状膜盒 3 膨胀而克服弹簧 4 的固定值弹簧力，使杠杆上抬，从而使继电器 5 接通，有指示灯或警铃发出信号。在继电器的线路上还可串联时间继电器，当信号发出若干秒后，司机尚未作出反应，便由时间继电器作出切断电动机电源的动作。

监控压力的元件如图 2-81 所示，膜片式压力传感器 2 与所监视处 1 的压力并联，当该处压力升高超过额定值时，传感器 2 内的膜片上升，克服弹簧 5 后，举起杠杆 6 而使触点 4 相触并发出指示灯或警铃（3）信号。而当监护压力降至额定值后，膜片下降，弹簧 5 又使触点 4 脱离。有些装置中，当警告信号发出但未具采取相应措施而情况在继续恶化时，可自动切断电源。

极限监控元件如图 2-82 所示，可以控制超出允许值或低于允许值的两种情况。图中箭头表示流体（油、水、气）由并联管路而进入元件，如超过极限值时，指针 1 顺时针方向旋转，则与点 2 相触，于是信号 4 报警；而当低值时，指针逆时针旋转，与点 3 相触，使信号 5 报警。

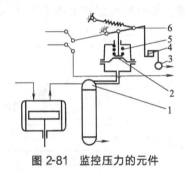

图 2-81 监控压力的元件

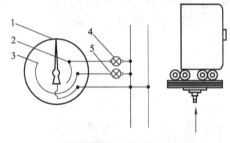

图 2-82 极限监控元件

第 ③ 章

活塞式压缩机系统的运行操作与维护保养

3.1 活塞式压缩机的运行操作

3.1.1 机组的运行基本条件

① 每台机组及其附属设备均应具有制造厂的产品铭牌，其上的技术数据不得涂抹、覆盖。

② 每台机组应具有完整的设备技术档案，其中包括有关技术规范、制造厂家技术说明书、有关图纸系统图、性能曲线、试验记录和验收记录、安装说明书和技术数据、重要设备的安装记录、竣工交接记录和运行试车记录、检修记录、设备事故和运行异常记录以及重大技术改进记录等。

③ 运行操作岗位完好，有必需的规程、系统图、操作数据、运行日记、试验记录、缺陷记录和值班日记。有必要的使用工具，如塞尺、钳子、扳子、手电、听棒和手提式测振仪以及转速表等。具有与主控制室联系的可靠的通信工具，如电话或对讲机。消防器材齐备并置于固定位置，性能良好，便于随时动用。

④ 机组完好，具备启动条件。确认各部位故障都已排除，包修项目皆已完成，无缺件，无坏件。认真检查安全阀等安全保护监测系统，确认动作灵活准确，各类阀门的开闭已处于开车状态。

⑤ 机组厂房内各主、辅设备及管道、各层地面、地沟和门窗玻璃等，均已清洁完整，地面平整，沟道有盖板，危险处有护板，周照明充足。

⑥ 生产工艺用料、水、电、蒸汽、仪表空气和氮气等质量合格，供应正常充足。

⑦ 运行人员必须熟练掌握压缩机组的系统、结构、性能和操作参数，熟悉操作规程中的有关规定，通晓安全保护系统和事故处理程序，并经实际操作考试合格，不合格者不允许上岗。

⑧ 在下述情况下，机组禁止启动：a. 机组系统或零部件存在故障或缺件未能修好、备齐；b. 油系统或其他辅助系统不正常；c. 大修或故障检修后，验收、交接和批准手续不齐全。

3.1.2 活塞式压缩机的调试

活塞式压缩机在安装或检修完毕并进行最后精找正之后，应进行机组的必要调试和试运转，合格后才能进行正常开停机操作。

3.1.2.1 调试目的

机组安装或检修完毕后进行调试，其主要目的是：检验和调整机组各部分的运动机构，达到良好的跑合；检验和调整电气、仪表自动控制系统及其附属装置的正确性和灵敏性；检验机组的润滑系统、冷却系统、工艺管路系统及其附属设备的严密性，并进行吹扫；检验机组的振动和噪声，并对机组所有的机械设备、电气和仪表等装置及其工艺管路的设计、制造和安装调试等方面的质量进行全面的考核。在试运中发现问题，应查找原因，积极处理，为联动试车或投料开车创造条件，做好充分的准备。

3.1.2.2　调试要点

（1）油系统清洗与运行　压缩机试运转前，油系统首先应进行彻底清洗，一般是先用机械和人工方法除去所有油系统设备和管路内的大量尘土、杂物和油污等，然后采用化学酸洗法除去设备及管路中的铁锈，最后用油进行多次冲洗，一直到合格。油箱内注入的润滑油规格和数量应符合设备技术文件的规定，当室温低于 5℃ 时，应将润滑油加热至 30～35℃ 。

首次试运时，润滑油应进入主轴承和机身滑道，应将管接头拆开，用塑料短管将油引到曲轴箱，以防首次循环的润滑油中所带的污物进入运动部件内。电动机的旋转方向应符合油泵的要求，并按操作规程启动油泵，检查油压、声响、振动和发热等情况，油压和油量应符合设备技术文件的规定值。回油温度高时，应向冷却器送水，以保持润滑油温度不超过35℃ 。润滑油系统试运转正常时，应连续运转 24h，如过滤器前后压差大，应及时切换、清洗，延长运转时间。在正常运转状态下，检验和调整油系统联锁装置。

循环油润滑系统首次运转后，应将油箱中的污物全部排放干净，清洗油箱，吸出粗滤器、过滤器、油泵和管道内的污油。连接主轴承和机身滑道的供油管接头，再往油箱内注入合格的润滑油。重新启动油泵，循环润滑油系统，同时进行压缩机盘车，检查调整各供油点的油流量，使油压、油流量及各联锁系统符合设备技术文件的规定。

（2）气缸与填料系统试运行　将注油器清洗干净，排除污油，然后装入符合设备技术文件要求的润滑油。将注油器到气缸、填料函进口处的管接头拆开，用清洁的压缩空气检查油管是否畅通。连接注油器至各油管的接头，用手柄盘动注油器，检查注油器应无机械障碍的感觉。从滴油器检视罩检查每个注油点的滴油情况应符合设备技术文件的规定。在各油管至气缸和填料函的供油点的敞开处检查出油情况和油的清洁程度。连接上气缸、填料函进口供油管接头后再启动注油器，检查各油管接头的严密性。同时压缩机盘车应不少于 5min。

（3）通风机试运行　大型电动机强制通风系统的试运，应在机组试车前进行，通过试运检查通风机及通风系统的安装或检修质量。通风机室及周围环境应清扫干净，通风机先盘车4～5 转，仔细倾听通风机内有无响声或障碍，若无问题可联系送电。启动电动机应分两次进行，第一次点动检查转向是否正确，检听有无异常响声，第二次启动电动机达正常转速。如无异常，则将通风机入口阀门慢慢打开，进行通风机的负荷试车。检查通风机轴承及电动机温升是否正常，机组及管道有无振动，由通风机送出空气的清净度、干燥程度及风压等均应符合要求。连续运转不少于 2h，无问题时即可停车。

（4）冷却水系统试运行　冷却水系统在试运前应进行试压，其部位包括：各水管接头和阀门、各段气缸水套、各段冷却器、各段气缸盖、填料函进出水管。打开供水主管阀门和机组供水总阀门，逐渐加压到试验压力，然后检查水系统管路各试压部位有无泄漏之处，并消除缺陷和滴泄。

（5）空负荷试运行　向曲轴箱（或油箱）内灌入机器润滑油到油标最高刻度位置，注油器内灌满压缩机气缸润滑油，同时摇动手把 2～3min，使润滑油充满润滑油管。拆下各级进排气阀，拆开出入口管道，在气缸进排气阀腔口及出入口管道接口处装上粗铁丝的筛网。电动机在开车前，先用手盘动 4～5 转。独立支承的电动机首先单独进行试运；电动机和压缩机共用支持轴承的机组，电动机和压缩机的空负荷试运可联合进行。压缩机组启动之前先开动循环油泵。油压、油温和流量达到要求后，启动气缸润滑系统的注油器，开动冷却电动机用的通风机，开启冷却水系统。第一次瞬间启动电动机并立即停车，检查各部位有无故障和碰击声，电机转向是否正确。然后再第二次启动电机运转 5~10min 达到额定转速时，立即停止运转，检查压缩机各部的声响、发热及振动情况。如无异常现象后，再依次运转 30min 和 12h。

空负荷运转时，应注意防止烧毁轴承合金瓦，特别要观察油压表灵敏与否及向各输油点如主轴承、连杆轴瓦、十字头等处的输油情况。空负荷试运转中每隔半小时填写一次压缩机运输的操作和故障处理记录。循环润滑油系统中油过滤器阻力过大时，应及时切换清洗。循环油系统油压应不低于规定值，油温不超过 35℃，按时向注油器内加入润滑油，以保持其油面不低于油面指示管上的下标线。

空负荷试运转中应达到的指标：循环油系统油压应符合设备技术文件的规定值，过滤器压力降应小于 $0.2×10^5$Pa，轴承温度不超过 55℃，电动机温升和电流值不超过设备技术文件的规定值，金属填料函温度不超过 60℃，十字头滑道顶部温度不超过 60℃。试运转过程中，应无异常音响。

试运转过程中如发现下述情况，则应立即紧急停车：①循环油系统压力降低，自动联锁装置动作并自动停车，如果自动联锁装置不起作用，必须立即用人工方法使压缩机停车；②油循环系统发生故障，润滑油中断；③气缸和填料函润滑油供应中断，油泵发生故障；④冷却水供应中断；⑤填料过热烧坏；⑥轴承温度过高，且继续上升；⑦机械传动部件或气缸内出现剧烈敲击、碰撞声响；⑧电机冒火花，线圈转子有擦边响声，线圈温度过高；⑨当压缩机内发生能形成事故的任何损坏时。

空负荷试运转连续 2h 后，压缩机按正常停车步骤停车，其主要步骤是按电气规程停电动机，停通风机，当主轴完全停止运动 5min 后，再停油润滑系统，关闭冷却水进口阀门。

（6）设备管道的清洗与吹扫　压缩机运行前应彻底清扫工艺系统管道，管内不得有焊渣、飞溅物、氧化皮和其他机械杂质，管内进行酸洗后必须中和处理并用清水冲洗干净，然后干燥，确保气体管道内部的绝对清洁。

压缩机空负荷试运转完毕后，可进行吹洗工作，即利用本机各级气缸压出的空气吹洗该级排气系统的灰尘及污物。吹洗前应编制吹洗方案。先将每个"阀"打开清洗一次，再装好，气缸的阀座也同样清洗干净。装好第一级气缸上的进、排气阀，开车，利用第一级气缸压出的空气吹洗第一级气缸排气腔室、第一级冷却器和油水分离器，最后通往大气。装好第二级气缸上的进排气阀，开车，利用第二级气缸压出的空气吹洗第二级气缸排气缸、第二级冷却器和油水分离器，最后通往大气。用同样的方法，逐级依次吹洗。

与设备相连的管道，每级进口管应与设备分开进行吹洗，排出管吹洗可与设备吹洗同时进行。气缸、冷却器、油水分离器和各级相连的管道吹洗一直进行到内表面清洁为止，同时各级吹洗时间不应少于 30min，并在各级油水分离器上的排气口处用白布检查吹出的空气是否干净。各级设备吹洗时，应定期打开油水分离器上的排水阀，以便排出油和冷凝水。任何一级吹除的污染空气和脏物都不允许带至下一级气缸内或设备内。为此，不允许同时装好各级气缸上的进、排气阀同时吹洗各级气缸。吹洗空气经过的阀门，应全开或拆除，以免损坏密封面或遗留脏物。仪表及安全阀应拆掉，待吹净后再装上。

（7）负荷试运转　首次用空气带负荷试运转是在空负荷试运转和吹洗工作完成后进行的。吹洗后将盲板及临时管线等拆除，装上正式开车的管线、仪表和安全阀，然后开车。打开关阀门，开动油泵、通风机、注油器。达正常运转状态后，启动压缩机先空负荷运转 30~60min，在此期间应根据循环润滑油管道上的压力表检查油压值是否在规定范围之内；检查阀门、曲轴连杆机构、密封填料等的工作情况是否正常；检查压缩机各气缸的供油情况和冷却水的供给情况是否正常；检查压缩机机身密封结构的严密性如何。一切正常后，逐渐关闭放空阀或油水吹除阀进行升压运转，可按出口操作压力的大少分级逐步加压，每加压一次连续运转 2h。一般试车用空气为介质时，最终压力不宜大于 25MPa。再高压力的试车应考虑用氮气作为介质。在操作压力下连续运转应达 4～8h。运转过程中要注意电动机电流大小及各级气缸的操作温度等都不应超过设备技术文件的规定值。运转时，每经过 30～40min，打开油水分离器上的排水阀，排放油水一次，停车后全面检查。

(8) 工艺气体的置换　某些工艺气体与空气混合后是有爆炸危险的，因此，如果压缩机的气缸、管线和附属设备吸入了空气，有必要用惰性气体（例如氮气）将空气驱除出去，即吹洗压缩机，只有在此以后才能接入工作气体。用惰性气体吹洗压缩机必须在压缩机空运转时进行。在吹洗以后，且在压缩机作工作气体启动以前，用工作气体将惰性气体吹除出去，然后即可对压缩机逐步地增加负荷，吹除的持续时间取决于压缩机输出气体的成分分析。

3.1.3　活塞式压缩机的开车操作

压缩机组要运行得好，除机组本身的性能、工艺管网的配合性能和安装质量等要良好之外，还必须精心操作运行，进行正确的开停车，并在运行中认真完成各种监测和检查，对所有运行参数进行认真分析和处理。由于压缩机组的类型和驱动方式的不同、用途不同，开停车的操作方法和运行规程也不完全相同，一般应结合机组的特点和制造厂的使用说明书制订出自己的专用开停车操作运行规程，并在运行中严格地遵守。

由于目前的活塞式压缩机组多以电动机驱动，现以它为例来说明开停车的要点及日常维护。

(1) 开动循环油系统　压缩机开车运转前，循环油润滑系统首先开车，按启动规程的规定启动油泵，检查油压、声响、振动和发热；检查油路是否畅通，主轴承、大头瓦、小头瓦、滑道等各润滑点供油是否正常，油量是否充足；检查回油系统，回油应畅通无阻，检查各油管接头是否严密无泄漏，冷油器有无泄漏。

(2) 开动气缸润滑系统　按规程启动注油器，检查电动机、注油器和减速器运转情况，各注油点的油压和油量要达到规定值。检查油路供油情况，各油管路接头要严密无泄漏，仪表及信号装置动作可靠，运行正常。

(3) 开动通风机系统　按启动规程启动电动机通风系统，检查通风机轴承及电动机温升，检查机组及管道有无振动，机组运转有无异常响声。由通风机送出的空气的清净干燥程度及风压风量均应符合要求，运转正常。

(4) 开动冷却水系统　打开供水管系统阀门，逐渐加压，检查冷却水系统是否畅通，有无泄漏。检查回水流量是否足够。

(5) 开动盘车系统　按规程启动盘车系统，检查传动部件无故障后，盘车系统脱开。

(6) 开动电动机　按规程启动电动机，启动机组进行空负荷运转，检查机组轴承温度，传动部件有无异常响声，气缸填料函温度，各润滑点供油情况，油量是否达到要求；检查十字头机身温度；检查机身、气缸以及基础有无松动和振动现象。无负荷运行一切正常后，再逐渐增加负荷，在规定的各种压力下运行一定时间后再继续升压，待达到满负荷后，对压缩机机组进行全面检查。检查传动部件有无异常声响，主轴承、曲柄机构、滑块及各气缸内等有无撞击声响；检查气缸填料函有无泄漏现象；注意观察各轴瓦温度上升情况；检查各段管道、附属设备的连接法兰口密封情况，有无泄漏；检查管道，附属设备的振动摩擦情况。运转足够时间，一切正常后，才可正式投入生产，如发现异常应停车处理。

3.1.4　活塞式压缩机的正常运行

3.1.4.1　加强日常维护

每日检查数次机组的运行参数，按时填写运行记录，检查项目包括：进出口工艺气体的参数（压力、温度和流量以及气体的成分组成和湿度等）；油系统的温度和压力、轴承温度、冷却水温度、储油箱油位、油冷却器和油过滤器的前后压差及注油器滴下状态；应用探测棒听测机架、中体、气缸、气阀和管道内有无异常振动声响；检查气缸内部填料泄漏、气体外部泄漏和金属填料环的泄漏；检查冷却水系统的流通情况及泄漏；检查各紧固螺栓有无松动；随时检查电动机电流表，超过额定电流时应立即处理。

每2～3周检查一次润滑油是否需要补充或更换。

每月分析一次机组的振动趋势，看有无异常趋势；分析轴承温度趋势；分析油的排放性，看排放量有无突变；分析判定润滑油质量情况。

每三个月对仪表的工作情况作一次校对，对润滑油品质进行光谱分析和铁谱分析，分析其密度、黏度、氧化度、闪点、水分和碱性度等，保持各零部件的清洁，不允许有油污、灰尘和异物等附在机体之上。

保持各零部件必须齐全、完整，指示仪表灵敏可靠。按时填写运行记录，做到齐全、准确、整洁。定期检查、清洗油过滤器，保证油压的稳定。冬季停车注意防冻，备机应每周开车一次，时间不少于半小时（空负荷）。

日常维护的方法：除了用各种仪表测知压缩机的运转变化外，通常还用看、听、摸的方法来检查。但这三种方法也不是孤立的，而是互相联系的，单凭其中一种方法不能检查压缩机运转情况的好坏。

（1）看 看各传动部分的机件是否松动，各摩擦部分的润滑情况是否良好；各级气缸冷却水和中间冷却器的冷却效率是否良好，冷却水的流动是否畅通；各级气缸和冷却器有否倒气；各连接处有否漏气和漏油；

（2）听 用听的方法，能较正确地判断出压缩机的运转情况。因为压缩机运转时，它的响声应是均匀而有节奏的。如果它的响声失去节奏声，而出现了不均匀的杂声和噪声时，即表示压缩机的内部机件或气缸工作情况有了不正常的变化。

（3）摸 用摸的方法，可知其发热程度。但是一定要注意安全，最好停车检查。在检查运动件摩擦部位时更要注意安全。同时，也可知其传动部件的振动情况。但是，看、听、摸这三种方法不是孤立的，有时只凭一种方法无法判断设备工作的情况。因此，还必须把观察到的一些材料加以联贯起来分析，才能得出正确的结论。例如：气缸的进口阀漏气，可用摸的方法摸出来，因为进口气阀漏气后，其气缸盖的温度会因漏出的高温气体而升高，但当进口气阀漏气不太大时，就不一定能用摸的方法摸出来。这就要听的方法才能听出来，或用看的方法从压力表上看出来。

3.1.4.2 监视运行工况

机组在正常运行中，要不断地监视运行工况的变化，经常与前后工序联系，注意工艺系统参数和负荷的变化，根据需要缓慢地、准确地调整负荷。

3.1.4.3 尽量避免带负荷紧急停机

机组运行中，尽量避免带负荷紧急停机，只有发生前述规定情况，才能紧急停车。

3.1.5 活塞式压缩机的停车操作

（1）机组正常停车操作 机组运行中根据主产需要进行正常停车，其主要步骤如下。

① 切断与工艺系统的联系，打循环。

② 按电气规程停电动机。

③ 按规程停通风机系统。

④ 当主轴完全停止运转5min后，停油润滑系统。

⑤ 关闭冷却水进口阀门。

（2）机组紧急停车操作　机组运行中如发生下述情况则应立即紧急停车：①循环润滑油系统压力降低，自动联锁装置不起作用；②油循环系统发生故障，润滑油中断；③气缸或填料函润滑油系统发生故障，润滑油供应中断；④冷却水供应中断；⑤填料过热、烧坏；⑥轴承温度过高，并且继续上升；⑦机械传动部件或气缸内部出现剧烈敲击、碰撞声响；⑧机组管道、附属设备摩擦严重，振动过大；⑨电动机冒火花，线圈转子有擦边响声，线圈温度过高；⑩压缩机组内发生可能形成事故的任何损坏。

3.2　活塞式压缩机的维护与保养

活塞式压缩机的正确运行，对保证压缩机不出故障，具有良好的运行性能，保证工厂的经济效益是至关重要的。压缩机要运行得好，除机组本身（包括辅机及其系统）的性能、工艺管网的配合性能、安装质量等要好以外，还必须精心操作，在运行中认真完成各种监测和检查，并对所得数据进行认真的分析处理，这样才能保证机组运转状态良好，出现问题也能得到及时处理，保证生产的顺利进行。

（1）对压缩机操作人员的要求　对压缩机操作人员要求做到以下几点。

① 必须树立为安全生产而管好机器的思想，认真看好压缩机所有设备。

② 熟悉压缩机的构造、作用原理和性能，掌握它们的安全运转规程及其附属设备。

③ 熟悉操作技术和安全技术，做好设备的验收和开车前的准备与停车工作。

④ 在运转中应做到五勤。

a. 勤看各指示仪表（如各级压力表油压示数情况等）和润滑情况（如注油器、油箱及润滑点）及冷却水流动情况。

b. 勤听机器运转声音，可用听棍经常听一听各运动部位（气阀、活塞、十字头曲轴轴承等）的声音是否正常。

c. 勤摸各部（如吸气阀、轴承、电动机、冷却水等）的温度变化情况及机件紧固情况（但一定要注意安全，最好停车检查）。

d. 勤检查整个机器设备的工作情况是否正常。

e. 勤调整压缩机的工况（勤调整气压、油压、水温，勤放油水，使压缩机保持正常状况）。

⑤ 熟悉压缩机的故障现象、产生原因和排除方法，若发现不正常情况应迅速查找原因，采取措施，迅速排除故障。

⑥ 认真负责地填写机器运转记录。

⑦ 认真做好机房安全卫生工作，做好交接班工作；非本室工作人员禁止入机房。

⑧ 认真做好机房设备、原材料及辅助材料工具、建筑物的维护保养工作。

⑨ 努力提高压缩机运转的可靠性和风量的供应，达到安全运转。

（2）日常维护工作的主要内容

① 勤看各指示仪表（如各级压力表、油压表、温度计、油温表等）和润滑情况（如注油器、油箱及各润滑点）及冷却水流动的情况。

② 勤听机器运转的声音，可用听棍经常听一听各运动部位（如气阀、活塞、十字头、曲轴、轴承等部位）的声音是否正常。

③ 勤摸各部位，觉察压缩机的温度变化和振动情况，例如冷却后排水温度、油温、运转中机件温度和振动情况等，从而及早发现不正常的温升和机件的紧固情况，但要注意安全。

④ 勤检查整个机器设备的工作情况是否正常，发现问题及时处理。

⑤ 认真、负责地填写机器运转记录表。

⑥ 认真做好机房安全卫生工作，保持压缩机的清洁，做好交接班工作。

（3）维护保养规程　为保证压缩机处于良好的运动状态，延长机器的使用寿命，维护与保养应该按照规程来进行。压缩机的保养分级如下：

一级保养（累计工作 100h 或每隔一个月）；

二级保养（累计工作 500h 或每隔六个月）；

三级保养（累计工作 1000～1500h 或每隔一年）。

根据压缩机的工作条件和保养经验，技术保养项目可适当增减。

① 一级保养　一级保养除日常保养项目外，还必须进行以下项目。

a. 每天或每班应向各压缩机加油点加油一次。有特殊要求的，如电动机轴承的润滑，按说明书规定加油。总之，一切运动的摩擦部位，包括附件在内都要定时加油。

b. 要按操作规程使用机器。勤检查、勤调整、及时处理故障并记入运行日记；

c. 清洗空气滤清器；

d. 检查风扇皮带的松紧程度，必要时应予以调整。

② 二级保养　除按一级保养项目外，还必须进行以下项目：

a. 检查各级安全阀的开启压力是否符合规定；

b. 检查负荷调节机构的动作是否符合规定要求，如有必要应拆验负荷调节器；

c. 拆检进排气阀并进行清洗；

d. 更换润滑油并清洗油池；

e. 检查连杆螺栓和平衡的紧固情况；

f. 检查连杆大头轴承间隙、活塞销与销孔间隙、活塞环开口间隙、活塞环槽间隙。

③ 三级保养　除按二级技术保养项目外，还必须进行以下项目：

a. 检查测量磨损件的运动间隙，并做好记录，为下次"三保"提供原始资料；

b. 清洗冷却器中的污垢和水锈；

c. 清洗气管路，曲轴箱；

d. 拆检负荷调节器、卸荷阀；

e. 拆检进排气阀，要特别注意阀片、弹簧的磨损情况，对磨损较大的零件应及时更换；

f. 拆检各运动部件，观察各摩擦表面的磨损情况，必要时应及时更换零件。

第 ④ 章

活塞式压缩机的检修

为保证活塞式压缩机的正常运行，将故障减少到最低程度，实行科学的计划检修，对压缩机的稳定、安全、长期运行是必要可靠的手段。

本章主要介绍往复活塞式压缩机的拆装与装配程序，以及主要零部件的修理。

4.1 往复活塞式压缩机的检修周期与内容

对往复活塞式压缩机的检修可分为小修、中修和大修三种。

(1) 小修 一般检修周期为 4~6 个月，检修主要内容：①检查或更换各级吸、排气阀阀片、阀座、弹簧以及负荷调节器，清理气阀部件上的结焦以及污垢；②检查并紧固各部件连接螺栓和十字头防转销；③检查并清理注油器、单向阀、油泵、过滤器等润滑系统，并根据油品化验的结果决定是否更换润滑油；④检查并清理冷却水系统；⑤检查或更换压力表、温度计等就地仪表。

(2) 中修 一般检修周期为 6~12 个月，检修主要内容：①包括小修内容；②检查、更换填料函、刮油环；③检查、修理或更换活塞组件（活塞环、导向环、活塞杆、活塞等）；④必要时对活塞杆做无损探伤；⑤检查机身连接螺栓和地脚螺栓的紧固情况；⑥检查并调整活塞余隙。

(3) 大修 一般检修周期为 24 个月，检修主要内容：①包括中修内容；②检查、测量气缸内壁的磨损情况，并测量气缸内壁或缸套的圆度、圆柱度，根据磨损情况更换气缸套或做镗缸、镶缸处理；③检查各轴承磨损或更新轴承，并调整其间隙；④检查十字头滑板及滑道、十字头销、连杆大小头瓦、主轴颈和曲轴颈的磨损；⑤十字头销、连杆螺栓、活塞杆、曲轴做无损探伤，气缸螺栓、中体螺栓、主轴承紧固螺栓等必要时做无损探伤检查；⑥根据机组的运行及状态监测情况，调整机体水平度和中心位置，调整气缸及管线的支承；⑦检查、校验安全阀、压力表及温度计；⑧检查、清扫冷却器、缓冲罐、分离器等，并做水压试验和气密性试验；⑨检查并修补基础，基础和机体及有关管线进行防腐处理，清理油箱并更换润滑油；⑩检查、修理电动机并进行电气、仪表及安全联锁系统的检查和调试。

4.2 往复活塞式压缩机的拆卸与装配

往复活塞式压缩机结构较复杂，由许多运动的和固定的零部件以一定的公差配合要求装配起来。在检修时应正确对压缩机各部件进行拆卸与安装，将直接影响到设备的寿命以及生产能力。因此，对压缩机进行正确的拆卸与安装，是保证其正常运行的重要环节。

4.2.1 往复活塞式压缩机的拆卸

(1) 拆卸过程安全注意事项

① 运转中一般不允许修理,以免造成事故。有些小的故障采取措施,开车修理也是允许的。

② 拆卸气缸上任何部件前,首先关闭与压缩机有联系的外管阀门,并将放空阀门打开,将气缸内气体的压力卸为常压。若压缩机工作介质是有毒、易燃、易爆的气体,卸压后还应进行置换。必要时,还应在压缩机的进口处安装盲板,以免漏气。只有当气缸无压和置换气合格后拆卸工作方可进行。

③ 拆卸吸、排气阀盖或气缸盖时,要对称地留两个螺母,先用螺丝刀或扳子将压盖撬开一点,证明气缸内没有压力后即可将螺母全部卸去。以防止气缸内有残余气体压力,气体将盖冲出伤人。

④ 在临时停车排除故障时,应待气缸温度冷却到120℃以下,拆卸气缸上的部件才比较安全,否则因润滑油高温气化而易着火,造成气缸爆炸事故;

⑤ 动火时必须严格分析,认真执行动火规则。凡有润滑油处,应彻底清洗干净和脱脂。

⑥ 压缩机大、中修时,必须切除电源,并挂牌禁动。

⑦ 大型压缩机检修时,盘车前应相互关照,以免伤人或损坏机件。

(2) 拆卸步骤 不同类型的压缩机,检修时拆卸的步骤也不同,有时还要根据检修的部位来确定。一般情况下应是先外后里,先上后下,依次拆卸。下面提供压缩机一般的拆卸程序、供检修时参考。

气阀→气缸盖→十字头→活塞杆连接处→气缸、活塞、填料函→连杆→十字头→曲轴→中体→机身

辅助系统的拆卸,如润滑系统、冷却系统,需同时拆卸检修。可先将连接管路断开拆下,然后再拆各部元件。对于有些部件、元件、不影响其他部位的拆卸,不用拆下就能检修的可不必拆卸。

(3) 拆卸时应检查的项目 主机拆卸时,对有些部位需进行检测并予以记录,供检修与组装时参考。

① 活塞在前后止点的线性余隙。

② 活塞与气缸的径向间隙。

③ 气缸中心线与滑道中心线的重合度。

④ 十字头与滑道的径向间隙。

⑤ 连杆大头轴瓦的径向、轴向间隙。

⑥ 测量曲轴水平度与机身水平度。

对拆下的零件、部件应进行检测,判定合格与否,将不合格件挑出,并确定是换新件还是进行修复。对修复使用件判定的原则应是零件经修复后在使用性能、强度方面满足压缩机的正常运行要求,否则必须更换新件。常规的检测方法为:

① 通过直接观察和用放大镜检查的方法,检查零件的破裂、裂纹、变形、表面损伤、磨损等,确定零件是否合乎要求,如轴表面划伤、气阀的磨损等;

② 凭手感检查某些零件是否松动,间隙量是否正常,例如检查轴承的磨损等,主要以经验为主,只作为初检;

③ 利用各种量具、量仪,检测零件的尺寸、配合间隙、检测弯曲等;

④ 对于零件上的裂纹,用着色法作进一步检查;

⑤ 用敲击零件发出的声音判断零件是否合格,例如检查轴承合金轴瓦是否有脱壳现象;

⑥ 使用 X 射线、磁力探伤，对重要部件做内外部缺陷的检查，如曲轴、连杆等；

⑦ 对某些容器或密闭件，通过压力试验，检查其强度和有无渗漏现象。

（4）拆卸的要求

① 应熟悉掌握所检修压缩机的有关技术资料及结构。按程序依次拆卸，做好拆卸顺序等方面记录，对相关配合件应查出其原始位置标记，无记号时应做好装配位置号，最好标出拆卸顺序号，以便于检修后组装。

② 拆卸时尽量使用专用工具、卡具，以保证零件不受损伤，应根据压缩机的结构，自制拆装时专用的工具、卡具。对有预紧力要求的连接部位，应使用扭矩扳手。

③ 较大件拆卸时需用起重设备，起吊时应稳吊，避免碰撞划伤现象，并应放稳，垫平整，防止零部件产生变形。

④ 拆下件应清洗干净，摆放整齐，要注意防锈保管，对精密件要专门保管。

4.2.2　往复活塞式压缩机主要部件的装配及要求

压缩机的装配特点是先把零件装配为组合件，然后再做总体装配。检修压缩机的装配与新制造的压缩机装配，装配方法上大致相同，但要求有所不同。为充分利用原有的零、部件，检修压缩机装配时，对零件互相连接的间隙，不像新零件组装时那样严格。新件是未经磨损的，检修的压缩机为经过磨损甚至长期磨损，而未超出磨损量的件，在某种条件下允许比要求的稍大或稍小些，甚至超过使用极限位，但是压缩机的使用性能可以得到保证。这就要求检修钳工常采用锉削、刮削、研磨等手工操作手段来消除零件在机械加工、零件磨损后的误差，以及配合中的积累误差，以保证装配的几何精度和配合要求。

4.2.2.1　检修压缩机的装配要求

（1）熟悉图纸、产品说明书及各种技术资料，制定装配工艺；

（2）将所要装的零件、组件、部件清洗和用压缩空气吹扫干净；

（3）所组装的件均应检查合格，外购件、所换新件应有产品合格证明；完成对零件、部件的各类试验，并备有合格证书。

（4）按图纸进行装配，装配程序按拆卸时相反程序进行（可参照拆卸顺序号）；凡有标记的组件、配合件等，按原标记方位进行装配。

（5）有些组件组装完毕，要求进行尺寸、中心距及形位公差检测的，应在组件装配完毕后即进行检测，以避免总装后无法进行；

（6）润滑部位及有些配合部位，在装配过程中，应注入适当的符合规定的润滑油。

4.2.2.2　传动部件的装配

（1）曲轴与主轴瓦的装配

① 将曲轴上下轴瓦、机座瓦孔面清洗干净；将上下轴瓦装入下机座与上瓦盖，并用着色法检查瓦背与轴瓦孔的接触情况，其接触面积应大于 85%，接触点分布均匀。

② 将曲轴放入轴瓦中，修刮轴瓦，其接触精度、接触斑点应达到规定要求。下瓦刮好，上瓦粗刮后，装上上瓦与瓦盖，螺栓适当紧一些，使轴还能转动为止。转动轴并根据接触情况刮研上瓦。轴与轴瓦的接触在圆周方向上一般为 120°，特殊情况下也有 90°或 150°的，应按所检修的压缩机的规定进行。刮研时应经常用塞尺检测轴瓦四角与轴的配合间隙，应小于 0.04mm，以保证主轴瓦中心线与曲轴中心线重合。

③ 轴瓦刮研后，应检查曲轴沿水平和垂直方向中心线与机座中心线的偏差。曲轴轴颈的水平度与机座轴承孔的水平度应不大于 0.04mm/m；曲柄与机座轴承孔端面两侧的间隙应均匀。

④ 按压缩机主轴瓦规定的间隙，调整瓦口处垫片，使轴瓦获得要求的间隙量，可用压

铅丝法和塞尺检测。

⑤ 刮研瓦时应注意，在轴的功率输入端（或输出端）侧，轴瓦有时做定位瓦用，此时轴瓦沿轴向两侧端面同时与轴刮研，并控制轴向间隙。

⑥ 上述工作完成后，将曲轴吊下，彻底清洗曲轴、轴瓦、机身瓦座与上盖等零件，然后将其组装完毕，复测间隙量，盘转曲轴，转动应用力均匀，无其他刮碰现象，并检查曲轴各曲臂开度差，要求每 100mm 不应超过 0.02mm。

（2）连杆组件的装配

① 大头瓦与曲拐轴的装配。刮研大头瓦的瓦背，使其局部与曲拐轴的接触面达到 70%～85%，并接触均匀。

将上下瓦分别与曲拐轴配刮研，在接触部位、面积、斑点接近达到要求时，再将轴瓦装入连杆孔内，在轴瓦结合面处加适当垫片，将连杆瓦用螺栓紧固，松紧程度以能将轴转动为限，在曲拐轴上转动数圈，并刮研；经反复多次，将连杆瓦刮研到所要求的精度与接触斑点数目为止。刮瓦时要注意保持轴瓦的壁厚均匀，薄壁瓦应适当刮削，间隙大时应换新轴瓦。

大头瓦与曲拐轴的间隙量，可用压铅丝法或塞尺测量。增减瓦口垫片厚度即可调整间隙，其间隙量应达到规定要求。

② 小头瓦与活塞销的装配。小头瓦与连杆孔一般为过盈配合，可采用压入法装入连杆孔内。

为使销与衬瓦达到装配尺寸，小头瓦需进行刮研，边刮边用销试配，采用着色法检查，直至用手轻轻推入并转动灵活，接触点分布均匀，达到规定的要求为止，刮削时应注意，边刮边测量，保证间隙量在规定范围内；要防止间隙过大，出现椭圆或圆锥现象。

③ 连杆螺栓的装配。连杆螺栓与连杆体上孔的配合为 H_7/h_6，组装时用力推或轻敲就应到位。头部内侧端面、螺母端面与连杆体接触应均匀，中小型连杆螺栓可用扭力扳手预紧，大型螺栓的预紧可采用螺栓受力后伸长量的方法计算预紧力。方法为：先测量螺栓的实际尺寸，预紧后再度测量其长度，两者之差即为伸长量。其最大伸长量：碳钢不应超过 0.3/1000mm，合金钢不应超过 0.4/1000mm。

④ 连杆组装后应测其大头孔与小头孔的平行度，在 100mm 长度上不应大于 0.02mm。可将活塞销装上，测其两侧到曲拐轴的距离偏差来确定平行度。

（3）十字头与滑道的装配

① 用千分尺测出十字头外径与机身滑道尺寸，掌握刮研量。

② 将十字头装入滑道配研点与接触面积，对其进行刮研，直至配合间隙、上下滑板接触精度达到规定的要求；在无规定值时十字头与滑道的间隙可按 H_8/h_8、H_9/h_9 取值。十字头上工作滑板接触面积不应低于 80%，非工作用板接触面积不应低于 60% 且应分布均匀。

③ 对十字头与滑道配刮研时，还要测量其中心线的同轴度。其方法如图 4-1 所示，将活塞杆装在十字头上，然后用内径千分尺在滑道中部和前端测量与活塞杆的距离，如上下左右距离相等，则两中心线同轴。刮研时应根据测量的尺寸边刮研边做调整，使两中心线同轴。

④ 如图 4-1 所示，用滑板垫片调整十字头的间隙时，垫片的厚度应一致，组装时十字头的中心线允许比滑道中心线低 0.05～0.1mm。

（4）十字头销的装配　十字头销与十

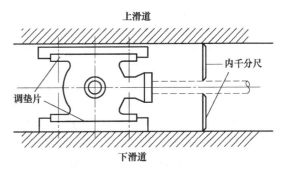

图 4-1　十字头体轴线的测定方法

字头装配，先着色检查锥面的接触情况，接触面积应不小于70%，若达不到可采用刮研或研磨的方法使其达到要求。

十字头与主轴装完后，将连杆大头瓦与曲拐轴、小头瓦与十字头销组装上（应先于十字头销与十字头的组装），至此传动部分的主要部件组装完毕。

4.2.3 气缸组件的装配

（1）气缸的装配　气缸组装在中体上后，螺栓适当预紧，用拉线找正法或水平测量法，将气缸中心线调整至符合表4-1的要求值。调整可采用将气缸做微量平行位移或修刮接触端面两种方法。修刮后端面应保持良好的接触，如偏差较大，则修刮调整不了，应上机床将端面重新加工一刀。气缸找正后，将与中体连接的螺栓均匀拧紧，并对中心线复测。

表 4-1　气缸中心线与中体中心线允许偏差值　　　　　　　单位：mm

气缸直径	平行度偏差	倾斜度偏差
300	0.05	0.03
300～700	0.10	0.04
>700	0.15	0.05

（2）活塞组件的装配

① 活塞环装配　组装前应检查其开口尺寸是否符合图纸要求，将环压缩后放开，检查是否恢复原状，对口间隙过小的，可将其修整大一些；对口间隙过大的不能使用，应更换新件。应将活塞环放在气缸内作透光检查，并用塞尺测量透光处最大间隙值，一般要求透光不应超过2处，尤其不允许出现在开口30°范围内。每处的透光弧度不得超过25°，活塞环与气缸贴合允许间隙值可参照表4-2。

表 4-2　活塞环与镜面不贴合间隙允许值　　　　　　　单位：mm

活塞环直径	允许最大间隙	活塞环直径	允许最大间隙
>200	0.03	500～800	0.08
200～500	0.05	>800	0.12

活塞环装入槽内应能自由滑动，径向厚度应比槽深小0.25～0.5mm。

② 活塞杆与活塞的装配　活塞杆与活塞组装时，若是新换的件，活塞杆与活塞的结合面、活塞杆螺母与活塞的接触面，应用涂色法检查接触情况，应达到规定要求，否则将采取配研的方法修理。组装时将活塞杆穿入活塞孔内，用活塞螺母紧固，同时要用铜棒轻轻敲击活塞杆另一端，使其配合良好。

③ 活塞组件装配后，检测活塞与活塞杆的同轴度与垂直度差，超过规定值时应给予修整。

（3）活塞组件与气缸的装配

① 修后的活塞与新更换的活塞，都要与气缸进行配合检查，有巴氏合金轴承或镀铜环的活塞，与气缸配合时，应对其接触精度进行涂色检查，其接触面积加大于60%，接触点分布均匀。活塞装入气缸后，左右偏差应均匀，偏差量小于0.05mm，上部间隙比下部底间隙小5%左右，对于浮动活塞与气缸的间隙应根据图纸要求进行。

② 活塞组件装入气缸时，应光调好活塞环的开口位置，并且气缸内油孔、气阀口也要错开，然后采取以下办法组装。

a. 做一个专用导向套，孔锥度为1∶50，大端孔直径略大于活塞环尺寸，小端孔直径与气缸镜面尺寸相等或略小于镜面尺寸。靠孔的锥度将活塞环外径压缩至与气缸镜面相同后，将活塞装入气缸内。

b. 用直径为 2～3mm 的钢丝，一端固定在气缸螺栓上，在活塞环上绕一周；另一端用人力拉紧，将活塞环压入槽内，再将活塞推入气缸内。

在装立式气缸活塞时，应事先在十字头与活塞连杆处垫一个木块，防止气缸突然落下，撞坏活塞杆下端部。

（4）填料函的装配

① 填料函端面、锥形金属填料密封圈两个锥形密封面、平面金属填料密封圈端面以及与活塞杆接触面，要求接触面积在总面积的 70%～80% 以上，否则需进行刮研或研磨。塑料填料密封端面可用细砂布打磨平整，与活塞杆接触的内圆柱面只需检查与活塞杆是否贴合。

② 填料盒的安装次序不得弄错。各个填料盒的油孔、冷却水孔方位要对正并保证畅通。平面塑料填料盒内的闭锁环应靠近气缸方向，密封环在外，接着是阻流环；闭锁环与密封环的两个端面、内圆不得倒角、倒圆，否则起不到密封作用。

③ 锥形金属填料密封圈、平面金属密封圈、平面塑料填料密封圈的开口间隙与在填料盒中的轴向间隙，见表 4-3。

表 4-3　三种填料密封圈的开口间隙与在填料盒中的轴向间隙　　　　　单位：mm

填料密封圈结构形式		径向开口间隙	装在轴承内轴向间隙
锥形金属填料密封圈	锥形环	1.00±0.10	0.40～0.50
	T 形环	2.00±0.10	
平面金属材料密封圈		1.5～2	0.05～0.10
平面塑料材料密封圈		2～3	见图 4-2

④ 平面塑料填料轴向间隙及阻流环安装间隙如图 4-2 所示。

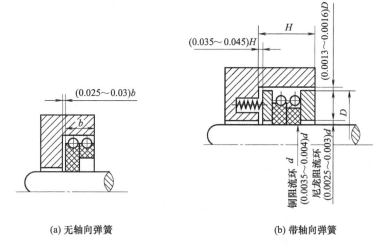

(a) 无轴向弹簧　　　　　　　　(b) 带轴向弹簧

图 4-2　平面塑料填料轴向间隙及阻流环安装间隙

（5）气阀的装配

① 气阀组装后，阀片、弹簧运动时应无任何卡阻现象。气阀的开启高度应符合规定（一般为 2.2～2.6mm）。气阀组装后应用煤油做气密性试验，在规定的时间内，不许有连续的滴状渗漏。

② 气阀中每一个阀片与缓冲槽的配合，都应保证阀片装正后自由地落入缓冲槽并转动

灵活。在组装阀片未进入缓冲槽时，组合气阀较困难，此时可用几块 2mm 厚的铜板顺气阀半径方向搁置，将阀片事先压入槽内，待阀座和升程限制器组装后，再将铜片抽出。

③ 气阀中心连接螺栓及螺母紧固后，应锁牢或加开口销。气阀压盖上，顶紧气阀的螺栓要紧固，否则易使阀片、弹簧等损坏。

4.2.4　其余主要部件的装配

（1）将皮带轮、飞轮、联轴器及驱动机按要求组装完毕。

（2）润滑系统的组装。

① 将润滑系统按要求组装完毕，并启动油泵空载运行，检查各连接部位、各密封部位有无渗漏，工作正常后进行密封试验与强度试验，强度试验压力按工作压力的 1.5 倍进行，密封试验按工作压力进行。气缸及填料润滑油系统的试验压力为压缩机末级工作压力的 1.5 倍。

② 油压安全阀（或作为安全阀使用的溢流阀）在强度试验后，其开启压力可按 1.1 倍的工作压力进行调整。

（3）安全阀的装配

① 闭式安全阀阀体应做水压强度试验，试验压力为工作压力的 1.5 倍。组装后的安全阀应做气密性试验，试验压力为系统的工作压力。

② 安全阀的起跳压力按工作压力的 1.05～1.1 倍进行调整，调整时应用空气、氮气等惰性气体。当压缩介质含易燃、易爆性气体时，不允许用工作气体进行安全阀的调整。当工作压力大于 30MPa 时，系统中应设两个安全阀。

③ 对安全阀应定期检查、修理、校检或更换。

4.2.5　压缩机的总装配

（1）活塞杆与十字头体的连接　活塞杆与十字头体连接后，应做如下检查：

① 检测活塞杆中心线与滑道中心线的同轴度，应达到规定范围；

② 检测十字头与滑道的配合间隙，应符合要求；

③ 检测活塞与气缸的配合间隙，应达到规定的要求；

④ 检测活塞杆的摆动度，正常情况下，摆动值每 100mm 行程应小于 0.02～0.04mm，跳动值应小于 0.03～0.05mm。其值与气缸直径及工作压力的大小有关，工作压力在 1.5MPa 以下的其摆动跳动值允许较大值。检测方法为：采用一个或两个千分表，放在填料相（函）与十字头刮油器一侧进行，可手动盘车进行检测。

（2）气缸余隙的检测与调整

① 活塞、活塞杆、十字头组装后，将气缸盖盖上，并拧紧螺栓，然后检测各缸的余隙大小，按设计要求进行调整，或参考以下要求进行。

对于一列一级双作用气缸的余隙为：曲轴侧≥0.01S，气缸侧≥0.001S+1mm，S 为活塞行程；对于一列两级气缸，缸盖侧的余隙值比一级要稍大。

可用压铅丝法测定，铅丝的直径一般为余隙的 1.5～2 倍。铅丝均由气阀孔伸入，小直径气缸测单边即可，对于大直径的气缸，要求两边同时测定。

② 当测得的余隙位不合适时，要调整活塞杆头部与十字头连接处的调整垫片的厚度，调节十字头与活塞杆连接处的双螺母等。一般情况下，常采用调整气缸盖垫片厚度的方法调整余隙，可根据具体情况确定。如气缸盖垫片的厚度也有一定限制，不可以加得太厚，有时需几种方法同时使用。

4.3 往复式压缩机的检修

4.3.1 机体的检修

4.3.1.1 机体损坏的种类

压缩机在长期使用过程中，由于各种因素，会产生机体各部的损坏。常见的损坏现象有如下几种：

① 滑道拉毛；

② 滑道过早磨损；

③ 连接气缸法兰平面的损坏；

④ 机身破坏；

⑤ 机体与基础脱离；

⑥ 机体局部产生裂纹。

4.3.1.2 机体的检修

(1) 滑道"拉毛"的修理 可用半圆形油石蘸一些润滑油在"拉毛"部位来回研磨，直到用手触摸无明显感觉为止。如痕迹较深则可用银或轴承合金等熔焊在拉痕处填补；"划伤"面较大时用机械加工方法修理。

(2) 滑道的研磨 一般采用三脚架人工研磨。如滑道经研磨后直径为 d，则制作两个磨具。第一个磨具的直径比 d 小 0.10mm 左右，研磨时用 80 目粗碳化硅加润滑油粗研磨。磨到一定尺寸后，再用第二个磨具。第二个磨具直径比 d 小 0.05mm 左右，用 180 目细碳化硅研磨到手摸不出痕迹为止。

(3) 滑道磨损的检修 视滑道磨损情况可采用手工或机械加工方法修理。如磨损小时，可采用手工修复；如磨损尺寸公差大于 80% 时，则需用机械加工方法。

(4) 机身裂纹的修复

① 堵丝堵 一般在不重要的部分发现有裂纹时，采用堵丝堵的方法阻止裂纹的扩展。

② 盲板修补 此法与堵丝堵的修补方法相似，即在裂纹端部钻孔，再在裂纹两侧视情况钻孔；铰 M10～M12 螺孔数个；用厚度为 3～6mm 的钢板按该部位的形状锤制，再用螺钉拧紧即可。

③ 焊补方法 一般用于非重要部位的修补。

④ 金属扣合修补法 此法是在堵丝堵的基础上，再在裂缝的适当位置镶入铜块。

⑤ 黏结法 用黏结剂把两个构件牢固地黏合在一起，可代替部分焊接、铆接和机械装配。

⑥ 镗孔修理 当机身的滑道、滑动轴承座孔和滚动轴承孔的磨损超过极限时，要重新镗削修理。

修补后的机体应重新试漏，并保持 8h，不得有渗漏现象。

4.3.2 轴承的检修及装配

4.3.2.1 滚动轴承

滚动轴承应用范围很广，其检修并无特别的要求，相关的知识参考有关内容便可，故在此不作介绍。

4.3.2.2 厚壁瓦轴承

(1) 检查轴承与轴承座的配合 这两者的配合包括三方面：一是两者的接触印迹；二是两者的过盈；三是两者的油孔是否对中，油封间隙是否合适。

① 检查轴承与轴承座的接触印迹 在瓦体外圆均匀地涂上一层薄薄的红丹等显示剂，装入轴承座。在保证装配紧力的前提下，按规定的扭矩拧紧轴承盖螺栓。拆卸后观察贴敷面积达80%即可，否则要研刮瓦体背面。

② 检查轴承与轴承座的过盈 两者的过盈对轴承的工作影响较大，过盈太大，轴承变形，既影响轴承与轴的配合，又会使轴承早期损坏。过盈太小或无过盈，运转时轴承在轴承座中游动，使轴承产生周期性振动，造成巴氏合金层脱落，又使轴承与轴承座配合不良，温度升高，严重时烧瓦。非薄壁瓦剖分式轴承与轴承座的过盈较小，一般取为 0.02～0.04mm。

(2) 检查轴承与轴的配合

① 技术要求

a. 轴的尺寸精度、圆度、圆柱度、粗糙度符合图纸要求。

b. 轴瓦衬无裂纹、脱壳、砂眼及气孔。

c. 轴瓦与轴颈的接触角为 $60°～90°$，接触点为 $2～3$ 点/cm^2。

② 轴承间隙的测量 组装前，可用内外径千分尺测量轴颈外径和轴承内径的方法来确定轴承间隙。组装时，轴承的侧隙用塞尺测量，轴承顶隙也可用塞尺测量，或用压铅法测量。间隙控制可按 $1.5/1000～2/1000$ 倍的轴颈直径选取。

a. 用塞尺检测轴间隙如图 4-3 所示。用塞尺测量间隙适用直径较大和间隙较大的轴承。测量时应注意塞尺要窄，厚度要适当，用力要均匀，以免损伤巴氏合金层。

b. 用压铅法检测轴承间隙如图 4-4 所示。压铅测量时应选取柔软的铅丝，铅丝直径应为轴承间隙的 $1～1.5$ 倍。安放铅丝后，装上轴承盖，拧紧螺栓。拆卸后用千分尺测量铅丝厚度，根据表 4-4 算出轴承间隙。

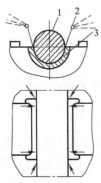

图 4-3 用塞尺检测轴承间隙

1—轴承；2—塞尺；3—轴下瓦

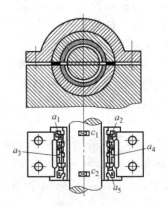

图 4-4 用压铅法检测轴承间隙

表 4-4 用压铅丝测量轴承间隙

位置	轴承剖分面铅丝平均厚度	轴瓦一端间隙 Δ_1、Δ_2、Δ_3	轴瓦间隙 Δ
前端	$(a_1+a_2)/2$	$\Delta_1=c_1-(a_1+a_2)/2$	$\Delta=1/3[c_1-(a_1+a_2)/2+c_2-(a_3+a_4)/2+c_3-(a_5+a_6)/2]$ $=(c_1+c_2+c_3)/3-(a_1+a_2+a_3+a_4+a_5+a_6)/6$
中间	$(a_3+a_4)/2$	$\Delta_2=c_2-(a_3+a_4)/2$	
后端	$(a_5+a_6)/2$	$\Delta_3=c_3-(a_5+a_6)/2$	

（3）调整轴瓦顶隙　调整轴瓦顶隙的方法有两种：一种是全靠研刮；另一种是研刮好下瓦与轴的接触角及上下瓦与轴的接触点，然后改变轴承剖分面的垫片厚度，以达到调整间隙的目的。

（4）检查、调整轴瓦的轴向间隙　滑动轴承装配时，除了径向配合间隙需要测量和调整以外，对于受轴向负荷的轴承还应检查和调整轴向间隙，如图 4-5 所示。将轴推移到一端用塞尺或千分表来测量，确认轴向间隙 c 值。根据负载及设备结构的不同，c 值范围可达 0.1～0.8mm。当轴向间隙不符合要求时，可以通过刮削轴瓦端面或调整止推螺钉的方法来调整。

4.3.2.3　薄壁瓦的装配

（1）薄壁瓦的装配特点

① 轴承间隙不可调整　轴承间隙由制造厂精加工确定，轴承间隙既不能以研刮的方式增加（巴氏合金层太薄），也不能以改变垫片的厚度的方法来调整（瓦的整体厚度太薄，加上垫片固定不牢，反而楔入轴承与轴之间）。轴瓦间隙一般为 0.8/1000～1.5/1000 倍的轴颈直径。

② 严格控制余面高度。

（2）余面高度的测量　余面高度有两种测量方式。

① 深度游标卡尺测量法　如图 4-6 所示，把下瓦放在轴承座中，轴颈压在下瓦。下瓦左侧用平尺限位，使下瓦剖分面的左侧与轴承座剖分面成一个水平面。下瓦剖分面上右侧一般高出轴承座剖分面 ΔH_1，用深度游标卡尺测量并记录为正值。如果下瓦剖分面右侧低于轴承座剖分面，则记录为负值。

上瓦的余面高度 ΔH_2 在轴承盖中测量，与测下瓦的方法相同。但这时没有转子轴颈的压力，应该借助假轴对上瓦加上试验压力，并且用 0.02mm 的塞尺检验瓦衬外圆与轴承盖的接合面，以通不过即可；或再用红丹涂色法来检查，确保瓦衬与轴承压盖的接合面积达 80％以上。

上下瓦余面高度的代数和 $\Delta H = \Delta H_1 + \Delta H_2$，即为薄壁瓦的余面高度。

② 压铅测量法　压铅法测量余面高度与测量轴承间隙相似，只是铅丝放置不一样：铅丝均轴向安放在轴承座剖分面和轴瓦顶面上。完成组装轴承瓦盖和螺栓紧定等工作后，拆卸并测量铅丝厚度。根据表 4-5 计算薄壁瓦余面 ΔH。

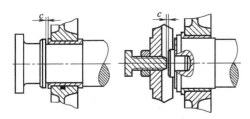

图 4-5　滑动轴承轴向间隙的测量

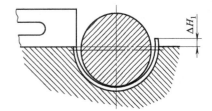

图 4-6　薄壁瓦余面高度

表 4-5　压铅丝测量薄壁瓦余面高度

位置	轴承座剖分面铅丝平均厚度	轴承剖分面铅丝平均厚度	薄壁瓦余面高度 ΔH
前端	$(a_1+a_2)/2$	$(b_1+b_2)/2$	$\Delta H=1/3[(a_1+a_2)/2-(b_1+b_2)/2+(a_3+a_4)/2-(b_3+b_4)/2$
中间	$(a_3+a_4)/2$	$(b_3+b_4)/2$	$+(a_5+a_6)/2-(b_5+b_6)/2$
后端	$(a_5+a_6)/2$	$(b_5+b_6)/2$	$=(a_1+a_2+a_3+a_4+a_5+a_6)/6-(b_1+b_2+b_3+b_4+b_5+b_6)/6$

表 4-5 说明，薄壁瓦余面高度等于轴承座剖分面铅丝平均厚度减去轴瓦顶面铅丝平均厚度。

压铅法测量薄壁瓦余面高度时要注意：三个横截面的余面高度相互之差不应大于 0.02mm，其余注意事项见压铅法测量轴承间隙部分。

（3）余面高度的规定值　薄壁瓦测量出来的余面高度应符合有关技术要求。

（4）余面高度与过盈量　余面高度在一定程度上反映薄壁瓦与轴承座的过盈，两者的关系由下式确定：

$$\delta = \frac{4\Delta H}{\pi}$$

式中　δ——薄壁瓦与轴承座的过盈，mm。

由此可知，过盈与余面高度成正比。过盈不恰当对轴承影响很大：余面高度过大，为使轴承座与轴承盖贴紧，螺栓拧紧过劲，会使薄壁瓦剖分面产生塑性变形；余面量过小，又会使轴瓦紧力不够而产生振动。

4.3.2.4　厚壁瓦轴承合金的焊补

轴瓦上的轴承合金层过薄，或者是局部轴承合金碎裂和局部存在缺陷时，可以用焊补的方法进行修复。焊补时，应先将轴瓦上原有的轴承合层熔化到一定深度，再用条状的轴承合金进行焊补。如果表面有不平现象，可以加以熨平，然后按一般轴瓦加工的方法进行加工。

在采用这种方法焊补轴瓦的轴承合金层时，应符合下列条件：轴瓦上轴承合金层必须无脱层现象，并经充分脱脂；轴瓦上轴承合金层的剥落面不超过 $1cm^2$，且在每一片瓦上不多于两处；焊补时采用的焊补合金，应当与原来轴瓦上的合金牌号相同。

乙炔焰焊补轴承合金的步骤如下。

① 将旧瓦的瓦背加热，局部或全部熔化原有轴承合金，再放在 10%～15% 的盐酸中浸洗 5～10min，取出用热水（70～100℃）冲洗，并用 10% 的碱液冲洗，中和残留在瓦上的酸，再用热水冲洗干净。

② 将锡和轴承合金分别铸成直径为 15～25mm 的长棒。

③ 用乙炔焰挂焊 0.1mm 左右的底锡，然后补焊轴承合金，使其达到要求厚度（考虑机加工量）。

焊补时，焊接速度要快，焊迹要平整排列，并防止轴承合金与瓦体受高温影响而脱离。焊补完一边反转使其冷却，转过来焊另一边，直到冷却下来后，再接着焊补。整个焊补过程瓦体温度≤200℃。

4.3.3　曲轴的检修

4.3.3.1　曲轴的检查

（1）测量曲轴的张合度（曲柄间距差）　主轴的张合度是曲轴在瓦内旋转 360°的摆动数值之差（图 4-7）。把磁性千分表架放在曲轴主轴承臂的平面上，触针顶在曲柄平面位置，盘车使曲柄销停在某一位置时，调节千分表，使指针指在零位置。然后盘车，每转 90°记下千分表读数，要求曲轴摆动差在 0.1/1000 倍活塞行程以内。

（2）测量曲轴的主轴颈水平　用高精密度水平仪测量曲轴的水平偏差不应大于 0.10/1000。曲轴旋转 360°，每转 90°测量一次，每次测轴颈两端的两个点。为了防止水平仪本身有误差，测量时必须把水平仪转 180°，反复测两次，取它的平均值。由于飞轮重量的影响，会使曲轴产生微小的弯曲，而且主轴颈的圆柱度也会产生影响，在测量时要予以考虑。

（3）检查测量主轴颈和曲柄销表面粗糙度、圆度和圆柱度　表面粗糙度不能满足要求的，应该用油石磨光。主轴颈与曲柄销必须进行超声波探伤，检查有无缺陷，以及缺陷发展情况，尤其是在主轴颈与曲柄连接的根部。如图 4-8 所示为测量主轴颈与曲柄销圆度和圆柱度示意。

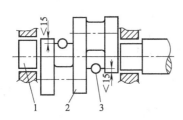

图 4-7　测量曲轴间距

1—主轴颈；2—曲轴；3—千分表

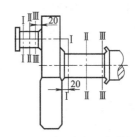

图 4-8　测量主轴颈与曲柄
销圆度和圆柱度示意

表 4-6　主轴颈与曲柄销的圆度、圆柱度公差　　　　　　　　　　单位：mm

直　径	主　轴　颈	曲　柄　销
500~600	0.06(0.30)	0.07(0.30)
360~500	0.05(0.25)	0.06(0.25)
260~360	0.04(0.20)	0.05(0.20)
180~260	0.03(0.15)	0.04(0.15)

注：括号中为最大公差值，括号外为标准公差值。

当主轴颈与曲柄销的圆度、圆柱度公差大于或接近表 4-6 的最大值时，应进行修圆。

4.3.3.2　曲轴的常见损坏种类

① 曲轴轴颈和曲拐微量磨损（圆度、圆柱度、粗糙度不符合要求）。

② 曲轴过渡角裂纹。

③ 曲轴出现擦伤或刮痕。

④ 曲轴键槽磨损。

⑤ 曲轴弯曲和扭转变形。

4.3.3.3　曲轴的修复

（1）曲轴颈部"咬毛"、轻微疤痕的修复　主轴颈和曲柄销一般就地修复。用 00# 砂布或金相砂纸在销颈上绕一周，拉住砂布两端，做往复运动。有时把宽度与轴颈长度相等的砂布用皮带或绳包住，绕到轴颈上，拉动皮带或麻绳频频旋转，直至伤痕等消除后，再用布面按相同的方法拉动，可改善表面粗糙度。

（2）曲轴磨损的修复

① 曲柄销与主轴颈磨损后的圆度或圆柱度公差值不大于表 4-6 中的最大公差时，可用油石、细砂布进行研磨修正。

② 如圆度或圆柱度公差大于表 4-6 中最大公差时，用车床或磨床等机床光磨成统一尺寸。在车削或光磨轴颈时，必须严格保持圆角半径。

③ 圆角上的擦伤用手工修整或机械加工的方法消除。

④ 轴颈磨损较大或已经几次修磨，轴颈尺寸已达到极限值时，可采用电喷镀，使轴颈表面形成金属喷镀层。为使金属喷镀层厚薄均匀，喷镀前应将轴颈按其圆柱度公差精车，喷镀层的半径厚度在 0.3~0.5mm 范围为宜，过厚或过薄易引起脱层或强度不够。喷镀后的轴颈需经机械加工恢复到原来尺寸。

车削、研磨后的轴颈减少量应不大于原来轴颈的 5%。

（3）曲轴裂纹的修理　轴颈上有轻微的轴向裂纹时，如修磨后能消除，则可继续使用。径向裂纹一般不加修理，因为在使用过程中受应力作用裂纹会逐渐扩大，甚至发生严重的折断事故。

（4）曲轴弯曲和扭转变形的校正

① 弯曲变形较大的曲轴，可采用热压校正法。把曲轴放在 V 形铁上，先用氧乙炔焰或喷灯对弯曲的凸面进行局部加热，温度控制在 $500 \sim 550℃$ 之间，即呈暗红色。然后对弯曲凸面施加机械压力。在加压过程中，继续对曲轴弯曲部位进行缓慢加热，加热应均匀。用热压法校正曲轴的弯曲，一般需要重复数次，直至稍有相反方向的弯曲为止。

② 曲轴的弯曲和扭转变形较小时，用车削和研磨方法消除。车削和研磨后的轴颈减少量应不大于原来轴颈的 5％，同时还需相应地更换轴瓦。对较大的弯曲变形，校直时的反向压弯量以不大于原弯曲量的 $1 \sim 1.5$ 倍为宜，还应使校直后的曲轴具有微量的反向弯曲。校直时应根据变形的方向和程度，用铜棒或其他风动工具沿曲轴进行"冷作"，以消除集中的塑性变形。

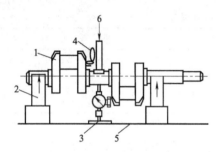

图 4-9　压力与敲击法校正曲面
1—曲轴；2—V 形铁；3—千分表；
4—敲击部位；5—平台；6—压力 p

弯曲变形的第二种校正方法如图 4-9 所示。曲轴的弯曲和扭转变形可借助于千分表来发现。将千分表安置在轴颈上，而轴颈分成 4 等分或更多的等分，缓慢地转动曲轴，分别测量出读数，做好记录。

将曲轴架在平台的 V 形铁架上，在中间一道曲轴轴颈或曲拐轴颈拟加压部位的下面立好千分表（最好将千分表触点立在被加压轴颈的径向部位，因为这个部位磨损量较小，数字较准）。然后分段缓慢地增加压力，最后一次压下时不能过大，以避免曲轴发生过大的塑性变形。另外，曲轴校直时的反向压弯量要比原弯曲量大一些，以不超过原弯曲量的 $1 \sim 1.5$ 倍为宜，这样使校直后的曲轴具有微量的反向弯曲。

（5）键槽磨损的修理　曲轴键槽磨损宽度不超过 5％时，可用钳、刨或铣的方法来扩大键槽进行修复，但不得超过原来宽度的 15％。若键槽磨损宽度大于 5％时，必须先补焊，然后用刨或铣的方法加工到原来的尺寸。修复后的键槽中心线对轴的轴心线的对称度不低于 9 级精度，也可在原键槽的对应面重新铣制一个新键槽使用。

曲轴若出现下列情况，应该进行报废处理，更换新曲轴：①轴颈减少量超过原直径的 15％；②探伤检查发现存在超过规定的缺陷；③弯曲无法校直；④裂纹无法消除。

4.3.4　连杆的检修

4.3.4.1　连杆的常见故障

① 材质的化学成分不对，力学性能不符合要求。

② 加工不良，杆身与头部的圆角过渡面不符合要求。

③ 装配时，曲轴中心线与机身滑道中心线不垂直，连杆歪斜，使轴承歪偏磨损；轴瓦间隙不当，引起烧瓦、抱轴；严重敲击、连杆损坏等。

④ 润滑油量少、油压低、油温高、污物堵塞油路，引起轴瓦烧熔，甚至损坏连杆等。

⑤ 机身、气缸、连杆等的螺栓断裂，以及液击引起连杆损坏等。

4.3.4.2　连杆的检查

① 拆卸时要仔细检查大、小头的磨损状况，杆身需做无损探伤，检查有否内部缺陷。

② 仔细检查大、小头轴承间隙量、轴承内外表面情况及轴承合金与钢壳的贴合情况等。

③ 拆卸前检查连杆螺栓有无松动，拆卸后仔细检查连杆螺栓、螺纹，并做磁粉探伤检查。

④ 连杆大、小头中心线的平行度公差检查，在 100mm 长度上不超过 0.02mm。检查方法如图 4-10 所示。

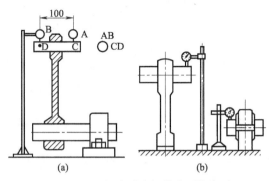

图 4-10　组合式连杆的分别检查

4.3.4.3　连杆的修复

（1）大头分解面磨损的修复　连杆大头的分解面磨损或破坏较轻时，可用研磨法磨平或者用砂纸打光。修整后的分解面不允许有偏斜，并应保持相互平行。可用涂色法进行检查，接触点应均匀分配，且不少于总面积的 70%。若分解面的磨损或破坏较严重时，可用电焊修补，再用机械加工的方法达到原来的要求。

（2）大头变形的修复　先在平台上检查其变形，再进行车削加工，一直到分解面恢复到原来的水平为止。

（3）弯曲变形的校正　连杆的弯曲和扭转变形可用连杆校正器进行检查，并在虎钳上或特种板钳上敲击校正。弯曲时，可用压力机或手动螺杆顶压使其扳直，也可以用火焰校正法进行校正。

（4）连杆螺栓的更换　使用过程中发现下列情况之一时，应予以更换（连杆螺栓一般不进行修理）：

① 连杆螺栓的螺纹损坏或配合松弛；

② 连杆螺栓出现裂纹；

③ 连杆螺栓产生过大的残余变形。

连杆螺栓的螺纹损坏或配合松弛，一般是由于装配时拧紧连杆螺栓用力不当引起的。螺栓拧得过紧，螺纹损坏；拧得过松，配合松弛。最好用测力扳手拧紧连杆螺栓，这样可以防止上述情况发生。

连杆螺栓的裂纹，可用 5 倍以上的放大镜对螺纹及其圆角、过渡面等处进行检查，也可用浸油法进行检查，先将连杆螺栓浸入煤油中，然后取出拭擦干净，再涂上一层薄薄的渗了白粉的溶液，待白粉干后，裂纹处会出现一条明显的黑线。必要时还可采用磁粉、着色或超声波等方法检查。

连杆螺栓装配时，可用测微卡规、专用卡规或厚薄规测量其弹性伸长度，伸长量不应超过连杆螺栓长度的 1/1000。使用中如果发现连杆螺栓的残余变形量大于 2/1000 时，应予以更换。

4.3.4.4　连杆大头和小头轴瓦的修理

（1）使用曲柄轴时，连杆常采用闭式结构，如图 2-35 所示。先检查瓦背与连杆、斜瓦座的接触面，斜瓦座和斜铁的接触面，斜铁和连杆的接触面。若接触不好，需进行研刮，使各接触面都均匀接触。用红丹油检查，接触面达到 60% 以上。

研刮时，按修理前测得的轴瓦间隙与垫片厚度来调节垫片，使轴瓦内径比直径小

0.05mm 左右。在轴上涂红丹油，连杆组装后，盘车研磨轴瓦；如果不组装研磨，容易发生偏斜。拆下连杆，根据接触情况进行刮削，并反复研刮，随时调整轴瓦垫片，使垫片始终保持压紧状态而重，并且接触面积达到 70% 以上时，可用加垫片的方法来调节间隙。大头瓦径向间隙取 1/1000～1.2/1000 倍轴颈直径，轴向间隙为 1～1.5mm。小头瓦间隙为 0.6/1000～1/1000 倍的十字头销的直径，轴向间隙为 0.8～1.0mm。大头瓦两侧瓦口轴向刮成 20mm 宽的楔形油槽，但与瓦口不通，各留 15mm。最后清理曲柄销、十字头销及轴瓦，并加润滑油，组装连杆。组装轴瓦时，注意垫片必须用稳钉固定，以防垫片把油槽挡住或磨轴。

（2）使用曲拐轴时，都采用剖分的结构，大头盖与杆体用螺栓连接。连杆大头瓦的研磨在曲柄销上进行。瓦背与连杆大头的凹面应仔细研刮，瓦背不应加垫片。瓦口垫片要平整，不允许加偏垫。垫片内侧离开轴颈表面的间隙不能太大，一般为 0.1～0.25mm，否则大头瓦润滑油会大量外流，致使轴承润滑不良。

大头瓦的检修方法视损坏程度而定。钢瓦壳与轴承合金应结合良好，不应有裂纹、气孔、分层等现象。磨损后的轴承合金厚度不足原厚度的 2/3 时，应予以更换（对于厚壁瓦而言）。对连杆大头瓦与小头瓦，应先各自研刮后再与连杆组装，盘车研磨轴瓦；再拆下连杆，根据接触情况进行刮削，并反复研刮，直至接触面积达到 70% 以上且接触均匀为止。

4.3.5 十字头及十字头销的检修

（1）测量和检查

① 用电动或手动盘车，使十字头处于滑道的前端、中部、后端三个位置，用塞尺分别测出上、下滑履与滑道的间隙。在圆弧面上等分测三点，做好记录。

② 盘车测量活塞杆在滑道内的对中情况，测量十字头在前、后死点的位置。

③ 检查滑履是否损坏，滑履上轴承合金的破裂、剥落等的面积超过总面积的 30% 时，应更换滑履。

④ 检查连接器（或螺纹、法兰、楔）是否有裂纹，配合是否合适等。

⑤ 测量十字头销的圆度和圆柱度，大于规定值时应进行磨圆。检查十字头销有无裂纹，特别注意检查有无径向裂纹。

（2）十字头销的修理 十字头销两端锥面与十字头体锥形孔互相配研。研磨时要把十字头放平，使大锥形孔向上，十字头销垂直放在孔内。用工具使销在孔内旋转，反复刮研，并涂以红丹油检查接触情况，使接触点分布均匀，接触面积达 80%。如果接触不好，可用刮削十字头的锥形孔来消除；如果锥形面的锥度不合，应按孔的锥度磨削十字头销锥面，然后再进行研刮；同时检查十字头销油孔与十字头油孔必须对正，对不正孔的现象，可采取镗大十字头销油孔的方法进行处理。有细微裂纹时应修光，严重时要更换。

（3）十字头的修理

① 拆掉十字头上下滑履后，用煤油洗净、擦干，涂上一层白粉，用铜棒轻击十字头，再用放大镜检查，若十字头（特别是十字颈与连接盘连接处）有裂纹，则必有油渗出现。

② 十字头滑履的刮研：先在滑道上粗研，以滑道为胎具刮滑履。在滑道上涂一层薄薄的红丹油，然后把滑履放在滑道内推动，吊出滑履进行粗刮研。

粗刮研后，要求接触面不小于总面积的 30%，并使滑履的圆弧重合于滑道的圆弧，且接触良好。组装本体，拧紧连接螺栓，装上连杆和活塞杆，再盘车细刮研。要求接触均匀，接触面达 80% 以上。可按图纸要求确定滑履间隙。

无规定时可按 0.7/1000～0.8/1000 倍的滑道直径选择。

③ 检查十字头在滑道内是否对中。测量点选在十字头连接盘上，要求偏差不超过0.04～

0.10mm。如果达不到要求，需调整十字头滑履上下垫片，同时用塞尺检查滑履间隙。

若不符合要求，应根据十字头对中情况，调整滑履垫片或刮研十字头滑履。十字头上下滑履间隙，应在连接活塞杆和装上连杆后进行一次复查。如发生变化，误差超过允许范围时，应分析原因，进行修正。当十字头偏斜时，不得采用加偏垫的方法来调整，以免开车后由于紧固螺栓松动，使偏垫移位，堵塞油孔，造成轴瓦烧坏。

整体式十字头比分开式十字头简单，可按分开式十字头检查与修理，唯一不同的是滑履间隙不能调节。

4.3.6 气缸（套）的检修

4.3.6.1 气缸（套）的检查

（1）活塞抽掉以后，首先检查各级气缸（套）的圆度、圆柱度，测量前、中、后（或上、中、下）三个截面的垂直、水平（或东西、南北）内径；同时检查气缸内表面的粗糙度是否良好，由于气阀损坏的阀片、弹簧等物落入气缸或其他原因，往往在气缸壁上磨出很多串气通道，影响压缩机效率，对于磨损严重的状况应考虑更换或镗缸。气缸允许的最大磨损量见表 4-7。

表 4-7 气缸允许的最大磨损量 单位：mm

气缸直径	<100	100~150	150~300	300~400	400~700	700~1000	1000~1200	1200~1500
圆周均匀磨损	0.3	0.5	1.0	1.2	1.4	1.6	1.75	2.0
圆度、圆柱度	0.15	0.25	0.4	0.6	0.6	0.8	1.0	1.2

（2）用水平仪检查气缸的倾斜情况，如发现气缸倾斜与十字头滑道倾斜相差较大，或者两者倾斜方向相反，并且超过允许范围时，应进一步分析原因，检查气缸连接情况，必要时进行拉线校核。属于气缸下部磨损不均匀的，需进行镗缸或更新；属于气缸本身倾斜过大的，则气缸端要进行加工。

（3）检查气缸（套）有无断裂、松动等。

（4）检查气阀腔有无裂纹，气阀的密封面有无损坏和裂纹。

（5）检查各级气缸的连接面有无损坏。

4.3.6.2 气缸（套）的修理

（1）气缸裂纹的修补　气缸出现裂纹一般是很难维持生产的，需要更换气缸。如裂纹较小或出现在次要部位，可考虑修补。

（2）气缸或缸套表面缺陷的修复　气缸表面有轻微的擦伤缺陷或拉毛现象时，可用半圆形油石沿缸壁弧圆周方向以手工往复研磨，直到以手触摸无明显的感觉时可认为合格。如拉痕较深而更换又有困难时，可用铜、银或轴承合金等熔焊在拉痕处暂时填补使用。若伤痕深达 1.5mm、宽达 3~5mm 以上时，需进行镗缸修理。

（3）气缸的镗削　气缸由于磨损而使最大直径与最小直径之差达 0.5mm 以上或有大于 0.5mm 的擦痕时，则需进行镗缸。

镗缸时应注意的事项如下。

① 在装入活塞的气缸端，最好车成 15°的锥孔，以便装卸活塞和活塞环之用。

② 为了不使气缸表面因活塞和活塞环的摩擦而形成凹槽，应在气缸表面的两端制成圆锥形斜面。当活塞处于上、下死点（前、后死点）位置时，第一道或最末一道活塞环应超越气缸表面边缘 1~2mm。

③ 带差动活塞的卧式压缩机，几个气缸串联在一条轴线上。镗缸时，各个气缸应镗去

的厚度需取得一致，否则会使各级气缸接触不良，引起不正常的磨损或擦伤。

④ 气缸内孔镗去的尺寸，在气缸直径上不应大于 2mm。如必须大于 2mm 时，应配制一种与新气缸内孔相适应的活塞和活塞环。

⑤ 气缸表面如发现疏松或其他缺陷，气缸内孔镗去的尺寸需增大到 10～25mm 时，应镶缸套，但必须进行强度核算。

镗缸时，可根据工厂的设备和修理能力，用立车或镗床进行加工。利用镗床加工时，镗过的气缸表面上会留有相当显著的刀痕，因此镗削后还需进行一次光磨。利用立车加工时，虽然可以用小进刀量、高速度的切削方法获得良好的精度和表面粗糙度，但也需稍加光磨。如果条件允许，镗削后的气缸表面再进行一次珩磨，效果则更为理想。对小直径气缸，可置于立钻上镗削和研磨，但需保证气缸中心线与钻床立轴中心线重合，也可在现场用自制工具进行镗磨。

气缸镗孔后的技术要求：气缸直径增大的尺寸，不得大于原来尺寸的 2%；气缸壁厚减少的尺寸，不得大于原来尺寸的 1/12；由于气缸直径的加大而增加的活塞力，不得大于原来设计活塞力的 10%。

（4）缸套的更换

① 更换条件　缸套有下列情况时需要更换：

a. 检查发现缸套有裂纹、砂眼和破裂；

b. 缸套磨损严重，间隙超过规定极限的数值；

c. 缸套内表面有很多波浪状伤痕（深达 0.3mm 左右），或局部磨损严重（磨损面积达 1/3 以上），或有纵向沟纹；

d. 缸套的外径变形，有明显的间隙，并有转动或移动现象。

② 新配缸套的要求符合原图纸的尺寸要求　按气缸的实际内径，检查缸套的外径尺寸公差是否符合要求。在无图纸时，其公差范围可按下式选用。

a. 过盈配合：$\delta=(0.0002\sim0.0005)D_0$，$D_0$ 为缸套外径（mm）。

b. 过渡配合：$\delta=(0.00005\sim0.0002)D_0$。

③ 更换缸套的方法　更换缸套的方法如下。

a. 拆除气缸螺栓和各种管线，吊出气缸，选择好适当的场地，放置平稳、牢固；用机具或螺栓压板将缸套拉出或用车床将缸套车削掉。

b. 清洗缸套的内外表面，检查新缸套的外形尺寸、形位公差等符合要求。

c. 在缸套外表面均匀地涂上压缩机润滑油。

d. 按缸套的各开孔位置，在气缸的相应部位画线，供安装对正用。

e. 过渡配合的缸套，按画线对准的位置，用千斤顶或压力机等工具压入（图 4-11）。过盈配合的缸套，则一般采用冷热温差装法。即将蒸汽通入气缸冷却水夹套，用草袋或麻袋盖好保温；缓缓加热，使气缸温度达到 70～90℃；同时用液氮或干冰缓慢冷却缸套，使其相互配合达到最小装配间隙 0.15～0.20mm，便可将缸套按方向标记迅速装入缸体内。

f. 高压级缸套的配合部分内径、外径的圆度、圆柱度公差不应大于 0.01mm，全长的圆柱度公差不应大于 0.05mm。

g. 缸套装入后，应检查注油孔是否畅通。

h. 缸套和气缸装配好后，检查气缸与机身滑道中心是否一致。较长的气缸采用钢丝拉线找正，使主轴与气缸中心互相垂直，双列气缸则应互相平行。

用上述各种方法修理后的气缸，均应进行水压试验，以检查修理后的质量是否符合要求。气室的试验压力一般为工作压力的 1.5 倍，水室通常为 0.3～0.5MPa。试验时，不允许有渗漏和残余变形现象出现。

4.3.6.3　注意事项

若压缩机压缩的气体是氧气、氯气或合成聚乙烯气体，必须注意以下几点。

（1）氧气能使矿物油激烈氧化而造成爆炸事故，因而不能用矿物油润滑，并且必须把检修过程中的油清除干净。凡是与氧气接触的零部件（如气缸、活塞、活塞环、填料

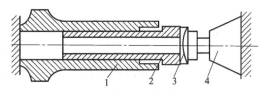

图 4-11　缸套压入示意
1—气缸体；2—缸套；3—球面垫；4—千斤顶

函、气阀等）都要进行严格的脱脂工作。具体做法是：用工业酒精彻底清洗这些零部件，对起吊这些零部件的吊装工具也要避免接触矿物油，接触零部件的钢丝绳应脱脂或外包干净、无油的麻袋等织物。

关于氧气压缩机的润滑问题，较早使用蒸馏水中加 6%～8% 的工业甘油，后来大多采用固体润滑，现在则采用无油润滑元件。

（2）氯气在一定条件下与润滑油中的烃类反应产生氯化氢，对钢铁有腐蚀作用，所以不能采用矿物油润滑。氯气压缩机应用固体润滑（二硫化钼）较为适宜。

（3）在高压合成聚乙烯的压缩机中，为避免润滑剂进入产品中，不能用矿物油，而应选用白油。

4.3.7　活塞和活塞环的检修

4.3.7.1　活塞的检查、修复、装配

（1）活塞的拆卸检查

① 用压铅法检查气缸前后余隙量（也就是活塞与气缸的轴向间隙），并记录。

② 用塞尺检查活塞与气缸内壁的径向间隙，测量等分的三个截面，每个截面上、下、左、右测 4 个点。

③ 抽出活塞杆后，先检查活塞表面、活塞槽、活塞与活塞杆锁母接触的内圆等处有无裂纹。

④ 检查活塞上铸造用的清砂孔堵头有无松动，有问题时需重新拧紧或更换堵头。

⑤ 检查活塞锁母与活塞杆接触是否良好，如果接触不良，不仅会产生串气现象，而且会使活塞杆受力不好。

⑥ 检查活塞环槽磨损和变形情况以及轴向窜量，注意检查槽面有无裂纹存在。

⑦ 检查活塞轴承合金的厚度及轴承合金有无裂纹、剥落或碎裂。如果发现问题，则要进行焊补。

（2）活塞的检查和修复

① 检查活塞锁母与活塞杆的接触好坏。在活塞孔的两端面涂上红丹油，把修整好的活塞杆或新杆装入活塞内，活塞锁母螺纹涂少量机油。拧紧活塞锁母，再松开，拆下活塞杆，检查接触平面的接触是否严密、均匀。如果接触不好，则有三种可能性：活塞锁母的端面和螺纹不垂直；活塞杆的螺纹和台肩不垂直；活塞上两个活塞杆孔的端面不平行。具体分析原因后，采用车削或修刮的方法来消除，之后再检查一次接触情况。

② 活塞环槽磨损或变形，如未超过允许值，可以在车床上用车刀整修环槽。

③ 活塞的支承面磨损量较小，不会致使活塞杆倾斜时可不修理。如磨损量较大，单活塞的活塞杆倾斜达 0.15～0.20mm/m，多级活塞的活塞杆倾斜达 0.05～0.10mm/m 时，应采取修刮或填补轴承合金（即托瓦）等方法修复。当托瓦有碎裂、脱落现象时，也应补焊轴承合金。

④ 活塞支承面焊补完毕上车床加工时，以活塞杆孔为基准车削活塞上的轴承合金，车削时应留现场装配的研刮余量。一般要求其半径较气缸实测尺寸大 0.20～0.30mm，并开周向油槽，两面做成 1/10～1/5 的斜度，以保证良好的润滑。

⑤小型活塞支承面加工好后应进行人工粗研,然后装在气缸内,并装上连杆、十字头(不装活塞环),盘车精研。较大活塞的支承面加工完后也要进行盘车刮研,但应先进行人工粗研,然后把活塞预装在气缸内(不装活塞环),使活塞杆插入十字头连接孔内,用塞尺测量活塞与气缸的径向间隙是否符合要求(活塞上的轴承合金与气缸之间应无间隙)。研磨时应仔细检查活塞杆的水平度,防止倾斜,并用千分尺测量活塞杆是否位于气缸及十字头滑道中心。如果活塞杆偏高或偏斜,需抽出活塞研刮轴承合金进行修整。要求轴承合金接触均匀,活塞在两死点时活塞杆的中心高度与气缸中心偏差,上下差≤0.05~0.10mm,左右相等。

(3)活塞的装配

① 活塞与气缸的装配间隙:气缸为水冷却的铸铁活塞与气缸的间隙为 $(0.0008\sim0.0012)D_0$,D_0 为气缸直径;铝合金活塞与气缸的间隙为 $(0.0016\sim0.0024)D_0$;气缸采用无油润滑时,活塞与气缸的间隙为 $(0.005\sim0.02)D_0$。当气缸直径较大时取小的间隙,在直径较小时取大的间隙。无油润滑气缸直径为 600mm 时,取 5~8mm;气缸直径较小时,间隙不小于 1mm,以保证活塞环有足够的寿命。

② 压缩机的高压级活塞采用球面垫连接结构,装配时球面垫间隙为 0.03~0.05mm。如果间隙太大,在运转时会产生杂声,还会使球面垫下沉,磨坏气缸;间隙太小,会失去活塞自动对中的补偿作用。

③ 对于圆度、圆柱度公差大的气缸,应以最小缸径处测得的间隙符合要求为合格。测量时要反复测几点。如果间隙太小,运转时活塞会因为温度升高而膨胀,使气缸卡住,造成事故。

④ 活塞和气缸以及传动部分装配完毕后,在未装气阀前,必须用压软铅条的方法测量活塞与气缸的轴向间隙。具体做法是:开动盘车器,使飞轮缓慢旋转,活塞在气缸中做往复运动,从气阀孔中伸入软铅条,贴在气缸端部平面上;当活塞运动至死点时,活塞将软铅条压扁;活塞移动后,取出铅条,用千分尺测量厚度,此数据就是活塞与气缸的轴向间隙。测量时要绝对避免软铅条放在气缸盖的台肩或倒角处,否则测得的数据是不准确的。准备的软铅条不可太薄,以免活塞压不到。为准确起见,一般测两次。

4.3.7.2 活塞环的检查与更换

活塞环在使用过程中,若发现断裂或过度磨损(径向磨损 1~2mm、轴向磨损 0.2~0.3mm、在气缸中有大于 0.05mm 的光隙或 1/3 圆周接触不良、在环槽侧面间隙达 0.3mm 或超过原来的 1~1.5 倍)以及失去应有的弹力等缺陷,一律予以更换。

更换新活塞环时,应根据气缸和活塞来选配。选配合适的活塞环后,在装配时,需进行以下几项检查。

(1)活塞环平行度的检查(图 4-12) 两端面平行度应符合制造技术要求。

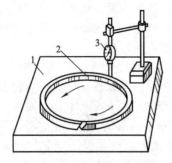

图 4-12 活塞环平行度的检查
1—平板;2—活塞环;3—千分表

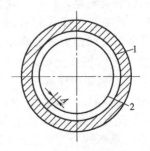

图 4-13 活塞环开口间隙的检查
1—气缸壁;2—活塞环

（2）活塞环外圆倒角的检查 为避免活塞环的边缘损伤气缸镜面，并使活塞环与气缸的摩擦面能得到良好的润滑，活塞环的外缘必须倒角。

（3）活塞环开口间隙的检查（图 4-13） 将环放入气缸中，使环平面与气缸轴线垂直，然后用塞尺检查间隙 A，其值应符合制造技术条件。

（4）活塞环圆度的检查 将活塞环放入气缸内，用透光法或塞尺法检查圆度。活塞环圆度应符合制造技术条件，以保证活塞环工作时的气密性。

（5）活塞环弹力的检查（图 4-14） 在开口间隙和正圆度检查合格后，即可进行弹力的检查。一般把活塞环弹力控制在 $0.08\sim0.15\mathrm{MPa}$ 的范围内。

用钢丝或铜丝检查弹力。检查时，将活塞环用钢丝或铜丝绕上，在钢丝或铜丝另一端挂上砝码，使活塞环压至工作状态时的开口，这时所加的砝码即为活塞的切向弹力。若需要径向弹力时，可用切向弹力等于径向弹力的 0.329 倍进行换算。

（6）活塞环的装入（图 4-15） 将检查合格的活塞环用专用的扩张器套装到活塞环槽内。然后用塞尺检查活塞环与活塞环槽的轴向间隙 B，轴向间隙过小，工作时会使环卡死在槽内；轴向间隙过大，会因撞击加速磨损，并造成严重漏气。

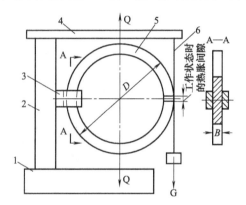

图 4-14 活塞环弹力的检查
1—横梁；2—钢丝；3—工件；
4—支块；5—砝码；6—支柱

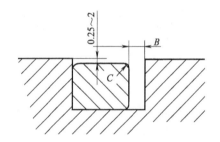

图 4-15 活塞环的装入

另外，要求活塞环压进槽内时，应能全部沉入，且应低于活塞环槽深 $0.25\sim2\mathrm{mm}$。

应注意的是，将活塞组件装入气缸时，相邻两环的开口应互相错开 $120°$，以保证良好的密封；且不许将活塞环开口置于进排气孔处，以免将活塞环弄断。

4.3.8 填料的安装修理

安装平面填料函时，首先要检查填料函表面是否有裂纹、划痕，并根据图纸的要求，检查每组填料函、密封圈端面和内圆的粗糙度，看它们接触是否良好，可用平板研磨贴合法来检查填料盒的端面，看其接触是否均匀，有无缝隙。

如不符合要求，需进行刮研修理。密封圈的端面和内圆均用涂色刮研法进行装配，使其接触面不少于总面积的 70%。

应注意对准填料盒的润滑油孔及回油孔，并用吹送压缩空气或注油的方法检查油孔是否畅通，再将活塞推至气缸尾部，装入密封铝垫，再把填料油孔吹净，对准定位销孔、油孔、水孔、排气孔等，然后在它们的表面及内孔涂上机油，按各组密封环预先编好的号码顺序成组装配。

注意不能将密封圈装反，还要保证填料盒与填料外壳的间隙。锥形填料为高压填料，安装前，要对填料元件进行清洗、检查各表面的粗糙度，用涂色法检查其贴合程度，要求压紧环、T形环、前后锥环均匀接触达70％以上。各填料元件接触表面均应在平板上研磨，使其紧密贴合无缝隙。

在没有装入轴向弹簧时，用塞尺测量密封元件的轴向间隙，调整和保证填料各部分规定的尺寸间隙，使其符合图纸要求。应按图纸规定检查T形密封环及封油圈的开口间隙是否相等，轴向弹簧的轴向力是否相等。然后清洗油孔，涂上机油，最后按顺序安装，其安装方法与平面填料函一样（图4-16）。

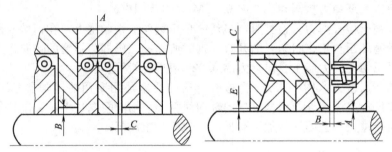

图 4-16　填料函安装

另外，安装时应注意锥角小的填料要放在近气缸端。

4.3.9　往复式压缩机试车与验收

（1）试运前的准备工作

① 清理检修现场，检查、试验及调校仪表、电气、上下水系统、油系统、气系统、附属设备，确认均具备试车条件。

② 检查安全防护装置和安全保护装置完好、齐备、灵敏好用。

③ 润滑系统油质符合要求，油位在规定高度，循环油泵供油正常，注油器注油通畅。

④ 冷却水系统畅通，无泄漏现象；电动机通风系统正常。

⑤ 检查气缸、机身、十字头、连杆、气缸盖、气阀以及地脚螺栓、连接器、皮带传动装置等连接件连接和紧固，应符合要求。

⑥ 盘车2～3圈，无异常现象。

⑦ 电动机的单体试运转，符合要求。

（2）无负荷试车

① 电动机单体试车完毕，将电机轴与压缩机曲轴找中合格后连接紧固，可进行机组的连动无负荷试车。

② 将各级吸、排气阀拆下，将外盖盖上或装上钢丝网。

③ 瞬时启动，查看运转方向，并观察有无异常现象；确认无异常后启动电机，运转5min，检查应无异声、发热、振动等情况。

④ 经第二次启动检查无异常现象后，即可进行无负荷试车，摩擦副的最高温度不得超过60℃，基础振动不超过表4-8中的规定。小修一般不进行无负荷试车，中修无负荷试车2h，大修无负荷试车4～8h。压缩机空载检查项目：a.冷却水应畅通（各路冷却水都可从漏斗或视镜观察），出口水温不超过规定值；b.循环润滑油压力应在规定范围内；c.注油器向各级气缸和填料函注油正常；d.压缩机运转声音正常；e.各连接处应无松动，机身无异常振动，各密封处无渗漏现象；f.无负荷试车停车后的检查包括打开机身检查盖，用手摸查曲轴主轴承、连杆轴瓦处应无异常发热现象；用手触摸填料函与活塞杆、十字头与滑道等处，其发热不应烫手；观察各运动机件的摩擦表面接触情况，检测各运动机件的配合间隙，

均应符合规定。

表 4-8 压缩机基础允许最大双振幅值

转速/(r/min)	允许最大双振幅值/mm	转速/(r/min)	允许最大双振幅值/mm
<200	0.25	>400	<0.15
200~400	<0.20		

（3）空气负荷试运及吹扫 压缩机无负荷空运转之后，应逐级装上吸、排气阀。若机组进行大修或事故检修时，对已更换的气缸、附属设备及气管等必须做系统吹扫。吹扫工作可与机组空气负荷试运转结合起来进行，根据实际情况采取逐级分段吹扫或只吹扫某区段；每级吹扫时间不得少于 30min，直至排出的气体检查合格为止。吹扫过程的技术要求如下。

① 一级缸的进气管段必须严格确保吹扫干净，必要时可临时配制有过滤器的进口管段。

② 吹扫压力见表 4-9，也可根据吹扫空气的气量大小及被吹扫区段的具体情况而定，但各级最高吹扫压力一般不得大于 1.0MPa。

表 4-9 吹扫压力   单位：kgf/cm²

使用压力	1~10	10~100	100~1000
吹扫压力	1.5	2	3.4

注：$1kgf/cm^2 = 9.81 \times 10^4 Pa$。

③ 各区段吹扫所需时间，视风压、风量、被吹扫区段的清洁度、区段长度、直径大小而定。可采用白布包在板条上，并将其置于离吹扫排出口一定距离处；经检查白布再无附着物时，吹扫可考虑暂停。

④ 吹扫过程中的加压操作、稳压运行都应严格按负荷试车的规定进行。

⑤ 吹扫时，应注意吹扫死角部位，凡有排放阀的部位均应阶段性排放；管线部分，可用木槌敲击，以助吹扫干净、彻底。

⑥ 系统全部吹扫结束后，应拆开气缸及气阀腔检查清洁度，必要时再重新清洗一次。

⑦ 空气负荷试运转时间是中修 2h、大修 4h。

⑧ 采用空气作压缩介质试运转的最高压力不得超过 25MPa。当机组最高排出压力大于 25MPa 时，可考虑采用氮气作为压缩介质；若采用氮气有困难，也可用空气作压缩介质将机组负荷加压至 25MPa 左右不再继续升压，待以后进入化工试运转阶段时再以工质来完成更高压级的加压试运转工作。

⑨ 负荷试运转升压可分 3~4 次进行，每次升压时间不少于 30min，并需缓慢、均匀地进行。

⑩ 空气负荷试运转过程中，应经常检查机组各部位的运行情况，检查仪表、电气、油系统、水系统及联锁保护装置等，均应正常、灵敏。

（4）工质负荷试运转

① 机组引入工质进行负荷试运转之前，对气路系统必须用氮气进行置换；无条件时，在保证安全的前提下酌情考虑直接通入化工工质置换。置换中，可利用各级近路阀、卸载阀、放油水阀及放空阀等进行排放。

② 工质负荷试运转时间为中修 8h、大修 24h。

③ 工质负荷试运转要求进、排气温度不得超过设计温度 10℃；进、排气压力应符合设计要求，排气量不得小于额定排气量的 90%；各部件无异常声响及振动；轴承或轴瓦、十字头滑道温度不得超过 65℃；气缸填料温度不超过 70℃；润滑油系统、气缸注油系统、冷却水系统正常；气缸填料箱无明显泄漏，其他各密封处无渗漏；压缩机基础在工作时的双振

幅值不得超过表 4-8 中规定的数值。

（5）负荷试运转中的安全阀调校

① 安全阀的调校应在主管专业技术人员的监督下进行。

② 调校前，应按规定进行强度及气密性试验。

③ 安全阀一般应在机组负荷试运转之前，用氮气校验完毕并加以铅封。

④ 需要在机组负荷试运转过程中进行第二次调校的安全阀，应具备：按有关规定已用水压进行第一次调校；除机组卸载装置完好外，安全阀的手动卸载装置必须灵活可靠。

⑤ 负荷试运过程中的安全阀调校，一种是第一次调校时将安全阀的开启压力基本定在该级最高工作压力上，以便在负荷试运时由低向高做最后调整，在此过程中，压缩机必须做超负荷试运；另一种是先用水压将安全阀开启压力调校在该级最低或额定工作压力上，负荷试运时，应注意观察在该定压下是否起跳，并进行适当调整（调整过程中应始终控制起跳压力不大于该级最高工作压力），根据安全阀的调整量与起跳压力之间的变化关系，凭经验将安全阀调至规定的起跳压力范围，然后卸下安全阀再用水压进行一次核验。因高压级安全阀的起跳范围较宽，所以此方法对压缩机各高压级及末级安全阀的调校是可行的。按标准规定，安全阀的校验应由专业人员在试验台上进行。

（6）气量调节试验　有气量调节装置的压缩机应对调节装置进行试验和调整。调整时，应根据生产工艺的要求，在工艺技术人员的监督配合下进行。

（7）验收标准

① 检修、安装质量符合本机组规程要求，检修、安装记录及资料齐全、真实、准确。

② 试运行正常，符合操作技术指标。

③ 仪表、安全联锁装置保持完整、灵敏、准确、可靠。

④ 零部件完整，机组整洁。

⑤ 附属设备及管线完好，无异常响声、振动。

⑥ 主、辅机表面防腐涂层完整，管线刷漆标志鲜明、正确。

符合以上标准，即可按规定办理验收手续，正式移交投入生产。

4.3.10　往复式压缩机状态监测与故障诊断

随着现代科学技术的迅速发展，往复式压缩机日益朝着高度自动化的方向发展，造成机械设备逐渐复杂且零、部件之间的联系更加紧密。一旦某一部分发生故障，往往会引起整台设备的瘫痪，而且频繁的故障和较长的检修时间常常造成巨大的经济损失和人员伤亡事故的发生。人们对机械设备的可靠性、可用性、可维修性、经济性与安全性提出了越来越高的要求，现代工业生产中的设备系统比以往更注重效率和能耗，且环保的要求越来越高。在设备实际运行中，如能对隐含的故障进行正确的早期预报和诊断，使压缩机在不分解的情况下就能准确判断出故障的部位，借助或依靠先进的传感器技术和动态测试技术及计算机信号处理技术，分析设备中异常的部位和原因，对于减少和防止事故的发生，提高生产的经济效益，起到极大的促进作用。开发出能够应用于指导实际生产的状态监测与故障诊断技术，已成为社会化大生产的关键问题。

4.3.10.1　故障诊断技术的主要作用

① 从设备运行的特征信号中提取有用的信息，确定设备的功能是否正常。

② 对可能发生的机械故障做出早期预报，保障机器安全可靠运行，发挥最大效益。

③ 根据设备的特征信号确定故障的内容、部位、程度和发展趋势等，做出决策。

④ 对已发生的故障及时准确地确定原因，决定维修措施。

⑤ 评定设备的动态性能和维修质量。

4.3.10.2 故障诊断类型

(1) 离线监测管理系统 离线监测管理系统用于一般设备的管理上，它采取的是人为巡检式的周期性采集数据方法，其数据采集周期通常取决于现有的人力资源，采集数据所需的时间和设备的重要程度。采用离线监测系统（便携式数据采集仪）可能捕捉不到机械出现异常征兆之前的状态信息，也不能对过程变量与机械数据进行相关分析。因此，离线监测系统通常适用于一般设备的管理上。

(2) 在线监测管理系统及特点 在线监测管理系统分为实时在线数据采集和巡检式数据采集两种方式。对于关键设备和主要设备，要采用在线实时的方式；对于一般设备，可考虑降低投资费用，采用在线巡检的方式。通过相应数据采集，在线监测管理系统可提供幅值、频率、相位等机械数据和频谱图、轴心轨迹图、时基图、趋势图等。采用实时在线系统会提供更丰富的机械信息，如波德图、极坐标图、级联图、启停机过程中轴中心线平均位置的变化等瞬态机械信息。上述机械数据和图形经过机械工程师的分析、判断、比较后，可找到引起机组异常状态的根本原因，并通过过程调节、维护或维修等正确的措施，使机组的运行状态由异常变为正常，以此提高机组的运行时间及运行效率，降低维护、维修费用，达到设备管理的目的。

4.3.10.3 往复式压缩机诊断技术的研究现状

设备故障诊断技术的发展大致可分四个阶段。

(1) 第一阶段是在 19 世纪，当时机器设备本身技术水平和复杂程度都很低，因此采用事后维修方式。

(2) 第二阶段是进入 20 世纪后，随着大生产的发展，机器设备本身的技术复杂程度也有了提高，设备故障或事故对生产的影响显著增加，在这种情况下，出现了定期预防维修方式。

(3) 第三阶段是从 20 世纪 60 年代开始，特别是 70 年代，设备诊断技术随着现代计算机技术、数据处理技术等发展，出现了更科学的按设备状态进行维修的方式。

(4) 第四阶段是进入 20 世纪 80 年代以后，人工智能技术和专家系统、神经网络等开始发展，并在实际工程中应用，使设备维修技术达到了智能化高度。虽然这一阶段发展历史并不长，但已有研究成果表明，设备智能故障诊断具有十分广泛的应用前景。

往复式压缩机是工业上应用量大、面广的一种重要通用机械，其故障诊断比较复杂，对于其故障诊断技术的研究一直以来都得到了国内外学者的广泛关注。例如，在国外，美国学者曾经利用气缸内侧的压力信号图像判断气阀故障及活塞环的磨损；捷克学者根据对千余种不同类型的压缩机建立了常规性参数数据库，确定评定参数，以判断压缩机的工作状态等。在国内，有些专家对往复式压缩机的缸盖振动信号进行过简单分析，也有人在缸盖振动信号对缸内气体压力的影响方面进行过研究，所做的工作其目的都是为了改变目前压缩机操作人员用耳听、眼看、凭借经验判断故障的局面。

然而，由于往复式压缩机具有结构复杂、激励源多等特点，鉴于当前研究现状以及上述研究资料表明，计算机技术的不完善和人工智能领域的专家系统及神经网络技术的初步使用，使得故障诊断技术目前还只是处于第三阶段的整理完善和向第四阶段的过渡时期，至今尚无一套像旋转机械那样成熟的、得到人们普遍认可和广泛应用的诊断系统，以供选择并获得往复式压缩机工作状态的有效特征参数。仅仅采取先凭经验或设想去确定和试凑特征参数，然后再进行实验验证的方法是不充分的，且不能找出最优特征参数，离实际应用还有差距，也与其在工业中的重要地位不相称。

4.3.10.4 往复式压缩机的常见故障及机理

往复式压缩机故障按机理可分成两大类：一类是流体性质的，属于机器热力性能故障；另一类是机械性质的，属于机械功能故障。引起故障的原因不同，确定故障所采集的信号和使用的方法也应有所不同。

(1) 往复式压缩机热力性能的故障及机理 以多年的生产经验来看，造成往复式压缩机热力故障的主要原因为填料函和气阀等易损件的损坏。填料函的故障可使排气量降低、压比失调等。统计资料表明，气阀故障占往复式压缩机故障总数的60%，气阀故障可导致压比失调、排气温度增高、排气量降低等，严重时甚至可拉毛气缸，导致机组报废。在实际生产中，现场操作人员常根据它来进行诊断。

(2) 往复式压缩机机械功能的故障及机理 在生产过程中典型的机械故障有阀片碎裂、十字头及活塞杆断裂、活塞环断裂、气缸开裂、气缸和气缸盖破裂、曲轴断裂、连杆断裂和变形、连杆螺栓断裂、活塞卡住与开裂、机身断裂和烧瓦、电机故障等。实践证明，气阀故障的诊断在往复式压缩机故障诊断中是很重要的，但活塞杆断裂、裂纹事故也较常见。由于运动件较多，大多数还是机械性能故障。

(3) 往复式压缩机的状态监测、故障诊断方法及原理和技术特点 常见的方法一般有直观检测、热力性能参数监测、振动噪声监测、润滑油油液分析、人工智能诊断往复式压缩机故障等。

① 直观检测 压缩机操作人员仅用耳听和眼看，凭借经验判断设备的故障。随着机械设备朝着高度自动化的方向发展，该方法已无法满足目前故障诊断的要求。

② 热力性能参数监测 测量热力性能参数，并据此判断往复式压缩机的状态，从而诊断故障的方法，此方法已有较长的历史。一般通过仪表监测压缩机的油温、水温、排气量、排气压力、冷却水量等，为查找有关部件的故障提供有用的信息。由于该方法对故障点缺乏准确性及预测性，目前主要用于监测工艺参数及压缩机的运行状态。

③ 振动噪声监测 振动监测诊断往复式压缩机的故障，在实验室已取得了许多研究成果。利用机器表面振动信号诊断活塞、气缸磨损，气阀漏气和主轴承状态；在气缸头安装振动传感器，通过分析振动信号来诊断缸内故障；利用振动信号诊断往复式压缩机主轴承的故障；利用润滑油管路内的压力波信号诊断往复式压缩机轴承故障等。但由于背景噪声干扰大、往复式机械工况的变化导致其信号的非平稳性、缺少性能可靠的传感器等原因，该方法尚未全面推广。

④ 润滑油油液分析 润滑油油液分析分为两大类：①油液本身物理化学性能的分析，润滑油的黏度、酸度、水分、燃油、闪点等；②油液中摩擦副磨损信息的分析，包括光谱分析、铁谱分析、颗粒计数等。该方法的实施过程包括取样、样品制备、获得监测数据、形成诊断结论等步骤。

近年来，国内外均研制出了用于现场的便携式油液性能测试箱，可简便地测试油液的黏度、酸（碱）值、水分、机械杂质等多项指标。润滑油中磨粒监测技术则可分为在线和离线两大类。离线监测技术主要有油液光谱分析、铁谱分析及利用扫描电子显微镜和能谱仪分析铁谱谱片等；在线监测技术主要有颗粒计数器、在线式铁谱仪等，已经投入使用的主要有光学型磨损颗粒计数器和电磁型磨损颗粒计数器，尚未投入实际使用但已在研究的有X射线磨损颗粒在线监测仪和超声磨损颗粒监测仪等。

⑤ 人工智能诊断往复式压缩机故障 人工智能领域的专家系统和神经网络技术已广泛应用于往复式压缩机故障诊断。故障诊断专家系统是基于大量的实践经验和领域专家知识的一种智能化计算机程序系统，用以解决复杂的、难度较大的系统故障诊断问题。它的优点是推理预测简单、解释机制强、易于建造、使用方便；其缺点是在诊断复杂装备时，存在知识获取的瓶颈和自学习、专家知识是否准确与可靠及推理机制过于简单等问题。

4.3.10.5 故障诊断应注意的问题

① 故障监测准确率不高。往复式压缩机故障在线监测获取的故障信息一般都是间接采集获得的，都带有一定程度的不确定性，常会出现误诊。因此，应加深识别理论的研究。此

外，目前研究大多停留在定性关系上，定量关系仍有待确定。如气阀的故障诊断，对阀片的前期裂纹存在的预测，不同的裂纹的类型、长度及方向在频谱图上的表现特征仍需要深入研究；

② 一些典型故障仍不能诊断。活塞杆、曲轴、连杆断裂预测或存在裂纹诊断仍缺乏有效手段。国外文献提出，用应变传感器监测曲轴每一转是否有逆向载荷来判断活塞杆中的缺陷，其准确性和可靠性仍值得研究。

③ 系统诊断方法单一。专家系统知识库急需充实，往复式压缩机故障诊断实例很多都无法有效地表达成通用的诊断规则，故往复式压缩机故障诊断的专家系统知识库急需充实。典型故障特征的研究实验是知识库知识的主要来源，鉴于往复式压缩机实验研究的困难，应加强计算机辅助实验的开发工作。

④ 高可靠性、专用、新型、集成化、价格适中，特别是长寿命的、可预埋于机内的传感器与监测仪的研制。

4.3.11　往复活塞式压缩机的常见故障原因及处理方法

活塞式压缩机虽然种类繁多，结构复杂，但其主要组成部分基本相同，包括三大部分：第一是运动机构（包括曲轴、连杆、十字头、轴承等）；第二是工作机构（包括气缸、活塞、气阀等）；第三是辅助设备（包括润滑系统、冷却系统等）。这些组成部分在运行过程中会出现异常现象，其原因及排除措施将从上述前两个方面列表加以阐述。

① 活塞式压缩机运动机构的常见故障及排除参见表4-10。

表 4-10　活塞式压缩机运动机构的常见故障及排除

故障现象	原因分析	排除方法
1. 曲轴箱内发生撞击声	(1)连杆大头与连杆轴承之间磨损、松弛，或连杆轴承与曲拐轴颈间隙超差过大 (2)十字头销与衬套磨损间隙过大 (3)十字头销与十字头体松动 (4)曲轴瓦断油或过紧（配合间隙过小）而发热以致烧坏 (5)曲轴箱内曲轴瓦螺栓、螺帽、连杆螺栓、十字头螺栓松动、脱扣、折断等	(1)进行检查修理，使连杆大头与连杆轴承间隙合适。连杆轴承与曲拐轴颈的配合公差要在规定的标准之内，间隙过大者调整或更换 (2)在装配时要保证十字头销与衬套的间隙在规定的范围内，对于磨损间隙超差的应修理或更换 (3)检查十字头开口销、防松垫等，并要装配好，防止松动 (4)检查润滑油的供应情况，曲轴瓦配合间隙应符合规定 (5)检查曲轴瓦、连杆、十字头等所有螺栓、螺母，有松动的要紧固好，脱扣的要更换新的
2. 活塞杆过热	(1)活塞杆与填料函装配时产生偏斜 (2)活塞杆与填料配合间隙过小（包括编织塞线塞得过紧） (3)活塞杆与填料的润滑油有污垢或润滑油不足造成干摩擦 (4)填料函中有杂物 (5)填料函中的金属盘密封圈卡住，不能自由移动 (6)填料函中的金属盘密封圈装错，油道堵住，润滑油供不上 (7)填料函往机身装配时螺栓紧得不正，使其与活塞杆产生倾斜，活塞杆在运转时与填料中的金属盘摩擦加剧，产生发热	(1)重新进行装配，不得偏斜 (2)活塞杆与填料应按规定的间隙装配，塞线要合适 (3)保证有足够的供油量或更换润滑油，清洗油污垢 (4)取出填料函拆开清洗 (5)在安装时要试一下，活动要自由，并按规定保持一定间隙 (6)拆开检查，看看有无装错，若装错，改过来 (7)重新检查填料函，将其倾斜过来

续表

故障现象	原因分析	排除方法
3. 曲轴箱内曲轴两端盖发热	(1)曲轴的主轴承(锥形滚珠轴承)咬住 (2)靠近电动机联轴器端发热,是因为与电动机上的联轴器间隙过小,电动机轴窜动时顶压缩机曲轴,这时多产生在曲轴前端发热;反之,两联轴器间隙过大,则产生在曲轴后端发热	(1)拆开曲轴箱,检查轴承,并更换新滚珠轴承 (2)重新调整两联轴器间隙,使其符合规定要求
4. 连杆螺栓折断	(1)安装或检修时连杆螺栓、螺母拧得太紧,连杆螺栓承受过大的张紧力而被拉断 (2)安装或检修紧固连杆螺栓时产生偏斜,连杆螺栓因承受不均匀的载荷而被拉断 (3)连杆螺母松动(没有拧紧或开口销折断窜出),或连杆轴瓦在连杆大头体内晃动,连杆螺栓应承受过大的冲击力而被拉断 (4)连杆轴承过热,活塞卡住或超负荷运转时,连杆螺栓应承受过大的应力而被拉断 (5)连杆螺栓磨损,金属疲劳过度	(1)安装或检修过程中在拧紧螺栓时,应松紧适当,最好用扭矩扳手紧固(必要时可用微分卡规或固定卡规检查其伸长度) (2)应使连杆螺母的端面与连杆体上的接触面紧配合,必要时用涂色法进行检查 (3)安装或检修后,连杆螺栓一定要拧紧,必须穿上新开口销,以免松动 (4)在检查轴承过热、活塞卡住或超负荷运转的同时,应检查连杆的螺栓有无损伤 (5)应定期检查螺栓有无裂纹;将螺栓用油洗净,在加热油中浸1h,仔细擦干后抹上肥皂,再用很短的时间加热,这样在裂纹处就会出现棕色条纹;或用磁力探伤器检查内部有无缺陷
5. 连杆折断或弯曲	(1)连杆螺栓折断脱扣,或松动而造成撞缸,使连杆受力过大而弯曲 (2)由于锁紧十字头销的开口销折断(或卡环脱扣)而使十字头销窜出来(或脱落下来),致使连杆撞弯 (3)十字头销缺油或十字头滑板与机身导轨之间缺油,在运动中摩擦力过大(或咬住)而产生应力增大,把拉杆拉长、折断或弯曲	(1)在安装或检修时,一定要按技术规定拧紧连杆螺母,认真检查连杆螺栓,并锁好开口销,防止撞缸 (2)在安装和检修后,一定要装好十字头销的锁紧卡环,或穿好开口销,防止十字头销窜出 (3)一定要保证润滑油供应,不得缺油运转,发现十字头销衬套缺油、温度高时,应立即停车处理,注意检查十字头销有不正常的响声时,立即停车修理
6. 曲轴裂纹或折断	(1)轴承过热(缺油、间隙小等原因)引起轴瓦上的巴氏合金熔化,使瓦与曲拐轴颈咬住或把曲轴拉成沟而引起曲轴产生弯曲变形 (2)轴瓦在曲轴上装配不当,使曲轴和轴瓦的支承面贴合不均匀 (3)剧烈冲击、紧急刹车或基础不均匀下沉等,也会引起曲轴裂纹或折断 (4)曲轴使用时间长,疲劳过度,或因磨损圆锥度、椭圆度过大,造成折断 (5)安装不正确,电动机和压缩机用刚性联轴器连接时,轴向和径向的公差超过规定,易引起曲轴弯曲折断 (6)曲轴缺油或油内有杂质把轴烧伤或拉成沟痕 (7)新装的曲轴、曲拐颈有砂眼和细微的裂纹,没有及时发现 (8)曲轴经修磨后或曲拐经处理后,圆角留得太小,引起应力集中发生折断或产生裂纹 (9)飞轮或大三角带轮的曲轴端的主轴瓦间隙过大,产生摆动或摇晃,致使曲轴端受力过大而折断	(1)应检查轴承过热的原因,不应强行使用;加强维护,不让轴瓦缺油,轴瓦熔化时,必须进行修复或更换新轴瓦 (2)在工作中发现飞轮摇晃或轴瓦过热时,就应检查曲轴有无裂纹现象 (3)在工作中出现这种工作情况时,除检查产生这种情况的原因外,还应检查曲轴有无损伤 (4)对磨损太严重的曲轴应进行修理或更换新的 (5)安装时,一定要按规定达到技术要求,不允许超过规定的公差 (6)检查润滑油内是否有杂质,按规定时间更换曲轴箱内的润滑油,防止曲轴缺油运转 (7)对检修新换的曲轴要认真检查有无砂眼、裂纹等 (8)修磨后的曲轴、曲拐处的圆角要符合要求 (9)对曲轴主轴瓦间隙超差者应及时修理,不能凑合使用

② 活塞式压缩机工作机构常见故障及排除参见表 4-11。

表 4-11　活塞式压缩机工作机构常见故障及排除

故障现象	原 因 分 析	排 除 方 法
1. 活塞环磨损、咬住和漏气	(1)活塞环磨损后其圆锥度、椭圆度超过公差太大,产生漏气 (2)活塞环使用时间过长,磨损较大,排气量减少 (3)活塞环因润滑油质量不良或注入量不够,使气缸内温度过高,形成咬死现象,使排气量减小,而且可能引起压力在各级中重新分配 (4)活塞环与活塞上的间隙过大(包括轴向和径向间隙) (5)活塞环装入气缸中的热间隙(开口间隙)过小,受热膨胀卡住 (6)对中不好	(1)修理活塞,使其达到规定间隙,或更换新的气缸套、活塞或活塞环等 (2)更换新的活塞环 (3)把活塞拆出来检查活塞环,并清洗活塞上的槽,把清洗好的活塞环再用,损坏严重的更换;检查注油器及油管路,保证气缸中润滑油充足且质量合格 (4)选择合适的活塞环 (5)装配活塞环时,开口间隙要合适 (6)安装时要使气缸、活塞杆、活塞的对中在规定的范围内
2. 活塞卡住、咬住和撞裂	(1)润滑油质量低劣,或注油器供油中断,使活塞在气缸中干摩擦阻力加大而卡住 (2)冷却水供应不足,而使气缸过热之后,又突然给冷却水,引起气缸急剧收缩,而把活塞咬住 (3)曲轴、连杆、活塞、十字头安装时偏斜,使活塞摩擦不正常,活塞或活塞环过分发热而咬住 (4)气缸与活塞的装配间隙过小,或气缸中掉入金属碎片或其他坚硬物体,活塞撞于气缸盖上而撞裂 (5)气缸和活塞的材质不符合硬度及线膨胀要求	(1)选择合适牌号的压缩机油,经常检查注油器的供油情况,保证压缩机在运转中气缸不缺油 (2)保证冷却水的供应,在发生缺水而使气缸过热时,禁止马上对气缸进行强烈的冷却,应马上停车,待自然冷却后再做处理 (3)调整曲轴、连杆等运动机构的同心度 (4)在检修时保证气缸与活塞的装配间隙符合标准,防止掉入金属碎片,发现时及时处理 (5)活塞材料应比气缸材料软,线膨胀也要小于气缸
3. 气缸常见的故障	(1)气缸面磨损或擦伤超过最大允许限度,形成漏气,影响排气量 (2)活塞与气缸配合不当,间隙过大造成漏气,影响排气量 (3)气缸冷却水供应不良(冷却水管堵塞或气缸水套水污过多),气体经过阀室进入气缸时形成预热,影响排气量 (4)空气滤清器装设不当,把不清洁的空气吹入而落到气缸中把气缸镜面拉伤 (5)气缸中润滑油中断(或润滑油标号不对)造成干摩擦或由于油本身有水分和其他杂质而拉伤气缸镜面 (6)气缸与活塞装配间隙过小或由于曲轴、连杆、十字头运动机构偏斜,使活塞与气缸摩擦不正常,而划伤气缸镜面 (7)冷却水中的沉积物太多(水污),附于气缸壁上影响气缸冷却,使气缸温度过热,排气温度升高 (8)活塞、活塞环发生故障或气缸中缺乏润滑油引起干摩擦,使气缸温度过热 (9)气缸余隙过小,使死点压缩比大,或气缸余隙过大,残留在气缸内的高压气缸过多,而引起气缸内温度过高	(1)刮削或镗铣气缸,经过研磨修理磨损、拉伤的气缸,并更换大的活塞、活塞环或更新气缸套 (2)对检修的压缩机镗铣气缸后,要装配合适的活塞、活塞环 (3)保证合适的冷却水,不使气缸超过规定的温度 (4)空气滤清器应装置在合适的地方,避免装在风沙大而太低的地方,空气滤清器应按规定时间定期清洗和修理 (5)应按规定注入压缩机油,润滑油应保持清洁,并对新购入的油进行过滤后再用 (6)一定要保证活塞与气缸的规定间隙,在发现曲轴、连杆、十字头运动机构偏斜时,及时调整,使其达到技术要求 (7)检查气缸水套,发现水污积聚太多时要清洗气缸水套,除去水污 (8)检查活塞、活塞环和注油泵给气缸注油的情况 (9)调整气缸的死点间隙,保证间隙在规定的标准内

故障现象	原 因 分 析	排 除 方 法
4. 吸、排气阀的故障	(1)吸、排气阀装配不当,彼此的位置相互弄错,不但影响排气量,还会引起压力在各级中重新分配,温度也变化 (2)阀片与阀座之间掉入金属碎片或其他杂物,关闭不严,形成漏气,影响排气量,影响级间压力和温度 (3)阀座与阀片接触不严,形成漏气,影响排气量 (4)吸气阀弹簧不适当,弹力过强则吸气时开启迟缓,弹力太弱则吸气终了时关闭不及时,影响排气量 (5)吸气开启高度不够,气体流速加快,阻力增大,影响排气量 (6)在往气缸体上阀口处装配气阀时,没有装正而漏气 (7)气阀结炭过多,影响开关 (8)排气量减少,排气阀盖特别热 (9)排气量减少,中间冷却器中的压力下降,低于正常压力(由压力表上看出),同时前级气缸的排气阀盖发热 (10)排气量减少,中间冷却器中的压力高于正常压力,后级气缸的排气阀盖发热	(1)应立即更正装错的吸、排气阀 (2)分别检查吸、排气阀,若吸气阀盖发热,则吸气阀有故障,其他各阀也照此方法检查,检查出问题后拆开气阀修理 (3)刮研接触面,或更换新的阀座、阀片 (4)检查弹簧,按出厂规定的弹簧弹力选择使用弹簧 (5)调整升程开启高度 (6)详细检查在装配吸、排气阀座与气缸体上阀口处装置是否正确,如有装偏时,重新装正 (7)打开气阀,清洗结炭 (8)把特别热的气阀盖拆开,检查修理 (9)前级气缸的排气阀有故障,把前级气缸上发热的排气阀拆开,检查修理,并要同时检查垫片是否损坏或没有垫好 (10)后级气缸的排气阀有故障,把后级气缸发热的排气阀拆开,检查修理,检查垫片是否损坏或没有装好
5. 填料函漏气	(1)填料函中密封盘上的弹簧损坏或弹力小,使密封盘不能与活塞杆完全密封 (2)填料函中的金属密封盘装置不当,不能串动,与活塞杆有缝隙 (3)填料函中的金属密封盘内径磨损严重,与活塞杆密封不严 (4)活塞杆磨损、拉伤,部分磨偏、不圆等也会产生漏气 (5)润滑油供应不足,填料函部分气密性恶化,形成漏气	(1)检查弹簧是否有折断,对弹力小、不合格的弹簧要更换新的 (2)重新装配填料函中的金属密封盘,使金属密封盘在填料函中能自由串动并与活塞杆密封 (3)检查或更换金属密封盘 (4)重新修理活塞杆或更换新的活塞杆 (5)保证填料函中有适当的润滑油
6. 安全阀漏气严重	(1)安全阀的弹簧没压紧或弹力失效 (2)安全阀与阀座间有杂质,使阀面接触不严密 (3)安全阀连接螺纹损坏或不严密 (4)密封表面损坏 (5)阀弹簧的支承面与弹簧中心线不垂直,在弹簧受压下偏斜,造成阀瓣受力不匀,产生翘曲而造成漏气或产生振荡现象	(1)调整弹簧或更换新的弹簧 (2)清洗(吹洗)杂质或重新研磨阀与阀座的接触面 (3)检查螺纹是否损坏,装配时保持严密 (4)可重新研磨或车削 (5)装配、检修时要注意这一点,要用符合要求的弹簧
7. 滤清器故障	(1)滤清器因冬季结冰或积垢堵塞,阻力增大,影响吸气量 (2)滤清器装置的位置不当,吸入不清洁的气体而被堵塞 (3)吸气管安装的太长,或管径太小,阻力增大	(1)更换或按规定时间清洗滤清器 (2)在安装空气滤清器时一定要选择合适的位置,保证吸入洁净的气体 (3)应按压缩机排气量的大小来设计安装管径、长短合适的吸气管

续表

故障现象	原 因 分 析	排 除 方 法
8.填料函温度高	(1)由于金属阻流环和活塞杆不同心,拉毛活塞杆 (2)用尼龙阻流环时,因外径与填料函盒之间热膨胀间隙太小,外膨胀受限制引起内径变形,紧箍活塞环 (3)密封环因冷流被挤出,与活塞杆的摩擦面增大或挤住 (4)冷却效果差 (5)设备本身同心度差或因支承环已磨损,使活塞下沉,活塞杆与填料函的金属元件接触拉磨	(1)设计上注意阻流环外圆和填料函盒适当定位 (2)尼龙阻流环外径需留一定的热膨胀间隙。环外径与盒的半径间隙可取(0.13%~0.16%),D,D 为阻流环外径 (3)要保证阻流环的使用,与活塞环的间隙要小,但不拉毛活塞杆,本身形状始终完整。阻流环的内径和活塞杆的径向间隙可取:对铜环为(0.35%~0.4%)d,对尼龙环为(0.25%~0.3%)d,d 为活塞杆直径 (4)清理水垢并检查水路是否畅通 (5)调整设备安装精度或调整支承环,将活塞中心线抬高

第 ⑤ 章

离心式压缩机的基本知识

离心式压缩机是速度式压缩机的一种，它是依靠高速旋转的叶轮对气体所产生的离心力来压缩并输送气体的机器。

随着石油化工生产规模的扩大和机械加工工艺的发展，离心式压缩机得到了越来越广泛的应用。目前，离心式压缩机已被用来压缩和输送石油化工生产中的各种气体。近年来新建成的大型合成氨厂、乙烯厂均采用离心式压缩机，并实现了单机配套。例如年产 30 万吨的合成氨厂合成气压缩机（带循环级），以往需要多台大型活塞式压缩机，现在只需用一台由 2 万千瓦的汽轮机驱动的离心式压缩机即可满足生产要求，从而节约了大量投资，降低了生产成本。在年产 30 万吨的乙烯工厂中，裂解气压缩机、乙烯压缩机和丙烯压缩机均采用汽轮机驱动的离心式压缩机，从而使乙烯的成本显著降低。在天然气液化方面已有采用流量为 $48.2 \times 10^4 \, m^3/h$ 的超低温（113K）离心式压缩机，其生产规模可达 100 万吨/年。

此外，离心式压缩机还广泛地应用在尿素、制氧、酸、碱等工业以及原子能工业的惰性气体的压缩。

由于设计和制造水平的提高，离心式压缩机已跨入被活塞式压缩机占据的高压领域，迅速地扩大了它的应用范围。近几年来，离心式压缩机已成为石油、化工等部门用来强化生产的关键设备。

5.1 离心式压缩机的基础知识

5.1.1 离心式压缩机的种类

离心式压缩机是一种速度式压缩机，品种繁多，一般分为以下几类。

（1）按轴的型式分类 有单轴多级式，一根轴上串联几个叶轮；双轴四级式，四个叶轮分别悬臂地装在两个小齿轮轴的两端，气体经过每级压缩后被送到机组外下方的冷却器，原动机通过大齿轮来驱动机组。

（2）按气缸型式分类 分为水平剖分式和垂直剖分式（筒形缸）。

（3）按压力等级分类 分为低压压缩机，出口压力为 0.245～0.98MPa（表压）；中压压缩机，出口压力为 0.98～9.8MPa；高压压缩机，出口压力大于 9.8MPa。

（4）按级间冷却形式分类 机外冷却，每段压缩后气体输出机外进入下方的冷却器；机内冷却，冷却器壳体与压缩机的机壳铸为一体，冷却器对称地布置在机壳的两侧，气体每经过一级压缩后都得到冷却。

（5）按压缩介质的种类分类 空气压缩机、氮气压缩机、氧气压缩机、合成气压缩机、二氧化碳压缩机等。

5.1.2 离心式压缩机的规格及型号表示

我国目前的离心式压缩机的新名称型号表示方法如下。

(1) 名称

(2) 型号

(3) 品种

根据叶轮作用原理,离心式不表示,轴流式用"Z"表示。

结构系列:A 为单级低速离心式鼓风机;B 为单级高速离心式鼓风机;C 为多级低速离心式鼓风机;D 为多级高速离心式鼓风机;E 为多级高速离心式压缩机(有冷却器);F 为多级高速离心式压缩机(无冷却器);G 为多级高速筒体离心式压缩机,主轴转速>3000r/min,出口压力>3.5kgf/cm²。

(4) 规格

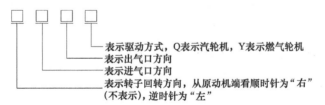

例1:离心式鼓风机 D100-32 型

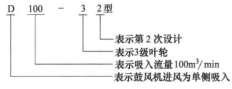

例2:离心式鼓风机 S1000-17 型

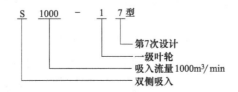

例 3：离心式压缩机 DA350-61 型

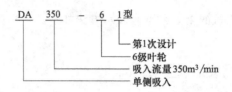

离心式压缩机是一种高速旋转的机器，它的设计制造质量及其安全可靠性对企业的生产具有重大的影响。国内外对其设计、制造、检验和试验都有专业的标准及规范，机器的制造厂家和使用厂家都应严格遵守。下面介绍国内外常见的技术规范。

（1）设计制造检验规范

① 国际标准　ISO 8011　流程工业用透平压缩机设计、制造规范与数据表。

② 美国石油协会标准（国际公认）

a. API 611　炼油厂用通用蒸汽透平。

b. API 612　炼油厂专用蒸汽透平。

c. API 613　炼油厂专用齿轮传动装置。

d. API 614　专用的润滑、密封和调节油系统。

e. API 615　炼油厂用机械设备噪声控制。

f. API 617　炼油厂用离心式压缩机。

g. API 670　振动、轴位移、轴承温度监测系统。

h. API 671　炼油厂用特殊用途联轴器。

i. API 672　一般炼油厂仪表空气用整体齿轮增速组装型离心式压缩机。

③ 国内标准

a. JB/TQ 340（相当于 API 617）　一般炼油厂用离心式压缩机。

b. JB 4113（相当于 API 672）　一般炼油厂仪表空气用整体齿轮增速组装型离心式压缩机。

（2）试验规范　ASME PTC-10　美国机械工程师学会"压缩机和排气机动力试验规程"。

5.2　离心式压缩机的结构及工作原理

5.2.1　离心式压缩机的基本结构组成

离心式压缩机典型结构示意如图 5-1 所示，为 DA120-61 离心式空气压缩机。其设计流量为 $125m^3/min$，排气压力为 $6.24 \times 10^5 Pa$，工作转速为 13900r/min，由功率为 800kW 的电动机通过增速器驱动。

离心式压缩机主要由转子、固定元件、轴承及密封装置等部件组成。其中转子由主轴、叶轮、联轴器、平衡盘等组成；机壳、隔板、吸气室、扩压器、弯道及回流器等称为固定元件；离心式压缩机的密封装置包括级间密封和轴端密封。人们又习惯地将固定元件和密封装置统称为定子。

压缩机的主轴带动工作叶轮旋转时，气体自轴向进入，并以很高的速度被离心力甩出叶轮，进入具有扩压作用的固定的导叶中，在这里其速度降低而压力提高。接着又被第二级吸入，通过第二级进一步提高压力，依此类推，一直达到额定压力。

5.2.2 离心式压缩机的工作原理

离心式压缩机的本体结构由两大部分所组成：轴、叶轮、平衡盘、止推盘以及联轴用的半联轴器等部件，称为转子；固定部分，包括气缸、隔板（扩压器、弯道和回流器）、支持轴承、止推轴承和轴端密封等零部件，常称为定子。每一级叶轮和与其相应配合的固定元件（如扩压器、弯道和回流器）构成一个基本单元，常称为一个级。

5.2.2.1 压缩机级中的气体流动

叶轮是离心式压缩机的主要部件。叶轮被驱动机拖动而旋转，对气体做功。气体的压力、温度升高，比容缩小。气体在叶轮中既随叶轮转动，又在叶轮槽道中流动。叶轮转动的速度即气体的圆周速度 u 在不同的半径上有不同的数值，叶轮出口处圆周速度最大；气体在叶轮槽道内相对叶轮的流动速度为相对速度 w，因叶片槽道截面积从叶轮进口到出口逐渐增大，因此相对速度逐渐减小；气体的实际速度是圆周速度 u 与相对速度 w 的合成，此合成速度是相对固定机壳而言的，称为绝对速度 C。为了表示这三个速度之间的关系，常把三个速度画成一个速度三角形，如图 5-2 所示为叶轮叶片进口处和出口处的速度三角形。

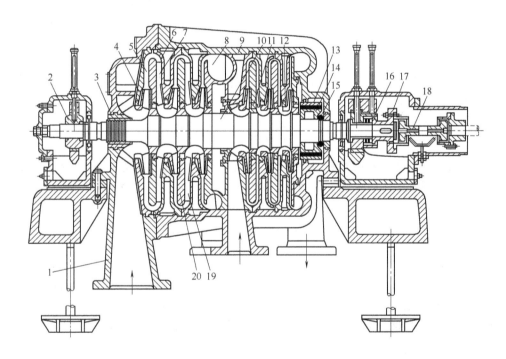

图 5-1 DA120-61 离心式空气压缩机

1—吸气室；2—支承轴承；3,13—轴端密封；4—叶轮；5—扩压器；6—弯道；7—回流器；
8—蜗室；9—机壳；10—主轴；11—隔板密封；12—叶轮进口密封；14—平衡盘；15—卡环；
16—止推轴承；17—推力盘；18—联轴器；19—回流器导流叶片；20—隔板

从三角函数关系可得：

$$C_{1u} = C_1 \cos\alpha_1 \qquad C_{2u} = C_2 \cos\alpha_2$$

$$C_{1r} = C_1 \sin\alpha_1 \qquad C_{2r} = C_2 \sin\alpha_2$$

$$C_{1u} = u_1 - C_{1r} \cot\beta_1 \qquad C_{2u} = u_2 - C_{2r} \cot\beta_2$$

式中　α_1，α_2——叶轮进口处和出口处绝对速度 C 与圆周速度 u 之间的夹角；

β_1，β_2——叶轮进口与叶轮出口截面相对速度 w_1 与 w_2 的方向角。

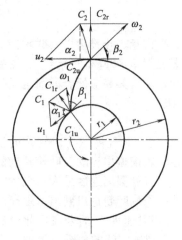

图 5-2　叶轮叶片进口处和出口处的速度三角形

5.2.2.2　叶轮对气体的做功

根据动量矩定理，单位时间叶轮内气流动量矩对某一固定轴线的变化等于外力对同一轴线的力矩之和。叶轮对 1kg 气体所做的功为：

$$L_t = \frac{1}{g}(C_{2u}u_2 - C_{1u}u_1) \quad (\text{kg·m/kg})$$

该式就是离心式压缩机的一个基本公式，即欧拉方程式。如果知道了叶轮进出口气体的速度，就可以计算叶轮对 1kg 气体做功的多少，而可以不考虑叶轮内部的气体流动情况。

根据能量转换与守恒定律，叶轮的做功转换成气体的能量，1kg 气体所获得的能量称为"能量头"，用 h_t 表示。

$$h_t = L_t = \frac{1}{g}(C_{2u}u_2 - C_{1u}u_1) \quad (\text{kg·m/kg})$$

一般情况下离心式压缩机气体几乎是轴向进气，即 $\alpha \approx 90°$，因此 $C_{1u} \approx 0$，此时：

$$h_t = \frac{1}{g}C_{2u}u_2 \quad (\text{kg·m/kg})$$

因为 $u_2 = \dfrac{\pi D_2 n}{60}$，$C_{2u} = u_2 - C_{2r}\cot\beta_2$，通过进出口速度三角形的关系，经推导便得到欧拉方程式的又一种表达形式：

$$h_t = \frac{u_2^2 - u_1^2}{2g} + \frac{w_1^2 - w_2^2}{2g} + \frac{C_2^2 - C_1^2}{2g}$$

此式概念清楚，式中第一项相当于气体在封闭的叶轮内流动因离心力而产生的静压能的提高；式中第二项是由于叶轮流道横截面积的变化而导致的气体的静压能的提高；式中第三项是叶轮中气体因绝对速度变化而增加的动能，这个动能可在随后的固定元件中转变为静压能。

5.2.2.3　压缩机级的耗功及功率

压缩机通过叶轮向气体传递能量，叶轮除对气体做功消耗各级的功率外，还存在着叶轮的轮盘、轮盖的外侧面及轮缘与周围气体的摩擦所产生的轮阻损失和叶轮出口高压气体漏回到叶轮进口低压端的漏气损失，轮阻损失和漏气损失都要消耗功。

如不考虑轮阻和漏气损失，且 $C_{1u} = 0$ 时，每秒钟通过叶轮的气体流量为 Gkg 的耗功如下。

$$Gh_t = G\varphi_{2u}\frac{u_2^2}{g} \quad (\text{kg·m/s})$$

式中，$\varphi_{2u} = C_{2u}/u_2$，称为理论能量头系数，或周速系数。

每秒钟通过叶轮的气体流量 G kg 时的消耗功率为：

$$N_t = \frac{Gh_t}{102} \quad \text{kW}$$

考虑漏气损失和轮阻损失后，叶轮在有效流量为 Gkg/s 时，总消耗功率 N 为：

$$N = \frac{(G + G_1)h_t}{102} + N_d \quad (\text{kW})$$

式中　G——有效流量，kg/s；

　　　G_1——漏气流量，kg/s；

N_d——叶轮轮阻损失，kW。

叶轮对 1kg 有效气体流量的总耗功为：

$$h = \frac{G+G_1}{G}h_t + \frac{102N_d}{G} \quad (\text{kg} \cdot \text{m/kg})$$

令漏气系数 $\beta_1 = \dfrac{G_1}{G}$，轮阻损失系数 $\beta_d = \dfrac{102N_d}{Gh_t}$，一般 $\beta_1 + \beta_d \approx 0.02 \sim 0.13$。

叶轮对 1kg 有效气体的总耗功 h 为 $h = (1 + \beta_1 + \beta_d)h_t$，漏气损失 $h_1 = \beta_1 h_t$，轮阻损失 $h_d = \beta_d h_t$。

有效流量为 G kg/s 时，叶轮的总消耗功率 N、轮阻损失功率 N_d 和漏气损失功率 N_1 可分别表示为：

$$N = \frac{(1 + \beta_1 + \beta_d)Gh_t}{102} \quad (\text{kW})$$

$$N_d = \frac{\beta_d Gh_t}{102} \quad (\text{kW})$$

$$N = \frac{\beta_1 Gh_t}{102} \quad (\text{kW})$$

叶轮对气体做功所消耗功率为：

$$N_t = \frac{Gh_t}{102} \quad (\text{kW})$$

一般压缩机级的叶轮消耗功率的比例大致关系为：$N_t \approx 95\%N$，$N_1 \approx 1.5\%N$，$N_d \approx (2.5\% \sim 3.0\%)N$。

5.2.2.4　压缩机级中的能量转换

根据能量守恒定律，对质量为 m 的气体，外力所做的功和加入的热量，都使气体的内能和动能发生变化，经推导可知，对 1kg 气体有：

$$h_t - \frac{q}{A} = C_r(T_2 - T_1) + \left(\frac{p_2}{r_2} - \frac{p_1}{r_1}\right) + \left(\frac{C_2^2 - C_1^2}{2g}\right)^2$$

式中　　　q——1kg 气体对外的放热量；

　　　　　A——功热当量；

　　　　　C_r——气体的定容比热容；

$C_r(T_2 - T_1)$——内能变化，$C_r(T_2 - T_1) = C_r\Delta T = \Delta u$；

　　　　p_1，r_1——入口气体压力和密度；

　　　　p_2，r_2——出口气体压力和密度。

上式可理解为外界对 1kg 气体的做功和热交换转化为气体内能、压力能和动能的提高。

离心式压缩机各级的叶轮对 1kg 气体所做的功还可以与代表气体压力升高的静压能联系起来，这就是伯努利方程式。

$$h_t = \int_1^2 \frac{dp}{r} + \frac{C_2^2 - C_1^2}{2g} + h_h$$

式中　r——气体的密度；

　　　p——气体的压力；

　　　h_h——气体在级内流动时的流动损失。

伯努利通用方程式可以说明叶轮对气体做功转化成下述三部分能量：

① 提高气体的静压能，使气体由级的进口压力 p_1 上升到级的出口压力 p_2；

② 提高气体的动能，但在一般情况下动能提高不大，常常可以忽略不计；

③ 克服气体在级内的流动损失，即气流在叶轮及各固定元件中的流动损失。

根据上述分析，级的总耗功（即叶轮总耗功）h 由五部分能量所组成，即压力能、动能、流动损失功、轮阻损失功和漏气损失功。

$$h = h_t + h_d + h_1 = \int_1^2 \frac{dp}{r} + \frac{C_2^2 - C_1^2}{2g} + h_h + h_d + h_1$$

伯努利方程式也可以与气流在叶轮中的流动速度联系起来，即相对运动中的伯努利方程为：

$$\frac{w_1^2 - w_2^2}{2g} + \frac{u_2^2 - u_1^2}{2g} = \int_1^2 \frac{dp}{r} + h_h$$

即气体在叶轮流道中相对速度减小和圆周速度增加，形成气体静压能的提高并克服流动损失。

5.2.2.5 压缩机中的压缩过程和压缩功

在压缩机中气体静压能的提高，根据伯努利方程为 $\int_1^2 \frac{dp}{r} = h_i$，该静压能的提高也称"压缩功"。对压缩机而言，因为压力较高，应考虑气体密度的变化，此时静压能的提高（即压缩功）就与气体在压缩机级中的压缩过程有关，在不同的压缩过程中它具有不同的数值。根据热力学知识，气体的压缩过程有等温压缩过程、绝热压缩过程和多变压缩过程。压缩机中气体的实际压缩过程为多变压缩过程，但可以忽略与外界的热交换。

（1）等温压缩功 h_{it}　因等温压缩过程中温度不变，$T=$常数，所以 $p/r=RT=RT_1=RT_2$，故等温压缩功为：

$$h_{it} = \int_1^2 \frac{dp}{r} = \int_1^2 RT_1 \frac{dp}{p} = RT_1 \ln \frac{p_2}{p_1} \quad (kg \cdot m/kg)$$

（2）绝热压缩功 h_{ia}　绝热压缩过程中与外界无热交换，绝热压缩功为：

$$h_{ia} = \int_1^2 \frac{dp}{r} = \frac{k}{k-1} \left(\frac{p_2}{r_2} \times \frac{p_1}{r_1} \right)$$

式中　k——绝热指数。

利用状态方程 $\frac{p}{r}=RT$ 和 $\frac{T_2}{T_1} = \left(\frac{p_2}{p_1} \right)^{\frac{k-1}{k}}$，则绝热压缩功为：

$$h_{ia} = \int_1^2 \frac{dp}{r} = \frac{k}{k-1} R(T_2 - T_1)$$

$$= \frac{k}{k-1} RT_1 \left[\left(\frac{p_2}{p_1} \right)^{\frac{k-1}{k}} - 1 \right] \quad (kg \cdot m/kg)$$

（3）多变压缩功 h_{in}

$$h_{in} = \int_1^2 \frac{dp}{r} = \frac{n}{n-1} R(T_2 - T_1)$$

$$= \frac{n}{n-1} RT_1 \left[\left(\frac{p_2}{p_1} \right)^{\frac{n-1}{n}} - 1 \right] \quad (kg \cdot m/kg)$$

式中　n——多变指数，当 $n=1$ 时为等温压缩过程，$n=k$ 时为绝热压缩过程。

当初温 T_1 和压比 p_2/p_1 相同时，三种压缩功值不同，$h_{it} < h_{ia} < h_{in}$，即等温压缩功最小，多变压缩功最大，绝热压缩功居中。多变压缩过程是有损失的过程，多变指数 n 反映多变压缩过程所需功的大小，损失使气体得到附加热量，采用中间冷却，目的是为了向等温压缩过程靠近。具有中间冷却的多变压缩过程，冷却次数越多，冷却得越厉害，则越接近等温过程。气体放热越多，气体被加热越少，多变压缩功也越小。

5.2.2.6 级内气体状态参数

（1）级中温度　根据能量方程可知气流温度变化，从压缩机入口到叶轮前，以及在叶轮出口以后各截面，叶轮没有对气体做功，利用能量方程可以求出级的任意某截面上的气体温度。

$$T_i = T_0 + \frac{h}{R\frac{k}{k-1}} + \frac{C_0^2}{2gR\frac{k}{k-1}} - \frac{C_i^2}{2gR\frac{k}{k-1}}$$

式中 T_i——级内某任意截面的热力学温度；

C_i——级内某任意截面的气流速度；

T_0，C_0——级入口（进口法兰处）的气体温度和流速；

h——级的总耗功。

级的某截面上气温 T_i 与级进口温度 T_0 之差：

$$\Delta T_i = T_2 - T_1 = \frac{h}{R\frac{k}{k-1}} - \frac{C_i^2 - C_0^2}{2gR\frac{k}{k-1}}$$

对叶轮叶片以前的截面，$h=0$，则温差为：

$$\Delta T_i = -\frac{C_i^2 - C_0^2}{2gR\frac{k}{k-1}}$$

（2）级内气流的压力、比容和密度 一般将压缩机级内压缩过程当做同一个多变过程，即用一个平均多变指数 n 近似计算，级中气流多变过程压缩时状态参数为：

$$\frac{p_i}{p_0} = \left(\frac{T_i}{T_0}\right)^{\frac{n}{n-1}}$$

$$\frac{v_0}{v_i} = \left(\frac{T_i}{T_0}\right)^{\frac{1}{n-1}}$$

式中 p_i，T_i，v_i——某截面的气流压力、热力学温度和比容；

p_0，T_0，v_0——级入口压力、热力学温度和比容。

压力比：

$$\varepsilon = \frac{p_i}{p_0} = \left(\frac{T_i}{T_0}\right)^{\frac{n}{n-1}} = \left(1 + \frac{\Delta T_i}{T_0}\right)^{\frac{n}{n-1}}$$

比容比：

$$\frac{v_0}{v_i} = \left(\frac{T_i}{T_0}\right)^{\frac{1}{n-1}} = \left(1 + \frac{\Delta T_i}{T_0}\right)^{\frac{n}{n-1}-1}$$

任意截面上气体的密度：

$$r_i = \frac{v_0}{v_i} r_0$$

5.2.2.7 压缩机的级效率

（1）多变效率 η_n 压缩机级的总耗功 h 由五部分所组成，即静压能的提高（压缩功）、动能变化、流动损失、轮阻损失和漏气损失。其中只有静压能（压缩功）对气体升压是有用的功，其他无用。压缩机级中用多变效率，即多变压缩功 h_{in} 与级总耗功之比，来衡量有用功部分。多变效率为：

$$\eta_n = \frac{h_{in}}{h} = \frac{\frac{n}{n-1}RT_1\left[\left(\frac{p_2}{p_1}\right)^{\frac{n-1}{n}} - 1\right]}{(1+\beta_l+\beta_d)h}$$

目前离心式压缩机级的多变效率 $\eta_n = 0.7 \sim 0.84$ 之间。

（2）绝热效率 η_a 绝热压缩功 h_a 与总耗功 h 之比，称为绝热压缩效率 η_a。

$$\eta_a = \frac{h_a}{h} = \frac{\frac{k}{k-1}RT_1\left[\left(\frac{p_2}{p_1}\right)^{\frac{k-1}{k}}-1\right]}{(1+\beta_1+\beta_d)h}$$

级的多变压缩功大于绝热压缩功，故级的多变效率 η_n 要大于绝热效率 η_a。

实际的压缩机不可能实现没有损失的绝热压缩过程，但它可以作为标准与其他效率相比较，用其接近程度代表级效率的高低。

（3）等温效率 η_t　对气体在压缩过程中有冷却的压缩机常用等温效率，可用等温压缩功和总功耗之比来表示。

$$\eta_t = \frac{h_{it}}{h}$$

等温效率表示实际压缩过程接近等温过程的程度，越接近等温过程，等温效率越高。

（4）流动效率 η_h　级的多变压缩功 h_{in} 和叶轮对气体做功 h_t 之比称为流动效率 η_h，用来衡量级中流动情况的好坏。

$$\eta_h = \frac{h_{in}}{h_t} = (1+\beta_1+\beta_d)\eta_n$$

由上式可知，在流动效率相同时，轮阻损失系数 β_d 和漏气损失系数 β_1 增大，则级的多变效率下降，一般 $\beta_1+\beta_d=0.02\sim0.13$，对于高压、小流量级取较大值，对低压、大流量级取较小值。

5.2.2.8　压缩机的内功、内功率和轴功率

（1）压缩机的内功 h_e　选用压缩机时，常常根据需要的升压比、进气条件和气体性质来估算压缩机所需的功率。

考虑实际气体性质及级内气体流动的内损失后（不包括机械摩擦损失）压缩机级的内功为：

$$h_e = \frac{n}{n-1}\overline{Z}RT_1\left[\left(\frac{p_2}{p_1}\right)^{\frac{n-1}{n}}-1\right]\frac{1}{\eta_n}　(\text{kg}\cdot\text{m/kg})$$

式中　$\overline{Z}$——气体在级内的平均压缩性系数。

（2）压缩机的内功率 N_e　对应内功的功率：

$$N_e = \frac{Gh_e}{102} = \frac{G}{102\eta_n}\times\frac{n}{n-1}\overline{Z}RT_1\left[\left(\frac{p_2}{p_1}\right)^{\frac{n-1}{n}}-1\right]　(\text{kW})$$

式中　G——质量流量，kg/s。

对于多级不冷却压缩机或压缩机的段，根据其进、出口参数也可由上式求出全机的内功和内功率。也可以逐级计算内功和内功率后再相加，就是多级压缩机总内功和内功率。

如果多级压缩机的各级结构差别不大，可进行估算，求出一个级的内功率后再乘以级数 i，则求出多级压缩机总内功率。

$$N_e = iN_{ie} = \frac{iG}{102\eta_n}\times\frac{n}{n-1}\overline{Z}RT_1\left[\left(\frac{p_2}{p_1}\right)^{\frac{n-1}{n}}-1\right]　(\text{kW})$$

（3）压缩机的轴功率 N_s　通常根据压缩机的轴功率 N_s 来选配驱动机的功率，考虑机械摩擦损失后的内功率叫轴功率，机械摩擦损失用机械效率来估计。压缩机的轴功率为：

$$N_s = \frac{N_e}{\eta_m}$$

式中　η_m——压缩机的机械效率，一般离心式压缩机 $\eta_m=0.98\sim0.99$。

压缩机的机械效率与传动方式和联轴器、轴承等结构形式有关，一般可按机器功率的大小来估算，对于由齿轮箱传动的压缩机，当压缩机内功率在 2000kW 以上时，$\eta_m=0.97\sim$

0.98；当压缩机内功率在 1000～2000kW 之间时，$\eta_m = 0.96 \sim 0.97$；当压缩机内功率小于 1000kW 时，则 $\eta_m < 0.96$。

5.2.3　离心式压缩机的工作特点

（1）优点

① 结构简单，易损件少，维修量少，运转周期长。

② 转速高，气流速度大，机器尺寸小，重量轻，占地面积小，投资省，运行安全可靠。

③ 运行平稳，排气量大，气流平稳，排气均匀，无脉冲，振动小，基础受力均匀。

④ 机内不需润滑，气体不易被润滑油所污染。密封效果好，泄漏现象少。

⑤ 易于实现自动化控制和大型化。

⑥ 有平坦的性能曲线和较为宽广的平稳运行操作范围。

⑦ 能长周期连续运转，国外离心式压缩机的使用周期为 10^5h，能连续运转 8～10 年不需要大修。

⑧ 便于综合利用热能，可采用汽轮机直接驱动，中间不设置齿轮变速器，比电动机驱动安全可靠，便于变转速调节。

（2）缺点

① 操作的适应性较差，气体的性质对操作性能有较大的影响。在装置开车、停车和正常运转时，介质的变化较大，负荷变化也较大，驱动机应留有较大的功率裕量。但在正常运转时，显得空载消耗较大。

② 气流速度大，流道内的零部件表面有较大的摩擦损失，其效率不如活塞式压缩机高，固定式压缩机的多变效率一般为 0.75～0.85。

③ 有喘振现象，对机器具有极大的危害，必须采取一系列的措施，防止运行中发生喘振损坏设备。

④ 两机并列操作运行较为困难。

（3）适用范围　目前，离心式压缩机的一般适用范围为：最小流量 5000m³/h（进口状态）；主轴转速 3000～25000r/min；最大流量 300000～450000m³/h（进口状态）；单缸叶轮数 8～12 个；最高出口压力 40～74MPa；轴功率 220～74000kW。

离心式压缩机适用于大中流量、中低压力。当输气量大时可应用于高压，但应注意因高压下容积流量小，内泄漏大，叶轮流道窄，效率降低，故高压小容积流量时，离心式压缩机的应用受到限制。

5.2.4　离心式压缩机的主要性能参量

表征离心式压缩机性能的主要参量有流量、排气压力或压强比、转速、功率和效率等。

① 流量可以是体积流量，也可以是质量流量，一般运输式压缩机多用质量流量，固定式压缩机多用体积流量，并且习惯上用进气状态体积流量表示压缩机的流通能力。化工用压缩机常用标准状态下的容积流量，称为标准容积流量，单位是标准立方米/小时（m³/h）或标准立方米/分（m³/min）。所谓标准状态对压缩机来说，一般是指压强为 0.101325MPa（101325Pa），温度为 273K 的气体状态。

② 排气压力，在固定式压缩机中习惯用排气压强，在一些运输式压缩机中习惯用压缩比作为压缩机的性能指标。压缩比为：

$$\varepsilon = \frac{\text{排气绝对压力 } p_d}{\text{进气绝对压力 } p_a}$$

③ 转速指压缩机转子的旋转速度，单位常用转/分（r/min）表示。

...

④ 功率指驱动压缩机所需的轴功率和驱动机的功率等，单位常用 kW 表示。

⑤ 效率是衡量压缩机性能好坏的重要指标。压缩机消耗了驱动机供给的机械能，使气体的能量增加，在能量转换过程中，并不是输入的全部机械能都可转换成气体增加的能量，而是有部分能量损失。损失的能量越少，气体获得的能量就越多，效率也就越高。

除效率之外，上述参数都应在压缩机铭牌上标出，并同时注明其进气条件（如压强、温度和相对湿度）和气体介质。

5.3　离心式压缩机的主要结构

离心式压缩机虽然由于输送的介质、压力和输气量的不同，而有许多种规格、型式和结构，但组成的基本元件大致相同。

5.3.1　隔板

隔板是形成固定元件的气体通道。根据隔板在压缩机中所处的位置，可有四种类型：进气隔板、中间隔板、段隔板和排气隔板。进气隔板和气缸形成进气室，将气体导流到第一级叶轮入口，对于采用可调预旋的压缩机，在进气隔板上还要装上可调导叶，以改变气体流向第一级叶轮的方向角。中间隔板，一是形成扩压器（无叶或叶片式扩压器），使气流自叶轮流出来之后具有的动能减少，转变为压强的提高；二是形成弯道和回流器，使从扩压器出来的气流转弯流向中心，流到下一级叶轮的入口。段间隔板是指在段对排的压缩机中分隔两段的排气口。排气隔板除与末级叶轮前隔板形成末级扩压器之外，还要形成排气室。

隔板上装有轮盖密封和叶轮定距套密封，所有密封环一般都作成上下两半（大型压缩机可能作成四部分），以便拆装。为了使转子的安装和拆卸方便，无论是水平剖分型还是筒形压缩机的隔板都作成上下两半，其差别仅在于隔板在气缸上的固定方式不同。水平剖分型气缸每个上下隔板外缘都车有沟槽，和相应的上下气缸装配在一起，为了在上气缸起吊时，隔板不至于掉下来，常用沉头螺钉将隔板和气缸在中分面固定。筒形气缸上下隔板固定好之后，还需用贯穿螺栓固定成整个隔板束，轴向推进筒形气缸内。

中间隔板是由扩压器、弯道和回流器组成的。

5.3.2　主轴

主轴转子常见的结构如图 5-3 所示。离心式压缩机的主轴一般有三种型式：阶梯轴、节鞭轴和光轴，离心式压缩机主轴型式见表 5-1。

表 5-1　离心式压缩机主轴型式

分类	简图	说明
阶梯轴	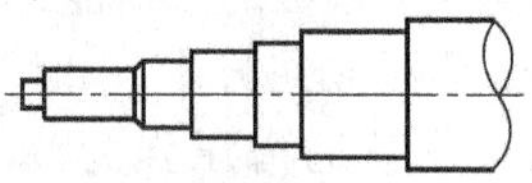	刚度合理。叶轮由轴肩和键定位。应注意不同直径轴肩过度处的应力集中
节鞭轴	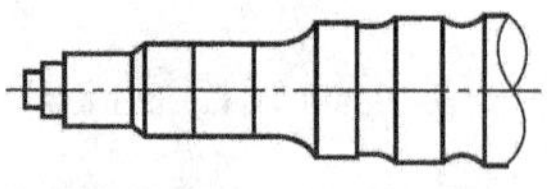	转子的临界转速较高。级间无轴套，部分流道的圆弧在轴上车出。叶轮由轴阶和销钉定位
光轴	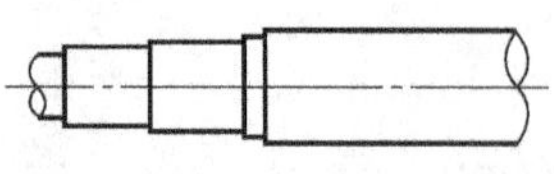	便于系列化，安装叶轮部分的轴径是相等的，转子组装时需要有轴向定位用的工艺节环。叶轮由轴套和键定位

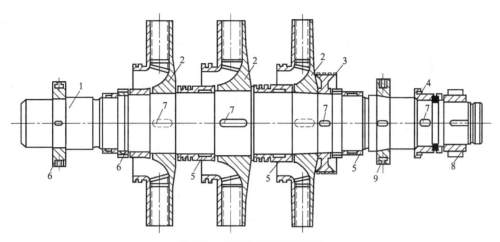

图 5-3 主轴转子常见的结构
1—主轴；2—叶轮；3—平衡盘；4—推力盘；5—轴套；6—螺母；7—键；8—联轴器；9—平衡环

选用主轴时，其强度和刚度要足够，轴承间距要尽量小。根据气动设计增加轴颈尺寸，以便增加轴的刚度。一般选用优质钢锻件制造主轴，淬火调质处理后应具有良好的力学性能。主轴截面过渡圆角，特别是螺纹退刀槽根部要有足够的圆角，尽量减少应力集中。常采用 35CrMo、40Cr、2Cr13 等钢材锻制而成。

5.3.3 叶轮

叶轮又称工作轮，是离心式压缩机转子上最主要的部件。叶轮在工作中随主轴高速旋转，对气体做功。气体在叶轮叶片的作用下，跟着叶轮作高速旋转，并在叶轮里作扩压流动，在流出叶轮时，气体的压强、速度和温度都得到提高。

叶轮按结构型式可分为开式、半开式和闭式，其结构简图说明见表 5-2，其结构示意如图 5-4 所示。

开式叶轮结构最简单，仅由轮毂和径向叶片组成，在叶轮上，叶片槽道两个侧面都是敞开的，气体通道是由叶片槽道和与叶轮前后有一定间隙的机壳所形成的。这种通道对气体流动不利，使气体流动损失很大。此外，在叶轮和机壳之间引起的摩擦鼓风损失也最大，故这种叶轮的效率最低，在压缩机中很少被采用。

表 5-2 叶轮结构简图说明

型 式	简 图	说 明
闭式		没有叶片顶部的潜流损失，效率较高。但轮盖的应力较大，圆周速度 $u_2 \leqslant 320 \text{m/s}$
半开式		结构强度高。$u_2 = 340 \sim 500 \text{m/s}$；单级压力比可达 3.8 以上。为减少潜流和漏气损失，叶片和定子间的间隙较小，制造和装配工艺要求高

型式	简 图	说 明
开式		一般叶片是径向出口的,叶轮进口有导风轮,单级能量头较高,但潜流和漏气损失较大,效率较低

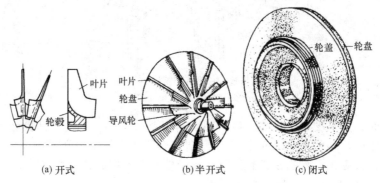

(a) 开式   (b) 半开式   (c) 闭式

图 5-4 三种叶轮结构示意

　　半开式叶轮和开式叶轮不同,叶片槽的一侧被轮盘所封闭,另一侧敞开,改善了气体的通道,减少了流动损失,提高了效率。但是,由于叶轮侧面间隙很大,有一部分气体从叶轮出口倒流回进口,内泄漏损失大。此外,叶片两边存在压力差,使气体通过叶片顶部从一个槽道潜流到另一个槽道,因而这种叶轮的效率仍不高,比闭式叶轮的低。

　　闭式叶轮由轮盘、叶片和轮盖组成。这种叶轮对气体流动有利。轮盖处装有气体密封,减少了内泄漏损失。叶片槽道间潜流引起的损失也不存在,因此效率比前两种叶轮都高。另外,叶轮和机壳侧面间隙也不像半开式叶轮那么要求严格,可以适当放大,使叶轮检修时拆装方便。这种叶轮在制造上虽然较前两种复杂,但有效率高和其他优点,故在压缩机中得到广泛的应用。

　　按叶片弯曲形式的不同,叶轮又分为前弯叶轮、后弯叶轮和径向叶轮三种、如图 5-5 所示。前弯叶轮由于效率低,在压缩机中不采用,压缩机中普遍采用后弯叶轮,它又分为一般弯曲和强后弯曲两种。强后弯曲叶轮在水泵中用得较多,故又称为泵型叶轮。一般来说,对流量不太小的大多数压缩机,一般后弯曲叶轮是常用结构,而泵型叶轮用在中、小流量的高压压缩机最后几级中效果是较好的。径向叶轮又分为径向出口叶片型和径向式叶片型,径向式叶片型叶轮进口部分称为导风轮(可以分开加工,也可以与叶片整体成形),气流轴向进入导风轮,经过导风轮的导流,再进入径向式叶片槽道。径向出口叶片型叶轮不设导风轮,轴向尺寸短,由于扩压度大,出口速度较后弯叶轮大,因此效率低。

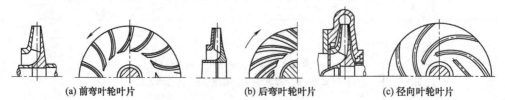

(a) 前弯叶轮叶片   (b) 后弯叶轮叶片   (c) 径向叶轮叶片

图 5-5 叶轮叶片的弯曲形式

叶片的形状常采用单圆弧、双圆弧、直叶片和空间扭曲叶片，压缩机中的叶轮大多数采用单圆弧叶片，少数采用双圆弧叶片。空间扭曲叶片大大改善了气体的流动性能，使叶轮效率得到提高，但加工较为困难，在大流量压缩机中已开始应用。

按叶轮的加工方法可将叶轮分为铆接型、焊接型和整体型。铆接型叶轮分为一般铆接和整体铣制铆接，一般铆接叶轮的叶片常用钢板压制成形，分别与轮盘、轮盖铆接在一起。叶片的形式可以是 U 形、Z 形截面以及穿孔叶片和带有榫头叶片。U 形和 Z 形叶片好铆，是常用形式，但叶片有褶边，增加流动阻力和叶轮的附加重量，离心负荷加大。穿孔叶片因铆钉要从叶片中贯穿，常常不得不增加叶片的厚度，影响气体的流动，而且钻长孔也较为困难。带榫头叶片的厚度可以减薄，但对叶片制造要求高，而且榫头一旦损坏，就应更换整个叶片。一般铆接材料比整体铣制铆接材料利用率高，但强度低，多用在低、中压压缩机中叶片比较宽的情况下。铣制叶轮的叶片在轮盘上铣出，和轮盖利用穿孔铆接，或者利用叶片榫头铆接。整体铣制叶轮由于取消了叶片的褶边，减少了气体的流动阻力损失，提高了叶轮效率。试验表明，整体铣制铆接叶轮级的效率比槽形钢板压制叶片级的效率高 2% 左右。整体铣制叶轮比一般铆接叶轮强度高，但材料浪费大，一般多用于窄叶轮加工。铆接工艺的出现比较早，也较为成熟，但由于铆钉处容易产生应力集中，强度低，在压缩机使用过程中出现过不少事故。为了保证铆接质量，必须严格注意工艺要求，对铆钉材质、钉孔的精铰、手锤的重量和打击的次数都应有适当的规定。此外，铆接工时消耗较大。

焊接叶轮在出口宽度比较大时，叶片单独压制，然后分别与轮盘、轮盖焊接，可以在两面内部或外部用手工电弧或氩弧焊进行焊接。当叶片出口宽度较小时，多采用整体铣制焊接叶轮。为了防止焊接变形，焊接时轮盘与轮盖的毛坯厚度都应加大，以便焊后再加工。焊接前要预热（250～360℃），焊后加热（约加热到 650℃，保温 3h 左右），消除焊接应力，焊接叶轮取消了容易产生应力集中和晶间腐蚀的铆钉，强度比铆接叶轮高。和铆接叶轮相比，焊接工时省，所以最近焊接叶轮越来越普遍地被采用，叶轮的焊接工艺发展很快。

整体成形叶轮主要是指精密浇铸和其他特殊工艺成形的叶轮。精密浇铸叶轮外径小于 ϕ450mm 者多采用真空熔炼及真空浇铸，外径在 ϕ500mm 以内采用熔模铸造工艺。蜡型的金属模是在五坐标铣床上用铝加工制造的，向蜡型上覆盖陶瓷浆料通常是采用电子计算机控制的机械手操作。熔掉蜡型，焙烧壳型即可按铸造工艺程序进行浇铸。对于外径在 ϕ500～1500mm 的叶轮采用组合蜡型或陶瓷型来铸造。由于采用组合蜡型精度难以提高，对于大型叶轮国外采用整体陶瓷型芯铸造工艺，现在用陶瓷型铸造的离心式压缩机闭式叶轮和开式叶轮的外径已达 ϕ1500mm，质量达 383kg，叶轮工作转速达 12500r/min。精密浇铸工艺既省工时又省料，但由于叶轮形状复杂，加工工艺要求高，要保证铸件无气孔、无杂质是比较困难的，常因质量问题影响叶轮的强度。为了加工窄叶轮，最近发展了一些新工艺，如钎焊和电火花加工等。

钎焊叶轮是在轮盘（或轮盖）上铣制出叶片，叶片与轮盖（或轮盘）之间夹放特殊焊料（钎剂、钎料），用真空炉加热到超过钎料熔化温度进行焊接。这种钎焊叶轮可以获得较高的接头强度，适用于转速高的叶轮，由于整个零件整体加热再冷却，因而变形量很小，精度高；对于窄流道叶轮可以一次同时进行几个叶轮的钎焊。不仅如此，焊接及热处理还可以同炉进行，从而简化了工艺过程，提高了生产率。采用的钎料有铜合金、金镍合金、银基合金及近年来发展起来的非晶态钎料，其形状为薄片、膏状和粉末状。一般铜合金钎料用于非腐蚀性气体介质的叶轮；金镍合金、银基合金钎料用于有腐蚀性介质的叶轮。目前钎焊叶轮材料有低合金高强度钢、高合金高强度不锈钢和钛合金等。原苏联、瑞士的有关人员和沈阳鼓风机厂、杭州制氧机厂在此方面都做了大量的试验研究工作，并用于焊接叶轮，其叶轮转速可达 380m/s。钎焊的主要问题是温度控制较为复杂、焊口加工精度要求高以及单件小批量生产成本高。

　　小流量高压头的叶轮，由于出口宽度很小，有的达到 2mm 左右，以致用焊接加工也有困难，因而采用电火花加工方法。目前叶轮出口宽度小于 5mm 的叶轮，大多采用此法制造。整体的叶轮毛坯，在加工前先钻一个小孔，以便电蚀时使电解液能形成回路。在这种特殊设计的机床中，电蚀刀是正极，叶轮是负极，轴线在加工时要校正水平，电蚀刀可以作直向或横向进刀，当加工时正负两极接近时，立刻放电产生 3000～4000℃ 的局部高温，把金属层层电蚀。电位差由脉冲电机进行控制。电解液种类很多，以高度绝缘为原则。当粗加工时，腐蚀掉的金属量较大，最高数值达 40g/h 左右，在精加工时最高仅为 21g/h。电蚀刀用电解铜、石墨和黄铜等材料制成，损耗量为蚀掉金属的 1.4 倍，加工每个叶轮需 100～200h。在加工完毕后，叶轮还要进行精细的整修工作。电火花加工不受叶轮直径大小的限制，叶片型线可以自由选择，加工出的成品精度高，可耐侵蚀，在高压、高转速、小流量中用得很多。

　　叶轮与主轴之间的固定，一般是采用热套，再加键或销钉；轴向固定则靠轴套或轴上车有轴台，也有用防松螺母的。叶轮在主轴的配置方式有的单向排列，有的对称排列，前者是指各级叶轮均为同向装配，后者是指相邻两级叶轮是反向装配。

5.3.4　轴向力及平衡装置

　　(1) 转子的轴向力　离心式压缩机在工作时，由于叶轮的轮盘和轮盖两侧所受的气体作用力不同，相互抵消后，还会剩下一部分力作用于转子，这个力即为轴向力，其作用方向从高压端指向低压端，如图 5-6 所示。如果轴向力过大，会影响轴承寿命，严重的会使轴瓦烧坏，引起转子窜动，使转子上的零件和固定元件碰撞，以致机器破坏。因此，必须采取措施降低轴向力，以确保机器的安全运转。

　　(2) 轴向力的平衡方法

　　① 叶轮对称排列　单级叶轮产生的轴向力，其方向是指向叶轮入口的，如将多级叶轮采取对称排列，则入口方向相反的叶轮，会产生方向相反的轴向力，如图 5-6 所示。这样，叶轮的轴向力将互相抵消一部分，使总的轴向力大大降低。这种方法会造成压缩机本体结构和管路布置的复杂化。

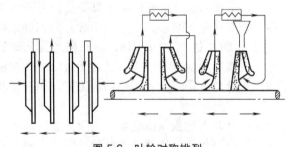

图 5-6　叶轮对称排列

　　② 平衡盘装置（平衡活塞）　平衡盘一般安装在气缸末级（高压端）的后端，其结构如图 5-7 所示。它的一侧受到末级叶轮出口气体压力的作用，另一侧与压缩机的进气管相接。平衡盘的外缘与固定元件之间装有迷宫式密封齿。这样既可以维持平衡两侧的压差，又可以减少气体的泄漏。由于平衡盘两侧的压力不同，于是在平衡盘上便产生了一个方向与叶轮的轴向力相反的平衡力，从而使大部分轴向力得到平衡。平衡盘结构简单，不影响气体管线的布置，应用广泛。

　　③ 叶轮背面加筋　对于高压离心式压缩机，还可以考虑在叶轮的背面加筋，如图 5-8 所示。该筋相当于一个半开式叶轮，在叶轮旋转时，它可以大大减小轮盘带筋部分的压力。压力分布如图 5-8 所示，图中的 eij 线为不带筋时的压力分布，而 eih 线为带筋时的压力分布。可见带筋时叶轮背面靠近内径处的压力显著下降，因此，合理选择筋的长度，可将叶轮部分轴向力平衡掉。这种方法在介质密度较大时，效果更为明显。

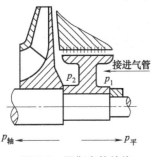

图 5-7 平衡盘的结构

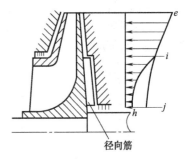

图 5-8 叶轮背面加筋装置

采用各种平衡方法是为了减少转子的轴向推力，以减轻止推轴承的负荷。当然，轴向推力不可能全部平衡掉，一般只平衡掉 70％左右，剩下 30％的轴向推力通过推力盘作用在推力轴承上。

5.3.5 密封装置

离心式压缩机的转子和定子，一个高速旋转，而另一个固定不动，两者之间必定具有一定的间隙，因此就一定会有气体在机器内部由一个部位泄漏到另一个部位，同时还向机器外部（或内部）进行泄漏。为了减少或防止气体的这些泄漏，需要设置密封装置。

离心式压缩机的密封种类很多。按其安置的位置可分为内部密封（级间密封、中间密封）和外部密封（轴端密封），前者防止机器内部通流部分各空腔之间的泄漏，如轮盖、定距套和平衡盘上的密封；后者防止或减少气体由机器向外界泄漏或由外界向机器内部泄漏（机器内部气体的压强低于外界的气压），如吸入侧首级叶轮密封和末级叶轮出口密封。

按其密封原理可分为气封和液封。在气封中有迷宫密封和充气密封；在液封中有固定式密封、浮环式密封和固定内装式机械密封以及其他液体密封。

密封的结构形式与压力、介质及其密封的部位有关，一般级间密封均采用迷宫密封，平衡盘上的气封往往采用一种蜂窝形的迷宫密封。化工压缩机中有毒、易燃易爆介质的密封，多采用液体密封、抽气密封或充气密封。对高压、有毒、易燃易爆气体如氨气、甲烷、丙烷、石油气和氢气等，不允许外漏，其轴端密封则采用浮环密封、机械密封、抽气密封或充气密封。当压缩的气体无毒，如空气、氮气等，允许有少量气体泄漏时，也可采用迷宫式轴端密封。

化工生产中的离心式压缩机常用的密封有迷宫密封、浮环密封、机械密封和干气密封等，另外，近几年又出现了一种新型的磁流体密封。

5.3.5.1 迷宫密封

迷宫密封一般为梳齿状的结构，故又称梳齿密封。迷宫密封中气体的流动如图 5-9 所示。气体在梳齿状的密封间隙中流过时，由于流道狭直，所以气体的压力和温度都下降，而速度增加，即一部分静压能转变为动能。当气体进入梳齿之间的空腔时，由于流道的截面积突然扩大，这时气流形成很强烈的漩涡，速度几乎完全消失，动能转变成热能，使气体上升到原来的温度，而空腔中仍保持间隙后的压力。气体依次通过各梳齿，压力不断降低，从而达到密封的目的。所以迷宫密封是将气体压力转变为速度，然后再将速度降低，达到内外压力趋于平衡，从而减少气体由高压向低压泄漏。

图 5-9 迷宫密封中气体的流动

迷宫密封的结构多种多样，压缩机内采用较多的有以下几种。

① 曲折型（图 5-10） 其特点是除了密封体上有密封齿（或密封片）外，轴上还有沟槽。曲折型迷宫的密封有整体型和镶嵌型两种。整体型的缺点是密封齿间距不可能加工得太短，因而轴向尺寸长；采用镶嵌型可以大大缩短轴向尺寸。

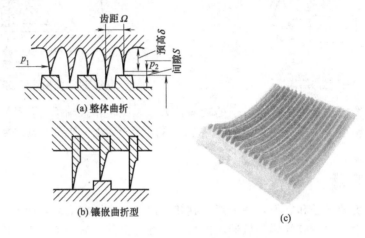

图 5-10 曲折型迷宫密封

② 平滑型（图 5-11） 这种密封或者是轴做成光轴，或者是密封体做成光滑内表面，可分为整体平滑型和镶嵌平滑型。

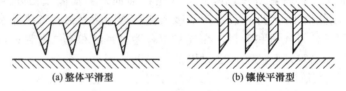

图 5-11 平滑型迷宫密封

③ 台阶型（图 5-12） 多用于轮盖或平衡盘上的密封。
④ 蜂窝型（图 5-13） 蜂窝型密封加工工艺复杂，但密封效果好，密封片结构强度高。

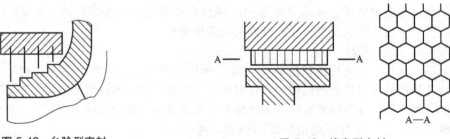

图 5-12 台阶型密封

图 5-13 蜂窝型密封

迷宫密封中梳齿齿数一般为 4~35 片。梳齿的材料应比转子相应部分软，以防密封与转子发生接触时损坏转子。其常用材料一般采用青铜、铜锑锡合金、铝及铝合金。当温度超过393K 时，可采用镍-铜-铁蒙乃尔合金，或采用不锈钢条。当气体具有爆炸性时，应采用不会产生火花的材料，如银、镍、铝或铝合金，也可采用聚四氟乙烯材料。迷宫密封是比较简单的一种密封装置，可用于机壳两端及级与级间的密封（其中级与级之间的密封几乎都是采用迷宫密封）。

5.3.5.2 浮环密封

浮环密封的基本结构如图 5-14 所示。密封主要由几个浮动环组成，高压油由进油孔 12 注入密封体中，然后向左右两边溢出，左边为高压侧，右边为低压侧，流入高压侧的油通过高压浮环、挡油环 6 及甩油环 7 由回油孔 11 排出。因为油压一般控制在略高于气体的压力，压差较小，所以向高压侧的漏油量很少。流入低压侧的油通过几个浮环（图中为三个）然后流出密封体。因为高压油与大气的压差较大，因此向低压侧的漏油量很大。浮环挂在轴套 5 上，在径向是活动的。当轴转动时浮环被油膜浮起，为了防止浮环转动，一般加有销钉 3 来控制，这时所形成的油膜把间隙封闭以防止气体外漏。

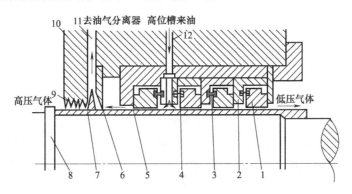

图 5-14 浮环密封的基本结构
1—浮环；2—固定环；3—销钉；4—弹簧；5—轴套；6—挡油环；
7—甩油环；8—轴；9—迷宫密封；10—密封；11—回油孔；12—进油孔

浮环密封主要是高压油在浮环与轴套之间形成油膜而产生节流降压阻止机内与机外的气体相通。由于是油膜起主要密封作用，所以又称为油膜密封。

为了装配方便，一般作成几个 L 形固定环，浮环就装在 L 形固定环的中间。高压环压差小，一般只采用一个。而低压环压差大，一般采用几个。为了使浮环与 L 形固定环之间的间隙不太大，用弹簧 4 将浮环压平。

浮环密封主要应用于离心式压缩机的轴封处，以防止机内气体逸出或空气吸入机内。如装置运转良好，则密封性能可做到"绝对密封"。它特别适用于高压、高速的离心式压缩机上，所以在石油化工厂中广泛用于密封各种昂贵的高压气体以及各种易燃、易爆和有毒的气体。

5.3.5.3 机械密封

机械密封又称端面密封，在泵中应用很广，并积累了许多经验。这种密封的特点是密封油的漏损率极低，比一般油密封要小 5~10 倍，使用寿命比填料密封长。因此，在压缩机中，当被压缩的气体不允许向外泄漏时，也常常用到它。其结构在第 3 章已作介绍。

5.3.5.4 干气密封

干气密封是一种新型的非接触轴封，于 20 世纪 70 年代中期由美国的约翰·克兰密封公司研制开发，最早应用于离心式压缩机上。与其他密封相比，干气密封具有泄漏量少、摩擦磨损小、寿命长、能耗低、操作简单、密封稳定性和可靠性明显提高、维修量低、被密封的流体不受油污染等特点。

如图 5-15 所示为干气密封结构示意，干气密封与机械密封在结构上并无太大区别，也有动环、静环、弹簧等组成，不同之处在于其动环端面开有气体动压槽。动环密封面分为两个功能区，即外区域和内区。如图 5-16 所示，外区域由动压槽和密封堰组成，内区域又称密封坝，是指动环的平面部分。

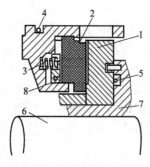

图 5-15 干气密封结构示意
1—动环；2—静环；3—弹簧；
4,5,8—O 形环；6—转轴；7—组装件

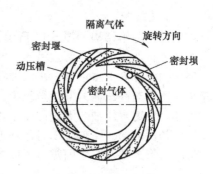

图 5-16 动环密封面结构

压缩机工作时，动环随转子一起转动，气体被引入动压槽，引入沟槽内的气体在被压缩的同时，遇到密封堰的阻拦，压力进一步升高。这一压力克服静环后面的弹簧力和作用在静环上的流体静压力，把静环推开，使动环和静环之间的接触面分开而形成一层稳定的动压气膜，此气膜对动环和静环的密封面提供充分的润滑和冷却。气膜厚度一般为几微米，这个稳定的气膜使密封端面间保持一定的密封间隙。气体介质通过密封间隙时靠节流和阻塞的作用而被减压，从而实现气体介质的密封，几微米的密封间隙会使气体的泄漏率保持最小。

在压缩机应用领域，干气密封正逐渐替代浮环密封、迷宫密封和机械密封。在泵和反应釜上干气密封的应用也越来越广泛。

5.3.5.5 磁流体密封

磁流体密封是一种新型的密封。磁流体旋转轴封的工作原理如图 5-17 所示，永久磁环 2、极板 3 和转轴（或套）4 等构成磁路。在磁场作用下，吸附磁流体于静止的极板与转动轴之间的间隙通道中，形成流体 O 形环，将间隙完全封堵，并且具有承压能力，防止气（或液）体由高压侧向低压侧的泄漏，达到完全密封的目的。磁流体是一种大小为 100×10^{-10} m 左右的固体微粒（金属氧化物）悬浮于载液中的胶状流体。它具有流体的特点，在外界磁场的作用下才显磁性。选择不同的固体微粒或载液以及改变它们的组成配比，可得到不同性质的磁流体。

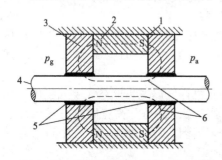

图 5-17 磁流体旋转轴封的工作原理
1—箱体；2—永久磁环；3—极板；4—转轴；
5—磁流体 O 形环；6—磁力线；
p_a—大气侧压力；p_g—气体侧压力

5.3.6 扩压器

从叶轮出来的气体速度相当大，一般可达 $200 \sim 300 \mathrm{m/s}$，高能量头的叶轮出口气流速度甚至可达 $500 \mathrm{m/s}$。这样高的速度具有很大的动能，对后弯叶轮或强后弯叶轮，它占叶轮耗功的 $25\% \sim 40\%$，对径向直叶片叶轮，它几乎占叶轮耗功的一半。为了充分利用这部分动能，使气体压强进一步提高，在紧接叶轮出口处设置了扩压器。扩压器是叶轮两侧隔板形成的环形通道，结构形式主要有无叶扩压器和叶片扩压器，如图 5-18 所示。

无叶扩压器是由两个隔板平壁构成的环形通道，通道截面为一系列同心圆柱面。进口截面轴向宽度常比叶轮出口宽度略宽，即 $b_3 = b_2 + (1 \sim 2) \mathrm{mm}$，以便叶轮一旦和扩压器通道不对准时避免气流碰撞隔板壁。扩压器内通道一般都作成等宽，即 $b_4 = b_3 =$ 常数。因为两侧壁作成扩张形，即 $b_4 > b_3$，会使气流扩张程度增加，气体分离损失加大，而减小扩压器内的效

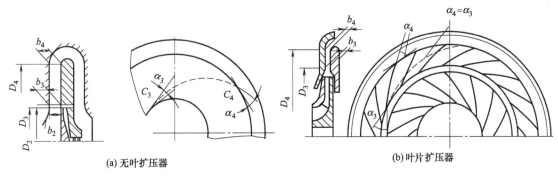

(a) 无叶扩压器　　　　　　　　　　(b) 叶片扩压器

图 5-18 扩压器

率；作成收敛形，即 $b_4 < b_3$，则对减少流动损失、提高效率有利，然而为了达到同样的扩压效果，必须增加直径，而且加工较为复杂，现在已不采用。叶片扩压器在环形通道内沿圆周均匀设置叶片，引导气流按叶片规定的方向流动。叶片的形式可以是直线形、圆弧形、三角形和机翼形等，它们或者分别制作，用螺栓与隔板紧固，或和隔板一起铸成。叶片扩压器中，从叶轮到扩压器入口的过渡段很重要，因为适当的过渡段可以改善自叶轮出来的气流不均匀性，减少流动损失，还可以降低叶片扩压器进口气流脉动所产生的噪声，一般 $D_3/D_2 = 1.08 \sim 1.15$；$b_3/b_2 = 1.05 \sim 1.10$；而出口直径为 $D_4/D_3 = 1.3 \sim 1.55$，叶片出口角 $\alpha = 30° \sim 40°$。

总之，两种扩压器各有优缺点，因而在压缩机中都被普遍采用，在化工高压压缩机中，无叶扩压器采用得比较多。

5.3.7　吸气室

吸气室的作用在于把气体从进气管道或中间冷却器顺利地引入叶轮，使气流从级的吸气室法兰到叶轮的吸气孔产生较小的流动损失，有均匀的流速，而且使气体经过吸气室以后不产生切向的旋绕而影响叶轮的能量头。

吸气室基本上可以分为以下四种形式。

① 如图 5-19 (a) 所示为轴向进气的吸气室。这种形式最为简单，一般多用于单级悬臂式鼓风机或压缩机，为使进入叶轮的气流均匀，其吸气管可做成收敛形。

② 如图 5-19 (b) 所示为径向进气的肘管式吸气室。由于该形式的吸气室进气时，气流转弯处易产生速度不均匀的现象，所以常把转弯半径加大，并在转弯的同时使气流略有加速。

③ 如图 5-19 (c) 所示为径向进气半蜗壳的吸气室。常用于具有双支承轴承的压缩机，当第一级叶轮有贯穿的轴时均采用这种形式的吸气室。

④ 如图 5-19 (d) 所示为水平进气半蜗壳的吸气室，该吸气室多用于具有双支承的多级离心鼓风机或压缩机。其特点是进气通道不与轴对称，而是偏在一边，与水平部分的机壳上半部不相连，所以检修很方便。

5.3.8　弯道和回流器

为了把扩压器后的气流引导到下一级继续进行压缩，一般在扩压器后设置弯道和回流器。弯道是连接扩压器与回流器的一个圆弧形通道，该圆弧形通道内一般不安装叶片，气流在弯道中转 180° 弯才进入回流器，气流经回流器后，再进入下一级叶轮，如图 5-20 所示。

回流器的作用除引导气流从前一级进入下一级外，更重要的是控制进入下一级叶轮时气

117

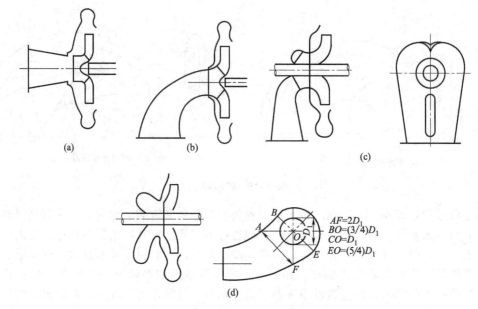

图 5-19 吸气室的结构形式

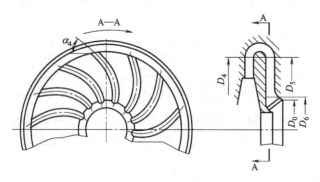

图 5-20 弯道和回流器

流的预旋度,为此回流器中安装有反向导叶来引导气流。回流器反向导叶的进口安装角是根据从弯道出来的气流方向角决定的,其出口安装角则决定了叶轮进气的预旋度。反向导叶的作用是使气流速度平缓的变化,顺利地进入下一级叶轮。

5.3.9 蜗壳

蜗壳[图 5-21(b)]也称排气室,其作用是收集中间段最后级出来的气流,将其导入中间冷却器进行冷却,或送到压缩机后面的输气管道中去。如图 5-21(a)所示为一个沿圆周各流通截面积均相等的等截面排气室,气流沿圆周进入排气室汇总后由出气管引出,由于气流在排气室到排气管前一段截面处最大,而排气管后的截面处气量最小,所以等截面排气室不能很好地适应这种流量。试验证明,采用等截面排气室其效

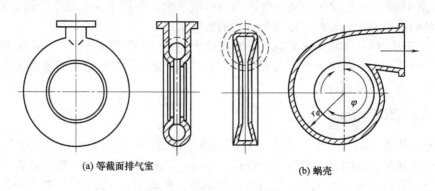

(a) 等截面排气室   (b) 蜗壳

图 5-21 等截面排气室和蜗壳结构

率不如采用截面随气量变化的蜗壳形排气室为好，但等截面排气室的结构简单，制造方便，易进行表面机械加工，故目前仍有采用。

5.3.10　滑动轴承

离心式压缩机轴承为滑动轴承，根据承受载荷的不同分为径向轴承和止推轴承两类。径向轴承的作用是承受转子重量和其他附加径向力，保持转子转动中心和气缸中心一致，并在一定转速下正常旋转。止推轴承的作用是承受转子的轴向力，限制转子的轴向窜动，保持转子在气缸中的轴向位置。

滑动轴承按其工作原理又分为静压轴承和动压轴承。

静压轴承是利用液压系统供给压力油于轴颈与轴承之间。使轴颈与轴承分开，从而保证轴承在各种载荷和转速之下都完全处在液体摩擦之中。因此静压轴承具有较高的承载能力、摩擦阻力小、寿命高等优点，但必须具有一套完整的供油液压系统。

动压轴承工作依靠轴颈本身的旋转，把润滑油带入轴颈与轴瓦之间，形成楔状油楔，油楔受到负荷的挤压而产生油压将轴颈与轴瓦内壁分开，轴颈与轴瓦形成油膜处于液体摩擦状态，如图5-22所示，减少了摩擦与磨损，从而使轴转动轻巧灵活。

离心压缩机目前广泛采用的是动压轴承。常见的各种动压轴承介绍如下。

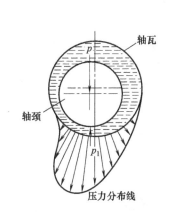

图5-22　动压轴承工作原理

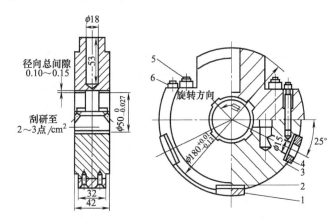

图5-23　圆瓦轴承

1,3—垫块；2,4—垫片；5—螺钉；6—销钉

5.3.10.1　径向轴承

径向轴承的结构形式很多，目前比较常用的是圆瓦轴承、椭圆瓦轴承和可倾瓦轴承。

(1) 圆瓦轴承　如图5-23所示为圆瓦轴承，上下两半瓦由螺钉5连接在一起，为保证上下瓦对正，中心设有销钉6。轴瓦内孔浇铸巴氏合金。轴颈放在轴瓦上时，轴承顶隙等于两侧隙之和。轴颈和轴瓦的接触角不小于60°~70°，在此区域内保证完全接触。润滑油经由下轴瓦垫片4上的孔进入轴瓦并由轴颈带入油楔，经由轴承的两端而泄入轴承箱内。一般润滑油压力为0.039~0.049MPa（表压）。垫块1和3保证轴瓦在轴承壳中定位及对中，可以通过磨削垫片2和4来调整轴承的位置。圆瓦轴承多用于低速、重载的离心式压缩机上。

(2) 椭圆瓦轴承　椭圆瓦轴承的轴瓦内表面呈椭圆形，轴承侧隙大于或等于顶隙，一般顶隙为轴径 d 的 (1~1.5)/1000，侧隙为轴径 d 的 (1~3)/1000。轴颈在旋转中形成上下两部分油膜（图5-24），这两部分油膜的压力产生的合力与外载荷平衡。与圆瓦轴承相比稳定性好，在运转中若轴向上晃动，则上面的间隙变小，油膜压力变大，下面的间隙变大，油膜压力变小，两部分力的合力变化会把轴颈推回原来的位置，使轴运转稳定；同时由于其侧隙比圆柱轴承侧隙大，所以沿轴向流出的油量大，散热好，轴承温度低。这种轴承的承载能

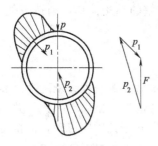

图 5-24 椭圆瓦轴承

力比圆瓦轴承低，由于产生上下两个油膜，功率消耗大，在垂直方向抗振性好，但水平方向抗振性差些。

（3）可倾瓦轴承　又称倾斜块式径向轴承。可倾瓦轴承主要由轴承套、两侧油封和可以自由摆动的瓦块构成。这种轴承由三个或更多个瓦块所组成，一般是五块瓦，轴瓦可以摆动。如图 5-25 所示为五油楔倾斜块式径向轴承，沿轴颈的周围均匀分布五个瓦块，各自可以绕自身的一个支点摆动。在轴颈的正下方有一个瓦块，以便停机时支承轴颈及冷态时用于找正。每块瓦的外径都小于轴承套的内径。瓦背圆弧与轴承套孔是线接触，它相当于一个支点。当机组转速、负荷等运行条件变化时，瓦块能在套的支承面上自由地摆动，自动调节瓦块位置，形成最佳润滑油楔。为了防止轴瓦随轴颈沿圆周方向一起转动，每个瓦块上都用一个装在壳体上并与轴瓦松配的销钉或螺钉来定位，图 5-24 中的定位销在瓦块中间，也有不在中间的，进油道至定位销的距离比出口边至定位销的距离大。为了防止轴瓦沿轴向和径向窜动，把瓦块装在套内的 T 形槽中。瓦块浇注有巴氏合金，巴氏合金厚度为 0.8~2.5mm。为保证巴氏合金与瓦块紧密贴合，在瓦块上预制出沟槽。轴承套上下水平剖分，安装在轴承座内，并用螺栓和定位销钉定位以保证对中，为了防止轴承套转动，装有一个径向定位销钉。一般情况下，轴承套外径紧配在轴承座内。也可以把轴承套做成凸球面，装在轴承座的凹球面的支承上与其相吻合，从而轴承套可以自动调位，以适应轴的弯曲和轴颈不对中时所产生的偏斜。轴承的进油口数各不一样，有的轴承只有一个进油孔，有的轴承采用瓦块与瓦块间都有进油孔，但总是布置在不破坏油膜的地方。润滑油沿轴向排出去。在轴承两端的壳体上有一个与凹槽相通的排油孔，润滑油集中到凹槽中，经过排油孔流回油箱，也有的从上方排油孔排出。可倾瓦轴承与其他轴承相比，其特点是由多块瓦组成，每一瓦块都可以摆动，因而使可倾瓦轴承在任何情况下都有利于形成最佳油膜，不易产生油膜振荡。

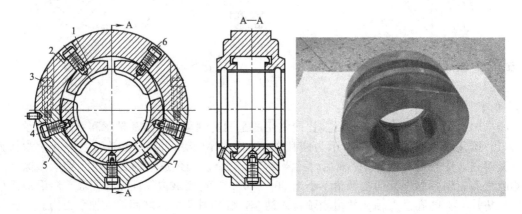

图 5-25　五油楔倾斜块式径向轴承

1—瓦块；2—上轴承套；3—螺栓；4—圆柱销；5—下轴承套；6—定位销钉；7—进油节流环

5.3.10.2　止推轴承

止推轴承如图 5-26 所示，止推盘与止推块之间具有一定的间隙，并且止推块可以摆动。当止推盘随轴高速旋转时，润滑油被带入止推盘和止推块的间隙中，从而产生油压来平衡轴向力，同时形成油膜使止推盘与止推块处于液体摩擦状态，以减少其摩擦，保证止推轴承正常运行。

止推轴承的结构形式较多,在离心式压缩机上目前广泛采用的是金斯泊尔轴承和米契尔轴承。

(1) 金斯泊尔轴承 如图 5-27 所示,它的活动部分是由扇形止推块 1、上摇块 2、下摇块 3 三层零件叠成,故又称浮动叠层式止推轴承。其扇形止推块底部镶有硬质合金做成的支承面,它支承在上摇块上可以自由摆动,上摇块则支在下摇块上,下摇块本身又可在壳内摆动,它们彼此间均能作相对摆动,因此能更好地保证各块扇形止推块自动调位,受力更为均匀。

金斯泊尔轴承承载能力大,允许推力盘有较高的线速度,磨损较慢,使用寿命长,更适宜用于高速重载的离心式压缩机中。其缺点是轴向尺寸较大,制造工艺较复杂。

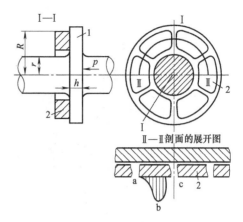

图 5-26 止推轴承
1—止推盘;2—止推块

这种轴承在高速、高压的离心压缩机中采用比较广泛。我国大型化肥厂进口的合成氨压缩机及二氧化碳压缩机中都采用这种轴承。

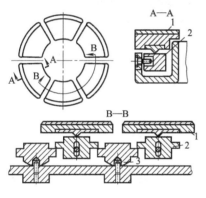

图 5-27 金斯泊尔止推轴承
1—扇形止推块;2—上摇块;3—下摇块

(2) 米契尔轴承 如图 5-28 所示为米契尔止推轴承和径向轴承组成的径向止推轴承。米契尔止推轴承主要由止推盘 20 和止推块 14 组成。止推盘 20 装在轴上随轴转动,沿圆周方向均匀分布的单层扇形止推块 14(一般 6~12 块)和螺钉 9 一起装在半圆套环 10 及薄环 11 之间,半圆套环 10 和薄环 11 由螺钉连接在一起。单层扇形止推块 14 通过块下的球面支点(图中是通过螺钉 9 头上的球面)与薄环 11 接触,将轴向力传到轴承座上,扇形止推块上面浇有巴氏合金,它底部的球面支承使止推块能自动调位,形成适宜的油膜。米契尔轴承装在上轴瓦 16 和下轴瓦 21 内。

径向轴承左侧也浇有巴氏合金,既能防止轴肩与轴瓦相摩擦,又能避免压缩机在开车时,因气体冲力而产生的转子向高压侧窜动现象。径向轴承的径向位置可以通过改变轴向垫块 17、18 的厚度来调整,并可以用调节垫片 2 进行对中。润滑油由垫块 3 的油孔 4 进入轴承,并沿轴瓦水平剖分面处的油槽进入径向轴承和止推轴承。由于米契尔止推轴承的止推块直接与薄环接触,因此止推块之间受力不均匀。

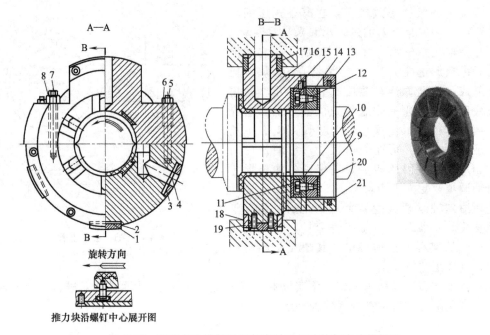

图 5-28　米契尔止推轴承和径向轴承组成的径向止推轴承

1,3—垫块；2—调节垫片；4—油孔；5—销钉；6,8—螺母；7,9,12,15,19—螺钉；10—半圆套环；
11—薄环；13—密封环；14—单层扇形止推块；16—上轴瓦；17,18—轴向垫块；20—止推盘；21—下轴瓦

5.4　辅助设备

5.4.1　气体中间冷却设备

离心式压缩机的压力比一般在 3～3.5 以上，甚至高达 30 或更高。对于这样高的压力比，在压缩过程中，如果不进冷却，压缩后的气体温度会很高。这不但使压缩机多消耗功，而且对压缩机的运转也是十分不利的，特别对易燃、易爆气体，每段压缩终温更应严格控制，以防引起爆炸等事故，例如氧气压缩机，每段终温应小于 130℃。因此，对于压力比比较高的压缩机，必须设置中间冷却设备。

目前国内外对气体的冷却均采用外冷却，即气体与冷却介质不相互混合的冷却。由于采用了中间冷却，需要将压缩机分成多段，而每一段可由单级或多级串联组成。当段数较多时，一个气缸可能容纳不下，可将压缩机分成几个气缸，由多缸串联组成压缩机组（图 5-29）。

确定压缩机中间冷却次数，首先要考虑压缩机必须节能省功，其次要考虑被压缩介质的特性，如易燃、易爆的气体（H_2、O_2 等），段的出口温度宜低一些。如果某些化工气体在高温下对材料产生腐蚀，或压缩过程中会发生分解和聚合等化学变化，段出口温度更应控制在允许范围之内。例如，丁二烯压缩机每段终温应低于 90℃，冷却次数宜多一些；此外，还应考虑压缩机的具体结构、级的型式和冷却器的布置等具体方案。通过全面的综合分析，必要时需对段进行详细的计算后方可确中间冷却段数。

对于空气压缩机，一般压比为 3～5 时，采用一次中间冷却为宜；压力比为 5～9 时，采用 2～3 次中间冷却为宜；压力比为 10～20 时，则采用 3～5 次冷却为宜。

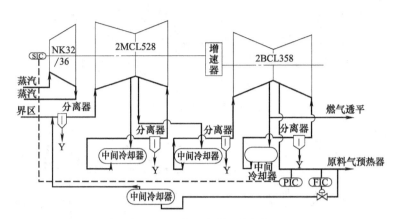

图 5-29　多缸串联压缩机组

冷却器的布置方式一般有三种。第一种是在压缩机的下面，由管路将机组和冷却器连接起来。压缩机本体的重量较轻，机壳简单，但增加管路及其损失。冷却次数多时冷却器布置较困难，清洗也不方便。第二种是在压缩机机体的下部，结构紧凑，清洗方便，但下机壳结构复杂，重量较大。第三种是对称布置在机壳两侧，冷却器壳体和压缩机的机壳铸成一体，上壳盖可以自行拆装，便于拆装抽取冷却器芯子，结构更为紧凑，适用于等温压缩机。

冷却器的型式有板式和列管式。

（1）板式换热器　板式换热器换热面积大，体积小，但钎焊工艺要求高，制作困难。目前仍然广泛采用列管式。

（2）列管式换热器　列管式换热器由管束、管板、壳体，各种接管等主要部件组成。根据其结构特点，可分为固定管板式、浮头式、U形管式、填料函式等四种形式，如图 5-30 所示。

① 固定管板式换热器　固定管板式换热器的管束两端通过焊接或胀接固定在管板上，如图 5-30（a）所示。它的优点是结构简单，在同一内径的壳体中布管数多，管程清洗容易，造价较低，堵管和更换管子方便。但壳程清洗困难，且管程和壳程介质温差较大时，温差应力也大，故常需设置温差补偿装置。固定管板式换热器适用于壳程介质清洁、两流体温差较小的场合。

② 浮头式换热器　浮头式换热器一端管板与法兰用螺栓固定，另一端可在壳体内自由移动（称为浮头），如图 5-30（b）所示。浮头式换热器由浮头管板、钩圈和浮头端盖所组成。此结构的优点是管束可以抽出，便于管子内外清洗，管束伸长不受约束，不会产生温差应力。缺点是结构较复杂，造价较高，若浮头密封失效，将导致两种介质的混合，且不易觉察。浮头式换热器适用于两流体温差较大且容易结垢、需经常清洗的场合。

③ U形管式换热器　U形管式换热器内只有一块管板，管束弯呈U形，管子两端都固定在一块管板上，如图 5-30（c）所示。其优点是管束可以抽出清洗，操作时不会产生温差应力。缺点是由于受弯管曲率半径的影响，布管较少，管板利用率低，壳程流体易形成短路，管内难于清洗，拆修更换管子困难。U形管换热器适用于两流体温差大，特别是管内流体清洁的高温、高压、介质腐蚀性强的场合。

④ 填料函式换热器　填料函式换热器如图 5-30（d）所示。两管板中一块与法兰通过螺栓固定连接，另一块类似于浮头，与壳体间隙处通过填料密封，可作一定量的移动。此换热器的特点是结构较简单，加工、制造、检修、清洗较方便，但填料密封处易产生泄漏。填料

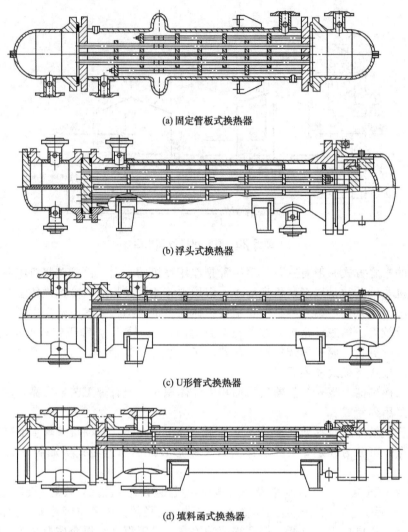

(a) 固定管板式换热器

(b) 浮头式换热器

(c) U形管式换热器

(d) 填料函式换热器

图 5-30　列管式换热器典型结构

函式换热器适应压力和温度都不高、非易燃、难挥发的介质传热。

　　压缩机用列管式换热器，一般都是气体走管外，冷却水走管内，这样可以在管外带肋片，大大提高气体侧的传热面积（气体侧传热系数小），减小冷却器的体积。但是对于气体压力高或具有强烈的腐蚀性的气体，则可以考虑气体流经管内，冷却水流经管外，虽然冷却器体积较大，但可以省去高压外壳或耐腐蚀材料的费用。在气体冷却器中，一般是气体与冷却水作垂直交叉流动，水的流程数目都在 4 以上。为了提高传热性能多采用逆流，即使冷水与变冷了的气体接触，使变热了的水与热气体接触。

　　冷却管横截面形状有圆形、椭圆形和流线形。对横掠单管而言，流线形管的换热性能好，阻力最小，而圆形管最差，椭圆管界于两者中间。但圆形管制造方便，便于管内清洗，承受压力最高，因此在工程中广泛采用。

　　在气体冷却器中，由于气体向管壁的放热系数比管壁向水的放热系数小得多，为了增加冷却器中气体侧的传热面积，缩小冷却器的体积，减少有色金属消耗量，冷却管普遍采用翅片管。翅片应装在放热系数小的气体侧。翅片的高度与翅片的材料和厚度有关。翅片的材料一般为铜或铝，若选用不锈钢代替铜，则传热系数下降 $15\%\sim20\%$。当翅片厚度为 0.2～

0.5mm 时，翅片高度为 6～11mm 较为合适。适当地增加翅片根部的厚度有益于气体放热。翅片片距的减少，有利于换热面积的增加，但片距过小，也会增加气体的流动阻力，同时放热效果也不好，而且还会给工艺带来困难，故一般片距为 2.5～4mm。翅片管的加工方法目前有三种——轧制成形管、绕（缠）片管和套片管。后两种在绕片与套片之前均应彻底除去冷却管外表面的污层和油层等，从而减小了翅片的接触热阻，且最好是用锡焊焊牢。

冷却管直径的减小，对放热系数的影响虽然不大，但是小直径的冷却管，可使冷却器的体积减小，且由于小直径的管壁较薄，冷却器的重量可减轻，有色金属消耗量也减少。尤其对于肋片管束，选择小直径的冷却管，对于提高换热器的换热效率更为有利，收效更大。因此，应尽量选用小的管径。但过分小的管径，对清洗不利，且管的接头增加，渗漏的可能性也增加。对于常用的胀管固定法，冷却器的最小管径为 16～20mm，一般为 16～35mm。冷却管的直径应符合国家生产的标准直径。

冷却管的长度视具体结构而定，在通风面积相同时，适当地增加些管长，可减少加工工时，且接头也减少，渗漏的可能性也减少。管长的选择应考虑材料的利用率，因为国家生产的各种铜管、铝管、钢管的长度是有标准的，因此最长的冷却管受到限制，而对于较短的冷却管则需要考虑一根原材料管能做成数根冷却管。

冷却管的排列有顺排和叉排两种。冷却管的材质一般用黄铜管、紫铜管或铝管，很少用钢管。对于高压冷却器，则可用钢管，对于有腐蚀性的气体冷却器，则可采用不锈钢管。

无论是冷却水流速，还是气体流速的增加，对传热都有好处，一般推荐水流速为 1.5～2.5m/s，为了减少气流的阻力损失，气体流速不宜过高，一般都在 10m/s 以下。

冷却器的排气温度比冷却水的进口温度一般高 10～15℃，最小不宜低于 8℃。气体的流程可以是单程的，也可以是多流程，水的流程一般为 4 以上。

每台机组都配有数台中间冷却器，可立式或卧式安装。每根冷却管的两端与管板一般可用胀接连接在一起。

含有水蒸气的湿气体，经过中间冷却之后，一般都有水分析出来，带进下一段会引起叶轮等零部件的腐蚀，故在中间冷却器之后应设置排除水分的装置。若结构上无排水装置，则应提高中间冷却器的排气温度，使它不低于该压力下水蒸气的冷凝温度，避免水分的析出。

5.4.2　齿轮增速器

离心式压缩机为了达到高速运转，常通过齿轮增速器来增速，对它的要求如下。

① 高速传动，输出转速已达 10000～20000r/min，齿轮线速度已达 100～150m/s，已接近目前齿轮增速器的最高线速度为 190m/s 的数值。

② 传动功率大，现已达到 10000kW 以上。

③ 体积小，重量轻，强度足够，承载能力强，功率损失小，效率高，振动小，噪声低，能长周期稳定运行。

因此，必须采用高速、重载、精密的齿轮传动，目前广泛采用平行轴渐开线齿轮传动，如图 5-31 所示。

渐开线齿轮已有 200 多年的历史，在设计、制造和使用等方面已发展到相当完善的程度，它的优点是结构紧凑，制造、安装、维修简便，工作效率高。但是，在大功率高速齿轮传动中也逐渐发现它有不足之处，例如接触强度不足；轮齿是线接触，对制造和装配误差以及零部件的变形有很大的敏感性；摩擦损失大，润滑系统复杂等。

为了克服这些缺点和不足，必须采取一些措施，诸如：①选用斜齿或人字齿；②模数宜小（一般取 $m=2～6$）；③齿数宜多，最小齿数达 25；④两齿轮齿数互为质数，无公约数；

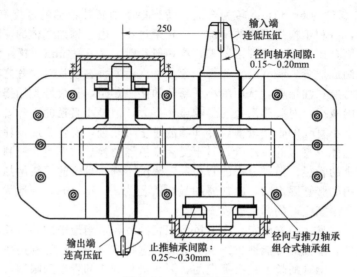

图 5-31　齿轮增速器

⑤齿宽适当，以径宽比等于或大于 1.5 为宜；⑥螺旋角适宜，单斜齿 $\beta=8°\sim20°$，人字齿 $\beta=25°\sim35°$；⑦重合度系数宜大，一般大于 2；⑧齿顶高系数宜大，一般为 $h_1=1.2\sim1.5$；⑨齿根圆角半径宜大；⑩齿形宜修缘；⑪进行全面的强度计算；⑫小齿轮与轴为一体，大齿轮可采用齿圈过盈配合在轴上；⑬带巴氏合金的滑动轴承（圆柱瓦或椭圆瓦）；⑭选用合适的钢材进行精细的机械加工（如调度、渗碳淬火、磨齿、氮化、剃齿等）；⑮严格的理化检验和无损探伤；⑯提高制造加工精度；⑰有完善的润滑冷却系统；⑱合理的运行维护与检修。

5.4.3　润滑油系统设备

离心式压缩机多与齿轮增速器和驱动机（如电动机、汽轮机或燃气轮机等）连接在一起组成一个多缸串联机组，其油系统可以采用一个，一般包括四个系统——润滑油系统、调节油系统、密封油系统、动力油系统。

（1）润滑油系统　润滑油系统的作用是向压缩机、增速器、齿轮联轴器和驱动机供给润滑油，在轴承内形成油膜起润滑作用，并带走这些部件在运转中所产生的热量。这个油系统必须给机组提供一定流量的具有一定压力的润滑油。由于机组转速高，油中若含有脏物，则将严重损坏轴瓦、轴颈和齿轮等，因此对润滑油的清洁度要有严格的要求。

（2）调节油系统　压缩机和汽轮机的调速保安系统多是用油压进行控制的，它除了要求油压稳定之外，还要求油质十分洁净，因为油中的杂质可能会堵塞油门以及各个油的通道而引起调节失灵。

（3）密封油系统　高压压缩机或压缩机内介质是有毒、易燃的气体，往往采用浮环油膜密封和机械密封等密封结构。在这些结构中密封油将通过浮环、动环和炭环的间隙，而且这些间隙都是处在动、静部件之间的，因此不清洁的油将会磨损这些部件。所以，对密封油而言，除了要求具有一定的油压之外，对油的清洁度也有较高的要求。

（4）动力油系统　动力油是各动力缸的能源，如主气门动力缸、伺服马达动力缸等，都是依靠动力油的油压通过动力缸活塞推动连杆而动作的。由于它的工作通道较大，流量也较小，因此对油的清洁度要求较低，但要求保持较稳定的油压。

如果压缩的介质气体对油的物理、化学性能具有破坏性，密封油系统不宜与其他油系统共同一个油箱及其系统，可单独自成一个系统。

　　离心式压缩机的油系统是由储油箱、油泵、油冷却器、油过滤器、安全阀、止回阀、调压阀、控制阀以及高位油箱、脱气槽、蓄压器、油压力计、油位计和油管路等组成的，如图5-32所示。主油泵将油从油箱中抽出后分三路：一路去汽轮机调节系统；一路经过压力调节阀返回油箱；一路经冷却器、滤清器，经过压力调节器去润滑油总管润滑各轴承。各轴承回油汇集于回油管返回油箱。每一轴承供油管上装有一个减压阀，将油压减至所需的压力值。当轴承出口油温比进油温度高出20℃时，止推轴承的进油压力应适当提高。冷油器、滤清器都是两台，一台工作，另一台备用。连接润滑油管的润滑油高位油箱具有一定的容量，比压缩机中心线高出约7.45m，当泵油管线出现压力故障时，止回阀自动打开，使油槽的油流入润滑油总管，保证轴承的润滑。由电机驱动的备用泵在装置发出泵启动信号后立即启动，将油从油箱抽出，直接给机组轴承供油。

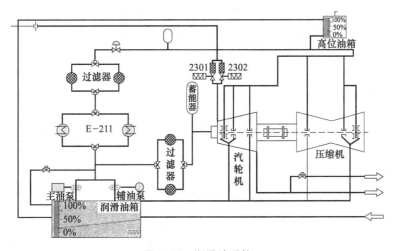

图 5-32　润滑油系统

　　(1) 油箱　油箱中有滤油网（两层120目铜网，压力损失不大于0.04MPa）、通气罩和油位指示器，有时还装有供冬季开车所需的加热装置。

　　(2) 加热器　加热器一般有三种。第一种是加热盘管直接伸入油箱底部，通入低压蒸汽加热，其优点是传热面积大，升温较快；缺点是油箱不易清洗，当盘管生锈时或涂层剥落时不易清除而易污染透平油。第二种是蒸汽夹套式加热，即在油箱底部做一个蒸汽夹套，送入低压蒸汽加热。其优点是油箱易清理，缺点是传热面积小，升温较慢。第三种是采用加热油间接加热法，即油箱底部有一个夹套，夹套内充满高黏度、高闪点的加热油，并设有蒸汽盘管。低压蒸汽通入盘管后，先加热中间热载体——加热油，然后加热油通过夹套板再将热传给油箱内的透平油。这种加热方式的优点是透平油不直接接触蒸汽盘管，比较安全，油箱也较易清洗。其缺点是油升温很慢。油箱的容积约为主油泵每分钟供油量的7倍，或保证回到油箱的油在油箱中能停留5～8min，以释放油中夹带的气体。此外，还应考虑油的消耗量。

　　(3) 冷却器　油冷却器多为立式或卧式列管热交换器，用循环冷却水冷却，油走壳程，冷却水走管程。一般设置两台，每台都可以单独处理全部流量。油冷却器是当油的温度过高时，才通冷却水开始工作的。动力油和事故油泵出口的油都不经过油冷却器。

　　(4) 油泵　油泵一般有主油泵、备用油泵和事故油泵，有高压密封油系统时还有高压密封油泵。当主油泵一旦发生问题而停车，泵出口油压降到一定值时，备用油泵即可自动启动；当主油泵或备用油泵运转时，若突然停电、停汽，则事故油泵自行启动。主油泵一般可由压缩机主轴或齿轮增速器的大齿轮端轴驱动，也有采用小型背压式汽轮机驱动的。若主油泵和备用油泵都是由电动机驱动的，则电源应分别由两个电网供电，事故油泵电动机用电应由事故电系统供给。主油泵的容量应根据各轴承与齿轮增速器等耗油量选取，具有密封油系统时，还要考虑这一部分的耗油量。轴承的供油压力为 0.08～0.15MPa，温度为 35～40℃，轴向位移等控制系统供油压力为 0.6MPa，密封系统供油压力取决于密封气体的压力。常用的油泵有齿轮泵、螺杆泵和离心泵。

（5）蓄压器　在润滑油系统中设有油蓄压器，它的作用是稳定润滑油的压力，当主油泵停车、备用油泵启动的瞬间，能够维持一定的润滑油压，而使机组不因正常的油泵切换而误停。油蓄压器顶部一般都有氮气束，每个氮气束均需按规定压力充上氮气，其作用是稳定油的压力。

由于压缩机油系统要求的清洁度很高，一般油过滤器的过滤精度为 20～40μm，浮环油密封为 10μm 左右，因此，除了在油泵进口处设有粗过滤网之外，经过油冷却器之后还要经过精细的过滤。常用的过滤器为网式和纸芯式等，它们的特点、精度和用途见表 5-3。一般过滤器设有两台，每台都可单独处理全部流量，一台使用，另一台清洗。油过滤器与冷却器配套使用，共用一个转换阀进行切换。事故油泵出口单独有自己专用的过滤器。动力油不经过过滤器直接送入机组。

表 5-3　过滤器的特点、精度和用途

型　式	特　点	精　度	压力差/(kgf/cm²)	用　途
网式	结构简单,通油能力大,过滤效果差	过滤颗粒粒径为 0.13～0.4mm	0.5～1	装在油泵的吸入管上或油箱内
线隙式	结构简单,过滤效果较好,通油能力大,但不易清洗	线隙为 0.1mm 的正常过滤,颗粒粒径为 0.02mm	0.3～0.6	因过滤材料强度低,一般适用于低压油系统
纸芯式	过滤效果好,精度高,但易堵塞,无法清洗,只用一次,就需要更换	孔径为 0.03～0.072mm,过滤精度达 0.005～0.03mm	0.1～0.4	适用于油的精过滤,最好与其他粗滤油器联用
烧结式	过滤精度高,耐高温、高压,抗腐蚀,性能稳定,但清洗困难	0.01～0.04mm（10～40μm）	1～2	适用于高温、高压和精过滤的场合
片　式	强度大,不易损坏,通油能力大,但不易制造,易堵塞,过滤能力差	0.015～0.06mm	0.3～0.7	用于油的一般过滤,油流速不超过 0.5～1.0m/s

注：1kgf/cm²＝0.098MPa。

高位油箱（事故油箱）安装在距机组中心线高 5～8m 处，或由布置在与机组中心线同一水平的压力油箱代替，确保机组在发生停电、停汽或停车事故时，机器各润滑部位有必要量的润滑油；确保为密封油系统提供一定的压差，保证密封效果。其容量应保证供油时间不少于 5min，对转动惯量较大的机组，应适当地增大油箱的容积。

脱气槽用来脱除回油中夹带的工艺气体和部分水蒸气，一般用蒸汽加热或用氮气吹除。

离心式压缩机油系统常用优质透平油，它应具有良好的抗锈、抗氧化、抗泡沫和抗乳化等性能，每台机组都有具体的规定。

为了安全、可靠起见，油管路都采用无缝钢管，管路多以法兰连接，也有些小管路采用平口加紫铜垫，球面不加垫的活接头。油管路的布置必须使管中没有聚集空气的可能，油泵的吸入管应该绝对严密，否则会影响油泵的正常工作。

5.4.4 工业汽轮机

5.4.4.1 工业汽轮机基本组成

汽轮机是以蒸汽为工质，将蒸汽的热能转变为转子旋转的机械能的动力机械。它与其他动力机械相比具有单机功率大，转速高，转速可变，效率较高，运转安全平稳，可利用煤、燃油和天然气等多种燃料，燃料利用率高、使用寿命长、尺寸小、重量轻等一系列的优点，广泛用于工业各部门。可用于中心热力发电厂驱动发电机，船舶运输驱动螺旋桨，工矿企业驱动泵、风机和压缩机及工厂的自备发电站。其中用于后两者的汽轮机统称为工业汽轮机，它的基本组成如图5-33所示。图中表示了工业汽轮机装置的四个主要的设备，即锅炉、汽轮机、冷凝器和给水泵。

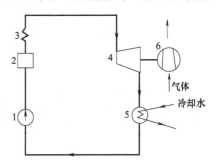

图5-33 工业汽轮机的基本组成
1—锅炉；2—过热器；3—工业汽轮机；
4—冷凝器；5—锅炉给水泵；
6—工作机械（风机、压缩机等）

锅炉是产生高温、高压蒸汽的设备，水在锅炉内吸收了燃料（煤、燃油或天然气）燃烧时产生的热量后，变成高温、高压蒸汽。

过热器用来将锅炉汽包送出来的饱和蒸汽继续加热，在原有的压力下提高蒸汽的温度，变成"过热蒸汽"。

汽轮机是利用蒸汽对外做功的设备，从过热器出来的高温、高压过热蒸汽流经汽轮机后，它的温度和压力都要降低，产生膨胀做功过程，蒸汽的热能转化为机械功，由汽轮机轴端输出，用来驱动压缩机和泵以及发电机等。

冷凝器（又称凝汽器）是冷凝式汽轮机中工质的低温放热源。在汽轮机内做完功的蒸汽排到冷凝器内，在一定压力下将汽化潜热释放给冷却水，蒸汽凝结成水，并形成冷凝器中真空。凝结水由凝水泵抽出经给水泵送回锅炉，作为锅炉给水。冷凝器的作用有两个：一是将做完功的蒸汽回收，凝结成水后再供给锅炉，这样可以降低运行成本，提高经济性，保证蒸汽质量，减少对设备的腐蚀；二是建立并保持汽轮机排气口的高度真空，这对汽轮机的功率和汽轮机装置的经济性具有重大的影响。通常每台冷凝式汽轮机配置一台冷凝器，但也有几台汽轮机共同一台冷凝器的情况。背压式汽轮机的排气压力高于大气压力，它的排气可供其他用气单位利用，所以不需要冷凝器。

给水泵的作用是消耗一部分功率用来完成热力循环中的压缩过程，将凝结水的压力提高，送入锅炉中，给水泵的工作情况对装置的经济性和安全可靠性都有重大的影响。常用的锅炉给水泵多为多级离心泵。

从图5-32可以看出汽轮机装置中存在三个封闭的回路。第一个回路是汽水回路，水在锅炉内吸收了燃料燃烧时产生的热量后，变为高温、高压蒸汽。汽轮机将高温、高压蒸汽中的一部分能量转换成机械功，向外界输出，蒸汽的压力和温度降低后排入冷凝器，被冷却水冷凝成水，再由锅炉给水泵加压送入锅炉。这样就构成了一个由锅炉、汽轮机、冷凝器和给水泵组成的封闭回路，工质在这个回路里不断地进行着水变成汽，汽变为水的变化过程。人们称这个回路为汽水回路，这是汽轮机装置中一个主要回路。第二个回路是空气烟气回路，空气进入锅炉后和燃料一起产生燃烧过程变成烟气，高温烟气在炉内将一部分热量传给水和水蒸气后温度降低，再经烟囱排入大气。同时，新鲜空气又不断地进入锅炉参加燃烧。第三个回路是冷却水回路，冷却水由冷却水池或冷却塔经冷却水泵加压进入冷凝器，在冷凝器中吸收了排气的汽化潜热后，冷却水温度升高，排入冷却水池进行冷却，形成了封闭回路。

在一个动力装置中有上述三个不同工质构成的独立的封闭回路，这是汽轮机装置的一个特点。回路多，使整个装置变得复杂，但对装置的运行性能具有深刻的影响，可以减少装置中各主要设备彼此间的互相影响，有利于保持汽轮机装置的主要工作特性的稳定性，例如，当外界负荷变化时，可以调节空气烟气回路和冷却水回路使汽水回路中工质的进出口参数不变。

5.4.4.2 工业汽轮机分类及型号

汽轮机的类别和型式很多，分类方法也不相同，可按热力特性、工作原理、结构型式、蒸汽参数、气流方向和用途的不同来进行分类。

（1）按热力特性分类

① 凝汽式汽轮机 凝汽式汽轮机如图 5-34 所示，蒸汽在汽轮机中做功后，全部排入冷凝器。所排气体在低于大气压力的真空状态下凝结成水。这类汽轮机在电力、化工等部门获得广泛的应用，常称为纯凝汽式汽轮机。近代汽轮机为了提高效率，多采用回热循环，即进入汽轮机的蒸汽，除大部分排入冷凝器之外，还有少部分蒸汽从汽轮机中分批抽出，用来加热锅炉给水，这种汽轮机称为有回热抽汽的凝汽式汽轮机，简称为凝汽式汽轮机。

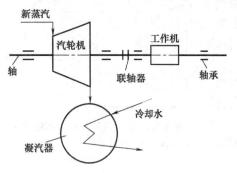

图 5-34 凝汽式汽轮机

② 抽汽凝汽式汽轮机 如图 5-35 所示，蒸汽在抽汽凝汽式汽轮机中膨胀做功时，将其中的一部分蒸汽从汽轮机中抽出，供工业使用或热用户使用，也可供其他压力较低的汽轮机使用，其余大部分蒸汽在后面几级做功后排入冷凝器。若抽汽压力可以在某一范围内调节，称为调节抽汽式汽轮机，这类汽轮机在化工部门获得了广泛的应用。生产用抽汽压力一般为 0.78～1.56MPa，生活用抽汽压力一般为 0.68～2.45MPa。

③ 背压式汽轮机 如图 5-36 所示，蒸汽进入汽轮机膨胀做功后，在大于 101325Pa 的压力下排出气缸。其排汽可供工业或其他生活以及供压力较低的汽轮机使用。若排汽供给其他中、低压汽轮机使用，则称其为前置式汽轮机。

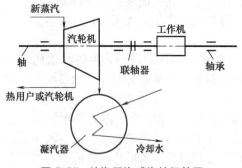

图 5-35 抽汽凝汽式汽轮机简图

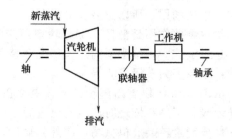

图 5-36 背压式汽轮机简图

④ 乏汽式汽轮机 利用其他蒸汽设备的低压排气或工业生产的工艺流程中的副产蒸汽来驱动汽轮机，进汽压力通常较低。

⑤ 多压式汽轮机 若生产工艺过程中有某一个压力的蒸汽用不完，可将这一股多余的蒸汽用管路注入汽轮机中的某个中间级内，与原来的蒸汽一起工作。这样可以从多余的工艺蒸汽中获得能量，得到一部分有用功，实现蒸汽热量的综合利用，这种汽轮机称为注入式汽轮机，也叫多压式或混压式汽轮机，如图 5-37 所示的汽轮机属于多压式汽轮机，如图 5-37（b）所示同时具有抽汽和注入汽的功能。这种汽轮机也广泛用于化工企业。

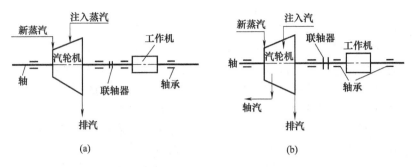

图 5-37　多压式汽轮机简图

（2）按工作原理分类

① 冲动式汽轮机　按冲动作用原理工作的汽轮机称为冲动式汽轮机，蒸汽主要在喷嘴叶栅内膨胀。在近代冲动式汽轮机中，蒸汽在各级的动叶片中都有一定程度的膨胀，但习惯上还是称其为冲动式汽轮机。

② 反动式汽轮机　按反动作用原理工作的汽轮机称为反动式汽轮机，近代反动式汽轮机常采用冲动级或速度级作为第一级，但习惯上仍称为反动式汽轮机。蒸汽在静叶栅与动叶栅内膨胀。

③ 冲动反动组合式汽轮机　由冲动级和反动级组合而成的汽轮机称为冲动反动组合式汽轮机或称混合式汽轮机。

（3）按结构型式分类

① 单级汽轮机　这种汽轮机只有一个级（单列、双列或三列），一般为背压式，因为其功率小、效率低，但结构简单，一般用来驱动泵和风机等辅助设备，广泛用于化工企业。

② 多级汽轮机　这种汽轮机有两个以上的级，因为它的功率大，转速高，效率高，所以广泛用于各工业部门，可为凝汽式、背压式、抽汽凝汽式、抽汽背压式和多压汽轮机。

（4）按蒸汽参数分类

① 低压汽轮机　新蒸汽压力为 1.18～1.47MPa。

② 中压汽轮机　新蒸汽压力为 1.96～3.92MPa。

③ 高压汽轮机　新蒸汽压力为 5.88～9.8MPa。

④ 超高压汽轮机　新蒸汽压力为 11.77～13.73MPa。

⑤ 亚临界汽轮机　新蒸汽压力为 15.69～17.65MPa。

⑥ 超临界汽轮机　新蒸汽压力超过 22.16MPa。

（5）按汽流方向分类

① 轴流式汽轮机　蒸汽流动的总体方向大致与轴平行。

② 辐流式汽轮机　蒸汽流动的总体方向大致与轴垂直，沿辐向（径向）流动。

③ 周流（回流）式汽轮机　蒸汽在汽轮机内大致沿轮周方向流动，功率较小。

（6）按用途分类

① 电站用汽轮机　电站用汽轮机在火力发电厂中用以驱动发电机组，绝大部分采用抽汽凝汽式、抽汽背压式。同时供电、供热的汽轮机常称热电式汽轮机。这类汽轮机还可分为固定式电站汽轮机和移动式电站（列车电站、船舶电站等）汽轮机。

② 船（舰）用汽轮机　用于船（舰）推进动力装置，驱动螺旋桨。

③ 工业汽轮机　用于工业企业中的固定式汽轮机统称为工业汽轮机，其中包括：a. 单纯发电用汽轮机，用于工业企业的自备动力电站，用来驱动发电机，不向外供热，为凝汽式汽轮机；b. 发电并供热用汽轮机，通常为抽汽凝汽式、抽汽背压式或背压式汽轮机，用于

工业企业自备动力电站；c. 单纯驱动用汽轮机，仅用来驱动工作机械（泵、风机和压缩机等），不向外供热，为凝汽式，可以变转速运行，可用于化工、炼油、冶炼和电站给水泵等处；d. 驱动并供热用汽轮机，用于驱动各种工作机械，并向外供热蒸汽，为抽汽凝汽式、抽汽背压式或背压式汽轮机，可以变转速运行，用于化工、炼油和冶炼等部门。

除上述分类外，汽轮机还有一些分类法，例如可以按汽轮机的轴数分为单轴、双轴和多轴汽轮机；按气缸的数目可分为单缸、双缸和多缸汽轮机等。

汽轮机的种类繁多，为了便于使用，常采用一些符号来表示汽轮机的基本特性，如蒸汽参数、热力特性和功率等，这些符号称为汽轮机的型号。

我国目前制造的汽轮机是采用汉语拼音和数字来表示型号的，这种型号一般分为三段，第一段用拼音字母表示汽轮机的热力特性或用途（表5-4），后面的数字表示汽轮机的额定功率，单位为MW（船用汽轮机的功率单位为千马力）。第二段为几组数字，各组数字用斜线分隔。第一组数字表示新蒸汽压力。第二组或其以后的各组数字所表示的意义取决于机组的类型，如果是凝汽式汽轮机，表示新蒸汽温度；如果是背压式汽轮机，表示为背压；如果是中间再热式汽轮机，第二组数字表示新蒸汽温度，第三组数字表示再热蒸汽温度；如果是调节抽汽式汽轮机，则第二组和第三组数字表示为两次调节抽汽的压力。汽轮机型号中数字所表示的意义见表5-5。第三段的数字表示设计的序号，按原型设计制造的汽轮机，则型号中没有此部分。

表5-4 汽轮机热力特性或用途符号

热力特性	符 号	用 途	符 号
凝汽式	N	工业用	G
背压式	B	工业用、船用	G、H
一次调节抽汽式	C	船用	H
二次调节抽汽式	CC	船用、移动式	H、Y
抽汽背压式	CB	移动式	Y

表5-5 汽轮机型号中数字表示的意义

型 式	参数表示方式
凝汽式	一蒸汽初压/凝汽初温
中间角热凝汽式	一蒸汽初压/凝汽初温/再热温度
抽汽式	一蒸汽初压/高压抽汽压力/低压抽汽压力
背压式	一蒸汽初压/背压
抽汽背压式	一蒸汽初压/抽汽压力/背压

例如：N100-90/535型汽轮机表示凝汽式，额定功率为100MW，新蒸汽压力为8.83MPa（90ata），温度为535℃；CC25-90/10/1.2型汽轮机表示调节抽汽式，额定功率为25MW，新蒸汽压力为8.83MPa（90ata），高压调节抽汽压力为0.98MPa（10ata），低压调节抽汽压力为0.118MPa（1.2ata）；N125-135/550/550型汽轮机表示凝汽式，额定功率为125MW，新蒸汽压力为13.24MPa（135ata），新蒸汽温度为550℃，再热蒸汽温度为550℃；Y6-35-3型汽轮机表示为移动式，额定功率为6000kW，新蒸汽压力为3.57MPa（35ata），第三型设计。

我国的工业汽轮机的规格型号已开始标准化,现列举如下。

① 单级工业汽轮机型号

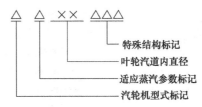

特殊结构标记
叶轮汽道内直径
适应蒸汽参数标记
汽轮机型式标记

a. 汽轮机型式标记　B——背压式；N——冷凝式。

b. 适应蒸汽参数标记　G——高新蒸汽参数$> 35 \times 10^5$Pa（435℃）；低新蒸汽参数（$\leqslant 35 \times 10^5$Pa）不做标记。

c. 叶轮汽道内直径　取两位归整的阿拉伯数,单位为cm,复速级叶轮指第一列叶片的直径。

d. 特殊结构标记　C——带齿轮变速器；D—单列级叶轮；H——回流式；X——悬臂式；按字母顺序排列。

例如：B32CDH表示为适应低新蒸汽参数带齿轮变速器的单列级回流背压汽轮机,叶轮汽道内直径为32cm。

② 多级工业汽轮机型号

第一种：

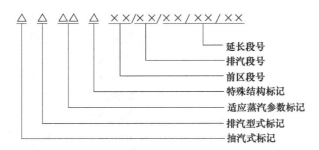

延长段号
排汽段号
前区段号
特殊结构标记
适应蒸汽参数标记
排汽型式标记
抽汽式标记

a. 抽汽式标记　C。

b. 排汽型式标记　B——背压式；N——冷凝式；S——双分流冷凝式。

c. 适应蒸汽参数标记　G——高新蒸汽参数,连续运行可能的最大值14MPa（535℃）；Z——中新蒸汽参数,连续运行可能的最大值为8MPa（510℃）；GZ-G和Z类的区段组合,适应高新蒸汽参数；低新蒸汽参数不做标记。

d. 特殊结构标记　D——各级为叶轮整体电解成形叶片的转子；T——采用非标准区段或部套。

e. 前区段号　用外缸轮室部分的内半径表示,双分流式用内缸轮室内半径表示。

f. 排汽段号　一般用转子末级叶轮汽道内半径表示,为了区分扭叶类型,允许段号有小调整。

g. 延长段号　用延长段长度表示,有几个延长段便标出几段的段号,无延长段时以"0"表示。

例如：CNG24O/63/20/25/28表示用于G及Z类区段组合,适应高新蒸汽参数的抽汽冷凝式汽轮机,前区段号为40,排汽段号为63,三个延长段号分别为20、25、28；BGD25/20/0表示适应高新蒸汽参数的电解叶片转子结构的背压汽轮机,前区段号为25,排汽段号为20,无延长段；S25/28/0表示适应低新蒸汽参数的双分流冷凝式汽轮机,前区段号为25,排汽段号为28,无延长段。

第二种：

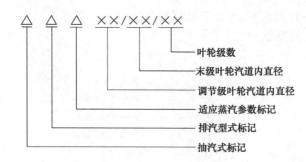

a. 抽汽式标记　同前。

b. 排汽型式标记　同前。

c. 适应蒸汽参数标记　G——高新蒸汽参数，＞3.5MPa（435℃）；Z——中新蒸汽参数，2.4MPa（390℃）～3.5MPa（435℃）；低新蒸汽参数［24MPa/（390℃）］不做标记。

d. 调节级叶轮汽道内直径　取两位数表示。

e. 末级叶轮汽道内直径　取两位数表示。

f. 叶轮级数　用两位阿拉伯数表示。

例如：NZ70/52/09 表示用于中新蒸汽参数范围内的冷凝式汽轮机，调节级叶轮汽道内直径为 70cm，末级叶轮汽道内直径为 52cm，共九级叶轮。

5.4.4.3　工业汽轮机工作原理

汽轮机是利用蒸汽来做功的旋转式驱动机，来自锅炉或其他汽源的蒸汽，经主汽阀和调节阀进入汽轮机，依次高速流过一系列环形配置的喷嘴（或静叶栅）和动叶栅而膨胀做功，推动汽轮机转子旋转，将蒸汽的动能转换成机械功，这便是汽轮机简单的工作原理。

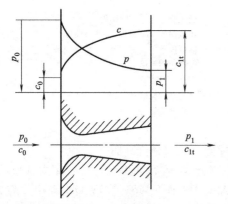

图 5-38　蒸汽流经喷嘴时的膨胀

（1）蒸汽在喷嘴中的流动　喷嘴是将蒸汽的热能转变为动能的具有特定形状的流道，蒸汽流经喷嘴时发生膨胀，其压力、温度和焓都有所降低，而其速度和比容则有所增加，蒸汽的热能转变为动能，如图 5-38 所示。

① 喷嘴出口蒸汽的理想速度　蒸汽在喷嘴中没有损失的理想流动为一等熵过程，此时喷嘴出口处的蒸汽速度称为喷嘴出口蒸汽的理想速度。由于汽轮机的喷嘴安装在气缸或隔板上，是静止的，因而汽流流经喷嘴时不对外做功，则喷嘴进、出口处能量方程为：

$$i_0 + \frac{c_0^2}{2} = i_{1t} + \frac{c_{1t}^2}{2}$$

或

$$i_0 - i_{1t} = \frac{c_{1t}^2}{2} - \frac{c_0^2}{2}$$

式中　i_0，i_{1t}——蒸汽在喷嘴进口处焓值和出口处的理想焓值，J/kg；

c_0，c_{1t}——喷嘴进口处蒸汽的速度和出口处蒸汽的理想速度，m/s。

上式表明，蒸汽流经喷嘴时，动能的增加等于焓的降低。应用上式可以求得喷嘴出口处蒸汽的理想速度。

$$c_{1t} = \sqrt{2(i_0 - i_{1t}) + c_0^2} \quad (m/s)$$

应该注意由 $i\text{-}s$ 图查得 i 值单位为 kcal/kg 时，计算 i 值必须乘以换算成焦耳的系数

4186.8，变为国际单位。

由工程热力学可知，对于理想气体，喷嘴出口的理想速度还可以用动量方程计算，即：

$$c_{1t} = \sqrt{\frac{2k}{k-1} p_0 \nu_0 \left[1 - \left(\frac{p_1}{p_0}\right)^{\frac{k-1}{k}}\right] + c_0^2}$$

式中 p_0，p_1——喷嘴进口和出口处的蒸汽压力，Pa；

ν_0——喷嘴进口处蒸汽的比容，m^3/kg；

k——绝热指数。

上式常用来分析喷嘴中蒸汽流动特性。由于水蒸气不是理想气体，其绝热指数 k 不是常数，而是一个实验系数，在不同的状态区域应取不同的数值：

a. 对于湿蒸汽，$k = 1.035 + 0.1x$（x 为蒸汽的干度）；

b. 对于饱和蒸汽，$k = 1.135$；

c. 对于过热蒸汽，$k = 1.3$。

从以上公式可以看出，当喷嘴进口蒸汽速度 $c_0 = 0$ 时，喷嘴出口蒸汽的理想速度 c_{1t}，只是蒸汽状态参数的函数，此时上述公式可以写成较为简单的形式，因此在 c_0 数值不大时，常将其略去不计。若 c_0 数值较大不能忽略时，则可认为 c_0 是由于蒸汽从某一速度为零的假想状态 0^* 点（参数 p_0^*、ν_0^* 和 i_0^*）等熵膨胀到喷嘴的进口状态 0 点（参数为 p_0 和 ν_0）而得到的（图 5-39），这个蒸汽速度被等熵滞止到零的假想状态称为滞止状态。

应用滞止参数，上述公式可写成：

$$c_{1t} = \sqrt{2(i_0^* - i_{1t})} = \sqrt{2h_n^*}$$

和 $c_{1t} = \sqrt{\dfrac{2k}{k-1} p_0^* \nu_0^* \left[1 - \left(\dfrac{p_1}{p_0^*}\right)^{\frac{k-1}{k}}\right]} = \sqrt{\dfrac{2k}{k-1} p_0^* \nu_0^* (1 - \varepsilon_n^{\frac{k-1}{k}})}$

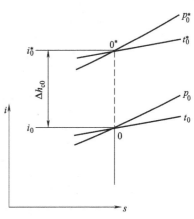

图 5-39 滞止状态

式中 h_n^*——喷嘴的滞止焓降，$h_n^* = i_0^* - i_{1t}$；

ε_n——喷嘴的压力比，$\varepsilon_n = p_1/p_0^*$。

② 喷嘴截面的变化规律 声速是声音在介质中传播的速度，在蒸汽中声速的大小随蒸汽状态变化而变化，其计算公式为：

$$a = \sqrt{kpv} = \sqrt{kRT}$$

式中 a——声速，m/s；

R——气体常数，$J/(kg \cdot K)$；

v——气体的比体积，m^3/kg。

T——蒸汽的热力学温度，K。

由流动连续方程式可知，对于稳定流动，通过流通各截面的流量均相等，即：

$$G = \frac{Ac}{v} = 常数$$

式中 G——通过某一截面的流体流量，kg/s；

A——该截面的面积，m^2；

c——通过该截面流体的流速，m/s；

v——通过该截面时，流体的比体积，m^3/kg。

由上式可计算出喷嘴出口面积：

$$A_n = \frac{G v_{1t}}{c_{1t}}$$

蒸汽在喷嘴中流动，其速度的增加是由于熵值的降低而引起的，但是喷嘴的型式不同，蒸汽在其内的膨胀程度就不同，一般蒸汽参数 p_1、速度 c_{1t} 等和喷嘴截面 A_n 的变化曲线，如图 5-40 所示。由图可见，随着压力 p_1 逐渐降低，比体积 v_1 和速度 c_{1t} 都是逐渐增加的，而声速 a 逐渐降低。在开始阶段，由于速度的增加比体积增加得快，因而喷嘴的截面积是逐渐减小的；但当喷嘴截面积达到某一最小值之后，比体积的增加反而比速度增加得快，故喷嘴的截面积逐渐增大。由图还可以看出，在喷嘴最小截面处，蒸汽的速度正好等于该状态下的声速（称为当地声速），此时蒸汽的状态称为临界状态，其参数称为临界参数，如临界压力 p_c、临界速度 c_c、临界比容 ν_c 和临界流量 G_c 等。

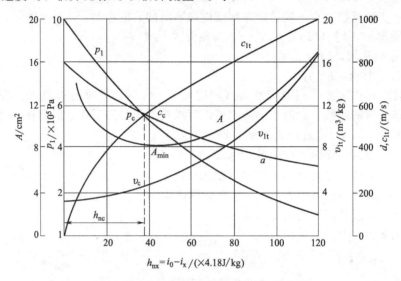

图 5-40　蒸汽参数和喷嘴面积的变化曲线

由上面分析可以得出结论：当喷嘴压力比大于或等于临界压力比（$\varepsilon_n^* > \varepsilon_c$）时，喷嘴的截面应做成渐缩形，称为渐缩喷嘴，其出口蒸汽速度小于或等于声速；当喷嘴压力比小于临界压力比（$\varepsilon_n^* < \varepsilon_c$）时，喷嘴截面应做成先渐缩然后渐扩的形状，称为缩放喷嘴（或称拉伐尔喷嘴），其出口蒸汽速度大于声速。

可以利用上述公式计算临界参数。临界压力与滞止压力之比称为临界压力比，以 ε_c 表示，即 $\varepsilon_c = p_c / p_0^*$。临界速度为：

$$c_c = \sqrt{2(i_0^* - i_c)} = \sqrt{2h_{nc}}$$

式中　i_c——临界状态的焓值，kJ/kg；

　　　h_{nc}——喷嘴的临界焓降，kJ/kg。

或

$$c_1 = \sqrt{\frac{2k}{k-1} p_0^* \nu_0^* (1 - \varepsilon_c^{\frac{k-1}{k}})}$$

喷嘴最小截面处的声速：

$$a_c = \sqrt{k p_c \nu_c}$$

临界压力比为：

$$\varepsilon_c = \left(\frac{2}{k-1}\right)^{\frac{k}{k+1}}$$

上述表明，临界压力比只与蒸汽性质（k 值）有关，对于过热蒸汽，$k=1.3$，则 $\varepsilon_c = 0.546$；对于饱和蒸汽，$k=1.135$，则 $\varepsilon_c = 0.577$。

临界流量为：

$$G_c = \frac{c_c A_{min}}{v_0}$$

式中　A_{min}——喷嘴的最小截面积，m^2。

经运算，对于过热蒸汽：

$$G_c = 2.09 A_{min} \sqrt{\frac{p_0^*}{v_0^*}}$$

对于干饱和蒸汽：

$$G_c = 1.99 A_{min} \sqrt{\frac{p_0^*}{v_0^*}}$$

实际上，由于蒸汽特性和气流损失的影响，上面两个公式并不完全符合实际情况。实践表明，不论对过热蒸汽或干饱和蒸汽，均可用下述经验公式计算喷嘴的临界流量。

$$G_c = 2.03 A_{min} \sqrt{\frac{p_0^*}{v_0^*}}$$

必须指出，对于渐缩喷嘴，蒸汽最低只能膨胀到临界压力，得到声速气流，因此通过喷嘴的最大流量只能达到临界流量；对缩放喷嘴蒸汽，虽然能膨胀到低于临界压力得到超声速气流，但在喷嘴的最小截面处（喉部）气流速度总是保持声速，此时通过缩放喷嘴的流量也只能是临界流量。

③ 蒸汽在斜切喷嘴中的流动　在汽轮机中，由于结构方面的要求，喷嘴的轴线都是与动叶片运动方向成一定的角度的，因此喷嘴出口部分都做成斜切形，这种喷嘴称为斜切喷嘴。由于斜切部分的影响，蒸汽在斜切喷嘴中的膨胀过程与在直喷嘴（喷嘴出口截面与气流方向垂直的喷嘴）中有所不同。

a. 渐缩斜切喷嘴　在不同的喷嘴压力比下，蒸汽在斜切渐缩喷嘴的膨胀情况不同。当 $\varepsilon_n \geq \varepsilon_c$，即 $p_1 \geq p_c$ 时，蒸汽仅在渐缩部分产生膨胀，压力逐渐降低，在最小截面处达到 p_1，获得亚声速或等声速气流。蒸汽在斜切部分压力保持不变，不再产生膨胀，斜切部分只起导流作用，气流按喷嘴轴线的方向流出喷嘴。当 $\varepsilon_n < \varepsilon_c$，即 $p_1 < p_c$ 时，蒸汽在渐缩部分仍按上述规律膨胀，在最小截面处达到临界状态，压力为 p_c，速度为 c_c。由于喷嘴后的压力 p_1 小于临界压力 p_c，因而蒸汽在斜切部分将继续膨胀，压力由 p_c 降至 p_1，气流速度继续增加，获得超声速气流，但此时气流不再按喷嘴的轴线方向流出喷嘴，而是向喷嘴壁面侧偏一个 δ 角，该 δ 角称为气流偏转角，此时气流方向角 $\alpha_1 = \alpha_{1g} + \delta$，如图 5-41（a）所示。气流产生偏转的原因是由于渐缩斜切喷嘴只能相当于一个不完整的缩放喷嘴，蒸汽压力在 a 点由 p_c 突然降到 p_1，而在壁面 bc 是由 p_c 逐渐降到 p_1 的，因而壁面 bc 侧的蒸汽压力大于 a 侧，

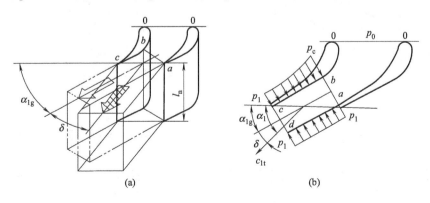

图 5-41　蒸汽在斜切喷嘴中的流动

在此压力差的作用下，气流产生向 a 侧的偏转，如图 5-41（b）所示。但是蒸汽在斜切部分的膨胀并不是无限的，当喷嘴斜切部分已利用完毕时，再降低 p_1，蒸汽就将在喷嘴以外发生突然膨胀，造成能量损失，这种膨胀并不能使气流速度增加。蒸汽在喷嘴斜切部分能够膨胀到的最低的压力称为极限压力 p_{1c}，其与滞止压力 p_0^* 之比称为极限压力比 ε_{nc}，即 $\varepsilon_{nc} = p_{1c}/p_0^*$。因此，只有在 $\varepsilon_n > \varepsilon_{nc}$ 时，采用渐缩喷嘴才是有效的。

极限压力比 $\varepsilon_{nc} = \left(\dfrac{2}{k+1}\right)^{\frac{k}{k-1}} (\sin\alpha_{1g})^{\frac{2k}{k+1}}$，对于过热蒸汽，$k = 1.3$，则 $\varepsilon_{nc} = 0.546$ $(\sin\alpha_{1g})^{1.13}$。极限压力比 ε_{nc} 与喷嘴的出口角 α_{1g} 有关，α_{1g} 越小，ε_{nc} 就越小，蒸汽在斜切部分的膨胀极限越低，一般 $\alpha_{1g} = 10° \sim 22°$。

由上述分析可知，由于蒸汽在渐缩斜切喷嘴中能够膨胀到低于临界压力，获得超声速气流，因而扩大了它的应用范围。特别是它具有制造工艺比缩放喷嘴简单和变工况时比缩放喷嘴工作稳定的优点，因而在实用中应尽可能用渐缩斜切喷嘴来代替缩放喷嘴。一般在 $\varepsilon_n \geqslant 0.3$ 时，均可采用渐缩斜切喷嘴。

b. 缩放斜切喷嘴　如图 5-42 所示为缩放斜切喷嘴，$a'b'$ 为喉部，ab 是直喷嘴的出口截面，abc 是斜切部分。蒸汽在缩放斜切喷嘴中的膨胀过程为：当实际背压 p_1 等于设计背压 p_{1s} 时，蒸汽在 $a'b'$ 截面上膨胀到 p_c，在 ab 截面上膨胀到 p_1，斜切部分不产生膨胀，只起导流作用。当实际背压 p_1 小于设计背压 p_{1s} 时，蒸汽在 $a'b'$ 截面上膨胀到 p_c，在 ab 截面上膨胀到 p_{1s}，在斜切部分继续膨胀，压力由 p_{1s} 降到 p_1，气流速度增加并发生偏转，其膨胀情况与渐缩斜切喷嘴相似。

④ 蒸汽在喷嘴中的流动损失　由于蒸汽是具有黏性的实际气体，因而它在喷嘴中的流动是有损失的，其损失包括：蒸汽与喷嘴壁面的摩擦损失、蒸汽内部质点间的摩擦损失以及蒸汽在喷嘴内产生的涡流损失等。这些损失使得喷嘴出口处的蒸汽实际速度 c_1 小于理想速度 c_{1t}，所损失的动能又重新变成热能而被蒸汽吸收，使喷嘴出口实际的焓 i_1 大于理想的焓 i_t。因此蒸汽在喷嘴中实际膨胀过程并不是等熵过程，而是熵增过程，如图 5-43 中 0-1 线所示。

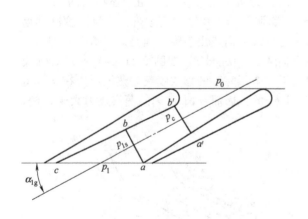

图 5-42　缩放斜切喷嘴

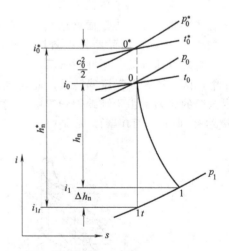

图 5-43　实际蒸汽膨胀过程

喷嘴出口处蒸汽速度减小的程度用喷嘴速度系数 φ 表示，$\varphi = c_1/c_{1t}$，即 $c_1 = \varphi c_{1t}$，得 $c_1 = \varphi \sqrt{2(i_0^* - i_{1t})}$。

1kg 蒸汽在喷嘴中流动的动能损失称为喷嘴损失 Δh_n，$\Delta h_n = \dfrac{c_{1t}^2}{2} - \dfrac{c_1^2}{2} = \dfrac{c_{1t}^2}{2}(1-\varphi^2) = \dfrac{c_1^2}{2}$ $\left(\dfrac{1}{\varphi^2}-1\right)$。由此式可知，喷嘴速度系数越大，喷嘴损失越小。速度系数 φ 值的大小主要与喷嘴的高度、型式、表面光洁度以及气流速度等因素有关。由于影响因素比较复杂，通常由试验来确定 φ 值的大小。渐缩喷嘴速度系数与喷嘴高度有关，当喷嘴高度小于 $10\sim12\text{mm}$ 时，φ 的数值不仅较低，而且随着高度的减小而急剧降低。为了减少喷嘴损失，喷嘴高度一般不应小于 12mm。缩放喷嘴的速度系数与喷嘴的压力比 ε_n 和喷嘴的膨胀度 f_a（f_a 为喷嘴出口面积与喉部面积之比）有关。缩放喷嘴只有在设计压力比下工作时，φ 值才最高，在偏离设计压力比时，φ 值下降很快，而且 f_a 越大，φ 值下降越多，喷嘴损失越大，因此在一般情况下应尽量避免采用缩放喷嘴。

（2）蒸汽在动叶中的流动　蒸汽流经动叶时对动叶产生冲动力，推动叶轮旋转做功，将蒸汽动能转变为转子旋转的机械能。对于反动度不为零的级来说，蒸汽在动叶中也发生膨胀，使动叶出口蒸汽速度增加，对动叶产生反动力，推动叶轮旋转做功，将蒸汽热能转变成机械能。

① 蒸汽在动叶中速度的变化　若蒸汽对于喷嘴的速度为绝对速度 c，动叶移动的圆周速度为 u，蒸汽进入或者离开动叶的速度为相对速 ω，则由力学可知它们之间的关系为 $c = \omega + u$。

由喷嘴计算可求出蒸汽在喷嘴出口处的绝对速度 c_1 的大小和方向角 α_1（$\alpha_1 = \alpha_{1g} + \delta$）。动叶的圆周速度 u 可用下式求得，即：

$$u = \frac{\pi d_b n}{60}$$

式中　u——动叶的圆周速度，m/s；

　　　d_b——动叶的平均直径，m；

　　　n——汽轮机转速，r/min。

根据以上的已知条件，可以利用图解法或解析法求出动叶进口处蒸汽的相对速度 ω_1 的大小和方向角 β_1，如图 5-44 所示。β_1 角为气流 ω_1 的方向与动叶圆周速度方向的夹角，称为动叶的进汽角。

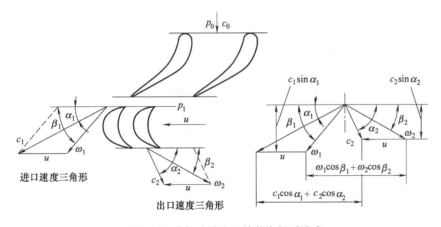

图 5-44　求解动叶出口处蒸汽相对速度

解析法可利用三角形定理计算，即由余弦定理求出：

$$\omega_1 = \sqrt{c_1^2 + u^2 - 2uc_1\cos\alpha_1}$$

然后由正弦定理求出 β_1，$\sin\beta_1 = \dfrac{c_1}{\omega_1}\sin\alpha_1$。为了使蒸汽进入动叶时不发生撞击而造成损失，动叶进口角 β_{1g} 应按照 β_1 制造。

若不考虑蒸汽在动叶中流动的损失，则动叶出口处的蒸汽相对速度称为动叶出口理想相对速度 ω_{2t}。对于纯冲动级（$\rho=0$），蒸汽在动叶中不发生膨胀，则 $\omega_{2t}=\omega_{1t}$；对于冲动级和反动级（$\rho\neq0$），蒸汽在动叶中要发生膨胀，使 $\omega_{2t}>\omega_{1t}$。可根据动叶进出口处的能量方程，得出 $\omega_{2t}=\sqrt{2(i_1-i_{2t})+\omega_1^2}$。

实际上，蒸汽流经动叶时，是要产生损失的，该损失使动叶出口实际相对速度降低，即 $\omega_2<\omega_{2t}$。动叶出口处蒸汽速度降低的程度用动叶速度系数 ψ 表示，即 $\psi=\omega_2/\omega_{2t}$。动叶出口的实际相对速度 $\omega_2=\psi\omega_{2t}$，ω_2 的方向与动叶运动方向的夹角称为动叶排汽角 β_2（相对排汽角）。

动叶速度系数主要与叶型、动叶高度、动叶进出口角、反动度以及表面光洁度等因素有关，其值由试验确定，通常取 $\psi=0.85\sim0.95$。当动叶片高度 $l_b\geqslant100\text{mm}$、反动度 $\rho=0.1$ 时，ψ 值为 $0.90\sim0.95$。

1kg 蒸汽在动叶中流动的能量损失称为动叶损失。

$$\Delta h_b = \frac{\omega_{2t}^2}{2} - \frac{\omega_2^2}{2} = \frac{\omega_{2t}^2}{2}(1-\psi^2) = \frac{\omega_2^2}{2}\left(\frac{1}{\psi^2}-1\right)$$

根据求得的 ω_2、β_2 和圆周速度 u，用图解法或解析法均可求出动叶出口蒸汽绝对速度 c_2 的大小和方向角 α_2，α_2 为气流排汽方向与圆周速度方向的夹角，称为动叶的绝对排汽角。图解法如图 5-44 所示，从图中直接量 c_2 和 α_2。解析法是利用三角形定理来计算 c_2 和 α_2，即由余弦定理求出 α_2。

$$\sin\alpha_2 = \frac{\omega_2}{c_2}\sin\beta_2$$

对于本级来说，c_2 所具有的动能已不能利用，成为损失，称为余速损失 Δh_{c2}，$\Delta h_{c2}=\dfrac{c_2^2}{2}$。

② 蒸汽对动叶的作用力　由于蒸汽的流动方向与动叶的运动方向成一定角度，因此蒸汽对动叶的作用力可以分解成沿动叶运动方向的圆周力 F_u 和与动叶运动方向垂直的轴向力 F_z。圆周力推动叶轮旋转做功，轴向力将转子推向低压侧，使转子产生轴向位移。

圆周力：

$$F_u = G(\omega_1\cos\beta_1 + \omega_2\cos\beta_2)$$

轴向力：

$$F_z = G(c_1\sin\alpha_1 - c_2\sin\alpha_2) + A_b'(p_1-p_2)$$

式中　A_b'——动叶栅的环形面积，m^2。

③ 轮周功率　气流的圆周力在动叶上每秒钟所做的功称为轮周功率 N_u，它等于圆周力与圆周速度的乘积，即：

$$N_u = F_u u = Gu(c_1\cos\alpha_1 + c_2\cos\alpha_2)\quad(\text{N}\cdot\text{m/s})$$

$$N_u = Gu(c_1\cos\alpha_1 + c_2\cos\alpha_2)\quad(\text{kW})$$

$$N_u = \frac{G}{2}(c_1^2-\omega_1^2+\omega_2^2-c_2^2)\quad(\text{N}\cdot\text{m/s})$$

1kg 蒸汽在动叶上产生的轮周功：

$$\omega_u = \frac{N_u}{G} = \frac{1}{2}(c_1^2-\omega_1^2+\omega_2^2-c_2^2)\quad(\text{N}\cdot\text{m/kg})$$

轮周功用热量来表示时，称为轮周焓降 h_u（kJ/kg），则：

$$h_u = \omega_u = \frac{1}{2}(c_1^2-\omega_1^2+\omega_2^2-c_2^2) = h_t^* - \Delta h_n - \Delta h_b - \Delta h_{c2}$$

式中 h_t^* ——喷嘴的滞止焓降；

Δh_n ——喷嘴损失；

Δh_b ——动叶损失；

Δh_{c2} ——余速损失。

④ 轮周效率 轮周焓降 h_u 与级的理论能量 E_t 之比称为轮周效率 η_u，即 $\eta_u = h_u/E_t$。级的理论能量 E_t 包括级的理论焓降 h_t 和本级进口处蒸汽具有的动能 $c_0^2/2$。实际上 $c_0^2/2$ 就是上级余速损失中能被本级所利用的部分，可以写成 $\xi' c_2'^2/2$ 或 $\xi' \Delta h_{c2}'$（$\Delta h_{c2}'$ 为上级全部的余速损失；ξ' 为本级利用上级余速的系数，称为余速利用系数）。

若本级的余速损失中有 $\xi \Delta h_{c2}$ 能为下级所利用（ξ 为下级利用本级余速损失的系数），则理想能量中应扣除这部分能量，即：

$$E_t = \xi' \Delta h_{c2}' + h_t - \xi \Delta h_{c2} = h_t^* - \xi \Delta h_{c2}$$

则

$$\eta_u = 1 - \frac{\Delta h_n}{E_t} - \frac{\Delta h_b}{E_t} - (1-\xi)\frac{\Delta h_{c2}}{E_t} = 1 - \xi_n - \xi_b - (1-\xi)\xi_{c2}$$

式中 ξ_n ——喷嘴损失系数；

ξ_b ——动叶损失系数；

ξ_{c2} ——余速损失系数。

若本级利用上级的余速损失和下级利用本级余速损失相等，即 $\xi' \Delta h_{c2}' = \xi \Delta h_{c2}$，则 $E_t = h_t$，此时轮周效率 $\eta_u = 1 - \frac{\Delta h_n}{h_t} - \frac{\Delta h_b}{h_t} - (1-\xi)\frac{\Delta h_{c2}}{h_t}$。

若本级未利用上级余速损失，下级也未利用本级的余速损失，则：

$$\eta_u = 1 - \frac{\Delta h_n}{h_t} - \frac{\Delta h_b}{h_t} - \frac{\Delta h_{c2}}{h_t}$$

综上所述，减少喷嘴损失、动叶损失和余速损失，可以提高汽轮机级的轮周效率。此外在一定的余速损失情况下，若能设法利用这部分能量，也可提高级的轮周效率。

⑤ 动叶的尺寸 如图 5-45 所示为动叶简图。

a. 动叶进口高度 l_b' 为了保证气流不撞击动叶，考虑到气流的扩散现象，l_b' 应稍大于喷嘴的出口高度 l_n。动叶进口高度与喷嘴出口高度之差称为盖度 Δl。盖度分为叶顶盖度 Δl_t 和叶根盖度 Δl_r。当 $l_n \leqslant 100mm$ 时，$\Delta l_t = 2 \sim 2.5mm$，$\Delta l_r = 1mm$；当 $l_n > 100mm$ 时，$\Delta l_t = 3 \sim 4mm$，$\Delta l_r = 1.5 \sim 2.0mm$。$l_b' = l_n + \Delta l_t + \Delta l_r$。

b. 动叶出口处截面积 A_b 由动叶出口处连续方程式可得 $A_b = \dfrac{G v_{2t}}{\mu_b \omega_{2t}}$，式中，$A_b$ 为动叶出口处截面积；μ_b 为动叶流量系数。动叶出口截面布置在圆周上，与喷嘴对应

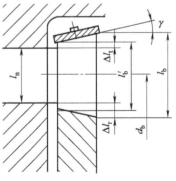

图 5-45 动叶简图

的通气部分面为 $A_b = e\pi d_b l_b \sin\beta_{2g}$，式中，$e$ 为喷嘴的部分进汽度；d_b 为动叶的平均直径。由此动叶出口高度 $l_b = \dfrac{G v_{2t}}{e \mu_b \pi d_b \omega_{2t} \sin\beta_{2g}}$。

在高压区域内工作的级，叶片较短，喷嘴和动叶的平均直径均可用级的平均直径 d_m 代替。在低压区域内工作的级，由于蒸汽比体积变化大，喷嘴平均直径 d_n 和动叶平均直径 d_b 相差较大，因而应分别计算。

从工艺观点考虑，希望将动叶进、出口高度做成相等，即 $l_b' = l_b$，以便于制造。但是，在低压区域工作的级由于比体积变化大，$l_b > l_b'$，动叶端部呈扩散形，一般要求扩散角 $\gamma < 15° \sim 20°$，否则将产生气流与叶道分离及形成涡流损失，降低效率。当 l_b 比 l_b' 大得较多时，

应考虑增大 β_{2g}，使 l_b 减小。

（3）级内损失及效率　蒸汽在级内能量转变过程中影响其状态的各种损失称为级内损失，其中包括喷嘴损失、动叶损失、扇形损失、摩擦损失、部分进汽损失、漏汽损失、湿汽损失等。这些损失均使级效率下降，影响汽轮机运行的经济性，因此必须加以研究以便采取措施，减少损失提高效率。

① 喷嘴损失和动叶损失　喷嘴损失 Δh_n 和动叶损失 Δh_b 统称为叶栅损失，这些损失的计算都是以试验曲线为基础，分别考虑在喷嘴速度系数 φ 和动叶速度系数 ψ 内，所以根据 φ 和 ψ 计算出来的损失就是级的喷嘴损失和动叶损失。

② 扇形损失　等截面叶片是沿圆周布置成环形叶栅，叶栅的槽道断面呈扇形，因此在叶顶和叶根部分的圆周速度、节距和蒸汽参数都不同于动叶平均直径处的数值。由于偏离了设计数值，蒸汽流过时产生一些附加损失，这些损失称为扇形损失。

③ 摩擦损失　叶轮摩擦消耗的功率：

$$\Delta N_f = \frac{\lambda A d^2 \left(\dfrac{u^3}{100} \right)}{v_2}$$

式中　ΔN_f——叶轮摩擦消耗的功率，kW；

$\quad\quad\lambda$——与蒸汽状态有关的常数，对于过热蒸汽，$\lambda = 1$，对于饱和蒸汽，$\lambda = 1.2 \sim 1.3$；

$\quad\quad A$——与叶轮两侧汽室结构有关的系数，一般 $A = 0.85 \sim 1.7$，当叶轮两侧蒸汽室容积较小时，A 值取偏小值，反之取偏大值，计算时通常取 $A = 1$。

$\quad\quad d$——叶轮直径，$d = d_b - l_b$，m；

$\quad\quad v_2$——动叶出口处蒸汽的比体积，m³/kg。

若以热量单位表示，则摩擦损失 $\Delta h_f = 860 \Delta N_f / D$，式中，$D$ 为级的蒸汽流量，kg/h。该式表明，摩擦损失 Δh_f 与蒸汽流量成反比，对小功率机组而言，由于蒸汽量较小，故损失 Δh_f 有着较大的影响。在低负荷特别是在空负荷运行时，摩擦损失产生的热量将引起排汽温度的升高，影响机组的安全，运行时应注意监视。减少叶轮与隔板之间的距离，减小级汽室的容积，提高叶轮和隔板的表面光洁度等，可以降低摩擦耗功。

④ 部分进汽损失　部分进汽损失 Δh_c 是由于采用部分进汽时所引起的附加损失，它由鼓风损失 Δh_b 和斥汽损失 Δh_k 所组成。

⑤ 漏汽损失　由于汽轮机级的动静部分之间存在着间隙和压力差，总有部分蒸汽从间隙中漏过，这部分蒸汽不仅不参与主气流做功，而且还干扰主气流，造成损失，这种损失称为漏汽损失。

漏汽损失比较复杂，它与级的结构型式和热力过程有关，主要漏汽部位是隔板与主轴之间、动叶顶与汽缸之间。通常采取下列方法来减小漏汽损失：在动静部分的间隙安置汽封（如隔板汽封、叶顶汽封等）；在叶轮上开出若干平衡孔，使隔板漏汽从平衡孔中流到级后，避免干扰主汽流；选择适当的动叶反动度，使叶根处既不吸汽也不漏汽。

⑥ 湿汽损失　当汽轮机的级在湿蒸汽区域内工作时，将会产生湿汽损失，其原因如下。

a. 湿蒸汽中存在一部分水珠，湿蒸汽在膨胀过程中还要凝结出一部分水珠，这些水珠不能在喷嘴中膨胀加速，因而减少了做功的蒸汽量，引起损失。

b. 由于水珠不能在喷嘴中膨胀加速，必须靠气流带动加速，因而要消耗气流的一部分动能，引起损失。

c. 水珠虽然被气流带动得到加速，但其速度 c_{1x} 仍将小于气流速度 c_1 ［一般 $c_{1x} \approx (10\% \sim 13\%)c_1$］，这样水珠进入动叶的方向角 β_{1x} 大于动叶的进汽角 β_1，即水珠将冲击动叶进口边的背弧，产生阻止叶轮旋转的制动作用，减少了叶轮的有用功，造成损失。

d. 在动叶出口处，水珠流速 ω_{2x} 小于气流速度 ω_2，水珠绝对速度 c_{2x} 的方向角 α_{2x} 大于气流的 α_2 角，即水珠将冲击下级喷嘴的进口壁面，扰乱了气流，造成损失。

湿汽损失 Δh_x 可按经验公式计算。

$$\Delta h_x = (1-x)h_u$$

式中　x——级内湿蒸汽的平均干度（可近似用喷嘴出口处蒸汽干度）；

　　　h_u——轮周焓降，kJ/kg。

减少湿汽损失及危害的措施有：ⓐ限制多级汽轮机末级的排汽湿度，一般要求末级蒸汽的相对湿度不超过 $12\%\sim15\%$，在运行中尽量保持汽轮机在额定的新汽温度下运行，防止由于新汽温度降低造成排汽湿度的增大；ⓑ采用去湿装置减少湿蒸汽中的水分以减少危害；ⓒ提高动叶表面抗冲蚀能力，在最后几级动叶进汽边的背弧表面进行局部淬硬、表面镀铬、喷涂硬质合金以及镶焊硬度较高的司太立合金薄片。

⑦ 余速损失　余速损失 Δh_{c2} 是蒸汽离开动叶后仍具有的动能 $c_2^2/2$，对级效率影响很大。对单级汽轮机而言，其余速全部都成为损失，但对多级汽轮机只要采取一些措施是可以部分或全部利用余速的动能的。

⑧ 级的热力过程　蒸汽流经动叶做功时，产生上述各项损失，这些损失又都变成热能，并被蒸汽吸收，使级后的蒸汽焓值增加。

⑨ 级的相对内效率　级的效率是反映级内损失大小，衡量级内热力过程完善程度的重要指标，根据所包含的损失内容不同，级的效率有轮周效率 η_u（只考虑了喷嘴、动叶和余速三项损失）和相对内效率。

⑩ 最佳速度比　动叶的圆周速度 u 与喷嘴出口蒸汽速度 c_1 之比，称为速度比，即 $x_1 = u/c_1$。速度比是一个很重要的数值，对级的效率具有很大的影响。

5.4.4.4　工业汽轮机主要结构介绍

工业汽轮机是由本体（转子和静子）、调节部件、安全部件和辅助系统等组成的。

（1）转子

① 转子结构　汽轮机中所有转动部件的组合体称为转子，它是汽轮机中最重要的部件之一，它由转轴、叶轮或转鼓、工作动叶片、平衡活塞、危急保安器、盘车器和联轴器等部件所组成。它的作用是将蒸汽的动能转变为机械能，传递作用在工作动叶片上的蒸汽圆周分力所产生的扭矩，向外输出机械功，用以驱动压缩机、泵或发电机。按其结构型式转子可分为轮式转子和鼓式转子；按制造工艺可分为套装式、整锻式和焊接式。

② 叶轮　叶轮的功用是用于安装工作动叶片，并将动叶片所受到的气流作用力所产生的旋转力矩传递给主轴做功，以驱动泵、压缩机以及发电机。

叶轮处于高温工质内，并以高速旋转，受多种复杂、交变的作用力，这些力通常是很大的。叶轮工作时承受的力如下。

a. 叶轮本身重量引起的离心力。

b. 叶片、围带和拉金引起的离心力，这部分离心力一般称为叶轮外部径向载荷。

c. 套装转子由于叶轮套在轴上的过盈产生的接触应力。

以上这三种载荷所引起的应力与叶轮的旋转速度有关，称为转动应力。

d. 在较高温度区域内的叶轮，以及在汽轮机启动过程中，叶轮受到温度沿半径方向分布不均匀而引起的温度应力。

e. 在带反动度的级中，由叶轮前后蒸汽压差造成的轴向力。

此外，由于叶轮轴向振动也会引起振动应力，所以叶轮是汽轮机中承受应力最大的零件之一。

汽轮机叶轮由轮缘、轮毂和轮体三部分所组成。轮缘即叶轮的外缘，是用来安装动叶片的部分，一般是等厚度的，其中开有周向的叶根槽或轴向的叶根槽，视叶片的装配方式而定。叶根槽缺口的形状由叶根结构型式而定。轮缘是叶轮与转轴的连接部分，套装式转子靠轮毂将叶轮套装在转轴上，整锻转子的轮缘与转轴锻造在一起。轮缘的形状都是等厚度的，套装叶轮轮毂内孔的应力很大，选用较厚的厚度以减少内孔处的应力。轮体是把轮缘和轮毂连成一体的中间部分，轮面的型线取决于负荷的大小和加工要求，一般有四种。

a. 等厚度叶轮　如图 5-46（a）所示，这种叶轮截面为等厚度，其结构简单，制造方便，但叶轮强度较差，一般适用于小直径、短叶片叶轮，一般圆周速度 $u<120\sim130\mathrm{m/s}$。汽轮机高压部分整锻转子经常采用等厚度叶轮。

b. 锥形叶轮　如图 5-46（b）所示，这种叶轮截面为锥形，强度高，应力分布均匀，加工方便，是应用最为广泛的一种型式，一般圆周速度达 $u=300\mathrm{m/s}$。

c. 双曲线型叶轮　如图 5-46（c）所示，这种叶轮截面形状近似为双曲线，结构重量较轻，刚性稍差，制造加工复杂。

d. 等强度叶轮　如图 5-46（d）所示，这种叶轮的截面变化使其应力分布均匀，因而强度最佳，但因中心不能开孔，故只能与轴整体锻造，加工困难，一般只用于高速的单级汽轮机。

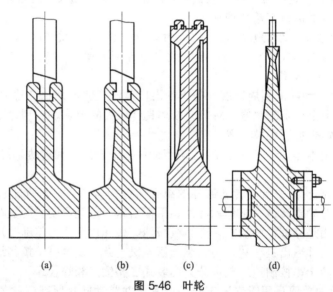

(a)　　　　(b)　　　　(c)　　　　(d)

图 5-46　叶轮

除第四种叶轮外，前三种叶轮上均钻有平衡孔。一般都在叶轮中部沿圆周均布，孔数为奇数（5 个或 7 个），其目的是为了减少叶轮前后压力差所造成的轴向推力，而且可以避免或减少叶轮发生有节奏的振动。平衡孔边缘倒成大圆角，以减少应力集中。

转子两端的两个叶轮的外侧平面上设有放置平衡块的燕尾槽，便于动平衡时调整平衡块的位置。

③ 工作动叶片　汽轮机工作动叶片是重要的零部件之一，气流流经动叶片后将动能转变为叶片和转子的机械功，它的技术状况对汽轮机的安全、经济运行有直接的影响。动叶片的数量很多，加工量大（占 1/3），在运行中发生的事故较多，常达主机事故的 $30\%\sim40\%$，往往由于某一个或几个叶片发生断裂而造成严重的事故。因此，要求动叶片应具有良好的空气动力特性，要满足强度上的要求，要有完善的转动特性，结构要合理并具有良好的工艺性能，对叶片的加工和装置都有严格的要求。

工作动叶片由叶根、工作部分（型线）和叶顶三个部分所组成。

a. 叶根　用来将叶片固定在叶轮或转鼓上，叶根的结构型式很多，取决于强度、制造和安装的工艺要求、转子的结构型式以及制造厂的生产传统。对叶根的要求是将叶片牢固地固定在轮缘中，在任何运行条件下保证叶片在转子中的位置不变。此外，在满足强度的条件下，应做到结构简单，制造维修方便，并使轮缘的轴向尺寸最小。常用的叶根有 T 形、叉形、I 形、双 T 形和纵树形。

b. 叶型（也叫叶片工作部分或型线部分）　叶片叶型部分是叶片中最主要的部分，气流流经叶片叶型部分时，蒸汽的动能转换为机械功。叶型的型线对空气动力性能和流动损失有直接的影响，按照叶型沿叶片高度的变化情况，叶片可分为等截面叶片和变截面叶片。

c. 叶顶　叶顶部分是指叶片顶端的围带和拉金，汽轮机高压段的动叶片一般都设有围带，低压段多设有拉金。围带在叶片顶部形成一个盖板，可以防止叶片顶部的漏汽，提高级效率，并减少汽流力所引起的弯曲应力，同时也可以改变叶片的刚性以达到改变叶片频率的目的，即所谓调频。

④ 平衡活塞　在冲动式汽轮中，因为蒸汽在工作动叶片中没有（或很少有）膨胀，叶片前后没有压力差（或很小），在理论上不会产生轴向推力（或有很小），故一般不设置平衡活塞而采用在叶轮上开钻平衡孔的方法来平衡。有时由于蒸汽流量的变化而产生偶然的轴向推力，则由止推轴承来承受。但是，在反动式汽轮机中由于蒸汽在工作动叶片中膨胀做功，工作动叶片前后存在压力差，这样转子上就始终有着从高压端推向低压端的轴向推力，平衡活塞就是为了基本上抵消这种推力而设置的装置。平衡活塞正面承受高压蒸汽的推力，背面承受某级引出的蒸汽压力的作用，其作用与离心式压缩机平衡盘相同。

⑤ 联轴器　联轴器又叫靠背轮，用来联结汽轮机各个转子以及驱动工作机械（泵、风机、压缩机和发电机）的转子，并将汽轮机的扭矩传送给工作机械。在多缸汽轮机中，如果几个转子合用一个推力轴承，则联轴器还将传递轴向力；如果每个转子都有自己的推力轴承，则联轴器应保证各转子的轴向位移互不干扰，即不允许传递轴向推力。

现代工业汽轮机的联轴器通常有三种型式：刚性联轴器、半挠性联轴器、挠性联轴器。

（2）静子

① 气缸　汽轮机的气缸又名机壳，它的主要作用是支持转子、喷嘴、隔板及其他静止零部件，容纳并通过蒸汽，保证蒸汽在汽轮机内完成能量的转换做功的过程，同时把汽轮机的喷嘴、隔板、叶轮及转子等与大气隔开，形成密封腔室。

气缸是汽轮机中较为复杂的部件之一，形状复杂，各处流动着不同参数的蒸汽，受力不均，因此在设计制造上对其要求比较严格，要有足够的强度、刚度，形状结构力求简单、对称，壁厚不应有突变处，运行中能够自由膨胀，有完整可靠的定位与膨胀滑销系统，保证运转中的对中性。

汽轮机的气缸通常由三部分组成：进汽部分、高压段和低压段。

② 喷嘴　冲动式汽轮机调节级之前都设有喷嘴，安装在高压缸喷嘴室中（或内壳或蒸汽室中），其作用是将进口蒸汽的热能转变为动能，转变的效率与喷嘴的结构形状有很大关系，因而要求喷嘴有合理的截面形状和良好的加工表面，以尽量减少蒸汽流动时的阻力。此外，还应便于加工制造。

调节级喷嘴一般按需要分成几个喷嘴组，每一个喷嘴组由一个调节汽阀（喷嘴阀）来控制。

喷嘴结构常有两种型式：一种是渐缩型；另一种是缩放型。绝大多数采用前者，后者只适用于小型汽轮机和需要高速、压降大的双速轮的一级喷嘴上。

喷嘴多由内环、外环及喷嘴块装配而成。单独铣制的喷嘴块，依次镶入喷嘴弧的内环和外环之间，形成整个的喷嘴弧。在喷嘴弧上，用隔块把喷嘴弧段分成几个喷嘴组，各喷嘴组对应一个喷嘴调节阀，互不相通。整个喷嘴弧段组成后，在喷嘴块及内、外环之间采用焊接制成一整体。

③ 隔板　冲动式多级汽轮机调节级以后各压力级之间都用隔板隔开，隔板将气缸分隔成若干个气腔，每个气腔由一个叶轮和一个相应的静止隔板组成一个压力级。

隔板是由外缘、静叶（喷嘴）和本体以及隔板汽封所组成，隔板都是水平剖分的。

④ 汽封　汽轮机中存在许多可能产生蒸汽泄漏的部位，如动叶片和静叶顶部的漏汽、隔板或中间隔板与转子之间的径向间隙漏汽以及汽轮机轴穿过气缸两端处径向间隙漏汽等。

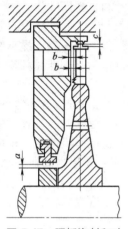

图 5-47　隔板汽封和叶片汽封的位置

这些漏汽的存在，使做功的蒸汽量减少，降低了运行的经济性，有时还会影响汽轮机的安全运行。因此，必须在可能产生漏汽的部位安装汽封装置以尽量减少漏汽量。根据汽封所在工作部位的不同，有端部汽封、内部汽封和叶片汽封等，隔板汽封和叶片汽封的位置，如图 5-47 所示。

汽封的结构一般可分为迷宫汽封（曲径汽封）、碳精汽封和水封三种，一般多采用第一种。迷宫汽封有梳齿形和纵树形（针叶形）两种，它们的结构简图如图 5-48 所示。

⑤ 轴承　工业汽轮机是一种高速旋转的动力机械，为了承受载荷，都设有径向支持轴承和轴向止推轴承。径向支持轴承的作用是承受转子的重量和其他附加径向力，保持转子转动中心与气缸中心一致，并在一定的转速范围内正常运行。止推轴承的作用是承受转子的轴向力，限制转子的轴向窜动，保持转子在汽缸中的轴向位置。

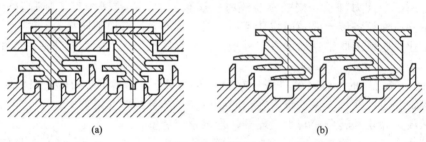

(a)　　　　　　　　　　　　　　　　　(b)

图 5-48　迷宫密封

① 径向轴承　工业汽轮机的径向支持轴承最早采用圆柱瓦轴承，后来采用椭圆轴承、多油楔轴承、多油叶轴承和可倾瓦轴承。

② 止推轴承　工业汽轮机的止推轴承最早采用的是固定式的止推轴承，后来出现了活动多块式止推轴承，又叫米契尔轴承和金斯伯雷轴承。这些轴承的共同特点就是活动多块式，在止推块下有一个支点，这个支点一般偏离止推块的中心，止推块可以绕支点摆动，米契尔轴承的止推块直接与基环接触，是单层的，金斯伯雷轴承的止推块下还有上水准块和下水准块叠加。

（3）调节部件　工业汽轮机调节系统，不论结构如何，一般都是由感应元件、传动放大机构和执行机构三部分构件所组成。

① 感应元件　感应元件又称为测量元件、敏感元件，其作用是将一种物理量转换成为与调节过程相适应的另一种物理量，例如将转速、压力的变化转换成机械位移。调节系统根据感应元件所提供的信息，经过放大后去驱动执行元件进行调节。

在汽轮机中，应用较多的有转速、压力、温度和功率等感应元件。对转速偏差能作出敏感反应的元件称为调速器。对压力值与给定值的偏差作出反应并输出一个适当的信号的元件称为调压器。感应元件可分为机械的、液压的和电子的。

② 放大机构　在汽轮机调节系统中，目前绝大多数都是采用液压元件去带动执行机构调节汽阀来完成调节任务。执行机构一般需较大的功率才可以推动，而测量元件的能量一般又比较小，因此在两者之间必须采用中间放大机构。

液压式放大机构有两大类：一类是错油门滑阀——油动机机构；另一类是喷嘴挡板机构。前者既是放大机构，又是执行机构，后者只是中间放大元件。

③ 配汽机构　汽轮机功率的调节是通过改变调节汽阀的开度，调节进入汽轮机的蒸汽流量来实现的。调节汽阀开大或关小由油动机或由传动机构来带动，带动调速汽阀的传动机构称为配汽机构。从自动调节的需要出发，为了保证机组的安全经济运行，对配汽机构提出如下要求：a. 结构简单，动作灵敏，不易卡涩；b. 静态特性曲线符合调节系统的要求，一般要求尽量接近于直线；c. 关闭应严密，不漏汽；d. 蒸汽流经阀门时，压力损失尽量小；e. 所需的提升力要小，而且在阀门全开时没有向上的推力，以免造成阀杆偏斜和卡涩；f. 工作要稳定，在任何工况下阀门的开度和蒸汽量都不希望有自发的摆动。

（4）安全保护系统部件　工业汽轮机是高速回转机械，为了确保机组设备和运行人员的安全，除了要求调节系统十分可靠外，还设置了必要的保护装置。在运行中，当调节系统故障或设备发生事故时，保护装置能及时动作，迅速地切断汽轮机的进汽，紧急停机，以避免扩大事故或损坏设备。不同功率、不同型式的汽轮机所设置的保护装置也不完全相同。

从自动调节的角度来看，保护装置也是一种自动调节装置，它和调节系统一样，也是由感受、放大和执行三个部分所组成，所不同的只是调节的方式各异。调节系统是根据参数的给定值进行调节，使被调量始终维持在给定值附近；而保护装置只有当保护参数大于给定值时，才使执行机构动作，其调节只有两种形式，即全开或全关，故称双位调节。因此，上述保护装置往往是和信号设备、自动检查及自动调节系统联合在一起，组成完善的控制保护系统。

安全保护系统部件主要包括主汽阀、超速保护装置、轴向位移保护装置、机械振动保护装置、低油压保护装置、低真空保护装置和防火油门等。

① 主汽阀　主汽阀是蒸汽管网的蒸汽通过截止阀进入汽轮机的首要通道，一般有手动和自动两种。手动主汽阀上设有手轮，可供手动开启或关闭用。这种主汽阀具有一定的调节作用，在汽轮机转速低于调速器控制转速时，可用主汽阀进行节流调速。当汽轮机转速达到调速器控制范围后，则由调速器控制调速汽阀的开度来调节进汽量。在控制油压失压时，可迅速关闭主汽阀断流。

自动主汽阀又称隔离阀或紧急切断阀，装于调速汽阀前，用于在事故情况下快速切断汽轮机的进汽。

② 超速保护装置　汽轮机各转动的零部件在运转中将产生很大的离心力，使材料受到很大的应力作用，转速增加10％时，其应力增加21％；转速增加20％时，应力将增加44％，而设计制造时不能把强度余量留得很大。转速过高还会引起叶轮在轴上的松脱，造成静动部分之间的摩擦碰撞等损坏事故。因此，超速是禁止的，汽轮机都设有超速保护装置。当汽轮机的调节系统失灵，转速达到额定转速的110％～120％时，超速保护装置动作，自动关闭主汽阀和调节汽阀，紧急停机。

超速保护装置由危急保安器及液压危急遮断器（快速脱扣装置）组成。

③ 轴向位移保护装置　汽轮机转子与静子之间的轴向间隙很小，当转子轴向推力过大时，会使推力轴承乌金熔化，更甚者会因转子较大的轴向位移造成转子与静止部分碰撞，发生严重损坏事故。因此，在汽轮机上通常都装有轴向位移的测量、报警和保护装置。当机组

的轴向位移达到一定数值后，它能发出灯光信号报警；若轴向位移进一步增加到规定的极限数值时，它便动作，迅速关闭自动主汽阀和调节汽阀，紧急停机。

轴向位移保护装置有机械式、液压式、电感式和涡流式。前两种测量精度较差，信号不便于远传，校验安装也不方便，在大型工业汽轮机中很少应用。目前，国内外工业汽轮机中广泛采用电感式和涡流式。

④ 机械振动保护装置 汽轮机是一种高速运转的机器，常与工作机械（如压缩机、泵、风机和发电机）串联在一起运行。运行中产生振动是不可避免的，轻微的振动是允许的，但超差振动的危害很严重。对设备而言，它能引起机组静动部件之间的摩擦、磨损、疲劳断裂和紧固件的松脱；能够直接或间接地造成设备事故；特别是引起自动控制安全保护和测量仪器仪表的失灵或误动作，造成停机。对职工的人身安全健康而言，能够引起操作人员显著的疲劳感觉，降低工作效率，降低预防、判断和处理事故的能力。因此，汽轮机组必须与工作机械在一起设置机械振动保护系统，监测机组的振动参数，绝不允许超过规定值。当振动超差时，必须经过声光信号报警，必要时联锁动作停机。

机械振动保护系统种类较多，有离线的，还有在线的；既有电磁式、电感式、电容式，还有差动变压器式。新型的测振保护系统还采用了微机处理技术，可以测取与转子振动有关的各种参数，并对测取的数据进行采集、存储、处理、作表、绘图、分析与诊断；还可以驱动具有一定逻辑关系的继电器，构成报警或停机联锁。对测取的参数进行深入分析，作成各种图形，如频谱图、轨迹图、波形图、极坐标图、波特图和趋势图等，根据这些图形可对转子运行状况进行图形分析、数值分析和合格区分析等，为振动的监测与故障诊断提供数据，为汽轮机组的运行维护、科学检修与文明管理等提供可靠的数据。

⑤ 低油压保护装置 汽轮机组的油系统中，油必须具有一定的油压，若油压过低，将导至润滑油膜破坏，造成轴瓦的磨损或熔化等严重事故。因此，在汽轮机的油系统中都装有低油压保护装置，它的作用是当润滑油压力降低时，按照油压降低的程度，自动地依次发出报警信号、启动辅助油泵、跳闸停机及停止盘车。

⑥ 低真空保护装置 汽轮机运行中，由于各种原因会造成真空降低，不仅会影响汽轮机的输出和降低经济性，而且真空降低过多还会造成排汽温度升高和轴向推力增加，影响汽轮机的安全。因此，较大功率的汽轮机，都装有低真空保护装置，当真空降低到一定数值时，发出报警信号，真空降至规定的极限值时，能自动停机。

⑦ 防火油门 大功率汽轮机的蒸汽参数和调节系统的油压都较高，由于油系统漏油而引起的火灾事故常有发生。为了在发生火灾被迫停机时，不使事故扩大，大功率汽轮机油系统中设置有防火油门，其作用是当油系统发生火灾紧急停机时，能自动地切断通往各油动机的压力油，同时将油动机的排油迅速排回油箱。

防火油门通常是由断油门和放油门组成的。

（5）辅助设备

① 盘车装置 汽轮机停机后，由于气缸上、下部存在温差，若转子静止不动，便会因自身的温差而向上弯曲。对于大型汽轮机，这种弯曲可能达到很大的数值，并且需要经过几十个小时才能逐渐消失。在热弯曲减小到规定数值以前，是不允许重新启动汽轮机的。另外，在启动过程中，为迅速提高真空，常常需要在冲动转子之前向轴封送汽。由于热蒸汽大部分滞留在气缸上部，将会造成转子的热弯曲，妨碍启动工作的正常进行，甚至引起静动部分的摩擦。

为了避免转子的热弯曲，就需要一种设备，能够在汽轮机冲转前和停机后使转子以一定的转速连续地转动，以保证转子的均匀受热和冷却，这种设备就叫盘车装置。盘车不但能使机组可以随时启动，而且可以用来检查汽轮机是否具备正常运行条件（如静动部分是否有摩擦，主轴弯曲度是否过大，润滑系统工作是否正常等）。对盘车装置的要求是既能盘动转子，又能在汽轮机冲动转子达到一定转速后自动脱开，停止转动。

常见的盘车装置可分为手动盘车装置和电动盘车装置。手动盘车装置常用的结构是在联轴器外缘上套一个棘轮，利用往复摇动的杠杆推动棘轮，使转子旋转。它只能用于定期盘车，即每隔一定的时间将转子旋转180°，因此这种装置仅用于小型汽轮机。电动盘车装置常用具有螺旋轴的盘车装置和具有摆动齿轮的盘车装置，它们是以电动机为驱动机，通过一系列的传动装置使转子旋转，可用于大、中型汽轮机组。

盘车装置通常按盘车转速分为$2 \sim 4r/min$的低速盘车和$40 \sim 70r/min$的高速盘车两种。低速盘车启动时加速力矩小，冲击载荷小，对延长零件使用寿命有利。高速盘车对轴承油膜形成及减小上、下气缸温差有利。通常中、小功率汽轮机多采用低速盘车，大功率汽轮机则多采用高速盘车，也有采用低速盘车的。

② 油系统设备　工业汽轮机必须设置油系统，为了简化系统结构，往往与工作机械（泵、风机、压缩机和发电机）的油系统组合在一起，形成整个机组的统一油系统。其作用主要是供给机组各轴承润滑油，使轴颈和轴瓦之间形成油膜，以减少摩擦损失，同时带走由摩擦产生的热量和由转子传来的热量；供给动力驱动、调节系统和保安装置用油；供给油密封装置密封油以及大型机组的顶轴装置用油。供油系统必须在任何情况下都能保证可靠用油，否则会引起轴瓦乌金的损坏或熔化，影响动力控制，严重时会造成设备的损坏事故。

工业汽轮机组的油系统是由储油箱、油泵、油冷却器、油过滤器、安全阀、止回阀、调压阀、控制阀以及高位油箱、蓄压器、脱气槽、油压力计、油位计和油管路等所组成的。

③ 凝汽设备　凝汽设备是凝汽式汽轮机装置的主要设备，它的工作性能直接影响整个汽轮机装置的功率、热效率和运行可靠性。它的主要作用就是在汽轮机排汽口处建立并保持规定的真空度，回收汽轮机排汽的凝结水，并以洁净的凝结水供给锅炉，作为锅炉给水。

第6章

离心式压缩机运行操作与维护保养

离心式压缩机组的系统结构比较复杂，其运行状况除取决于机组和管网的配合性能及安装质量等条件之外，还必须精心操作运行，进行正确的开停车，在运行中完成各种监测和检查，并对所有的数据进行认真的分析和处理。由于压缩机组的类型和驱动方式不同，开停车的操作方法和运行也不完全相同，应结合机组的特性和制造厂家的使用说明书编制出自己的试运和开停车运行维护规程，并在运行中严格遵守。

6.1 离心压缩机机组运行操作

6.1.1 机组运行的条件

① 每台机组及其附属设备均应有制造厂的金属铭牌，其上的技术数据不得涂抹、覆盖。

② 每台机组均应具有完善的技术档案资料，其中包括有关技术规范、制造厂家的说明书、有关图纸、性能曲线、系统图、试验记录和验收记录、安装说明书和技术数据、重要设备的安装记录、竣工资料、交接记录和运行试车规程、试车记录、运行检修记录、设备事故和运行异常记录以及重大技术改进记录等。

③ 压缩机组及其附属设备和管道应全部安装或检修完毕，其质量必须符合技术规范的要求，管道系统安装正确，连接牢固，无松动现象，密封良好，阀门开启灵活。

④ 机组各类监测仪表和自动调节、安全保护、报警联锁等装置需装备齐全，确认动作可靠。压缩机出口管路上设置的逆止阀工作正常，防喘振自动控制阀已调整合格。

⑤ 机组厂房内各主、辅设备的管道、各层地面、地沟和门窗玻璃等，均需清洁完整。地面平整，沟道有盖板，危险处有护板，现场照明充足，各类阀门的关闭已处于开车状态。

⑥ 运行人员必须了解压缩机组的结构、系统、性能和操作指标，熟悉操作规程中的各项有关规定，通晓安全保护系统和事故处理等程序，经过实际操作培训并经考试合格，才能参加运行操作。

⑦ 操作岗位准备齐全。应有必要的规程、系统图、操作数据、机组性能曲线、升速曲线、运行日记、试验记录、缺陷记录、值班记录。应具有必备的工具，如塞尺、钳子、扳子、手电、听棒和手提式测振仪以及转速表。具有与主控室之间的可靠的通信工具，如电话或报话机。消防器材齐备并置于固定位置，性能良好便于随时动用。

⑧ 生产工艺用气、水、电、蒸汽、仪表空气和氮气等供应充足，质量合格。

⑨ 在某些情况下机组禁止启动，诸如驱动机（如汽轮机、电动机或燃气轮机等）不具备启动条件、汽轮机蒸汽参数不符合规定；汽轮机危急保安器动作不正常；保安控制系统工作不正常；主汽阀或调节汽阀卡涩，不能关严；缺少转速表或转速表失灵，监测仪表等工作不正常；汽轮机不能维持空转运行；机组系统或零部件存在故障或缺件未能装（修）配齐；油系统或其他辅助系统不正常；大修或故障检修后，验收、交接或批准手续不齐全。

6.1.2 机组启动前的调试

6.1.2.1 机组调试的目的

压缩机安装或检修完成后除了应对其机组各部进行严格的检查外，还要进行必要的调试，其主要目的是检查设备各系统的装置是否符合设计要求；检验和调整机组各部分的运动机构是否达到良好的跑合；检验和调整电气、仪表自动控制系统及其附属装置的正确性与灵敏性；检验机组的油系统、冷却系统、工艺管路系统及其附属设备的严密性，并进行吹扫；检验机组的振动，并对机组所有机械设备、电气、仪表等装置及其工艺管路的设计、制造和安装质量进行全面的考核。在试车中发现问题，查找原因，积极处理，为化工联动试车和化工投料开车做好充分的准备，创造良好条件。

6.1.2.2 机组调试的要点

压缩机组在调试前应进行一些准备工作，除应达到机组运行的基本条件之外，还应包括试运人员的组织与培训、工艺管道和汽、水管道的冲洗以及压缩机和驱动机的检查与试验、油系统的清洁与检验。

（1）试运人员的组织与培训　压缩机组在试运前应组织试运小组，定员定岗，了解、掌握机组的系统结构、特性和操作技术。编制学习试车规程、试车方案、操作规程和事故处理办法，并到生产现场进行较长时间的操作实习。试运操作人员必须进行考试，合格后方可上岗参加试运。

（2）驱动机的单体试车　试运前要对压缩机的驱动机和齿轮变速器进行严格的检查及必要的调整试验，并进行驱动机的单体试车和驱动机与齿轮变速器串联在一起的试车，经严格检验，验收合格后方可试运。

（3）工艺管道的吹扫　初次开车前和检修管子焊接之后，必须对工艺管道进行彻底的吹扫，管内不得留存异物（如焊渣、飞溅物、废纱、砂石、氧比皮及其他机械杂物）。吹扫前在缸体入口管内加装锥形滤网，运行一段时间后再取出，以确保异物不进入气缸之内。管道内部进行酸洗后必须中和处理并用清水冲洗干净，然行干燥，以确保气体管道内绝对清洁。

（4）油系统的清洗调试　离心式压缩机组对所用润滑油、密封油和调节动力油的油质要求十分严格，不允许有较大的颗粒杂物存在，因此，在压缩机组安装完毕之后，在试车前必须对油系统进行彻底的清洗。从已投产的机组实际情况来看，压缩机出厂后随机带来的安装在主机和油箱附近的油管路和管路附件，虽然在制造厂进行了油清洗，但由于远途运输，在油路系统内仍会存在一定的油污、铁屑、焊渣等异物；还有些需要在现场进行配制，没有进行过油清洗的，也会有焊渣、氧化物、尘土等杂质夹带在管路内。高速运行的轴承以及调节阀、调速器在运行中即使进入少量的杂质，也会使轴承烧坏或使调节阀、调速器失灵，而危及整个机组的安全运行，因此必须对油路系统进行认真的油清洗，才能保证正常运行中油路畅通，各部件动作准确灵敏。

油路系统清洗的方法一般是在正常操作压力下，用机组运行用的油在系统内进行循环，同时使油在一定温度范围内骤冷骤热，冷却和加热的时间越短越好。但由于油系统的油量很大，散热面积大，加上加热和冷却设备能力的限制，一般要求在 $1\sim2h$ 内从 $20^{\circ}C$ 加热到 $80^{\circ}C$，保温 $2h$，再用 $1h$ 降温到 $20^{\circ}C$，保温 $2h$ 后再加热。如此反复进行，造成热冲击，在冷却的同时用木制榔头按油路走向顺序敲打管壁，特别是焊缝处弯头部分，进行振动，使氧化物、焊渣等物松动脱落，以除去管内存有的杂质。此外还可以采取别的措施，如分段冲洗；间断开停油泵及关开油路阀门，使冲洗油在管内产生漩涡流动；向管内充入氮气，使冲洗油在管路内产生紊流，以提高冲洗效果；设法提高油的流速，加大冲洗流量，为此可另外加用一个适当规格的油泵，增加管内的流量。油的加热可以利用油箱底部的加热盘管，还可利用并联的油冷却器，使一组通热水，另一组仍通冷却水，用来交替对油进行加热或冷却，如通热水有困难，可在冷却器的进水侧接一根低压蒸汽管，在冷水中通蒸汽把水加热。

油路系统的清洗工作应分成几个步骤来进行：第一步是用机械和人工方法除去设备及管路内大量的尘土、杂物和油污等；第二步是用化学酸洗法除去设备及管路中的铁锈；第三步才是油冲洗验收。

① 油路系统部件的清洗

a. 油箱的清洗　先检查油箱中的保护漆，凡是质量不好的漆层都应该用喷砂的方法除去或用喷灯、液化气火焰烘烤后人工除去。但顶部漆层最好不除去，因为以后不能浸泡在油中而容易生锈。若顶部漆层质量太差，则应除去后重涂耐油、耐温涂料。

漆层除去后应将油箱内用汽油彻底清洗干净，并用面粉团将剩余的脏物和布纤维等粘出。清理干净后，油箱内应立即灌入冲洗油，油要通过压滤机灌入，以免杂物进入，灌油量应大于60％储量，保证油泵顺利地吸油。

b. 油过滤器的清洗　首先拆下油过滤器芯，然后检查内部的漆层情况，若漆层良好，只需要用汽油清洗后再用面粉团粘尽即可，否则也应进行喷砂处理。喷砂后仔细用压缩空气吹去余砂，并用面粉团粘去可能有的细小砂粒，清洗完毕后灌上冲洗油，盖上端盖。

c. 油冷却器的清洗　对油冷却器应进行抽芯检查，若发现内筒壁或列管有锈蚀、污垢而需要进行化学清洗时，必须先进行脱脂。因为油冷却器内表面及列管表面一般均涂有防锈油脂，若不先行脱脂即进行酸洗，由于酸和油脂产生化学反应后生成泡沫状的污物附在筒壁内和列管上很难除尽。脱脂后，内筒可采用酸洗或喷砂法处理，但采用喷砂法必须严格清砂。列管表面若锈蚀较为严重，则应进行化学清洗。若稍有杂物污垢等用蒸汽或压缩空气吹净即可。

油冷却器清洗完毕并重新组装后进行试压，油腔最好用油试压，水腔可用水试压，若无条件做油压试验时，油腔也可不做试压。试压完毕后油腔应注满冲洗油。

d. 油蓄压器的清洗　油蓄压器均为不锈钢或是内衬不锈钢的容器，只用压缩空气吹净即可。

e. 高位油槽的清洗　高位油槽在安装之前，就应进行喷砂处理或酸洗处理。

f. 轴承箱的清洗　打开轴承箱盖彻底清除杂物，并用面粉团把脏物粘掉。

g. 不锈钢管的清洗　所有的不锈钢管内部在安装前均应分段进行人工清理，首先用旧布在管内来回拖拉，然后用大量的热水冲洗，最后烤干。管道焊接工作采用氩弧焊，以避免内部出现焊渣，根部要焊透，以避免留存脏物。

h. 碳钢管的清洗　对 $\phi3in$（$1in=2.54cm$）以上的碳钢管采用喷砂处理，喷砂结束后立即倒出余砂，并用木槌敲震，力求将砂倒净，然后用压缩空气仔细地吹净。最后在内表面涂上机油保护，管子两端设法封闭等待安装。

但要注意：喷砂以后的清砂工作必须非常严格、仔细，否则砂子带入油系统将很难除去。在内表面涂油时，注意不能用棉纱或旧布擦，否则，油系统将残存大量的纤维素。可将管路两端堵上临时薄盲板或堵上木塞，然后倒入机油并来回滚动，使油膜能覆盖所有内表面。

对于 $\phi3in$ 以下的碳钢管，首先应观察管子内部有无大块泥土、石块，并用锤子敲击管路后将杂物倒出。然后用钢丝刷，最好是用圆盘钢丝刷绑上木杆拖刷管路内壁。经机械清理后的管路，放入酸洗槽，在酸洗液中浸泡4~5h。取出后用清水冲洗（最好用热水）之后再放入碱洗槽中和10~20min。取出后再用水冲洗，用石蕊试纸检查水的酸碱度。当确认冲出的水已呈中性时，用蒸汽在管壁上加热，使管内水分蒸干，最后浇涂机油保护并用木塞或塑料布封闭端头。

凡原来管内有油脂保护的，都需先用蒸汽吹除脱脂，或用二氯乙烷、三氯乙烯等脱脂。

i. 管路附件的清洗　油路系统中的附件，如窥视镜、管件、阀门和三通等，都要进行仔细的清洗。管路中的焊缝有未焊透的应予补焊，有焊瘤的应铲除，法兰内口焊缝应平滑饱满，以避免杂物存留在死角上。在管路焊接三通管时应先将管路切口开好，并磨好坡口后再进行清洗，在组装时用氩弧焊打底。

② 油系统的冲洗验收

a. 准备工作　用压滤机向油箱注入冲洗油，油位应达到最高液位。油在运到现场后应逐桶进行外观检查，并按桶数抽查 $10\% \sim 15\%$ 进行油的常规分析。然后在透平的调速油总管处拆开，配置临时回油管进入前轴承箱；拆下伺服马达，在动力油管开口处直接配置临时管进入轴承箱；对密封油管也应设置临时管路，使其不通过密封面进入回油管。一般不允许冲洗油进入轴承，而应配置临时管路直接进入回油管。用假瓦找正的机组，可在假瓦上钻一个直角孔，使循环油形成引路排入轴承箱。

所有冲洗用临时油管最好用碳钢管配置，并且也应事先进行化学清洗，处理干净之后方可使用。

b. 第一次冲洗　在第一次冲洗时可在过滤器出口和各上油管进机组处加设过滤网，在回油总管进油箱前增设过滤盒。滤网可采用 $120 \sim 200$ 目的不锈钢丝网，每 4h 停泵拆下检查清洗一次。

第一次冲洗采用热油（$60 \sim 75℃$）与冷油（常温）交替冲洗的方法，冲洗时间定为 48h，将油系统内可能存在的杂物冲洗干净。

在第一次冲洗过程中，可用木槌频频敲击管路，特别是焊口和弯头处。在冲洗中若发现系统确已很干净，数次清洗滤网时网上已很少有杂质，也可提前结束第一阶段的冲洗工作。

在第一次冲洗结束后，视油的清洁程度而定是否更换新油。

c. 第二次油冲洗和验收　验收标准：油冲洗质量检查的具体标准，目前尚无统一规定，一般要求各进油滤网上肉眼看不到滤渣，或只有个别点；滤油器的临时滤芯上，每平方厘米杂质少于 $2 \sim 4$ 点即可。

冲洗前应清洗过滤器芯和过滤器，并拆除过滤器出口滤网，然后将滤芯装入过滤器。机组上各油系统总管上的过滤网应清洗后装好，然后开始第二次油冲洗，并按上述标准验收。

油冲洗合格后应拆除临时管道，对未冲洗到的调节油、动力油小管（一般均为不锈钢管）用压缩空气吹净，然后将所有油系统管道复位。调速保安系统中各部分如主汽门、伺服电机、联合脱扣装置等均应拆开清洗后装上。

有的厂家将油冲洗分为两步。上述为第一步，第二步即按正常运行要求把轴承、密封和动力油系统等全部装上，让油通过所有部分，过滤器也用正式滤芯，并把润滑油、控制油的压强控制到正常操作压强，密封油达到要求的油气压差。最后以正式滤芯及各进油口滤网上肉眼见不到滤渣，油箱内的油化学分析结果无酸、无水、无灰尘为合格。

在油路系统清洗鉴定合格后，必须立即将油路管线及其有关设备进行复位，并达到设计要求状态。

压缩机组油系统的调试应具备一定的条件，如压缩机油系统不应有漏油现象；确认蓄压器内胶球完好，不漏气，不漏油；已向油系统蓄压器充入干净氮气，调速油和密封油蓄压器充入氮气的压力应符合制造厂规定。调整油冷却器阀门开度，保持供油温度在 $35 \sim 45℃$ 之间。润滑油压、调速油压和密封油压应符合制造厂要求。

对压缩机组油系统进行各项试验，其中包括的联锁试验有：ⓐ润滑油压力低报警，启动辅助油泵试验和润滑油压力低汽轮机跳闸试验；ⓑ密封油气压差低报警，辅助油泵或辅助密封油泵自启动试验和密封油气压差低汽轮机跳闸试验；ⓒ密封油高位油槽的液位高（低）报警试验，辅助油泵（或辅助密封油泵）自启动试验，密封油高位油槽液位低汽轮机跳闸试验；ⓓ压缩机各入口缓冲罐、段间分液罐、闪蒸槽等液位高报警及液位高汽轮机跳闸试验；ⓔ主机跳闸与工艺系统的联锁保护试验等。压缩机与工艺系统的联锁试验应合格，否则压缩机不能投入运行。

6.1.2.3 机组调试后的检查

压缩机组进行试运后，应对整个机组（包括驱动机和齿轮变速器）进行全面检查，主要包括：拆开各径向轴承和上推轴承，检查巴氏合金的磨损情况，看有无裂纹和擦伤的痕迹；检查轴颈表面是否光滑，有无刮痕和擦伤；用压铅法检查轴承间隙；检查增速器齿轮副啮合面的接触情况；检查联轴器的定心情况；检查所有连接的零部件是否牢固；检查和消除车中发现的异常部位的所有缺陷；更换润滑油等。

压缩机负荷试车后检查无问题时，还要进行再次负荷试车，试车时间应达到规程的规定，经有关人员检查鉴定认为合格，即可填写试车合格记录，办理交接手续，正式交付生产。

6.1.3 电动机驱动机组的运行操作

一般电动机驱动的离心式压缩机组的结构系统及开停车操作都比较简单，其运行的要点如下。

① 开车前应做好一切准备工作，其中主要包括润滑和密封供油系统进入工作状态，油箱液位在正常位置，通过冷却水或加热器把油温保持到规定值。全部管道均已吹洗合格，滤网已清洗更换并确认压差无异常现象，备用设备已处于备用状态，蓄压器已充入规定压力，密封油高位液罐的液面、压力都已调整完毕，各种阀门均已处于正确位置，报警装置齐全合格。

② 启动油系统，调整油温和油压，检查过滤器的油压降、高位油箱油位，通过窥镜检查支持轴承和止推轴承的回油情况，检查调节动力油和密封油系统，启动辅助油泵，停主油泵，交替开停。

③ 电动机与齿轮变速器（或压缩机）脱开，由电气人员负责进行检查与单体试运。一般首先冲动电动机 10～15s，检查声音与旋转方向，有无冲击碰撞现象，然后连续运转 8h，检查电动、电压指示和电动机的振动、电动机温度、轴承温度和油压是否达到电动机试车规程的各项要求。

④ 电动机与齿轮变速器的串联试运，一般首先冲动 10～15s，检查齿轮副啮合时有无冲击杂音；运转 5min，检查运转声音，有无振动和发热情况，检查各轴承的供油和温度上升情况；运转 30min，进行全面检查；运转 4h，再次进行全面检查，各项指标均应符合要求。

⑤ 工艺气体进行置换，当工艺气体与空气不允许混合时，在油系统正常运行后就可应用氮气置换空气，要求压缩机系统内的气体含氧量小于 0.5%。然后再用工艺气体置换氮气达到气体的要求，并将工艺气体加压到规定的入口压力，加压要缓慢，并使密封油压与气体压力相适应。

⑥ 机组启动前必须进行盘车，确认无异常现象之后，才能开车。为了防止在启动过程中电动机负荷过大，应关闭吸入阀进行启动，同时全部打开旁路阀，使压缩机不承受排气管路的负荷。

⑦ 压缩机无负荷运转前，应将进气管路上的阀门开启 15°～20°，将排气管路上的闸阀关闭，将放空管路上的手动放空阀或回流管路上的回流阀打开，打开冷却系统的阀门。启动一般分几个阶段，首先冲动 10～15s，检查变速器和压缩机内部声音，有无振动；检查推力轴承的窜动；然后再次启动，当压缩机达到额定转速后，连续运转 5min，检查运转有无杂

音；检查轴承温度和油温；运转 30min，检查压缩机振动幅值、运转声音、油温、油压和轴承温度；连续运转 8h，进行全面检查，待机组无异常现象后，才允许逐渐增加负荷。

⑧ 压缩机的加负荷：压缩机启动达到额定转速后，首先应无负荷运转 1h，检查无问题后则按规程进行加负荷。满负荷后在设计压力下必须连续运转 24h 才算试运合格。压缩机加负荷的重要步骤是慢慢开大进汽管路上的节流阀，使其吸气量增加，同时逐渐关闭手动放空阀或回流阀，使压力逐渐上升，按规定时间将负荷加满。加负荷应按制造厂所规定的曲线进行，按电流表与仪表指示同时加量加压，防止脉动和超负荷。加压力要注意压力表，当达到设计压力时，立即停止，关闭放空阀或回流阀，不允许压力超过设计值。从加负荷开始，每隔 30min 应做一次检查并记录，同时对运行中发生的问题及可疑处进行调查处理。

⑨ 压缩机的停车：正常运行中接到停机通知后，联系上下工序，做好准备，首先打开放空阀或回流阀，少开防喘振阀，关闭工艺管路闸阀，与工艺系统脱开，压缩机进行自循环。电动机停车后启动盘车器并进行气体置换，运行几小时后再停密封油和润滑油系统。

6.1.4 汽轮机驱动机组的运行操作

汽轮机驱动离心式压缩机组的系统结构较为复杂，汽轮机又是一种高温、高速运转的热力机械，其启动、开停车及操作较为复杂而缓慢，要比电动机驱动机组复杂得多，其运行前的准备工作如前所述，不再重复。机组安装和检修完毕后也需要进行试运转，按专业规程的规定首先进行汽轮机的单体试运，进行必要的调整与试验。验收合格后再与齿轮变速器相连，进行串联空负荷运转。完成试运项目并验收合格后才能与压缩机串联在一起进行试运和开停车正常运行，该类机组的操作运行要点如下。

6.1.4.1 启动操作

(1) 油系统的启动 压缩机的启动与其他动力装置相似，主机未开，辅机先行，在接通各种外来能源后（如电、仪表、空气、冷却水和蒸汽等）先让油系统投入运行。一般油系统已完全准备好，处于随时能够启动开车的状态。油温若低则应进行加热直到合格为止。油系统投入运行后，把各部分油压调整到规定值，然后进行如下操作：检查辅助油泵的自启起动情况；检查轴承回油情况，看油流是否正常；检查油过滤器的油压降，灌满润滑油油箱；检查高位油箱油位，应在液位控制器控制的最高液位和最低液位之间；检查密封油系统及其高位油箱油位，也应在液位控制器控制的最高液位和最低液位之间；通过窥镜检查从外密封环流出的油流情况，油流应正常，检查密封滤油器的压力降，准备好备用密封油泵的启动；停上密封油泵，检查备用泵的自动启动情况；停止备用泵，检查最低液位跳闸开关操作的液位点；重新开启主密封油泵，流向密封油回收装置脱气缸的密封排放油只有在经化学分析证明是安全的，才能由此流入主油箱。

(2) 气体置换 被压缩介质为易燃、易爆气体时，油系统正常运行后，开车之前必须进行气体置换，首先用氮气将压缩机系统设备管道等内的空气置换出去。然后再用压缩介质将氮气置换干净，使其成为符合设计所要求的气体组分，这种两步置换的主要程序如下。

① 关闭压缩机出、入口阀，通过压缩机的管道、分液罐、缓冲罐和压缩机缸体的排放接头，充入压力一般为 0.3～0.6MPa（表）的氮气，如果条件许可，必要时可开启压缩机入口阀，使压缩机和工艺系统同时置换。

② 待压缩机系统已充满氮气并有一定压力时，打开压缩机管道和缸体排放阀排放氮气卸压，此时必须保证系统内压力始终大于大气压力，以免空气漏入系统。然后再关排放阀向系统内充入氮气，如此反复进行，直到系统内各处采样分析气体含氧量小于 0.5% 为止。

③ 氮气压力稳定后，在引入压缩介质前应及时投入密封油系统，并正常运行，调整油气压差使其符合设计要求。

④ 打开压缩机入口阀，缓慢引入压缩介质，并把工艺气体加压到规定的入口压力，加压要缓慢，使密封油压力与气体压力相适应。注意缸内压力，在维持正常油气压差并与工艺系统压力相适应的条件下，反复采用排放-降压-升压-再排放的办法，直到系统内氮气被置换干净，采样分析达到规定要求为止（一般要求工艺气体的浓度不低于 90%）。

⑤ 检查工艺系统置换情况，合格后验收。

气体置换时必须注意以下几点。

① 密封油系统必须正常运行，油气压差始终维持在规定的范围之内。

② 在正式引入工艺气体之前，压缩机油系统联锁调试工作应全部完成，各项试验结果均应符合设计要求。

③ 对入口气体压力较高的压缩饥，开启入口阀置换时应特别缓慢，严禁气体流动使转子旋转或引起密封油系统波动。

④ 压缩机机械密封或浮环式密封应不漏气，密封油系统管道不漏油。在维持油气压差正常范围内时，检查压缩机转子静止状态下机械密封及浮环式密封的排油量，如果压缩机密封漏油、漏气，排油量过大，应及时查明原因并没法消除。

⑤ 只要压缩机内引入工艺气体，密封油排油，蒸汽闪蒸槽就应通入蒸汽。

⑥ 氨压缩机在引氨置换系统中的氮气时，应维持较高的压力，并缓慢进行，防止液氨蒸发引起管道和设备瞬间温度过低。

（3）压缩机的启动 离心式压缩机组做好一切准备，并经检查验收合格之后，才能按规程规定的程序开车。对汽轮机驱动的离心式压缩机来讲，启动后转速是由低到高逐步上升的，不存在如电动机驱动那样由于升速过快而产生超负荷的问题，所以一般是将入口阀全开，防喘振用的回流阀或放空阀全开。如有通工艺系统的出口阀，应予以关闭。按照有关工艺的要求进行准备后，全部仪表、联锁投入使用，中间冷却器通水畅通。一切准备就绪之后，首先按照汽轮机运行规程的规定进行暖管、盘车、冲动转子和暖机。在 500～1000r/min 下暖机稳定运行半小时，全面检查机组，包括润滑油系统的油温、油压，特别是轴承油温度；检查密封油和调节动力油系统、真空系统、汽轮机汽封系统、蒸汽系统以及压缩机各段进、出口气体的温度、压力有无异常声响。如一切正常，汽轮机暖机达到要求，润滑油主油箱油温已达到 32℃ 以上时，则可以开始升速。油温达到 40℃ 时，可停止给油加热，并使油冷器通冷却水。

（4）压缩机的升压 压缩机在运转后，对压缩机的排气进行放空或打回流，此时排气压力很低，并且没有向工艺管网输送气体，转速也不高。这时压缩机处于空负荷，或者确切地说，是属于低负荷运行。长时间轻负荷运行，无论对汽轮机和压缩机都是不利的。对汽轮机组来说，长时间低负荷运行，会加速汽轮机调节汽阀的磨损；低转速时汽轮机可以达到很高的扭矩。如果流经压缩机的质量流量很大，机组的轴可能产生过大的应力；此外，长时间低压运行会影响压缩机的效率，对密封系统也有不利影响。因此在机组稳定、正常运行后，适时地进行升压加负荷是非常必要的。升压一般应当在汽轮机调速器已投入工作，达到正常转速后开始。

压缩机升压（加负荷）可以通过增加转速和关小直到关死放空阀或旁通回流阀门来达到，但是这种操作必须小心谨慎，不能操作过快、过急，以免发生喘振。

压缩机升压时需要注意如下几个问题。

① 压缩机的升压，有的采用关闭放空阀来达到，有的采用关闭旁通阀来达到，有的机组放空阀还不止一个。压缩机在启动时这些放空阀或旁通阀是开着的，为了提高出口压力，可以逐渐关闭放空阀或旁通阀，关闭的方法如下。

a. 可以先逐渐、缓慢地关闭低压放空阀，直至全关，而关闭时应当分程关闭，每关小一点，运行一段时间，观察一下有无喘振迹象，如有喘振迹象则马上应当打开，这样一直到关死。这时高压段放空阀是开着的，低压段放空阀全关后，如没有问题再关高压段放空阀，使排出压力达到要求。

b. 采取"等压比"关阀方法，即先关小一点低压段放空阀，提高低压段出口压力；然后再关小高压段的放空阀，提高高压段出口压力。这样反复操作，每次关阀使低压段与高压段压力升高比例大致相同。这样使低压缸与高压缸加压程度大致保持相同，使低压缸与高压缸的压力保持相对应的增长，避免一缸加压太快。各缸升压时应当分程进行，在各压力阶段应稳定运行 5min，对机组进行检查，若无问题时可继续升压。

关阀升压过程中要密切注意喘振，发现喘振迹象时，要及时开大阀门，出口放空阀门全关后，逐渐打开流量控制阀，此时流量主要由流量控制阀来控制。当放空阀全关后，使防喘振流量控制阀投入自动控制。逐渐关小流量控制阀，压缩机出口压力升到规定值。关阀过程中，同样需要注意避免喘振。

如果通过阀门调节，压力不能达到预定数值，则需将汽轮机升速，升速不可太猛、过快，以防止发生压缩机的喘振。

② 有油封系统的压缩机在升压前和升压期间，其油封系统应当始终处于运转状态。压缩机内的压力应尽可能做到逐步变化，不要一下发生剧烈变化，以使密封系统能平稳地调节到新的压力水平上。油封系统对密封环可以起到润滑作用，如果在没有密封油流动或者密封油压力不足的情况下运转压缩机，就会导致密封环的严重破坏，可能造成气体从压缩机中漏出来。

③ 升压操作程序的总原则是在每一级压缩机内，避免出口压力低于进口压力，并防止运行点落入喘振区。对各机组应当确定关闭各放空阀和旁路阀的正确顺序及操作的渐变度。压缩机的出口阀只有在正常转速下，压缩机管路的压力等于或稍高于管网系统内的压力时才可以打开，向管网输送气体。

④ 升压时要注意控制中间冷却器的水量，使各段入口气温保持在规定数值。

⑤ 升压后将防喘振自动控制阀拨到"自动"位置。

要特别注意压缩机绝对不允许在喘振的状态下运行！压缩机的喘振迹象可以从压缩机发生强烈振动、吼声以及出口的压力和流量的严重波动中看出来。如果发现喘振迹象，应当打开放空阀或旁通阀，直到压力和流量达到稳定为止。

(5) 压缩机防喘振试验　为了安全起见，在压缩机并入工艺管网之前，对防喘振自动装置应当进行试验，检查其动作是否可靠，尤其是第一次启动时必须进行这种试验。在试验之前，应研究一下压缩机的特性线，查看一下正在运行的转速下，该压缩机的喘振流量是多少，目前正在运转的流量是多少。压缩机没有发生喘振时输送的流量大于喘振的流量。然后改变防喘振流量控制阀的整定值，将流量控制整定值调整到正在运行的流量，这时防喘自动放空阀或回流阀应当自动打开。如果未能打开，则说明自动防喘系统发生故障，要及时检查排除。在试验时千万要注意，不要使压缩机发生喘振。

(6) 压缩机的保压与并网送气　当汽轮机达到调速器工作转速后，压缩机升压，将出口压力调整到规定压力，压缩机组通过检查确认一切正常，工作平稳，这时可通知主控制室，准备向系统进行导气，即工艺部门压缩机出口管线高压气体导入各用气部位。当压缩机出口压力大于工艺系统压力，并接到导气指令后，才可逐步、缓慢地打开压缩机出口阀向系统送气，以免因系统无压或压力太大而使压缩机运转状况发生突然变化。

当备用气部位将压缩机出口管线中的气体导入各工艺系统时，随着导气量的增加，势必引起压缩机出口压力的降低。因此在导气的同时，压缩机必须进行"保压"，即通过流量调节，保持出口压力的稳定。

导气和保压调整流量时，必须注意防止喘振。在调整之前，应当记住喘振流量，使调整流量不要靠近喘振流量；调整过程中应注意机组动静，当发现有喘振迹象时，应及时加大放空流量或回流流量，防止喘振。如果通过流量调节还不能达到规定出口压力时，此时汽轮机必须升速。

在工艺系统正常供气的运行条件下，所有防喘振用的回流阀或放空阀应全关。只有当减量生产而又要维持原来的压强时，在不得已的情况下才允许稍开一点回流阀或放空阀，以保持压缩机的功率消耗控制在最低水平。进入正常生产后，一切手控操作应切换到自动控制，同时应按时对机组各部分的运行情况进行检查，特别要注意轴承的温度或轴承回油温度，如有不正常应及时处理。要经常注意压缩机出口、入口气体参数的变化，并对机组加以相应的调节，以避免发生喘振。

6.1.4.2　机组的正常运行

机组在正常运行时，对机器要进行定期的检查，一些非仪表自动记录的数据，操作者应在机器数据记录纸上记上，以便掌握机器在运行过程中的全部情况，对比分析，帮助了解其性能，发现问题及时处理。

压缩机组在正常速度下运行时，一般要做如下的检查：

① 汽轮机进汽压力和温度；

② 抽汽流量、温度和压力；

③ 冷凝器真空度；

④ 油箱油位（包括主油箱油位、停车油箱油位、密封油高位油箱油位、密封油自动排油捕集器油位、密封油回收装置中净油缸和脱气缸的油位）；

⑤ 油温（包括主油箱油温、油冷却器进出口油温、轴承间油的温度或轴承温度，压缩机外侧密封油排油温度、密封油回收装置中脱气缸、净油缸中的油温）；

⑥ 油压（包括油泵出口油压、过滤器的油压力降、滑油总管油压、轴承油压、密封油总管油压、密封油和参考气之间的压差以及加压管线上的氮气压力）；

⑦ 回油管内的油流情况（定期从主油箱、密封油回收装置中的脱气缸和净油缸中取样进行分析）；

⑧ 压缩机的轴向推力、转子的轴向位移值和机组的振动水平；

⑨ 压缩机各段进口和出口气体的温度、压力以及冷却器进出口水温。

6.1.4.3　压缩机的停机

压缩机组的停机有两种：一种是计划停机，即正常停机，由手动操作停机；另一种是紧急停机，即事故停机，是由于保安系统动作而自动停机，或者手动"打闸"进行紧急停机。

计划停机的操作要点及程序如下。

① 接到停机通知后，将流量自动控制阀拨到"手动"位置，利用主控制室控制系统或现场打开各段旁通阀或放空阀，关闭送气阀，使压缩机与工艺系统切断，全部进行自我循环。

② 从主控制室或者在现场使汽轮机减速，直到调速器的最低转速。在降低负荷的同时进行缓慢降速，避免压缩机喘振。

③ 根据汽轮机停机要求和程序，进行汽轮机的停机。

④ 润滑油泵和密封油泵应在机组完全停运并冷却之后才能停运。

⑤ 根据规程的规定可以关闭压缩机的进口阀门，如果需要阀门开着，并且处在压力状态下，则密封系统务必保持运转。

⑥ 润滑油泵和密封油泵必须维持运转，直到压缩机机壳出口端温度降到20℃以下。检

查润滑油温度，调整油冷器水量，使出口油温保持在50℃左右。

⑦ 停车后将压缩机机壳及中间冷却器排放阀门打开，关闭中间冷却器的进入阀门。压缩机机壳上的所有排放阀或丝堵在停机后都应打开，以排除冷凝液，直到下次开车之前再关上。

⑧ 压缩机停机后，如果压缩机内仍存留部分剩余压力，密封系统要继续维持运转，密封油油箱加热盘管应继续加热，高位油槽和密封油收集器应当保持稳定。如果周围环境温度降到5℃以下时，应对某些管路系统的伴管进行供热保温。

压缩机停车后要严禁发生反转。当压缩机转子静止后，此时管路中尚残存很大容量的工艺气体，并具有一定的压力，而此时压缩机转子停止转动，压缩机内的压力低于管路压力。这时如果压缩机出口管路上没有安装逆止阀门或者逆止阀门距压缩机出口很远，管路中的气体便会倒流，使压缩机发生反转，同时也带动汽轮机或电动机及齿轮变速器等转子反转。压缩机组转子发生反转会破坏轴承的正常润滑，使止推轴承受力状况发生改变，甚至会造成止推轴承的损失。为了避免压缩机发生反转，应当注意以下几个问题。

① 压缩机出口管路上一定要设置逆止阀门，并且尽可能安装在靠近出口法兰的地方，使逆止阀距离压缩机出口距离尽量减小，从而使这段管路中的气体容量减到最小，不致造成反转。

② 根据各机组情况，安设放空阀、排气阀或再循环管线，在停机时要及时打开这些阀门，将压缩机出口高压气体排除，以减少管路中储存的气体容量。

③ 系统内的气体在压缩机停机时可能发生倒灌，高压、高温气体倒灌回压缩机，不仅能引起压缩机倒转，而且还会烧坏轴承和密封。由于气体倒灌在国内造成事故较多，非常值得注意！

为了切实防止上述事故的发生，在降速、停机之前必须做好下列各项工作：①打开放空阀或回流阀，使气体放空或者回流；②切实关好系统管路的逆止阀。做好上述工作后，进行逐渐降速、停机。

6.1.5 离心式压缩机系统正常运行标准

离心式压缩机正常运行完好的标志如下。

(1) 运转正常，效能良好

① 设备出气能力达到铭牌能力的90%以上，或能满足正常生产工艺的需要。

② 润滑冷却系统畅通好用，润滑油选用符合规定，轴瓦温度不超过规定值。

③ 密封系统能起到良好的密封作用。

④ 运转平稳无杂音，各部位振动符合规程的规定。

(2) 内部机件无损坏，质量符合要求　主要零部件材质的选用符合图纸要求，转子的径向、端面跳动值和各零部件的安装配合、磨损极限应符合规程的规定。

(3) 主体整洁，零件、附件齐全好用

① 压力表、温度计应定期校验，保证其灵敏准确。

② 主体完整，定位销、放水阀等齐全好用。

③ 基础、机座坚固完整，地脚螺栓及各部位连接螺栓应满扣、齐整、紧固。

④ 进、出口阀门及润滑、冷却的管线安装合理，横平竖直，不堵不漏。

⑤ 机体整洁，涂层完整，符合《设备管道的保温油漆规定》的规定。

(4) 技术资料齐全准确　应具有：①设备履历卡片；②检修、验收记录；③运行及缺陷记录；④易损备件图纸。

6.2　离心式压缩机运行中的维护与保养

6.2.1　离心式压缩机组的维护保养

（1）严格遵守各项规程　严格遵守操作规程，按规定的程序开停车，严格遵守维护规程，使用、维护好机组。

（2）加强日常维护

① 每日检查数次机组的运行参数，按时填写运行记录，检查项目包括：进、出口工艺气体的参数（温度、压力和流量以及气体的成分组成和湿度等）；机组的振动值、轴位移和轴向推力；油系统的温度、压力、轴承温度、冷却水温度、储油箱油位、油冷却器和过滤器的前后压差；冷凝水的排放，循环水的供应以及系统的泄漏情况；应用探测棒听测轴承及机壳内有无异声；汽轮机及其附属气体系统的运行参数，各部位的压力、温度、流量、液位转速等；机组仪表指示情况；联锁保安系统部件的工作情况及动作情况；电气系统及各信号装置的运行情况等。

② 每2～3天检查一次冷凝液位。

③ 每2～3周检查一次润滑油是否需要补充或更换；润滑油按规定进行三级过滤，所用滤网规定为：一级过滤——100目滤网；二级过滤——150目滤网；三级过滤——200目滤网；不得使用无合格证和分析化验单的油品。

④ 每月分析一次机组的振动趋势，看有无异常趋向；分析轴承温度趋势；分析酸性油排放情况，看排放量有无突变；分析判定润滑油的质量情况。

⑤ 每3个月对仪表工作情况做一次校对，对润滑油品质进行光谱分析和铁谱分析，分析其密度、黏度、氧化度、闪点、水分和碱性度等。

⑥ 保持各零部件的清洁，不允许有油污、灰尘、异物等在机体上。

⑦ 各零部件必须齐全完整，指示仪表灵敏可靠。

⑧ 按时填写运行记录，做到齐全、准确、整洁。

⑨ 定期检查、清洗油过滤器，保证油压的稳定。

⑩ 长期停车时，每24h盘动转子180°一次。

（3）监视运行工况　机组在正常运行中，要不断地监视运行工况的变化，经常与前后工序联系，注意工艺系统参数和负荷的变化，根据需要缓慢地调整负荷，变转速机组应"升压先升速"，"降速先降压"。经常观测机组运行工况电视屏幕监视系统，注意运行工况点的变化趋势，防止机组发生喘振。

配备随机在线振动状态监视设备的工厂，除必须坚持经常对机器状态进行监测外，还应根据需要定期进行机组振动、轴位移的全面分析，结合机组振动的振幅、相位、频谱、轴心轨迹及其他信息，研究机组振动的趋势和变化特征，进行机组故障诊断，以指导对机组的维护检修工作；配备离线振动监视和分析设备的工厂，应定期进行数据采集、振动分析、趋势分析，开展故障诊断；利用工厂的便携式振动测定仪和分析仪，对机泵设备进行振动检查，通过故障诊断，指导设备的维护和检修。

（4）尽量避免带负荷紧急停机　机组运行中，尽量避免带负荷紧急停机，只有发生运行规程规定的情况，才能紧急停机。

6.2.2　压缩机组附属设备的维护保养

6.2.2.1　泵的维护保养

（1）运行中的维护

① 润滑　泵在运行中，由于化工介质、水以及其他物质可能窜入油箱内，影响泵的正常运行，因此，要经常检查润滑剂的质量和油位。检查润滑剂的质量，可用肉眼观察和定期取样分析。润滑油的油量，可从油位标记上看出。新泵投用一周后应换油一次，大修时换了轴承的泵也是这样。因为新的轴承和轴运行跑合时有异物进入油内，必须换油，以后每季度换油一次。化工用泵所用的润滑脂和润滑油要符合质量要求。

② 振动　泵在运行中，由于零配件质量和检修质量不好，操作不当或管道振动影响因素，往往会产生振动。振动如果超过允许值，应停车检查修理，避免使机器受到损坏。离心泵振动值允许范围见表6-1。

表6-1　离心泵振动值允许范围

转速/(r/min)	双峰值振幅/mm		转速/(r/min)	双峰值振幅/mm	
	滚动轴承	滑动轴承		滚动轴承	滑动轴承
1800 以下	<0.0762	<0.0762	45016000		<0.0508
18014500	<0.0508	<0.0635	6000 以上		<0.0381

注：测量部位为轴承座。

③ 轴承温升　泵在运行过程中，如果轴承温升很快，温升稳定后轴承温度过高，说明轴承在制造或安装质量方面有问题；或者轴承润滑油（脂）质量、数量或润滑方式不符合要求。若不及时处理，轴承有烧坏的危险。离心泵轴承温度允许值见表6-2。该允许值是指运行一段时间后轴承温度的允许范围。新换上的轴承，运行初期，轴承温度会升得较高，运行一段时间后，温度会下降一些，并稳定在某一数值上。

表6-2　离心泵轴承温度允许值

滑动轴承	滚动轴承
<60℃	<70℃

④ 泵机组的响声　泵在运行当中发出的声响，有的是属于正常的，有的则属于非正常的。对于非正常的声响，要查明原因，及时消除。引起泵非正常的声响，大致有下列原因。

a. 流体方面的原因　如离心泵进口流量不足，造成气蚀，发出噪声；泵出口管线中窝气，引起水击，发出的冲击响声等。

b. 机械方面的原因　轴承质量不符合要求或损坏；泵的动静部分间隙不适合，引起摩擦；轴弯曲引起内部摩擦；零件损坏脱落；泵内落入异物等。

⑤ 轴封　泵的轴封用来阻止泵内液体向外泄漏，同时也防止空气进入泵腔。为防止介质从泵内漏入大气这一要求，单靠轴封是很难达到的，必须采用诸如屏蔽泵一类的泵结构来达到。即使是一般的介质（甚至是清水），也不允许从泵内向外大量泄漏，以致造成浪费或污染环境，或影响文明生产。这就要求在泵的轴封上下工夫。泵轴封的型式很多，最常用的有填料密封和机械密封两类。在离心泵中，填料密封的密封压力一般不应超过 2.5MPa，而机械密封可适应很高的密封压力。

泵的填料密封和机械密封，除检修时要严格要求安装质量外，运行中也要精心维护。

a. 机械密封的维护　在泵启动前，要打开冷却液和冲洗液管线上的阀门，确保有足够量的冷却液和冲洗液供应机械密封。运行当中，要经常查看冷却液和冲洗液有无断液现象，防止断液而损坏机械密封元件。机械密封滴漏每分钟不超过 2 滴。

b. 填料密封的维护　在泵启动前，填料压盖螺母适当松开些；待泵运行稳定后，再慢慢上紧螺母，控制泄漏量。微量的无害液体泄漏是必要的，它可以润滑填料，使填料不致烧坏。轴封的泄漏，每分钟许可泄漏量为 5～10 滴。

（2）停车时的维护　当化工现场的泵发生故障时，备用泵应能及时切换过来投入正常运行，保证化工生产不停车。这就要求对备用泵进行必要的维护，使其在备用停运期间处于良好状况。

对于停用期间的备用泵，要经常察看润滑剂的质与量。泵身及泵内介质该进行加热保温。为了不使转子因自重而弯曲，为了不使轴与轴承粘连，造成启动困难，对备用泵要进行定期盘车。

对于长期停用的泵，要打开泵壳上的堵头，放净泵内液体，以免天寒冻坏泵壳。必要时，打开泵体，将内部零件擦洗揩净，涂上防锈油。对于长期停用的泵，无论在现场或在仓库，均要定期盘车。

6.2.2.2　电机的维护保养

为了保证电动机正常工作，除了按操作规程正确使用，运行过程中注意监视和维护外，还应进行定期检查和保养。间隔时间可根据电动机的类型、使用环境决定。主要检查和保养项目如下。

① 及时清除电动机机座外部的灰尘、油泥，如使用环境灰尘较多，最好每天清扫一次。

② 经常检查接地板螺栓是否松动或烧伤。

③ 定期测量电动机的绝缘电阻，若使用环境比较潮湿更应经常测量。

④ 定期用煤油清洗轴承并更换新油（一般半年更换一次），换油时不应上满，一般占油腔的 1/3～1/2，否则，容易发热或甩出，油要从一面加入，可以把杂质从另一面挤出来。

⑤ 定期检查启动设备，看触头和接线有无烧伤、氧化，接触是否良好等。

⑥ 绝缘情况的检查：绝缘材料的绝缘能力因干燥程度不同而异，所以保持电动机绕组的干燥是非常重要的。电动机工作环境潮湿、工作时间有腐蚀性气体等因素的存在，都会破坏电动机的绝缘。最常见的是绕组接地故障，即绝缘损坏，使带电部分与机壳等不应带电的金属部分相碰。发生这种故障，不仅影响电动机正常工作，还会危及人身安全。所以电动机在使用时，应经常检查绝缘电阻，还要注意查看电动机壳接地是否可靠。

⑦ 除了按上述内容对电动机进行定期维护外，运行一年后要大修一次。大修的目的在于对电动机进行一次彻底、全面的检查、维护；增补电动机缺少、磨损的元件；彻底清除电动机内外的灰尘、污物；检查绝缘情况；清洗轴承并检查其磨损情况。发现问题，及时处理。

一般来说，只要使用正确，维护得当，发现故障及时处理，电动机的工作寿命是很长的。此外，电动机的安全使用也是十分重要的，必须采取安全措施，即对电动机或其他带电设备的外壳连接地线。

6.2.2.3　汽轮机的维护保养

（1）运行维护　工业汽轮机作为一种高速动力机械，结构复杂，并且附属设备较多，运行管理难度较大。所以对操作人员的素质要求也较高，必须熟悉汽轮机操作的有关知识、规程，在运行中精心操作，做好对各项工艺指标的监视和调整工作；及时发现和分析运行中出现的异常现象以及由于各种原因造成的事故，做到果断准确地处理，防止事故扩大，确保机组安全、经济、稳定运行。

① 蒸汽参数　蒸汽参数对汽轮机稳定运行影响很大，因为机组及其附属设备的性能是根据主蒸汽额定的压力、温度设计的，如果主蒸汽参数不符合规定，整个机组的性能也就要

发生很大变化，原设计的性能就不能得到保证。另外，机组、附属设备和管道等的材料选择和强度计算也是根据主蒸汽额定的压力、温度制定的，如果主蒸汽参数与额定规范相差很大，会给机组的安全和寿命带来很大的影响，甚至很快就可能发生事故。因此对主蒸汽的参数必须严格按制造厂的要求进行控制，才能保证机组的性能和安全。

②振动　振动是评价设备运行状况的重要标志之一，是机组各部件及诸方面运行情况的集中反映。旋转部件转动时产生的扰动力是引起振动的主要原因。机组振动过大可能造成紧固件松弛、轴承磨损、动静叶摩擦甚至汽轮机叶片疲劳断裂等。

汽轮机发生异常振动是指振动值超出一般允许的范围。振动急剧上升超出允许值，并无稳定趋势时，应立即停机。振动突然或慢慢上升超过一般允许值，但可稳定在一定范围，应及时进行分析和判断，采取措施直至停机进行处理。

引起汽轮机机组异常振动的因素多种多样，但从形成原因来看主要有三大类。

a. 结构方面的原因　即与机器设计、构造方面的缺点有关，这种原因是由制造厂带来的，如果不从结构方面采取措施则不易消除。

b. 安装方面的原因　机器在组合装配和现场安装方面的缺点造成的，这种异常振动如果确实找到原因的话，通过检修或重装可以消除。

c. 运行方面的原因　由于机器不正确的运行操作造成的，或者由于机器损伤或过度磨损形成的。这种原因通过正确操作、检修是可以克服和避免的。

结构方面的原因，属于设计、制造方面的问题，主要是制造厂的原因，后两种原因则与使用单位有关。

③转子轴位移　转子轴位移是汽轮机运行中的一个重要监测指标，转子轴位移过大，能够引起动静部件间轴向摩擦，造成事故。所以当汽轮机转子轴位移增大时，说明汽轮机轴向推力增加或止推轴承工作失常，应立即减负荷，使轴位移降到正常值，同时检查推力轴承温度、机组振动等，找出原因并采取措施处理。严禁在转子轴位移超过规定值的情况下强行运行。

可能造成轴向推力异常增大的原因主要有以下几方面。

a. 超负荷运行　超负荷运行时流量必然增大，超过正常值，机内各级前后的压力差变大，轴向推力增加。如果负荷超过过多、过猛而使流量猛增，可使轴向推力骤然增加，因此运行时要控制好负荷。

b. 级间密封磨损　喷嘴隔板轴封磨损过多，造成间隙过大，漏汽量增大。因为由间隙漏过的蒸汽未经过喷嘴，保持很大的压力，致使叶轮前面压力增高，造成轴向推力增加。因此保持良好的级间密封，不仅可以保证经济性，同时可以保证安全性。

c. 叶片结垢　叶片结垢可使叶片通汽面积减少，使级前压力增加，造成叶片的反动度增加，使轴向推力增大。因此必须经常注意汽轮机"监视段"的压力，当监视段压力超过规定值时应当及时采取措施。

d. 水冲击　当蒸汽中带水进入汽轮机时，可以引起水冲击，这时进汽温度急剧下降，从轴封和各结合面不严密处冒出白色的湿汽或溅出水点，汽管内可听见有水击声。由于水滴在轴向上打击叶片并且堵塞通道，使叶片前、后压差增大，使轴向推力大大增加。由于推力大大增加，推力瓦乌金温度和出口油温将上升，机组内产生金属噪声和水击声。

汽轮机发生水冲击时，必须采取迅速、果断措施，破坏真空，马上停机，并开启各疏水阀门，进行疏水，否则将会引起推力轴瓦熔化、轴封破坏、叶片碰毁等严重事故。

e. 新蒸汽温度过低　新蒸汽温度过低时应当限制负荷并同时恢复新蒸汽温度。如果不能恢复正常初温则必须降低负荷，否则将引起流量大量增加，使轴向推力急剧加大。

f. 负荷增加过快　当负荷突然快速增加时，流量突然加大，在叶片通道中的蒸汽加速、轴向分速度瞬时改变很大，使得叶片受到过大的轴向力，使整个转子轴向推力增加。

④ 通流部分结垢 汽轮机是蒸汽热能动力机械，在蒸汽中含有盐分，但运行中大部分盐分随蒸汽的冷凝回到冷凝液中，有少部分在汽轮机的通流部分中结垢残留下来。通流部分结垢不仅影响汽轮机运行的经济性，还直接影响汽轮机的安全运行。

在进、排汽参数和通流部分有效流通面积符合设计时，汽轮机第一级后压力与通过汽轮机蒸汽流量成正比，如因结垢使流通面积小于设计值时，欲维持相同的蒸汽流量或功率，则第一级后压力与流通面积减小的程度成比例地增加。监视功率相同时汽轮机第一级后压力的变化可判断流通部分的结垢情况，通常称第一级后压力为监视段压力。

定期比较在同样操作条件下监视段压力的变化，若监视段压力缓慢上升则表示汽轮机通流部分有结垢产生。p_1 表示通流部分正常时监视段压力，p_2 表示结垢后的压力，压力的增长率 Δp 达到某一限度时，应对汽轮机通流部分进行清洗。

$$\Delta p = \frac{p_2 - p_1}{p_1} \times 100\%$$

预防汽轮机通流部分结垢的方法是严格监视锅炉给水的质量和蒸汽的品质，使其符合要求。汽轮机通流部分结垢后可采取不停机的办法清洗，用湿蒸汽或在湿蒸汽中加碱溶液清洗。前者可清除溶于水中的大部分盐分；后者还可除去大部分非溶于水的盐分。也可利用停机检修的机会对隔板和转子上的结垢进行清洗。不停机清洗应根据机组的设计规范，制定方案进行。

(2) 停机维护 汽轮机停机分为正常停机和事故停机。正常停机应逐渐减负荷，然后按停机规程逐渐停车。事故停机是在设备故障情况下，为了保证人身、设备安全而进行的紧急处理。

汽轮机正常停机时，要检查转子。切断汽轮机进汽后，转子因惯性作用会发生惰走情况，转子惰走时要用听棒倾听缸体内有无杂音。在同样条件下，当汽轮机转子惰走时间显著缩短时，说明转子可能与隔板、密封发生摩擦，或由于内部机件损坏发生碰刮；惰走时间明显加长时，一般说明进汽阀关闭不严密而漏气。

转子静止后要马上投入盘车，防止转子出现热变形。盘车时间应按制造厂的规定进行，制造厂无规定时，高压汽轮机连续盘车时间一般不少于 12h，中压机组连续盘车时间一般不应少于 8h，在蒸汽室上温度未降至 150℃ 之前不得停止连续盘车。停止连续盘车后，每 60min 盘转 180°，至汽室温度降至 100℃。无连续盘车装置的机组，应在转子完全静止后，2h 之内每隔 10min 盘转 180°；2~4h 内每隔 30min 盘转 180°；4~8h 内每隔 60min 盘转 180°，直至蒸汽室上温度降至 100℃ 为止。

汽轮机停机后，油系统应继续运行，以保证盘车时轴承润滑油的供应，同时也为了带走高温转子传给轴承的热量，防止轴瓦合金超温，一般当轴承温度低于 43℃，轴承出口油温降到 38℃ 以下时才可以停润滑油系。

6.2.2.4 中间冷凝器的维护保养

(1) 中间冷凝器维护保养的内容

① 检查冷凝器气体进、出口温度指示。

② 检查冷凝器的振动、声响及泄漏。

③ 检查冷凝器的压力指示是否准确。

④ 检查冷凝器的管卡、螺栓、地脚螺栓、基础等有无松动蹿位、磨管、裂纹及倾斜等情况。

⑤ 检查冷却水水质是否符合要求。

（2）维护时间　必须按时、定点、定线严格认真地进行检查并做好记录，发现异常时应及时处理。

（3）维护保养的标准

① 运行正常，效能良好，冷却效果能满足正常生产需要，或达到铭牌能力的90％以上。

② 集合管（箱）、管束等部件无泄漏和严重结垢。

③ 各构件无损，质量符合要求：管子及各零部件材质选用应符合设计要求，管子的腐蚀在预定范围内，同一片空冷管子被堵管率（单程堵管率）不超过总数的10％，管子无严重变形。

④ 主体整洁，零附件齐全好用，涂层完整美观，基础、支架、框架牢固，各部位螺栓、螺母不缺且无松动，符合技术要求；集合管（箱）焊缝及各接头部位无泄漏；阀门、法兰等处无泄漏。

⑤ 技术资料齐全准确，应具有设备档案和设备结构图及易损配件图。

6.2.2.5　润滑系统的维护保养

从压缩机事故的调查与统计中获悉，由润滑系统直接或间接引起的故障占压缩机总故障率的35％左右，可见，润滑系统引起的事故占了相当大的比重，因而对润滑系统的正确使用与保养是压缩机维护保养的一个重要方面。

对压缩机润滑系统的使用保养通常包括油位检查，油压、油温的调节与控制，滤油器、油冷却器和润滑管道的定期清洗，润滑油定期更换，润滑油消耗量检查等。对于这些项目的操作，以及与此相关的故障与排除，不同型号的压缩机都有各自具体的规定和要求，这些规定和要求一般均能在压缩机使用说明书中找到，故在此不再一一叙述。

本小节所要叙述的是着重于在执行这些维护保养规程时带有普遍意义或本质性的问题，其内容涉及供油量的控制，使用油老化倾向与换油周期的确定，进气清洁度和进、排气温度的控制等。

（1）供油量的控制　对一般活塞式压缩机气缸内部供油量的控制，原则上应确保在有效润滑前提下尽量减少，这对于防止或减少积炭极为重要。

对气缸内部供油量的控制，在大型或带十字头式压缩机中可通过调节注油器的供油速度来实现；对不采用注油器而是从曲轴箱内飞溅供油的一般无十字头式压缩机，其供油量的控制则比较困难，它除了与油的黏度、曲轴箱内油面高度、油被飞溅的程度等因素有关外，进入气缸压缩腔内的油量，还取决于刮油环的刮油能力、活塞与气缸的间隙以及活塞环的工作状态与磨损情况。因此，在这一类压缩机中，对气缸内部进油量的控制，就需要考虑这些影响因素并采取相应措施。这些措施是：

① 使用适当黏度的润滑油；

② 保持合适的曲轴箱内液面高度，避免曲轴平衡块或连杆大端直接接触和激溅油面；

③ 采用正确的溅油方式，减少油被飞溅的程度；

④ 采用合适的刮油环形状和弹力，提高刮油环刮油效果；

⑤ 尽可能减少活塞与气缸间隙和活塞环开口间隙；

⑥ 检查活塞环与刮油环的磨损情况，适时更换。

表6-3列举了不同结构型式活塞压缩机供油量的推荐值，按压缩机功率和运转时间计算酌定。

对压缩机供油量的调整与确定的最好办法是周期性检查气阀、气缸及活塞环表面残留物和阀腔内积油，如残留物较多或阀腔内存有过多的油，并在排出气体中含油量超过规定时，则应减少供油量；如触及这些金属机件表面而感到干燥时，就应增加供油量。在进行供油量调整时，一般按供油量从大到小程序进行，并随时观察气缸内部，以不缺少油膜，又不在活塞与气缸之间产生油淤积时为最合适的供油量。

表 6-3　不同结构型式活塞压缩机供油量的推荐值

压缩机结构型式	润滑方式	供油量/[mL/(kW·h)]
带十字头式压缩机	注油器压力注油	0.5
无十字头式压缩机	飞溅	1

滴油润滑滑片式压缩机供油量，可按功率、最终排气压力进行选择，其供油量的选择见表 6-4。

表 6-4　滴油润滑滑片式压缩机供油量的选择

功率/kW	55		75	150	300
排气压力/MPa	0.3	0.85	0.85	0.85	0.85
供油量/(mL/h)	15～25	15～25	27～30	20～25	14～20

(2) 润滑油老化倾向与换油周期的确定　虽然大多数的压缩机制造厂都在使用说明书中规定了压缩机润滑油的更换期限，但必须指出，简单地以运转小时数来确定压缩机润滑油更换周期是不尽合理的。因为即使是同一类型的压缩机，由于工作场所或工作条件不同，其润滑油的老化程度也会不同。因此，根据压缩机使用实践，掌握其老化倾向，从而得出确切的换油周期是十分重要的。

要掌握使用油的老化倾向，必须对使用油进行定期观察和取样分析，根据油的颜色、黏度、酸值等性能的变化，来综合评定润滑油的老化程度。对一般的润滑油，在使用过程中其颜色逐渐加深，但也有一些专用油，由于添加剂的影响，油的颜色在使用过程中并不发生变化，有的甚至在接近换油期时颜色变浅。因此，对这些油就不能单凭颜色变化来判断它的劣化情况。使用油的氧化老化，主要表现在酸值变化，开始酸值增加缓慢，到达一定值后增加较快，合适的换油周期应选择在酸值快速增加之前。润滑油的黏度常因氧化变劣而增加，但当混入低黏度油时，黏度降低。当黏度增加或降低值超过一定范围时，均会对压缩机润滑产生不良影响。掌握了润滑油这些性能指标的变化情况，就为合理地确定换油周期提供依据。

压缩机使用油的更换期限还与压缩机结构型式、润滑部位、润滑方式等因素有关。表 6-5 给出了在不同型式压缩机与不同润滑部位中使用的润滑油需要更换时的质量推荐指标，这对大多数的压缩机和一般的使用场合是适用的。

对于那些特定型式或特殊用途的压缩机，还可以根据其在当地使用条件下，所掌握的润滑油老化变压情况，制定出更为合理的换油质量指标。

不论是哪一种压缩机，在其润滑油更换时，均应注意机内残存的老化油对加入的新油的影响。由于压缩机润滑系统通常比较复杂，换油时不可能将机内工作油全部放尽，有 5%～20% 已使用过的油会残存下来，这些残存的旧油将对新加入油的性能产生一定的影响。特别是当机内残存有老化产物时，将导致新油的使用寿命大大缩短。如对混入 10%，酸值为 5.16 mg KOH/g 老化油的几种润滑油的试验表明：其抗氧化稳定性的寿命为新油的 23%～56%。因此，每次换油时，对润滑系统进行必要的清洗极为重要。

以上叙述的是压缩机在正常运转时的换油周期的确定依据及换油时应注意的事项。对新压缩机或刚大修后的压缩机，因存在一个试运转、磨合阶段，故在运转初期对润滑油的更换周期必须缩短。推荐在最初 50h 运转后，应将油放净，并清洗滤油器或更换滤油元件；经200h 运转后，应再次换油；以全部清除工作部件在磨合过程中产生的磨屑和残渣。对新压缩机的气缸与活塞环的磨合过程，有的可能要持续 300～400h 之久，因此在完全磨合后再次换油和清洗润滑系统仍有必要。

表 6-5 在不同型式的压缩机与不同润滑部位中使用的润滑油需要更换时的质量推荐指标

压缩机类型	润滑部位		换油质量指标				附注
			黏度/%	酸值/(mg KOH/g)	残碳/%	正庚烷不溶物/%	
活塞式	高压	内部用（气缸）	—	—	—	—	注油润滑,不重复使用
		外部用（轴承）	±15	2.0	1.0	0.5	
	低压	气缸、轴承共用	±15	2.0	1.0	0.5	
回转式	转子、轴承		±15	0.5	—	0.2	
速度式	密封、轴承		±15	0.5	—	0.2	

（3）进气清洁度与进、排气温度控制 压缩机在使用中不少故障是由吸入气体中的杂质和其他化学物质引起的,吸入压缩机内的杂质和尘埃会引起活塞环和气缸表面的磨损,同时由于这些杂质的催化作用,会加剧润滑油的氧化老化。吸入空气中存在的化学物质,还直接与润滑油反应生成沉积物和引起腐蚀。当压缩机在多尘环境中使用时,上述情况更为严重。

对压缩机进气清洁度的控制,主要是通过选择有效的进气滤清器和对进气滤清器定期清洗来实现。在选择进气滤清器时,应考虑 $10\sim50\mu m$ 颗粒大小的尘埃对磨损的影响,尽量选用容量充裕、性能优良的滤清器。采用湿式滤清器时,对滤清器中所填充的油应定期更换,因为滤清器中填充油常受尘埃污染,且有可能被吸入压缩机气缸内部,其对压缩机工作的影响不允忽视。

对压缩机进、排气温度控制同样十分重要。高的进气温度会导致高的排气温度和加剧润滑油的氧化老化,促进炭积物的生成和最终导致事故。为使排气温度不致过高,首先要控制较低的进气温度,为此,要选择适当的进气位置和良好的通风条件。如将压缩机进气口移至环境温度较低的室外,并在进气管穿过室内的长距离的管道外表包上一层绝热保温材料,以获得低的进气温度。此外,要控制气缸冷却水的温度、流量,使排气温度限制在允许的范围内。

6.2.3 压缩机组部件的清洗

6.2.3.1 油污的清洗

压缩机中所需的润滑油比较多,因而对附属设备或管道造成油污染也很常见。为保持设备和管道清洁,需对油污进行清洁。经常用清洗液清洗,常用的清洗液有以下几种。

（1）碱性化合物清洗液 它是碱或碱性盐的水溶液。其除油机理主要靠皂化和乳化作用。油类有动植物油和矿物油两大类。前者和碱性化合物溶液可发生皂化作用生成肥皂和甘油而溶解于水中;矿物油在碱性溶液中不能溶解,清洗时需向碱性化合物溶液中加入乳化剂,使油脂形成乳浊液面而脱离零件表面。常用的乳化剂是肥皂和水玻璃等。

清洗钢铁零件时,可以表 6-6 中的配方做参考;清洗铝合金零件时,可以表 6-7 中的配方做参考。

碱液清洗时,一般将溶液加热到 $80\sim90℃$。零件除油后,需用热水冲洗,以去掉表面残留的碱液,防止零件被腐蚀。

（2）化学合成水基金属清洗剂 水基金属除油剂是以表面活性剂为主的合成洗涤剂。有些加有碱性电解液,以提高表面活性剂的活性,并加入磷酸盐、硅酸盐等缓蚀剂。

表 6-6　清洗钢铁零件用配方　　　　单位：kg

成分	配方 1	配方 2	配方 3	配方 4
苛性钠	7.5	20	—	—
碳酸钠	50	—	5	—
磷酸钠	10	50	—	—
软肥皂	1.5	—	5	3.6
硅酸钠	—	30	2.5	—
磷酸三钠	—	—	1.25	9
磷酸二钠	—	—	1.25	—
偏硅酸钠	—	—	—	4.5
重铬酸钾	—	—	—	0.9
水	1000	1000	1000	450

表 6-7　清洗铝合金零件用配方　　　　单位：kg

成分	配方 1	配方 2	配方 3
碳酸钠	1.0	0.4	1.5~2.0
重铬酸钾	0.65	—	0.65
硅酸钠	—	0.15	—
磷酸钠	—	—	0.5~1.0
肥皂	—	—	0.2
水	100	100	100

　　合成水基清洗剂溶液清洗油污时，要根据油污的类别，污垢的厚薄和密实程度，金属性质、清洗温度、经济性等因素综合考虑，需选择不同的配方。合成洗涤剂温度在 80℃ 左右，清洗效果较好。要短期保存的零件，用含硅酸盐的合成洗涤剂清洗后，不需进行辅助的防腐处理。

　　（3）有机溶剂　常见的有机溶剂有煤油、轻柴油、汽油、三氯乙烯、丙酮和酒精等。有机溶剂清除油污是以溶解污物为基础的。由于溶剂的表面张力小，能够很好地使被清除表面润湿并迅速渗透到污物的微孔和裂隙中，然后借助于喷、刷等方法将油污去掉。

　　有机溶剂对金属无损伤，可溶解各类油脂，清洗时一般不需加热，使用简便，清洗效果好。但有机类清洗液多数为易燃物（只有三氯乙烯等少数溶液不易燃烧），清洗成本高，主要适用于精密零件的清洗。目前使用最多的有机溶剂为煤油、轻柴油和汽油。三氯乙烯是一种无色透明、易流动、在常温下带有芳香味的液体。它溶解油脂的能力很强，常温下比汽油高 4 倍，50℃ 时比汽油高 7 倍，清洗效果很好，但有毒性，与明火接触会产生剧毒的气体。当空气中含量高于 $10mg/m^3$ 时，对人的神经系统可能产生麻醉作用，使用时必须采取严格的安全防护措施。

6.2.3.2　清除积炭

　　空压机在试车或长期运行过程中，有时会在储气罐、管道、气缸、曲轴箱等部位发生燃烧和爆炸。爆炸事故多为自燃所引起，爆炸源通常在空压机至储气罐之间的排气管路上，火源多发生在排气管气流速度较低的区段，引起燃烧和爆炸最主要的原因是积炭。积炭生成的主要原因是由于气缸中进入润滑油过多，组成难挥发和黏度很大的油混合物；挥发油在高温下很快蒸发并被空气带走，难挥发油留在高温饱和的气缸中被氧化，并与空气中的杂质混合成碳化物，逐渐增多后就形成易燃的积炭。实验证明，润滑油的闪点和着火点与积炭没有关系。只有当温度达到 350℃ 以上时积炭才会燃烧。当油蒸气达到爆炸浓度（即 1kg 空气中含 30~40mg 润滑油蒸气）时，便由燃烧转为爆炸，因而必须及时去除压缩机与管道中的积炭现象。

通常采用化学法并辅以机械法清除积炭。化学法是用化学溶液（称为退炭剂）浸泡带积炭的零件，使积炭被溶解或软化，然后辅以洗、擦等办法将积炭清除。退炭剂一般由积炭溶剂、稀释剂、活性剂和缓蚀剂等组成。积炭溶剂是能够溶解积炭的物质，常用的有苯酚、焦酸、油酸钾、苛性钠、磷酸三钠氢氧化胺等。稀释剂用以稀释溶剂，降低成本；有机退炭剂常用煤油、汽油、松节油、二氯乙烯、乙醇作稀释剂；无机退炭剂用水作稀释剂。常用的活性剂有钾皂和三乙醇胺。常用的缓蚀剂有硅酸盐、铬酸盐和重铬酸盐，它们的含量占退炭剂的 0.1％～0.5％，现介绍表 6-8 及表 6-9 中配方，供参考。

6.2.3.3　清除水垢

在机械的冷却系统中，长期使用硬水（含有可溶性钙盐、镁盐较多的水，如井水）后，在冷却器及管道内壁上会沉积一层黄白色的水垢。水垢的主要成分是碳酸盐、硫酸盐，有些还含有二氧化硅等。水垢的热导率为钢的 0.02～0.05 倍，严重影响冷却系统的正常工作，必须定期消除。清除水垢的化学清除液可根据水垢成分和零件的金属材料选用。

（1）钢铁零件上的水垢

① 对含碳酸钙和硫酸钙较多的水垢，首先用 8％～10％ 的盐酸溶液加入 3～4g/L 的缓蚀剂（乌洛托品），并加热至 50～80℃，处理 50～70min。然后取出零件或放出清洗液，再用含 5g/L 的重铬酸钾溶液清洗一遍；或再用浓度 5％ 的苛性钠水溶液注入水套内，中和其中残留的酸溶液，最后用清水冲洗干净。

表 6-8　常用退炭剂配方（一）　　　　　　　　　　　　　　　　单位：kg

成分	钢件和铸铁件			铝合金件		
	配方 1	配方 2	配方 3	配方 1	配方 2	配方 3
苛性钠	2.5	10	2.5	—	—	—
碳酸钠	3.3	—	3.1	1.85	2.0	1.0
硅酸钠	0.15	—	1.0	0.85	0.8	—
软肥皂	0.85	—	0.8	1.0	1.0	1.0
重铬酸钾	—	0.5	0.5	—	0.5	0.5
水/L	100	100	100	100	100	100

② 对含硅酸盐较多的水垢，首先用 2％～3％ 的苛性钠溶液进行处理，温度控制在 30℃ 左右，浸泡 8～10h，放出清洗液，再用热水冲洗几次，洗净零件表面残留的碱质。

③ 用 3％～5％ 的磷酸三钠溶液，能清洗任何成分的水垢，溶液温度为 60～80℃，处理后用清水冲洗干净。

表 6-9　常用退炭剂配方（二）

成分	所占体积分数％	备　　注
醋酸乙酯	4.5	
丙酮	1.5	
乙醇	22	积炭零件浸泡 2～3h，取出后用毛刷蘸汽油将积炭刷掉。效果好，方便，但对
苯	40.8	铜有腐蚀，对钢、铁、铝等均无腐蚀。要有良好的通风
石蜡	1.2	
氨水	30	

（2）清洗铝合金零件上的水垢　清洗液可采用下述配方：将 100g 磷酸注入 1L 水中，再加入 50g 铬酐，并仔细搅拌均匀。在 30℃ 左右，浸泡 30～60min 后，用清水冲洗，最后用温度为 80～100℃、重铬酸钾含量为 0.3％ 的水溶液清洗。

6.2.3.4　除锈

机器的各种金属零件，由于与大气中氧、水分等发生化学与电化学作用，表面生成一层腐蚀产物，通常称为生锈或锈蚀。这些腐蚀产物主要是金属氧化物、水合物和碳酸盐等。Fe_2O_3 及其水合物是铁锈的主要成分。除锈时根据具体情况，可采用机械方法、化学方法或电化学方法。

（1）机械法除锈　它是利用机械的摩擦、切削等作用去清除锈层。常用的方法有刷、磨、抛光、喷砂等，可依靠人力用钢丝刷、刮刀、砂布等刷、刮或打磨锈蚀层，也可用电动机或风动机做动力，带动各种除锈工具，清除锈层，如磨光、刷光、抛光和滚光等。磨光轮可用砂轮；刷光轮一般用钢丝、黄铜丝、青铜丝制成；抛光轮可用棉布或其他纤维织品制成。滚光是把零件装入滚筒内，利用零件与滚筒中磨料之间的摩擦作用除锈，磨料可用砂、碎玻璃等。

（2）化学除锈　它是利用金属的氧化物容易在酸中溶解的性质，用一些酸性溶液清除锈层。主要使用的有硫酸、盐酸、磷酸或几种酸的混合溶液，并加入少量缓蚀剂。因为溶液属酸性，故又称酸洗。在酸洗过程中，除氧化物的溶解外，钢铁零件本身还会和酸作用，因此有铁的溶解与氢的产生和析出。而氢原子的体积非常小，易扩散到钢铁内部，造成相当大的内应力，从而使零件的韧性降低，脆性及硬度提高，这种现象称为"氢脆"。在酸液中加入石油磺酸或乌洛托品等缓蚀剂，能在洁净的钢铁表面吸附成膜，阻止零件表面金属的再腐蚀，并防止氢的侵入。

几种除锈配方分别介绍如下。

① 硫酸液除锈

a. 对钢铁零件，用密度 1.84g/L 的硫酸 65mL，溶于 1L 水中，加入缓蚀剂 3～4g；或每升水中加入相对密度为 1.84 的硫酸 200g。

b. 每升水中加入相对密度为 1.84 的 10%～15%硫酸。此方适用于铜及其合金。

稀释硫酸时，切记"必须把硫酸缓缓倒入水中，并不断搅拌"，决不能把水倒入硫酸中。

② 盐酸溶液除锈

a. 对钢铁零件，用密度为 1.19g/L 的盐酸，在室温（20℃左右）条件下，酸洗 30～60s。

b. 对铜及其合金零件，在 1L 水中加 3～10g 缓蚀剂，和 1L 盐酸混合后，室温条件下使用。

③ 磷酸溶液除锈　采用温度为 80℃而浓度为 2%的磷酸水溶液，洗后不用水冲洗，在钢铁表面生成一层磷酸铁。磷酸铁能防止零件继续腐蚀，能和漆层良好地结合。此法主要用于油漆、喷塑等涂装前除锈，但不适用于电镀前除锈。

对锈蚀不十分严重、精密度较高的中小型零件，可采用磷酸 8.5%、铬酐 15%、水 76.5%的溶液，在 85～95℃的温度下，清洗 20～60min。

（3）电化学除锈　又称电解腐蚀或电解侵蚀，有阳极除锈法和阴极除锈法两种。阳极除锈是将锈蚀件当阳极，用镍、铅作阴极，置于硫酸溶液中，通电后，依据阳极金属的溶解和阳极表面析出氧气的搅动作用而除锈。常用电解液配方为：

硫酸（相对密度为 1.84）	5～10g/L
硫酸亚铁	300～300g/L
硫酸镁	50～60g/L

阳极电流密度为 5～10A/dm²，电解液温度为 20～60℃。阳极除锈容易侵蚀过度，只适用于外形简单的零件。

阴极除锈是把零件作阴极，铅或铅锑合金作阳极。通电后，主要靠大量析出的氢把氧化铁还原及氢对氧化铁膜的机械剥离作用来清除金属锈层。阴极除锈无过蚀问题，但氢容易渗入金属中产生氢脆。电解液中加入铅或锡的离子后可克服氢脆问题。阴极除锈常用电解液配方为：

水	1L
硫酸	44~50g
盐酸	25~30g
食盐	20~22g

阴极电流密度为 $7\sim10A/dm^2$，电解液温度为 $60\sim70℃$。

6.3 其他附属设备的运行操作

6.3.1 泵的运行操作

在压缩机系统中，冷却水和润滑油的循环使用通常依靠泵提供动力，正确对泵进行操作，是保持泵长周期安全运行必不可少的条件，下面以离心泵的操作为例来说明泵的启动和停车步骤。

6.3.1.1 泵的启动

（1）启动前的准备

① 检查泵的各连接螺栓与地脚螺栓有无松动现象。

② 检查配管的连接是否合适，泵和驱动机中心是否对中；处理高温、低温液体的泵，配管的膨胀、收缩有可能引起轴心失常、咬合等，因此，需采用挠性管接头等。

③ 直接耦合和定心：小型、常温液体泵在停止运行时，进行泵和电动机的定心没有问题；而大型、高温液体泵运行和停止中，轴心差异很大，为了正确定心，一般加热到运转温度或运行后停下泵，迅速进行再定心，以保证转动件双方轴心一致，避免振动和泵的咬合。

④ 清洗配管：运行前必须清洗配管中的异物、焊渣，切勿将异物掉入泵体内部；在吸入管的滤网前后装上压力表，以便监视运行中滤网的堵塞情况。

⑤ 盘车：启动前卸掉联轴器，用手转动转子，判断是否有异常现象，并使电动机单独试车，检查其旋转方向是否与泵一致；用手旋转联轴器，可发现泵内叶轮与外壳之间有无异物，盘车应轻重均匀，泵内无杂音。

⑥ 启动油泵，检查轴承润滑是否良好。

（2）启动

① 灌泵：启动前先使泵腔内灌满液体，将空气、液化气、蒸汽从吸入管和泵壳内排出以形成真空。必须避免空运转，同时打开吸入阀，关闭排液阀和各个排液孔。

② 打开轴承冷却水给水阀门。

③ 填料函若带有水夹套，则打开填料函冷却水给水阀门。

④ 若泵上装有液封装置，应打开液封系统的阀门。

⑤ 如输送高温液体泵没有达到工作温度，应打开预热阀，待泵预热后再关闭此阀。

⑥ 若带有过热装置，应打开自循环系统的旁通阀。

⑦ 启动电动机。

⑧ 逐渐打开排液阀。

⑨ 泵流量提高后，如已不可能出现过热时即可关闭自循环系统的阀门。

⑩ 如果泵要求必须在止逆阀关闭而排出口闸阀打开的情况下启动，则启动步骤与上述方法基本相同，只是在电动机启动前，排出口闸阀要打开一段时间。

6.3.1.2 泵的停车

① 打开自循环系统上的阀门。

② 关闭排液阀。

③ 停止电动机。

④ 若需保持泵的工作温度，则打开预热阀门。

⑤ 关闭轴承和填料函的冷却水给水阀。

⑥ 停机时若不需要液封则关闭液封阀。

⑦ 如果特殊泵装置的需要或是要打开泵进行检查，则关闭吸入阀，打开放气孔和各种排液阀。

6.3.2 电机的运行操作

6.3.2.1 电动机启动前的准备

（1）为了保证电动机正常、安全地启动，一般启动前应做好下述准备工作：

① 检查电源是否有电，电压是否正常，若电源电压过高或过低，都不宜启动；

② 启动器是否正常，如零部件有无损坏，使用是否灵活，触头接触是否良好，接线是否正确、牢固等；

③ 熔丝规格大小是否合适，安装是否牢固，有无熔断或损伤；

④ 电动机接线板上接头有无松动或氧化；

⑤ 检查传动装置，如皮带松紧是否合适，连接是否牢固，联轴器的螺栓、销子是否紧固等；

⑥ 转动电动机转子和负载机械的转轴，看其转动是否灵活；

⑦ 检查电动机及启动电器外壳是否接地，接地线有无断路，接地螺栓是否松动、脱落等；

⑧ 搬开电动机周围的杂物并清除机座表面的灰尘、油垢等；

⑨ 检查负载机械是否妥善地做了启动准备。

（2）对于未使用过或长时间停用的电动机，安装、启动前除要做好上述准备工作外，还应检查下述项目：

① 详细核对电动机铭牌上所载各项数据，如功率、电压、转速等，是否和实际使用要求相符；

② 检查电动机各零部件是否齐全，装配是否良好；

③ 核对启动设备的规格、容量是否和电动机使用的要求相符；

④ 用500V兆欧表测量电动机相间及对地的绝缘电阻，所测得的绝缘电阻值不应小于$0.5M\Omega$，若小于$0.5M\Omega$，电动机必须经过干燥处理或进行返修后方能使用；

⑤ 检查电动机的安装、校正质量；

⑥ 核对电动机接法是否和铭牌相符；

⑦ 应先做空载运转检查，检查旋转方向是否正确。

6.3.2.2 启动时应注意的问题

① 接通电源后，如果电动机不转，应立即切断电源，绝不能迟疑等待，更不能带电检查电动机的故障，否则将会烧毁电动机和发生危险。

② 启动时应注意观察电动机、传动装置、负载机械的工作情况，以及线路上的电流表和电压表的指示，若有异常现象，应立即断电检查，待故障排除后，再行启动。

③ 利用手动补偿器或手动星三角启动器启动电动机时，特别要注意操作顺序。一定要先将手柄推到启动位置，待电动机转速稳定后再接到运转位置，防止误操作造成设备和人身事故。

④ 同一线路上的电动机不应同时启动，一般应由大到小逐台启动以免多台电动机同时

启动，线路上电流太大，电压降低过多，造成电动机启动困难，引起线路故障或使开关设备跳闸。

⑤ 启动时，若电动机的旋转方向反了，应立即切断电源，将三相电源线中的任意两相互换一下位置，即可改变电动机转向。

6.3.2.3 电动机运行中的监视

电动机在运行时，值班工作人员可以通过仪表和感觉器官监视其运行情况，以便及早发现问题，减少或避免故障的发生。

（1）监视电动机的温度 电动机正常运行时会发热，使电动机的温度升高，但不应超出允许的限度。如果电动机负载过大，使用环境温度过高，通风不畅或运行中发生故障，就会使其温度超出允许限度，导致绕组过热烧毁，因此电动机温度的高低是反映电动机运行是否良好的主要标志，在运行中要经常检查。电动机是否过热，可以用以下方法判断。

① 凭手的感觉。如果以手接触外壳，没有烫手的感觉，说明电动机温度正常；如果手放上去烫得马上缩回来，说明电动机已经过热。

② 在电动机外壳上滴 2~3 滴水，如果只冒热气没有声音，则说明电动机没有过热，如果水滴急剧汽化同时伴有"咝咝"声，说明电动机已经过热。

③ 判别电动机是否过热的准确方法还是用温度计测量。测量时把电动机的吊环拧下，用锡箔包住温度计下端（或在吊环孔内填入黄油），将温度计插入吊环孔底，锡箔的厚度应使其和孔壁紧密接触，孔的出口用棉花堵严，测得温度就是定子铁芯的温度。此温度与绕组温度有一定关系，因此可通过监视铁芯温度的变化情况来防止绕组过热。

发现电动机过热，应立即停车检查，等查明原因、排除故障后再行使用。

（2）监视电动机的电流 一般容量较大的电动机应装设电流表，随时对其电流进行监视。若电流大小或三相电流不平衡超过了允许值，应立即停车检查；容量较小的电动机一般不装电流表，但也经常用钳形表测量。

（3）监视电源电压 电动机的电源上最好装设一个电压表和转换开关，以便对其三相电源电压进行监视。电动机的电源电压过高、过低或三相电压不平衡，特别是三相电源缺相，都会带来不良后果。如发现这种情况应立即停车，待查明原因，排除故障后再使用。

（4）注意电动机的振动、响声和气味 电动机正常运行时，应平稳、轻快、无异常气味和响声，若发生剧烈振动、噪声和焦臭气味，应停车进行检查修理。

（5）注意传动装置的检查 电动机运行时要随时注意查看皮带轮或联轴器有无松动，传动皮带是否有过紧、过松的现象等，如果有，应停车上紧或进行调整。

（6）注意轴承的工作情况 电动机运行中应注意轴承的声响和发热情况，若轴承声音不正常或过热，应检查润滑情况是否良好和有无磨损。

6.3.3 汽轮机的运行操作

6.3.3.1 汽轮机的启动

下面以汽轮机的冷态启动为例来说明汽轮机的启动程序。

（1）暖管和疏水 暖管和疏水是汽轮机启动前的一项重要工作。当蒸汽进入冷态的蒸汽管道时，将提升管壁温度，同时蒸汽急剧冷凝成水。因此暖管和疏水必须相互配合，把冷凝水及时疏出，防止管道出现水击。另外当汽轮机冲转时，若这些水被高速蒸汽流带入工业汽轮机时，会使工业汽轮机内部产生水冲击而使轴向推力大大增加，并可能损伤转子和止推轴承。

暖管所需时间取决于管道长度、管径尺寸、蒸汽参数的高低和管道强度所允许的温升速度。要很好地掌握升温、升压速度，当升温太快时，管道内外壁面温差很大，会引起很大的热应力。暖管过程分低压暖管和升压暖管两步进行，低压暖管是用低压力、大流量的蒸汽进行暖管，汽压一般维持在 0.25～0.3MPa，而高参数、大功率机组保持在 0.5～0.6MPa。采用低压力、大流量蒸汽暖管比高压力、小流量蒸汽使金属受热更为均匀，对管道较为安全。当管壁温度升到低压暖管压力下的蒸汽饱和温度 150℃ 左右时，而且管壁内外温差不大时，便可以升压暖管，将管道压力逐渐升到额定压力。升压速度取决于管道强度所允许的温升速度，一般中参数机组升压时允许管道温升速度为 5～10℃/min，高压汽轮机升压速度为 0.1～0.2MPa/min，温升速度不得超过 3～5℃/min。

暖管时应当注意防止蒸汽漏入工业汽轮机内，以防止上、下气缸温差过大和转子热弯曲。机组启动前，新蒸汽温度要高于饱和蒸汽温度 50℃ 以上。

（2）盘车　盘车工作在启动之前，尤其在停机之后是非常重要的，因为启动过程是机组被加热过程，而停机过程是机组被冷却过程。在启动前，由于阀门内漏后通入轴封汽等原因，缸体内会进入蒸汽。如果转子不是在运动状态下加热，则转子会发生热变形，使得转子会向上弯曲，影响径向间隙，产生振动，严重时还会引启动静部件间磨损，发生事故。因此在汽轮机冲转之前，在暖管时就要启动润滑油系统，并使盘车装置投入运行，使转子缓慢转动后，才可以向轴封供汽，加速抽真空。

盘车可分为手动盘车（定期盘车）和电动盘车（连续盘车）两种方式。应当注意，在盘车时（特别是连续盘车）应尽可能地保证轴承必要的润滑条件，以免损坏轴瓦。在盘车时转子以低速转动，在轴颈处不能形成正常的油膜，可能形成半干摩擦，使轴承的轴瓦会发生额外的磨损，因此盘车时间也不要拖得太长。

对于没有盘车装置的汽轮机，启动时最好先冲转后再向轴封供汽，以免转子静止受热变形。

（3）建立真空　对凝汽式汽轮机来说，建立真空对机组出力及经济性都有很大的影响。启动时真空度高，也就是凝汽器内绝对压力低，从而气缸内压力低，则机内空气密度小，转子转动时摩擦鼓风损失就少，转子冲动时所需要的蒸汽量也会减少。这样减少了蒸汽消耗，提高了经济性，同时又减小了叶片所受的力，因为叶片所受力是与蒸汽流量成正比的，有益于安全启动。

冲动转子时对真空值要求达到 450～500mmHg（60～67kPa），不允许在过低的真空度下冲动转子。如果启动真空度低，则转子冲动时阻力大，启动汽量大，除了不经济外，叶片受力也大，同时排汽温度也高，不利于凝汽器安全运行。一般中压机组启动真空值为正常真空值的 60%～70%，随着转速的增加，真空值也应随之上升。一般的设备对启动所需最低真空值都有明确的要求，若制造厂没有明确的规定，则按启动时真空度至少应达到 350mmHg（47kPa）以上执行。

（4）轴封供汽　在工业汽轮机转子冲动前，抽气装置已经投入工作，它所建立的真空值能够达到要求时，即可以在不向轴封供汽条件下冲动转子，一旦冲动后立即向轴封供汽，使真空值随转速不断升高。如果抽汽装置不能达到汽轮机冲转要求的真空度，就应首先向轴封供汽，向轴封供汽的目的是为了防止空气沿汽封进入气缸，较快地建立起有效的真空。对有电动盘车机构的机组，可以在连续盘车状态下先向轴封供汽；对有手动盘车机构的机组，也可以在每隔几分钟将转子转动 180° 的情况下向轴封供汽。在转子静止状态下一般禁止向汽封供汽。对凝汽式汽轮机，若轴封汽达不到真空要求，汽轮机又没有盘车装置的话，可以在冲转之前向轴封供汽，但时间越短越好，供轴封汽后要争取尽快冲转。

（5）冲动转子　冲动转子是启动操作的关键，真正的启动从这里开始。冲动转子是汽轮机由冷态变到热态、由静止到转动的开始，关键是控制工业汽轮机金属温度的升高和转子转速的升高。转子刚一转动，接近额定温度的新蒸汽进入金属温度较低的工业汽轮机，这时蒸汽对金属进行剧烈凝结放热，因此工业汽轮机金属温度变化剧烈，容易造成很大的热应力。随着转速的升高，工业汽轮机温度也将升高，气缸内的蒸汽对金属对流放热逐渐增大，金属温升速度才放慢。为了减少热应力，在额定参数下冷态启动的机组，采用限制新蒸汽流量、延长暖机升速时间的办法来控制金属加热速度。

转子转动后，要对机组进行详细检查，监视转子并判断转子转动是否正常。大部分汽轮机都装有轴承温度、转子振动、转子轴位移等在线监测装置，通过监测仪表判断汽轮机转动是否正常。另外还要用听棒倾听机组内部有无金属碰擦声，用手凭经验感觉或用测振仪器检查汽轮机轴承箱、缸体的振动。如机组有明显的振动、内部有金属摩擦声，说明转子存在碰擦，应当紧急停机，并找出原因，处理后再开车。

汽轮机冲转后，应立即检查凝汽器的真空度，由于一定数量的蒸汽突然进入凝汽器，真空度可能降低很多，当蒸汽正常凝结后，真空度又要上升。要注意调整凝汽器的水位，防止凝汽器无水和满水情况。转子冲转一切正常后，在规定的转速下进行低速暖机，暖机时注意疏水。

（6）暖机和升速　转子冲转之后，在转速升到额定转速之前，需要有一个暖机和升速过程。暖机的目的在于使工业汽轮机部件受热均匀、减少温差，避免产生过大的热变形和热应力。暖机的转速和时间随着机组参数、功率和结构的不同而不同。对于冲动式汽轮机的级数不多、间隙较大、叶轮式的转子，所需暖机时间相对较少。对级数多、间隙小的反动式汽轮机来说暖机所需的时间就要很长；对中等参数汽轮机暖机时间较短，对高参数机组暖机时间则较长。不同的机组，制造厂都提供不同的暖机和升速曲线。

根据制造厂的规定，目前多采用分段升速暖机，即在不同的转速阶段进行暖机，这种暖机方式要比稳定在一个低转速下进行暖机效果好。一般分为低速暖机、中速暖机和高速暖机三个过程。低速暖机使各部件均匀受热，一方面可以减少各部件的热变形和热应力；另一方面也给操作、维修人员全面检查设备提供了时间。中速暖机是为过临界转速做准备，暖机时间也要充分，一般在中速暖机前后，法兰内外壁温差不断增加，法兰与螺栓的温差也不断增加，因此这时要严格控制法兰内外壁、法兰与螺栓和气缸左右两侧的温差，注意检查汽轮机各部位的膨胀情况。另外还要检查蒸汽参数、真空度是否稳定并符合要求，油系统是否正常等，做好过临界转速的前期工作。高速暖机是在进入调速器工作前的某一转速下暖机，是汽轮机升速过程中加热速度最大的阶段，此时蒸汽进汽量大，金属膨胀比较大，要注意对机组检查，另外转速升高后，转子振动，轴承温度将升高，要重点监视。

暖机过程结束后，即可将汽轮机转速升到调速器控制转速。在转子的每一个升速过程中都要严密监视汽轮机振动，汽轮机振动值是升速中汽轮机状态好坏的重要监视指标，当发生不正常振动时，表明暖机不良或升速过快，造成汽轮机主要部件变形或中心线变动，甚至引起摩擦，此时应当把转速降低，直到异常振动消失，再进行暖机 10～30min，才可继续升速。如果是因为转子热弯曲引起的振动，则经过降低转速暖机后，振动可以消除，然后再升速，如升速后仍然出现过大的振动应立即打闸停机，查明原因，予以消除。振动过大时，绝不允许强行升速，否则会造成转子内件严重磨损，转子永久性弯曲等事故。

汽轮机转子大部分都是柔性转子，正常运行转速一般在一阶临界转速之上，所以在升速过程中一定要通过一阶临界转速。因为临界转速是机组的共振转速，在这个转速下振动加剧，特别是对动平衡较差的转子，振动更大。长时间在临界转速附近运转会造成机械损坏，因此升速过程中通过临界转速要快，不允许在此转速下长时间停留。

（7）调节、保安系统的检查和试验　当机组转速接近调速器工作转速时，升速应缓慢，注意观察调速器投入工作时有没有抖动和转速波动情况，并记录调速器开始工作转速。在调速器不能自动维持机组转速或变速机构不能有效调整和控制转速的情况下禁止汽轮机投入运行。

在确认调速器正常投入工作后，稳定运行 10～15min，对机组进行全面检查，确认一切正常后，即可进行保安系统的试验。在下列情况下应做危急保安器跳闸试验：

① 汽轮机首次安装试运转或大修后；

② 停机拆开调节和保安系统并对保安系统部件进行检修或更换后；

③ 更换或修理过汽轮机转子与危急保安器；

④ 每运行 8000h 或距前次试验已间隔 8000h，应利用停机或启动的机会进行超速跳闸试验。

危急保安器的动作转速一般设计为汽轮机最大连续运行转速的 110%，危急保安器动作后，通过快速跳闸系统使汽轮机停车，以确保设备安全。试验时超速跳闸转速应符合制造厂的规定，不同厂规定的合格标准不一样，但一般来说，试验在同一情况下要做三次，实测跳闸转速和规定的跳闸转速的差值在规定的跳闸转速的 ±1% 以内即为合格。若超过此值必须进行调整，直到合格为止。

汽轮机做超速试验，一定要由熟练的操作人员进行。做超速试验前应先进行手动打闸停机试验，以检查自动主汽阀、调节汽阀、抽汽阀等的关闭情况，确认工作正常。在试验过程中，若转速达到跳闸转速的上限但危急保安器未动作，应立即手动打闸停机，防止转速过高，损坏转子。另外在做超速跳闸试验时，只有当汽轮机转速下降到额定转速的 90% 以下时，偏心飞锤所受离心力小于复位弹簧力，偏心飞锤回位后，方可重新挂闸，以免损坏脱扣机构。

（8）汽轮机带负荷　汽轮机单机试车时间不宜过长，在危急保安器试验合格后，即可降速、停机。停机达规定时间后，即可连上汽轮机与压缩机间的联轴器，重新开车，对机组加负荷，即压缩机升压。对工业汽轮机来说不宜长期进行空负荷或过低负荷运转，长时间空转或低负荷运行会造成以下不良影响。

① 长时间空转或低负荷运行时，调节汽阀在开度很小的范围内工作，蒸汽节流现象严重，压力降落大，流速也大，其后果是使调节汽阀的阀座和阀体磨损加剧。

② 在空负荷或低负荷运行时，通过工业汽轮机的蒸汽流量很小，不足以把转子转动时的摩擦鼓风损失所产生的热量带走，这将导致排汽温度高于正常值，会造成排汽缸或凝汽器温度过高。

在汽轮机的加负荷过程中，蒸汽流量不断增加，机组的振动、位移也随之变化。因此，在加负荷过程中，应对机组的振动、位移、热膨胀、轴承温度、油温及压缩机有无喘振迹象等进行认真检查和记录，发现异常应查找原因，及时处理。

6.3.3.2　汽轮机的停机

汽轮机的停机是一个复杂的变化过程，如果操作不当会引起一些严重后果，因此制造厂和运行厂都对停机操作制定明确的规程，必须严格遵守。

汽轮机的停机一般有两种，一种是根据生产计划，事先做好准备，或者根据机组运行情况，需要停机处理，已经与有关部门联系并得到批准。这种有计划、有目的、有准备的停机叫做"正常停机"或"计划停机"。另一种是在机组运行中，根据设备状态，因设备故障或发生事故不能继续运转，需要强迫停机，或者工艺系统发现问题，上级指示主机马上停机，以确保生产安全。这种无计划、无准备的停机，叫做"紧急停机"。

（1）正常停机主要程序

① 停机前准备。

a. 与主控制室及有关部门联系，协同配合。

b. 试验辅助油泵，运转正常。

c. 盘车电动机空转试验，转动正常，以便转子静止时立即投入连续盘车，避免转子发生热弯曲。

d. 检查主汽阀，向关闭方向稍微活动一下，主汽阀动作灵活，无卡涩。

e. 检查压缩机各段及管线阀门的开度状况，各放空阀或回流阀、流量控制阀及防喘振装置等，确认处于正常状态。

② 减负荷。

a. 与主控制室联系，做好工艺系统方面的减负荷准备。

b. 接到停车通知后，关闭压缩机送汽阀，同时缓慢打开有关的回流控制阀或放空阀，使气体全部进行循环或放空，使压缩机与工艺系统切断。

c. 由主控制室或现场用手动汽轮机调速器或启动器将汽轮机降速到调速器最低工作转速，降速缓慢均匀，打开所有的防喘振阀和回流阀，开阀顺序与关阀顺序相反，应先开高压后开低压。阀的开关都必须缓慢进行，防止因关得太快而使压升比超高造成喘振，也要防止因回流阀打开过快而引起前一段入口压强在短时间内过高而造成转子轴向力过大，使止推轴承损坏。整个降速、停机过程应按升速曲线的逆过程进行，在各转速阶段停留一定时间。

d. 准备通过临界转速区和共振区，对机组各部分状况进行一次全面检查，倾听内部声音。

e. 快速通过临界转速区，在临界转速区和共振区附近不得停留，转速低于70％临界转速区时，可停留运行一段时间，对机组进行全面检查，尤其注意机组的振动、轴向位移和差胀。

f. 用启动器或主汽阀手动降速，降到500r/min左右再运行约30min，低速运行时间不应太长。

③ 调整汽轮机轴封密封蒸汽压力。随着负荷的变化，要调整密封蒸汽压力，以维持轴封的正常工作，防止冷空气进入轴封。

④ 检查冷凝器。检查冷凝器水位和水位控制器，当负荷降到一定程度之后，稍开再循环管阀门。

⑤ 停机。

a. 在500r/min左右运行约30min后，用手打闸停机或迅速关闭主汽阀停机，要注意主汽阀一定要关严，关死后再回转1/2转。注意记录从打闸到转子全停的惰走时间，惰走时注意倾听机内声音。如果惰走时间急剧缩短，则说明转子发生碰擦或卡涩，必须迅速处理；如果惰走时间显著增加，则说明新汽管道或抽汽管道阀门不严，有蒸汽漏入气缸。为了简化操作，在一般情况下只记录惰走时间，但在大、小修前停机时，应做惰走曲线，在大、小修之后停机时，也应当做惰走曲线，以便比较判定机组的技术状态。

b. 停止抽气器运行。应先关空气阀，再关蒸汽阀，停止轴封供汽，停止轴封抽气器，当转子完全静止时，真空应当大致低到零。

c. 如果要求加速停机，应破坏真空，为此应打开真空破坏阀，并停止向抽气器送汽。

⑥ 盘车装置运转。转子刚停就应盘车，没有盘车装置的汽轮机停机4h内每30min应人工盘转90°，保持间断盘车，4h以后，可以每隔1h盘转1次。停车后盘车，由于润滑条件不良，不利于保护轴颈和轴承，故停机后盘车时间不宜过长，停机后连续盘车时间一般以8～16h为宜。盘车时注意润滑油温度，在冷却后油温应为30～40℃。如果油温过低，则应当调整油冷器的冷却水量。

⑦ 停辅助水泵。停凝结水泵后停循环水泵，在转子停止约1h、排汽缸的温度降到50℃以下时，可停止循环水。如果暂时停机，循环水也可以不停。如果汽轮机长期停运，则应将冷凝器中的循环水放掉，以免发生腐蚀。如果转子静止后，通过轴承的油温已降到40℃，

可停供冷油器的冷却水。

⑧ 停运压缩机各中间冷却器。

⑨ 打开各疏水阀。

⑩ 盘车装置停运，一般停机后 48h 才可停止盘车。如果是暂时停车，则盘车器可以不停。

⑪ 油系统停运。转子静止后，辅助油泵应连续运转一段时间，以便冷却轴颈、轴承和供盘车润滑，一般当油温降到 30℃ 以下时，可停运辅助油泵。如果发现轴承温度上升，可再启动油系统。如果暂时停机，油系统可以不停，关闭密封油系统。

⑫ 压缩机卸压、排放。如果机组要长期停机，在把进出口阀都关闭以后，应使机内气体降至常压，并用氮气将空气置换后才能停油系统。关闭与汽轮机相通的所有汽、水系统管路上的切断阀，防止汽、水进入汽轮机，特别注意关闭主汽阀前面的蒸汽截止阀。

⑬ 关闭所有控制器、警报器及保安跳闸系统。

⑭ 防腐、防冻较长期停止运行的机组，应进一步考虑防腐、防冻等保护措施。

（2）紧急停机　根据现场生产情况和机组运行情况，在发生特殊情况或接到上级指示后，需要立即停机，以确保机组的安全或生产安全，这时操作人员应当沉着冷静，迅速地采取措施，实行紧急停机。

① 紧急停机的条件　究竟在什么情况下紧急停机，这需要根据各机组的用途、生产中所处的位置和各使用部门的具体规定执行。但对一般汽轮机压缩机组而言，在下述情况下应当采取紧急停车措施，立即打闸停机，破坏真空，并与主控制室和有关部门联系。

a. 蒸汽、电、冷却气和仪表气源以及压缩工艺气体等突然中断。

b. 汽轮机超速，转速升到危急保安器动作转速而保安跳闸系统不动作。

c. 抽汽管线上安全阀启跳后不能自动复位，处理有危险。

d. 机组发生强烈振动，超过极限值，保安系统不动作。

e. 能明显地听到从设备中发出金属响声。

f. 发生水冲击。

g. 轴封内产生火花。

h. 油箱内油位突然降低到最低油位以下。

i. 油系统着火，并且不能很快扑灭。

j. 油压过低，而保安系统不动作。

k. 机组任何一个轴承或轴承出口油温急剧升高，超过极限值，而保安系统不动作。

l. 轴承内冒烟。

m. 主蒸汽管道破裂。

n. 转子轴向位移突然超过规定极限值，而保安系统不动作。

o. 冷凝器真空下降到规定值以下而不能恢复。

p. 压缩机发生严重喘振而不能消除。

q. 压缩机密封系统突然漏气，密封油系统故障不能排除。

r. 压缩机系统和控制仪表系统发生严重故障而不能继续运行。

s. 主蒸汽中断或温度、压力超过规定极限数值，通知锅炉岗位采取措施无效。

t. 机组调节控制系统发生严重故障，机组失控而不能继续运行。

u. 机组断轴或断联轴器。

v. 油管、主蒸汽管、工艺管道破裂或法兰弛开而不能堵住泄漏处，又无法消除。

w. 各使用单位、工艺系统发生规定的紧急停机情况，工艺系统发生事故。

x. 机组及其附属管道发生着火、爆炸等恶性事故。

y. 出现威胁机组和运行人员人身安全的意外情况等。

② 紧急停机的操作　在机组发生故障，自动保安系统又不起作用时，机组不能继续运行，或接上级指示需要立即停机时，操作要点如下。

a. 手打危急保安器或其他跳闸机构，切断蒸汽进入汽轮机的一切通路，必要时应当迅速破坏真空（打开真空破坏阀）。

b. 打闸的同时，要检查自动主汽阀、调节汽阀和抽汽逆止阀是否关闭，检查压缩机回流旁通阀、放空阀是否全开。如果防喘振控制阀不能自动打开，需要迅速打开旁通阀或放空阀以防止喘振。检查送气管线上的逆止阀是否关闭，以防止气体的倒流。

c. 有备用机时，在汽轮机组拉闸之前，应将备用机组启动开关拨到"自动启动"位置，以便汽轮机打闸停机后，备用机组立即投运。

d. 向主控制室及有关上级和其他岗位迅速报告机组停机。

e. 根据需要启动辅助油泵。

f. 完成操作规程所规定的其他操作。

6.3.4　中间冷凝器的运行操作

① 使用冷凝器时，应根据压缩机的功率和冷却水温度等工况来确定冷凝器的工作台数和所需冷却水量及水泵运转台数，以达到冷却系统经济合理和安全高效的运转。

② 检查冷凝器的供水情况，应保证水量足够，布水均匀。对于立式壳管式冷凝器，冷却水应沿管内壁均匀分布，不能从配水槽溢出，分水器受阻时应及时清理。对于淋激式冷凝器，冷却水不应溢出配水槽或匀水板上缘，并应及时清除出水口端的脏物。

③ 经常注意冷凝压力，最高不得超过 1.5MPa（表压），若超过应查明原因并及时排除。

④ 根据水质情况定期清除水垢，水垢厚度不得超过 1.5mm。一般每年清除水垢一次。

⑤ 压缩机全部停机 5~10min 后停止向冷凝器供水。

⑥ 卧式冷凝器及组合式冷凝器在冬季长期停止运行后应将冷却水全部放净。对淋激式和立式冷凝器应把配水槽中的水放净。

⑦ 蒸发式冷凝器运行时，应先启动排风机及循环水泵，运行中压力不得超过 1.5MPa（表压）。要求冷却水不得中断，喷水嘴应畅通，使水喷向盘管，每年至少清洗水垢一次。冬季停止工作时应将存水放净，以免冻坏设备。

⑧ 风冷式冷凝器经较长时间使用，使管壁和散热片上积有灰尘，影响传热效率，可用压缩空气吹扫或用专用清洗剂冲洗。

第 7 章

离心式压缩机检修

离心压缩机检修分小、中、大修或系统停车检修、故障抢修及临时停修等，根据故障情况，将检修内容和规模列入大、中、小修计划。对于配备有随机故障监测和诊断装备的机组，还要根据实际逐步开展预防性检修。

压缩机小修包括对运行中的故障问题采取有针对性的检查修理，以消除设备的"跑、冒、滴、漏"。

压缩机中修包括小修内容，重点检查轴承间隙、窜量以及轴承、轴颈的磨损情况，修理或更换损坏件，检查联轴器及齿轮箱啮合间隙及窜量并调整，检查缸体滑销及各支架的受力情况，检查机组对中情况并进行调整，检查振动、位移探头以及各报警、联锁、安全阀和其他仪表装置，清理入口过滤器，检查并清洗油泵、油冷却器、油过滤器，油冷却器打压，检查各部位的紧固情况等。

压缩机大修包括全部中修内容，并对压缩机的缸体和齿轮箱全面进行解体检修，包括对定子、转子等的清洗、测量、检查修理或更换。压缩机的大修周期一般与装置停工检修周期同步，一般 24~36 个月，也可根据状态监测结果及设备运行状况进行适当调整。

本章从离心压缩机解体拆卸与装配、主要部件检修、调试以及常见故障与处理几个部分来进行介绍。

7.1 离心式压缩机的拆卸与装配

7.1.1 离心式压缩机的拆卸

(1) 拆卸前的准备工作

① 拆前应关闭进出口阀门，倒换盲板，并对压缩机介质进行置换处理，合格后再着手检修。所有相关管道和压缩机开孔处都应盖好封好，以防机内掉入杂物等。

② 检修前应备好计划更换的所用各种备件，保证其质量和数量；备件、标准件、所用的各种材料应具备产品合格证或检验单。

③ 准备好检修所用的工具、量具、量仪及所需用的专用工具。

④ 检修期间必须认真做好检修记录，应做到准确、及时、完整。

(2) 拆卸步骤　拆卸连接管道→拆卸轴承→拆卸轴端密封→卸开缸盖→吊出转子→翻缸盖→拆取上、下隔板。

(3) 拆卸过程注意事项

① 拆吊零部件时，应先将被吊件用顶丝顶开，用撬棍拨开，不得强拉硬吊。配合面、止口部位、密封面不得随意敲打或用铁棒撬开，应垫软金属敲打或捅拔，以免配合面遭到破坏。

② 应按程序拆卸，做好拆卸程序记录，或做出拆卸顺序号。外形相同件应编号分组，

相配件应标注装配方位明确的标记（例如轴瓦不可调换方向），并与相配件对应保管。

③ 拆下的零件应按部位分组保管。径向轴承拆出后不允许盘转，并防止转子窜动，以防密封受到损伤。

④ 起吊缸盖时，应将止推轴承预先拆下，并将转子放在板的中间位置。拆卸径向轴承、机械密封或浮环密封时，应将转子抬起，以免拉伤相配合的件。

⑤ 起吊较大件时，应将吊钩摆正，缓慢起吊，并注意观察各相关部位，以避免碰撞划伤，造成不必要的损失。

7.1.2　离心式压缩机的装配

7.1.2.1　装配要求

装配工作是离心式压缩机检修工作的关键，装配质量的好与坏，直接关系到压缩机是否能长期稳定地运行，因此必须严格地按照有关技术文件、图纸及装配工艺要求进行组装工作，必须认真仔细地操作，才能保证质量优良。装配工作可按下列要求进行。

① 所要组装的配件，必须清除毛刺、锈迹，清洗干净。

② 所要组装的外购件必须有产品合格证，所更换的备件、新加工件、修复件，必须有合格证或检验单。

③ 准备好装配时所用的工具、量具、量仪和专用工具。

④ 原则上装配按与拆卸相反的程序进行，每个零件的装配都应按拆卸时的标记或编号查对清楚，以免错装、漏装。

⑤ 对组件、部件装配后有测试要求的，有各类试验要求的，应完成后再进行下一步的装配，以免装配后造成测试与试验工作无法进行。

⑥ 各配合件、润滑部位、滑动部位等应适量浇入规定使用的润滑油。

⑦ 间隙配合件（包括止口部位）装配时找正后再推入或下落，就位时不得强行到位，有问题时应查明原因处理后再装。

⑧ 每台离心式压缩机的图纸及技术文件都规定该机器各主要部位的间隙，应按规定调试组装；如无规定时可参考表 7-1 值进行。

表 7-1　离心式压缩机主要部位间隙

部　位	代号	要求值/mm	说　明
径向轴承间隙 圆轴承 椭圆轴承	B	$(1.5\sim2)‰D$ $(1\sim1.5)‰D$	D—轴承间隙，mm 椭圆轴承指短轴方向间隙
四油楔轴承 可倾瓦轴承 止推轴承 径向轴承壳体与轴承座	A	$(1.2\sim1.75)‰D$ $(1.2\sim2)‰D$ $0.25\sim0.4$ $\pm0.01\sim\pm0.05$	
轴封 迷宫密封 浮环密封	E	$B+0.001D$ 径向密封 高压侧$(0.5\sim1)‰D$ 低压侧$(2\sim3)‰D$ 轴向间隙 每一个浮环 0.38 背靠背的两个浮环 $0.64\sim0.90$	D——密封外直径，mm D——浮环密封处轴径直径，mm
回流器隔板（或轮盘）的密封环和轴套间隙轮盖	F	最小间隙 $B+0.001D$	D——轮盘式轮盖的直径

7.1.2.2　主要件的装配

（1）水平剖分气缸的装配

① 隔板的装配　隔板与气缸均为水平剖分结构，上半部隔板固定在气缸盖上或内缸盖上，但能绕中心作微量摆动（2～3mm），下半部自由地装于下部气缸，但要比气缸剖分面低 0.04～0.11mm。

② 转子的装配　增减转子推力盘相接触的推力轴承背面的垫片，使推力轴承移动，转子也随其改变轴向位置，装配时先确定转子位置，然后再进行调整。

a. 转子轴向位置的确定　转子的轴向位置要求每级叶轮出口和扩压器进口对中，一般在图纸和技术要求上都规定了偏差量。新机器装配时，可以通过对零件轴向尺寸的配装，较好地解决这个问题。但是在检修工作中，要保持对中性良好则比较困难，在更换了转子、气封和其他相关件后，困难则更大。随着叶轮级别的增加，难度也加大。检修后装配时确定转子的轴向位置，可采用以下方法。

ⓐ 应保证转子上各叶轮出口的中心线距离与各扩压器进口中心的中心距尺寸尽量相等，可通过调整所更换件的轴向尺寸或轴套的轴向尺寸来解决（只能做微量调整）。

ⓑ 开式叶轮的转子，应保证开式叶轮进气侧的间隙。

ⓒ 闭式叶轮的转子，应保证最末级叶轮出口和扩压器流通对中。

在转子轴向位置确定的情况下，转子以此为中心，在不装推力轴承的前提下，向两边移动的间隙量应为：向工作面推力轴承侧的移动量，不能小于规定的轴位移的报警值 0.5mm；向非工作面推力轴承侧位移的报警值加 0.5mm。以上两项之和即为轴在气缸内的总间隙量，应大于 3mm。

b. 转子轴向位移的调整方法

ⓐ 将转子装在下隔板中，检查对轮出口与扩压器的对中情况。经调整后，应符合图纸及有关技术规定：应保证靠近止推轴承端的第一个叶轮的对中。

ⓑ 组装开式轮盖环，调整盖环的调整垫片，使转子开式叶轮片与盖环的间隙符合规定值。

ⓒ 调整止推轴承工作侧垫片，使转子轴向固定，并达到叶轮与扩压器的对中要求，然后调整非工作侧垫片，使止推轴承的瓦间隙量达到规定的范围值。

③ 级间密封间隙的检测与调整　级间密封环与转子叶轮及轴套（或轴）的间隙量，直接关系着离心式压缩机的效率和正常运转，因此必须仔细、认真地给予检测和调整。一般采取以下方法。

a. 塞尺检测　用塞尺检测转子与下密封环的配合间隙，其要求为：塞尺塞进弧度不应少于30°，塞进块数不超过 2 块，每块厚度不得大于 0.2mm。这种方法操作简便，但不精确，一般用在拆卸的情况，而装配时多用压铅丝法检测间隙。

b. 压铅丝法　在半圆密封环上，根据直径的大小，粘贴三组以上的两种直径的铅丝，粗铅丝直径应等于规定的最大间隙值，细铅丝应等于规定的最小间隙值。两种间隙值均为半径间隙值，组间距 100mm 左右，如图 7-1 所示。

然后将转子、缸盖等组装上，拧紧中分面螺栓，此时中分面应贴紧。拆卸检查铅丝填压状况，如粗丝被压而细丝没压上，说明间隙合格。粗丝被压后的厚度即为实际间隙值。如果粗细丝都没被镇压，说明间隙大，此时应更换密封环。如果粗细丝都被压或都压断，说明间隙小，应更换密封环，或

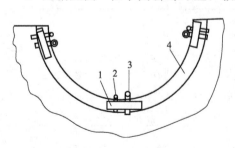

图 7-1　铅丝的粘贴方法
1—胶布；2—细铅丝；3—粗铅丝；4—密封环

将密封环返修后再组装（机械加工返修为宜）。在检测时同一密封环上的间隙值可能有所不同，如局部间隙小时，可对密封环局部修研，使间隙达到要求；如局部间隙过大，在不超过弧长 1/3、偏大值不超过规定值 60％的情况下允许使用。迷宫式轴端密封及平衡盘密封也可按此方法进行检测和调整。

④ 缸盖装配 先将缸盖装上，检测其部分面间隙及分布情况，达到要求后将缸盖吊起200 mm 左右，然后涂密封胶或密封剂，涂均匀后将缸盖复装上，先将定位销打入，然后将轴中心两侧螺栓按规定力矩拧紧，最后按高压到低压顺序将所有螺栓对称拧紧到位。

（2）轴端密封的装配

① 机械密封的装配 由于机械密封种类较多，其结构不同，拆装步骤、技术要求也有所区别。检修时如果转子和机械密封仍用原组装件时，可直接装配；转子和机械密封一旦更换，对其弹簧的压缩量应重新调整。

② 浮环密封的装配 离心式压缩机中，筒形高压气缸多采用浮环密封，其装配可按以下步骤进行。

a. 装配时先将梳齿密封组件送入机腔内，然后将转子抬起一点，即可用专用工具将其送到位；检测其装进尺寸，应符合图纸及拆卸时检测数据。

b. 依次装进内浮环、弹簧和外浮环、销钉和外密封套，装配后其装进尺寸应达到要求。

c. 组装外法兰（或轴承架）并压紧固定。

d. 装配时因浮环能轴向活动，因此 O 形环与弹簧应用油脂或其他方法固定好，以防脱落；销钉应对准槽口，使浮环不能旋转；密封盒不可强压到位。发现紧时应查明原因，处理后再装。组装法兰时要保证其销孔、螺纹孔对正。

（3）径向轴承的装配 径向轴承组装后，应使转子与各级密封环保持一定的径向间隙量，使转子运行无任何干扰，其装配方法如下。

① 水平剖分气缸径向轴承的组装与转子组装一同进行，在调整各密封间隙时，必要时可对径向轴承的位置进行调整；对垂直剖分气缸，应在转子装配后再组装径向轴承。轴承位置的确定，需测量转子在径向轴承组装前后的位置变化，来判断是否符合要求。

② 离心式压缩机多数采用可倾瓦轴承，应检测各瓦块与轴颈的接触面积、接触斑点情况，达到规定要求后再组装。由于轴颈的磨损，新更换的瓦块接触精度可能达不到要求，必要时需适当刮研。非巴氏合金轴承瓦有时还需要通过研磨来达到接触精度要求。

③ 调整瓦块与轴颈的间隙量，使其达到所要求的范围值。

④ 未装径向轴承时，转子落在下密封环上，此时密封环上部的间隙为密封的总间隙，在轴承抬高达密封的最小间隙一半值时，转子处于良好的位置。

⑤ 转子位置的变化，可用百分表进行测量。测其轴瓦装配前后的变化值来判定轴瓦的抬起高度。轴承组装后盘动转子，用手感觉轻重变化。通过转子与内部静止件有无刮碰摩擦现象，来确定组装是否合适。若有异常现象，可调整转子高低位置，看其是否消除，调整无效时，应拆缸彻底检查。

（4）止推轴承的装配

① 止推瓦块与推力盘的接触要达到规定要求。在叶轮处于正确位置时，将止推轴承间隙调整到规定范围内。

② 推力盘组装后，要求与轴中心线垂直。但无论采用何种配合方式都会有偏差，可惯性地称这种偏差为瓢偏，当瓢偏超过规定范围值时应更换新件，或对推力盘进行修复，使其瓢偏值达到要求的范围内。

③ 工作侧推力轴承瓦为转子工作位置的基准，在装配时应以满足叶轮与扩压器的对中要求为依据来调整工作瓦侧垫片，或推力盘非工作侧垫圈的厚度，使转子的组装位置达到规

定要求。对于筒形气缸，由于内缸结构不同，转子的轴向位置调整对中方法也不同，组装止推轴承时，要按其结构形式及有关技术要求确定组装方法。

④ 组装非工作侧止推轴承的轴瓦时，可用增减其垫片厚度的方法调整轴向间隙量。

7.1.3 干气密封的拆装及检修

干气密封是一种新型的无接触轴封，由它来密封旋转机器中的气体或液体介质。与其他密封相比，干气密封具有泄漏量少、磨损小、寿命长、能耗低、操作简单可靠、维修量低、被密封的流体不受油污染等特点。目前，干气密封主要用在离心式压缩机上，也还用在轴流式压缩机、齿轮传动压缩机和透平膨胀机上。干气密封已成为压缩机正常运转和操作可靠的重要元件，随着压缩机技术的发展，干气密封正逐渐替代浮环密封、迷宫密封和油润滑机械密封。

7.1.3.1 干气密封的工作原理

一般典型的干气密封结构包含有静环、动环组件（旋转环）、副密封 O 形圈、静密封、弹簧和弹簧座（腔体）等零部件。静环位于不锈钢弹簧座内，用副密封 O 形圈密封。弹簧在密封无负荷状态下使静环与固定在转子上的动环组件配合，如图 7-2 所示。

在动环组件和静环配合表面处的气体径向密封有其先进独特的方法。配合表面平面度和光洁度很高，动环组件配合表面上有一系列的螺旋槽，如图 7-3 所示。

随着转子转动，气体被向内泵送到螺旋槽的根部，根部内侧的一段无槽区称为密封坝。密封坝对气体流动产生阻力作用，增加气体膜压力。该密封坝的内侧还有一系列的反向螺旋槽，这些反向螺旋槽起着反向泵送气体、改善和配合表面压力分布的作用，从而加大开启静环与动环组件间气隙的能力。反向螺旋槽的内侧还有一段密封坝，对气体流动产生阻力作用，增加气体膜压力。配合表面间的压力使静环表面与动环组件脱离，保持一个很小的间隙，一般为 $3\mu m$ 左右。当由气体压力和弹簧力产生的闭合压力与气体膜的开启压力相等时，便建立了稳定的平衡间隙。在动力平衡条件下，作用在密封上的力如图 7-4 所示。

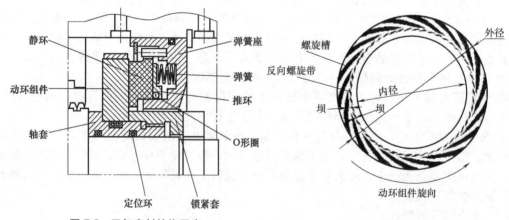

图 7-2 干气密封结构示意　　　　　　　图 7-3 动环组件详图

闭合力 F_c 是气体压力和弹簧力的总和。开启力是由端面间的压力分布对端面面积积分而形成的，在平衡条件下，$F_c = F_0$，运行间隙大约为 $3\mu m$。如果由于某种干扰使密封间隙减小时，则端面间的压力就会升高。这时，开启力 F_0 大于闭合力 F_c，端面间隙将自动加大，直至平衡为止，如图 7-5 所示；反之，如果扰动使密封间隙增大时，端面间的压力就会降低，闭合力大于开启力，端面间隙将自动减小，密封会很快达到新的平衡状态。

这种机制将在静环和动环组件之间产生一层稳定性相当高的气体薄膜，使得在一般的动

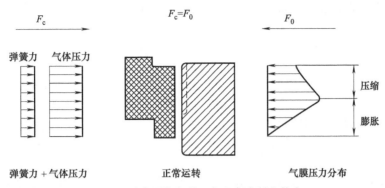

图 7-4　动力平衡条件下作用在密封上的力

力运行条件下，端面能保持分离、不接触、不易磨损，延长使用寿命。

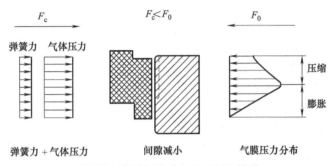

图 7-5　密封间隙减小 F_c 和 F_0 关系

7.1.3.2　干气密封结构形式

干气密封的选用主要取决于气体成分、气体压力、工艺状况和工厂安全以及对排放气体的污染极限的要求。实际应用中，干气密封主要有三种布置形式：单端面密封结构、串联式密封结构和双端面密封结构。

(1) 单端面密封结构　又称单级密封，该种密封适用于密封出现故障后允许有少量泄漏、危险性小的场合，可用于空气、氮气、二氧化碳压缩机。

(2) 串联式密封结构　这是应用最普遍的一种结构形式。一个串联式干气密封可能由两级或更多级干气密封按照相同的方向首尾相连，每级密封分担部分负载。通常情况下采用两级结构，第一级（主密封）承担全部负荷，而另外一级作为备用密封承受压力降，在备用密封和主密封之间通入惰性体就形成阻塞密封，保证密封介质绝对不向大气泄漏。在压力很高的场合，需要采用三级串联式密封，其中前两级密封分担总的负载，第三级作为备用密封和阻塞密封。

(3) 双端面密封结构　当工艺要求选择压力较高的缓冲介质或缓冲气较脏时，应考虑安装双密封。当压缩机在真空条件下运转时，应采用双密封布置。该种形式的密封主要采用面对面的结构，有时两个密封共用一个动环，通过采用惰性气体作阻塞气体而成为一个性能可靠的阻塞密封系统。由于阻塞气体的压力总是维持在比密封气体压力高的水平，因此气体泄漏的方向便朝着工艺介质气体，这就保证了工艺气体不会向大气泄漏，故其主要用于有毒、易燃易爆的气体以及不污染外界的食品加工和医药加工过程。

7.1.3.3　干气密封的安装与拆卸

(1) 干气密封安装前的注意事项

① 清洗干气密封所有进气管路及压缩机壳体上所有进、出气孔，保证安装密封的整个

区域清洁，检查密封安装区域是否有杂物及轴上是否有划痕，必要时应修整，并在安装密封的有关部分上均匀地涂上一层薄薄的润滑脂。

② 检测主轴的轴肩对主轴旋转轴线的垂直度（≤0.005mm），轴肩根部圆弧半径≤1mm，如达不到要求，必须修整至符合要求。

③ 将压缩机转子调整至工作位置，确定压缩机转子与压缩机壳体的相对位置。

（2）气密封的安装

① 安装时应注意干气密封上标示的旋转方向与实际的主轴旋转方向相同。将集装式主密封套装在轴上，注意腔体防转销要与压缩机壳体上方的销槽对正，用专用工具拉杆将密封压至工作位置。

② 拆下拆装板（由内集装板、外集装板和连接螺栓组成，便于干气密封安装、拆卸）。

③ 在主轴锁母的螺纹和内孔表面上涂少许防咬合剂，然后用其将密封固定在主轴上。

④ 用卡板及连接螺栓将密封紧固在机壳。

（3）干气密封的拆卸

① 将卡板及连接螺栓拆下。

② 用专用扳手将主轴锁母拆下。

③ 安装拆装板（内集装板、外集装板和连接螺栓）。

④ 用拉杆将集装式主密封拆下。

干气密封另一端的安装及拆卸步骤与上述完全相同。

7.1.3.4 运行中出现的问题及措施

干气密封系统实际运行过程中由于受工艺条件和实际操作的影响，常会出现一些问题。一级密封工艺气源带液（主要是甲醇液体）导致干气密封零部件损坏。对压缩机进行检修时，在干气密封拆下检修中会发现干气密封零部件（如弹簧、弹簧座、动静环座等）锈蚀比较严重，以上部件的材质一般为3Cr13。锈蚀的主要原因是密封气源中带有一定量的甲醇及其他介质的液体对部件的露点腐蚀（带液的原因是工艺气进压缩机密封前分离效果不佳造成）。为解决一级密封气的带液问题，建议可以采取如下两项措施：① 在密封气管道上增加一个自行设计的旋风式分离器，分离前面系统未分离的甲醇液体；② 在旋风分离器出口管道上安装电伴热，提高密封气的温度，防止甲醇气体冷凝带液。通过上述改造后，一级密封气带液问题得到解决。

7.1.3.5 运行中的维护

① 干气密封的密封气源必须是清洁干燥的，以免气源中夹带液滴、颗粒进入密封面，对密封面造成损坏。清洁、干燥的密封气源保证了密封的使用寿命，同时保证了干气密封处于最佳的性能。

② 干气密封的密封气供应量必须充足，以确保在运行期间有经过滤的气体供应密封，以维持干气密封的稳定运行。因此，在干气密封运行期间，应严格保证气源的压力、流量和过滤器前后的压差。

③ 干气密封应避免反压，静态下的反向压力将导致泄漏增大，动态下的反向压力将导致干气密封损坏。

④ 干气密封应避免反转，除动环为双向螺旋槽外，一般单向螺旋槽的干气密封禁忌反向旋转，速度低于1000r/min的短时间反转是允许的。但这样的转动，密封需要进行检查后方可运行。

⑤ 干气密封应尽量避免在1000r/min以下运转，此要求对于保持动、静环之间形成稳定的间隙提供了足够的安全裕量。当然极低盘车转速（≤12r/min）不会导致干气密封损坏。

⑥ 干气密封能承受相对较高的振动水平，但过高的振动仍有可能损坏干气密封。一般

的干气密封应满足制造厂商的振动要求。

7.1.3.6　干气密封运行中出现的问题及解决措施（以甲醇装置压缩机干气密封为例）

干气密封系统实际运行过程中由于受工艺条件和实际操作的影响，常会出现一些问题：一级密封工艺气源带液（主要是甲醇液体）导致干气密封零部件损坏。对压缩机进行检修时，在干气密封拆下检修中会发现干气密封零部件（如弹簧、弹簧座、动静环座等）锈蚀比较严重，以上部件的材质一般为3Cr13。锈蚀的主要原因还是密封气源中带有一定量的甲醇及其他介质的液体对部件的露点腐蚀（带液的原因是工艺气进压缩机前分离效果不佳造成）。为解决一级密封气带液问题，建议可以采取如下两项措施。

① 在密封气管道上增加一个自行设计的旋风式分离器，分离前面系统未分离的甲醇液体。

② 在旋风分离器出口管道上安装电伴热，提高密封气的温度，防止甲醇气体冷凝带液。

通过上述改造后，一级密封气带液问题得到解决。

7.2　离心式压缩机主要部件的检修

设备检修规模分为大、中、小修或系统停车检修、故障抢修及临时停修，均可根据故障情况、检修内容及规模分别纳入大、中、小修计划。配置随机故障监测和诊断装备的机组，根据实际情况应逐步开展预测性检修。

7.2.1　滑动轴承

7.2.1.1　滑动轴承的清洗、检查

清洗是轴承检修、装配的一个重要环节，清洗对得到轴承的精确检测结果、提高轴承装配质量及延长或保证其使用寿命均很重要。如果清洗不彻底，往往会造成严重的后果。

（1）常用清洗方法及清洗液的选择　常用清洗方法及清洗液的选择见表7-2。

表 7-2　常用清洗方法及清洗液的选择

清洗方法	清洗剂	特　点
擦洗	煤油、轻柴油和化学清洗剂	去除工件表面一般性的油污、锈迹
浸洗	各种清洗液体	去除工件表面厚重的油污、锈迹
吹洗	蒸汽、压缩空气或氮气	吹除工件表面污物并使其干燥

（2）清洗注意事项

① 用热煤油、溶剂油清洗时，应严格控制油的加热温度，确保安全。

② 用蒸汽或热空气吹洗时，应及时吹除水分，并涂以润滑油脂。若需要长期储存，可改用其他防锈或防腐类油脂。

③ 油垢过厚时，应先擦除，再用碱性清洗液清洗。水温宜加热到60~90℃。材料性质不同的零件，不宜放在一起清洗；清洗后的工件，应用水冲洗或漂洗干净，并使其干燥。

④ 设备加工面上的防锈漆，应用适当的稀释剂或脱漆剂等溶剂清洗；气相防锈剂可用12%~15%的亚硝酸钠和0.5%~0.6%的碳酸钠的水溶液或酒精清洗。

⑤ 设备和零部件加工面上如有锈蚀，应先进行除锈处理。

⑥ 对于忌油的工件，应选用合适的脱脂溶剂（如四氯化碳、丙酮）等，进行脱脂处理。

（3）检查项目　严格按照技术要求或检修规程，检查轴承零部件的磨损或损坏情况，根据实际情况决定是维修还是更换，检查项目主要包括外观检查、轴瓦表面质量检查、几何尺

寸及配合精度检测。

① 外观检查　以目测为主，主要检查轴承的包装有无破损，是否挤压变形，油路是否畅通以及是否存在明显的宏观缺陷等，初步确定其使用的可靠性。

② 轴瓦表面质量检查　检查轴瓦表面有无损伤、气孔、裂纹（包括微裂纹）及烧灼现象，合金层与基体连接是否牢固、可靠。对于旧轴瓦，还应重点检查磨损情况。轴瓦表面质量常用检查方法见表7-3。

表7-3　轴瓦表面质量常用检查方法

轴瓦缺陷形式	检 查 方 法
表面损伤,如挤压变形、剥落、凹坑	目测(需要经验或进一步检测证实)
烧灼迹象	目测,分析垢样
气孔、裂纹	着色探伤
表面磨损	检测其磨损量(用常规量具)
轴瓦表面与基体的连接不牢固	用小铜锤或锤柄沿衬里的表面依次轻轻地敲打,判断声音

③ 几何尺寸及配合精度检测　根据图纸要求，详细检测轴承的几何加工尺寸及配合精度。重点检测径向轴承的内孔直径，外圆定位尺寸以及瓦面的圆度、同轴度；对推力轴承，重点检测其轴向厚度，安装定位尺寸以及瓦面的平面度。对活动瓦块式轴承，还可以检测其瓦块的互换性。

7.2.1.2　滑动轴承的装配方法与调整措施

(1) 装配前的准备工作

① 技术准备　熟悉图纸资料及检修技术要求，明确检测手段和方法，有后备方案或措施，确认现场工作条件。

② 物资准备　清点装配所需零部件、工器具及消耗材料。

③ 零件的清洗、检查　选用适当的清洗剂和清洗方法，洗去污物、铁屑，保证零件的洁净，以利于零件的检测和提高装配质量。根据图纸要求，检测相关尺寸精度，确保轴承装配的可靠性。

(2) 径向轴承的装配方法与调整措施

① 常用装配方法　径向轴承的常用装配方法见表7-4。

表7-4　径向轴承的常用装配方法

轴承类型	结 构 特 点	装 配 方 法
整体轴承	结构简单,只能从轴颈端部拆装,间隙不可调	手工冲击压入、机具压入、温差法(加热或冷冻)
剖分轴承	剖分结构,间隙可调,易于维修	手工冲击压入
自位轴承	轴瓦可适当摆动以适应轴弯曲所产生的偏差	手工冲击压入

② 常用调整措施　径向轴承的常用调整措施见表7-5。

表7-5　径向轴承的常用调整措施

调整方式	用 途	使用机具或材料	适用范围
刮削余量	提高轴瓦与轴颈的接触精度,增大间隙	刮刀或车床、量具	整体轴承、剖分轴承
刮花	提供良好的润滑条件	手工刮刀	整体轴承、剖分轴承
修配	修配损坏零件	常用工器具	多种活动瓦块式轴承
压铅	测量间隙	铅丝、常用工具	剖分轴承、可倾瓦块式轴承
抬轴、打表	测量间隙	百分表及常用工具	剖分轴承、整体轴承、可倾瓦块式轴承等

③ 推力轴承的常用调整措施　推力轴承的常用调整措施见表 7-6。

表 7-6　推力轴承的常用调整措施

调整方式	用　途	使用机具或材料	适用范围
着色	检查轴瓦与轴肩的接触情况	红丹粉油类显示剂	各类轴承
刮削余量	检查轴瓦与轴肩的接触情况精度	刮刀	厚壁瓦
刮削油楔或油沟	提供良好的润滑条件修配损坏零件	常用工器具	各类轴承
修配	修配损坏零件	常用工器具	多种活动瓦块式轴承
打表	检测其轴向间隙	机械加工或常用器具	各类轴承

7.2.1.3　整体式滑动轴承的检修与装配

常见整体式滑动轴承结构如图 7-6 所示。

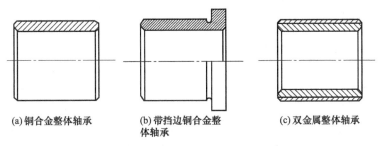

(a) 铜合金整体轴承　　(b) 带挡边铜合金整体轴承　　(c) 双金属整体轴承

图 7-6　常见整体式滑动轴承结构

（1）检修

① 先用煤油或其他清洗剂将轴承（瓦）清洗干净。

② 检查轴承（瓦）工作表面有无裂纹、气孔、剥落。对整体材料的轴承，还应检查是否脱层，其检查方法是用小铜锤轻轻敲打轴承基体，若声音清脆，则表示轴瓦与基体粘接良好；反之，则可能存在脱层。一旦发现上述缺陷，一般不予修理而应更换。

③ 检查、测量轴承（瓦）的磨损情况，若轴承（瓦）磨损较大，以至于间隙超标或出现严重偏磨，均应更换轴承。

（2）装配

① 轴承与轴承座常采用较小的过盈配合，可取 H8/k6 的配合，其过盈量为 0.02～0.06mm。装配时可用铜棒将其轻轻打入轴承座，也可采用专用工具压入。

② 安装轴向限位装置。

③ 安装轴承防转设施。

7.2.1.4　剖分式滑动轴承

常见剖分式滑动轴承结构如图 7-7 所示，其检修过程包括清洗、检查、刮研、装配、间隙调整和压紧力的调整等。

（1）轴瓦的清洗、检查

① 先用煤油或其他清洗剂将轴瓦清洗干净。

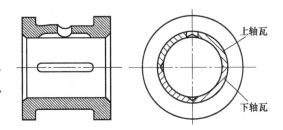

图 7-7　常见剖分式滑动轴承结构

② 检查轴瓦有无裂纹、气孔、剥落或脱层现象。检查方法是用小铜锤或锤柄沿巴氏合金衬里的表面依次轻轻地敲打，若声音清脆，则表示轴瓦与基体粘接良好；反之，则可能存在脱层，需进一步确认。一经发现缺陷，应根据缺陷的部位和损伤程度，确定修理或更换。

在缺少备件的情况下，可采取补焊的方式以应急。

③ 检查、测量轴瓦的磨损情况，若轴瓦磨痕或轴瓦内孔的圆度、椭圆度超过规定值，需更换轴承。在缺少备件的情况下，可采用机械加工方法消除缺陷以应急。

④ 检查上、下两瓦瓦口平面接触情况，不允许有缝隙。

⑤ 检查轴承与轴承座及盖的接触情况，要求接触均匀，不得有翘角或存在间隙等现象。轴瓦与轴承体接触点的质量要求见表 7-7。轴瓦与轴承座的配合一般为过渡配合，不得有较大的过盈或较大的间隙。若过盈较大，会造成轴瓦装配后产生变形，使轴承的安装间隙得不到保证，甚至可能导致抱轴、烧瓦事故；若间隙较大，会造成轴瓦在机器运转时振动大，甚至出现"拍振"现象；如果轴瓦在轴承座中贴合不紧密，可能出现一种虚假现象，影响轴瓦的找正和轴承的装配质量。

（2）轴瓦的刮研　刮研的目的是为了实现轴瓦与轴承体或轴颈之间均匀接触。轴瓦与轴承体，轴瓦与轴之间接触质量要求分别见表 7-7 和表 7-8。为了实现上述质量要求，在装配或修理过程中可用着色法检查。如果达不到要求，则应用刮削轴承座与轴承盖的内表面或用细锉刀加工轴瓦瓦背的方法来修正。对于轴瓦内表面，只能用刮刀将着色检验出的色斑刮去，逐渐增加接触点，反复数次直到合格为止。

表 7-7　轴瓦与轴承体接接触点的质量要求

项目		质量要求
接触面积/%	上瓦与瓦盖	＞70
	下瓦与瓦座	＞80
接触点/(点/cm²)		1～2

表 7-8　轴瓦与轴颈接触质量要求

项目	质量要求
接触角	60°～90°，最大不超过 120°
接触点	重负荷及高速运转机器 3～4 点/cm² 中等负荷及连续运转机器 2～3 点/cm² 低速及间歇运转机器 1～1.5 点/cm²

接触角

图 7-8　轴瓦与轴的接触角

轴瓦与轴接触面所对应的圆心角（图 7-8）称为接触角。接触角一般应在 60°～90°之间。若过小，则轴瓦单位面积承受负载加大，使轴瓦磨损加剧；若过大，则破坏了轴承的楔形间隙，当接触角大于 120°时，液体摩擦将无法实现。当载荷大、转速低时，取较大的角；当载荷小、转速高时，取较小的角。根据经验，当转速在 3000r/min 以上时，接触角可选择 60°～75°；当低速重载时，接触角可选择 90°～120°。因此在刮研轴瓦时，应将大于接触角的色斑（高点）都刮去。

为了保证轴承得到良好的润滑，必须在轴瓦表面开好（刮出）油沟和坡口，以保障轴承安全、长周期运行。

（3）轴承的装配　确认轴瓦已经刮研好，并符合规定的质量要求后，即可进行装配。

对于轴瓦与轴承座和轴承盖的装配，为了保证轴瓦在轴承体内不致发生转动和轴向移动，轴瓦与轴承座和轴承盖的配合常采用不大的过盈配合，可取 H8/k6 的配合，其过盈量为 0.02～0.06mm。

装配轴瓦时，为了避免将剖分面敲毛，影响装配质量，可在轴瓦的接合面上垫以木板，用手锤将其轻轻打入轴承座或轴承盖内，然后用螺钉或销钉固定，如图 7-9 所示。轴承盖与轴承座之间用销钉、凹槽或榫槽定位，如图 7-10 所示。

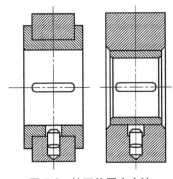

图 7-9　轴瓦的固定方法

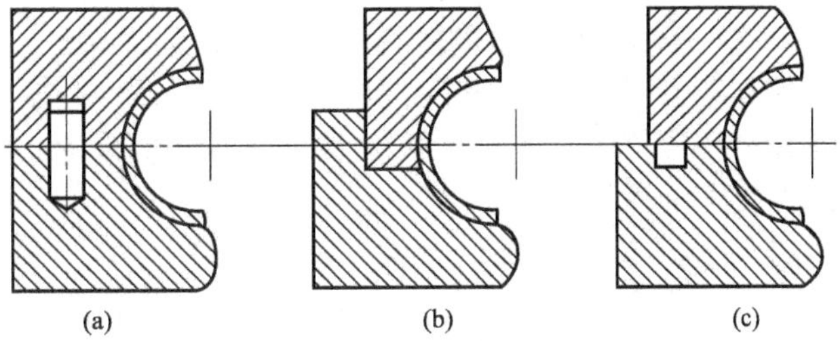

图 7-10　轴承盖的定位方法

（4）轴承间隙的测量与调整

① 侧间隙　轴瓦与轴颈之间的侧间隙，常用塞尺测量，塞尺塞进间隙中的长度不应小于轴颈直径的 1/4。若侧间隙太小，可以刮削瓦口以增大间隙。侧间隙一般为顶间隙的 1/2，越向下越小，如图 7-11 所示。

② 顶间隙　轴瓦和轴颈之间的顶间隙，可以采用压铅法和抬轴打表两种方法进行测量，为了慎重起见，可同时采用这两种方法，以验证测量的准确性。压铅法测量轴承间隙如图 7-12 所示。

a. 压铅法测量　拆开轴承，用直径为 1.5～2 倍顶间隙、长度为 10～40mm 的软铅丝或铅条，分别放在轴颈和轴瓦接合面上，为防止软铅丝滑落，可用润滑脂粘住；回装轴承及轴承盖，均匀地拧紧螺母，用塞尺检查上下轴瓦接合面之间的间隙，应均匀相等；最后打开轴承盖及上半轴瓦，用千分尺测出已被压扁的软铅丝的厚度，按下式算出顶间隙的平均值：

$$\delta = \frac{C_1 + C_2 + C_3}{3} - \frac{D_1 + D_2 + D_3 + D_1' + D_2' + D_3'}{6}$$

式中　　　　　　　δ——轴承的平均顶间隙，mm；

$C_1 \sim C_3$——轴颈上各段铅丝压扁后的实际测量厚度，mm；

$D_1 \sim D_3$，$D_1' \sim D_3'$——轴瓦结合面上各段铅丝压扁后的实际测量厚度，mm。

b. 抬轴、打表测量　轴承回装完毕，分别将两块百分表定在轴颈和轴承体上，调好指针预压量，用抬轴器具抬起轴，保证轴承体上百分表计数不动，则轴颈上百分表的最大计数即为轴承实际顶间隙。

若测得的顶间隙小于标准的要求，则应该在上下瓦的接合面间加垫片；若测得的顶间隙大于标准的要求，则应减去垫片或刮削接合面进行调整。

③ 轴瓦压紧力的测量与调整　为了防止轴瓦在机器运转过程中发生转动或轴向移动，除了使瓦背与轴承座过盈配合以及设置定位销等止动零件外，轴瓦还必须通过轴承盖螺栓来压紧。

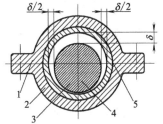

图 7-11　滑动轴承的间隙示意

1—轴承盖；2—轴承座；3—下轴瓦；

4—轴；5—上轴瓦

测量轴瓦压紧力的方法与测量顶间隙的方法一样，但这时应把软铅丝分别放在轴瓦的瓦背上和轴承盖与轴承座的接合面上，如图 7-13 所示。测出软铅丝的厚度后，按下式计算出轴瓦的压紧力：

$$A = \frac{B_1 + B_2}{2} - C$$

式中　A——轴瓦压紧力，即轴瓦压紧后的弹性变形量，mm；

　$B_1 + B_2$——轴承盖与轴承座之间的软铅丝压扁后的厚度，mm；

　　　C——轴瓦瓦背上的软铅丝压扁后的厚度，mm。

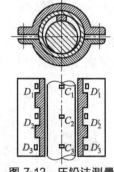

图 7-12　压铅法测量
轴承间隙

如果压紧变形量不符合要求，则可以通过增减轴承盖与轴承座接合面处垫片厚度的方法来调整。如果没有调整垫片，可以考虑用机械加工的方法予以处理。

④ 轴瓦的修理方法

a. 组合调整法　经长期使用后，轴颈逐渐磨损，轴瓦间隙由 S_0 增加到 S_1，如果轴颈与轴瓦的接触角达到 $120°$ 以上，将破坏液体动压润滑的条件，这时可以考虑采用组合调整法对轴瓦进行修理或更换。

采用组合调整法修理装配轴瓦时，通过减去置于瓦口两侧的垫片以减小轴瓦的间隙，使调整后的间隙 S_2 达到原有装配要求（如图 7-14 中虚线所示）；同时，为了消除轴瓦几何形状的变化以及满足侧面间隙的要求，还应刮研轴瓦，使其达到原有接触点和接触角的要求。

b. 修理尺寸法　修理尺寸法是指当轴颈磨损量较大，不能通过组合调整法修配原有轴承时，根据磨损后的轴颈修整尺寸重新加工新的轴瓦。在加工轴瓦时，应在轴瓦瓦口处加入适当厚度的调整垫片，一般在 0.5～0.7mm 的范围内，用卡子将两半轴瓦合在一起进行加工。加工轴瓦时，还应留有适当的刮削余量，但刮削余量预留太大，将增加刮削的加工量；刮削余量预留太小，不能达到质量要求，甚至使轴瓦报废。

c. 修复原尺寸法　修复原尺寸法是采用电镀、喷镀、涂镀、焊补等修理工艺修复轴颈磨损部分金属，使其恢复原设计尺寸，和原有轴承完全一样。

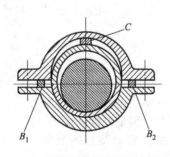

图 7-13　用压铅法测量轴瓦的压紧力

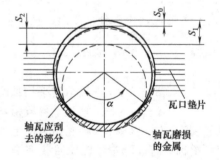

图 7-14　滑动轴承组合调整法修理

7.2.1.5　可倾瓦块式径向轴承

下面以五块瓦结构的可倾瓦块式径向轴承为例，叙述径向轴承的拆装和检查。

(1) 拆卸程序

① 拆去仪表探头和其他妨碍轴承拆卸的仪表接线。

② 拆轴承盖中分面螺栓和定位销，用顶丝轻轻顶起轴承盖，然后吊开轴承盖。

③ 拆开轴承体中的分面螺栓，拆去径向轴承上部。

④ 用抬轴专用工具轻轻将轴提起，提起高度以下半轴承体能刚好绕轴转动为限，且不得超过 0.15mm。将下轴承体绕轴翻转至轴颈上部，拆去下部轴承。注意不得在未揭大盖的

情况下使用天车起吊转子。带热敏元件的轴瓦在翻转中不得损伤仪表导线。

⑤ 记录每个瓦块在轴承壳中的位置和方向，松开并拆去瓦块背部定位螺钉，依次取出各瓦块。

（2）检修技术要求

① 可倾瓦块

a. 瓦块巴氏合金层应无裂纹、掉块、脱胎、烧灼、碾压、磨损及拉毛等缺陷。巴氏合金表面不允许存在沿轴向的划痕和沟槽，沿周向的划痕和沟槽的深度应不超过0.10mm。瓦块经着色或浸煤油检查，巴氏合金应贴合良好，表面无偏磨，接触印痕沿轴向均匀。

b. 瓦块背部承力面光滑，与瓦壳的接触印痕沿轴向均匀并保持线接触，与轴的接触均匀，瓦块摇摆自由、不松晃，瓦背无压痕或重载痕迹。

c. 瓦块进油边缘过渡圆滑，适宜于油流进入油楔。

d. 同组瓦块厚度应均匀，相互厚度差用假轴或轴颈测量，不大于0.01mm。

e. 瓦块背部销孔及相应的销钉应无磨损或偏磨，定位销在销钉孔中的直径间隙不小于2.0mm，组装后，销钉与销孔的顶部间隙不小于1.5mm。瓦块在瓦壳内摇摆灵活，不顶瓦块。

f. 带热敏元件的瓦块，其热敏元件与瓦块固定可靠、不松动，引线绝缘保护层良好。组装后，热敏元件及引线不妨碍瓦块在瓦壳内灵活摆动，也不影响整个轴承组装。

g. 瓦背接触线通过瓦块背面几何中心，接触线两侧形状对称，绕接触线摇摆时，瓦壳表面任一部位不应低于两侧油封（转子装入的情况下）。

h. 当轴压在下半支承瓦上时，左右两块瓦应受载均匀。

② 轴瓦壳

a. 瓦壳中分面密合，定位销配合紧密，上紧中分面螺栓后，瓦壳中分面不错口。

b. 轴瓦壳两侧油封无磨损，间隙不超差。油封上下中分接合面密合，且不顶瓦壳，浮动式油封浮动灵活，端面不错口。

c. 用红丹检查瓦壳在下半轴承座内的接触情况，应接触良好。左右两侧与轴承座中分面齐平，两侧间隙前后左右均匀，且不大于0.05mm。瓦壳防转销不高出轴承座中分面。拧紧中分面螺栓后，瓦壳中分面、轴承座中分面密合无间隙。

d. 轴瓦壳背部紧力或间隙符合制造厂的设计要求。

e. 瓦壳进油和回油孔与相应的轴承座油孔对正，测振探头孔、温度测量孔等均应对正。瓦壳进油孔限流螺钉不松动、固定可靠，孔径符合设计要求。进、回油孔不堵塞。

（3）轴承间隙的测量方法　轴承间隙的测量常采用压铅丝法，把轴颈放在可倾瓦的下瓦上，如图7-15所示。在上面瓦块与轴颈之间放入直径比所测间隙大1.5~2倍的软铅丝，用螺栓紧固上、下轴承体。松开螺母，取出被压铅丝，测量其厚度$BC=d_1$（d_1值必须取顶上两瓦块的平均值），然后按下式计算出轴承的间隙。

$$d=kd_1$$

式中　d——轴承间隙，mm；

k——系数，对于五块瓦的可倾瓦轴承，$k=1.11$。

（4）轴承压紧力的测量　为了防止在机器运行中因轴承松动而引起转子较大振动，轴承还必须通过轴承盖螺栓来压紧。轴承的压紧力即为装配后轴承体的弹性压缩变形量。测量可倾瓦块式径向轴承压紧力，方法与测量剖分轴承压紧力的方法一样。

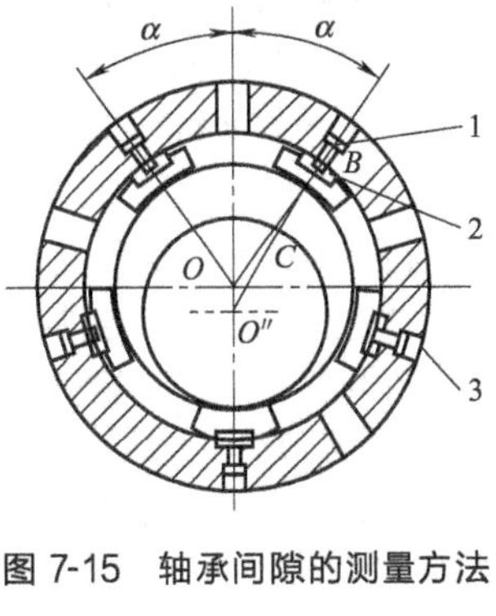

（5）轴承的装配　把轴承体、油封环的毛边及污锈清理

图7-15　轴承间隙的测量方法

干净，用清洗剂洗净并吹干，然后装上一侧的油套环（注意排油孔、仪表探测孔的位置）。油封环与轴承体止口配合定位，螺钉紧固，回装瓦块再装另一侧油封环。整体喷涂防锈油，将组装好的轴承包装封存待用。

7.2.1.6 止推轴承

（1）金斯伯雷型止推轴承

① 拆卸程序

a. 拆去轴位移探头和其他仪表接线。测量止推轴承间隙后拆去轴承座上盖以及止推轴承壳体上盖。

b. 拆去非工作侧止推轴承和垫片，并做好每个瓦块的位置记号。拆卸时，注意不要损镀瓦块的测温引线。

c. 回装止推轴承壳上盖和轴承座上盖，上紧中分面螺钉和定位销，窜动转子，检查揭盖前的第一级喷嘴间隙（汽轮机）或转子半窜量（压缩机）。

d. 拆去全部上盖，拆去工作侧止推轴承和止推轴承前后油封。

② 检修技术要求

a. 止推瓦块

ⓐ 止推瓦块的巴氏合金层应无脱胎、裂纹、烧灼、碾压、拉毛和冲蚀等缺陷。瓦块经着色或浸煤油检查，巴氏合金与基体金属结合良好。

ⓑ 用红丹检查各单独瓦块的巴氏合金表面与止推盘表面的接触情况，接触面应不低于80%。

ⓒ 瓦块背部承力面光滑，无烧灼、胶合和压痕等重载痕迹。瓦块承力垫块在瓦块上应固定捻铆牢固，不松动。

ⓓ 瓦块进油侧巴氏合金呈圆滑过渡，以利进油和形成油膜。

ⓔ 对带热敏元件的止推瓦快，应检查热敏元件在瓦块内固定的牢固情况，测温引线应不影响瓦块灵活摇摆。热敏元件与引线连同瓦块由仪表检查，绝缘和测量精度符合仪表规范。

b. 基环和均压块

ⓐ 均压块承力面光滑，无磨损、烧灼、压痕等重载痕迹，在基环内摆动灵活自如，不卡涩。止动销长度适宜，固定牢固，与均压块销孔有足够的间隙，不顶均压块，不偏磨销孔。

ⓑ 均压块间相互工作面接触线无压痕，表面光滑，相互间摇摆灵活。

ⓒ 基环无瓢曲变形，两半基环结合面平整不错口，与均压块接触处无压痕，基环背面与止推轴承壳体端面承压均匀。

c. 止推盘

ⓐ 止推盘表面光洁平整，表面粗糙度应达 $Ra0.8\mu m$，不允许存在径向沟痕，周向沟槽深度应不超过 0.05mm。

ⓑ 由键连接的止推盘，键与键槽无挤压痕迹，键槽经探伤检查无裂纹。止推盘与轴肩和锁母端面接触均匀，键在止推盘键槽内配合适当，侧间隙、顶间隙及止推盘与轴之间的配合符合设计要求。组装后的止推盘端面全跳动小于 0.015mm。

ⓒ 采用液压拆装止推盘结构时，应检查止推盘内孔与定距锥套表面的接触情况，检查锥套端面与轴肩的接触情况，均不得少于80%。各表面无毛刺、划痕、损伤，锥套内孔与轴的配合尺寸不超差。

ⓓ 止推盘厚度沿圆周偏差不超过 0.01mm。

d. 油封

ⓐ 前后油封无磨损、划痕和轴向沟槽，上紧油封中分面螺钉后，油封在油封槽内绕轴转动灵活，中分面无错口和间隙。扣上半轴承盖后，油封浮动灵活。

ⓑ 油封与轴的径向间隙不超过 0.05～0.10mm。

e. 轴承壳（对带有止推轴承体者）

ⓐ 上下止推轴承壳在上紧中分面螺钉后无错口间隙，装入止推轴承后，不顶上轴承壳。

ⓑ 止推轴承壳在轴承座内松紧适宜，轴向间隙不超过 0.01～0.03mm。止推轴承调整垫片在轴承座内固定可靠。

ⓒ 轴承壳上的进油孔不堵塞，进油孔与轴承座进油孔对正，进油孔板螺钉在轴承壳内固定可靠，不松动。

ⓓ 止推瓦块在止推轴承壳内无磨损痕迹和压痕。

f. 非工作侧平板式止推轴承

ⓐ 轴承板光滑、平整，厚度差小于 0.01mm。

ⓑ 其外径小于壳体内径 1.0mm。

ⓒ 巴氏合金贴合良好，无脱胎、裂纹、磨损、烧灼、压痕等缺陷。

③ 轴承的装配技术要求

a. 检查各瓦块，看相邻瓦块是否活动，以确认其补偿性能和均载性能。

b. 检查主推和副推安装位置及方向是否正确（两者油楔方向相反）。

c. 确认轴承的防转销安装到位，以防机器运转中轴承转动。

d. 检查轴瓦油封环间隙，若间隙过大，则必须调整间隙或更换油封。

e. 检查轴承推力间隙，根据需要调整或重新加工其调整垫片。

f. 检查瓦壳结合面定位销子是否由于反复拆卸而松动，如销子松动则应重新配制，以免引起上、下两半瓦壳错位。

④ 轴承间隙的测量与调整　推力轴承轴向间隙应适当，间隙过大，不但会在转子推力发生改变时增加通流部分的轴向间隙，而且会对瓦块产生过大的冲击力，使转子的轴向位置不稳定；间隙过小，将增加轴瓦的磨损及瓦块的负载。

a. 轴向间隙的测量　用百分表固定于静止件上，测量杆轴向顶在转子的某一端面，模拟工作状态，盘动转子并前后窜动到极限位置，两者的计数差即为冷态实际的轴向间隙。测量过程中，注意如下几点。

ⓐ 用专用推（拉）轴工具来推（拉）动转子时，注意用表监视轴承壳体是否移动，否则会影响测量结果。

ⓑ 用推（拉）轴工具来推（拉）动转子时，不能用力过大，防止金属弹性变形带来的虚假计数。如果百分表指针不再移动，表示转子已经窜到极限位置。

ⓒ 轴向间隙的测量必须在推力轴承完全装配好以后进行，这样才能确保真实可靠。

b. 轴向间隙的调整　推力轴承轴向间隙的允许值与轴瓦的结构类型有关，金斯伯雷型推力轴承间隙一般为 0.25～0.40mm，如果间隙不合适，往往采取增加或减少非工作（副推）侧调整垫片厚度的方式来调整。

（2）米契尔型止推轴承

① 拆卸程序

a. 测量检查止推轴承间隙，拆去轴位移探头和仪表接线，拆下止推轴承端盖，取下外侧止推轴承。

b. 检查测量转子前半窜量后，将转子推向进口端死点，拆去止推盘背母，取出止推盘、隔套和内侧止推轴承组件、出口导油环等。检查转子在缸内的总窜量。

采用液压拆装止推盘的结构应按高压泵及液压拆装联轴器的规则使用液压拆卸，并记录拆卸时的最大胀开油压。

② 检修技术要求

a. 止推瓦块

ⓐ 米契尔型止推瓦块巴氏合金表面技术要求与金斯伯雷型的技术要求相同。

ⓑ 同组瓦块厚度偏差不大于 0.01mm。

ⓒ 瓦块背部与基环的承力面呈线接触,接触线沿周向均匀,无压痕、烧灼和胶合等重载痕迹。

ⓓ 瓦块与基环间隔销间无磨损和压痕。

ⓔ 瓦块定位螺钉在瓦块销孔内有 1.5mm 以上的顶间隙,不顶瓦块,不偏磨销孔。

b. 基环

ⓐ 基环无瓢曲、变形,承力面无压痕、胶合等重载痕迹。基环厚度在测量平台上测量,整圈偏差应不超过 0.01mm。

ⓑ 间隔销在基环上不松动,间隔销中心线对正基环中心,不左右偏转。定位螺钉孔的螺纹完好,定位螺钉与螺孔配合松紧适度。

ⓒ 组装瓦块和基环后,止推轴承组件厚度在二级精度平台上测量,沿整圈厚度偏差不超过 0.01mm。用红丹检查轴承组件的巴氏合金平面与止推盘的接触情况,整组瓦块沿周向接触不小于 90%,接触面积不小于 80%。更换整套止推轴承时,应检查核对新的轴承组件厚度。定距套厚度偏差应小于 0.05mm。

7.2.1.7 装复程序

径向轴承、金斯伯雷止推轴承和米契尔止推轴承的装复程序即为拆卸的逆程序。若止推盘需加热装配,则应采用油浴加热,加热温度可按内孔直径与过盈量计算,但不应超过油的闪点温度,并控制在 120~150℃。止推盘在轴上冷却装配好后,应检查止推盘端面跳动。采用液压拆装止推盘装配时,应注意检查止推盘、锥套、轴肩等的周向对位标志,记录相关位置尺寸,确保止推盘推进到位,并装好轴向定位锁紧部件。

7.2.1.8 检修注意事项

(1) 径向轴承

① 可倾瓦块一般不推荐刮瓦,但为使整个轴承接触良好,可在瓦块不超差并达到巴氏合金表面技术要求的前提下适当修刮。

② 瓦块连同瓦壳一起更换时,应用红丹检查新装的下瓦壳与下轴承座的接触情况,瓦壳在轴承座瓦窝内不得松晃,两侧间隙不大于 0.03mm,防转销不高出轴承座中分面。

③ 瓦块相间的位置和方向不得调错。更换单个瓦块时应确保与同组瓦块厚度不超差,一般采取整副更换。

(2) 止推轴承

① 止推轴承间隙应采用非工作侧调整垫片进行调整。调整止推间隙应在扣缸调整好转子轴向位置后进行。测量止推轴承间隙应扣上轴承座上盖,并上紧中分面螺栓和销子后测量,米契尔型止推轴承的轴向间隙用端盖垫片厚度调整。

② 对米契尔型止推轴承,一般采用煮油法或蒸汽加热法,同时置转子于外侧死点。一般不采用火焰加热法。

③ 止推轴承瓦块间的相互位置在拆装中应做好相互对位标志,不能调错。

④ 为防止止推轴承过载,应严格保证止推盘端面跳动不超差,轴承座中分接合面不错口。

⑤ 转子的工作位置应在止推轴承工作侧进行调整,根据轴承座的结构调整壳体垫片厚度或工作侧止推轴承垫片厚度。

⑥ 轴位移探头的零位应与设计的零位相一致，表头指示的位移量应与百分表指示的转子轴伦浮动量相吻合。

7.2.2　转子组件

7.2.2.1　转子的外观检查

① 检查转子轴承轴颈、浮环密封轴颈和轴端联轴器工作表面等部位有无磨损、沟痕、拉毛、压痕等类损伤，这些部位的表面粗糙度应达 $Ra0.4\mu m$。若表面拉毛轻微时，可采用金相砂纸拉研予以消除，其他损伤应根据实际情况制定方案，选择适当方法予以处理。轴上其他部位的表面粗糙度也应达到设计制造图的相应要求。

② 检查转子上内密封工作表面处磨损沟痕的深度，应小于 0.1mm。叶轮轮盘、轮盖的内外表面、轴衬套表面、平衡表面等原则上应无磨损、腐蚀、冲刷沟槽等缺陷，若为旧转子，所存在的轻微缺陷不应影响转子的性能和安全运行。叶片进出口边应无冲刷、磨蚀和变形。

③ 检查并清除叶轮内外表面上的垢层，并注意观察是否为叶轮的腐蚀产物，对可能的腐蚀产物应进行分析，确定腐蚀的来源和性质。天然气压缩机叶轮应着重检查有无硫化氢引起的腐蚀，空气压缩机叶轮应着重检查有无大气腐蚀。

④ 用红丹检查转子的联轴器工作表面与联轴器轮毂孔内表面，其接触应达 85％ 以上。旧转子拆卸前，应检查联轴器轮毂在轴上有无松动（轴向位移）和相对滑动（角位移），其方法是：测量轴端在联轴器轮毂孔内的凹入深度，检测联轴器轮毂与轴间的原装配对位标志，并与上次的装配数据比较，视其有无变化，得出结论。

⑤ 检查转子上的所有螺纹，丝扣应完好、无变形，与螺母的配合松紧适应。

⑥ 检查转子过渡圆角部位，圆角应符合设计尺寸的要求，圆角及其过渡部位应无加工刀痕。

7.2.2.2　转子的尺寸检查

（1）旧转子检查

① 检查轴颈、油膜密封轴颈、止推盘轴颈等的圆度和圆柱度，其误差均应在 0.01mm 以内，且轴颈尺寸无明显磨损减小。

② 检查轴的直线度，转子上密封部位、轴颈部位、平衡盘（鼓）外圆、轴端联轴器工作部位等处的径向跳动，叶轮、止推盘和止推轴肩等处的端面跳动，并记录全部最大跳动值及其方位，与以往的记录比较，若发生明显变化时，应找出原因，并视情况予以处理。

③ 检查叶轮外圆、口环、轴套、平衡盘（鼓）外圆等直径尺寸有无明显变化。

④ 止推盘厚度偏差沿整个圆周应不超过 0.01mm。

（2）新转子检查　对更换的新转子，除应按（1）条所述内容进行检查外，还应检查记录下列尺寸。

① 测量并记录转子的总长度，两径向轴颈间的跨度。

② 测量并记录联轴器轮毂在轴上空装时，轴头在轮毂内凹入的深度、轴端与联轴器的配合锥度及接触情况、螺纹尺寸。

③ 检查并记录止推盘工作面至第一级叶轮进口口环处的距离，全部叶轮的出口宽度。

7.2.2.3　转子的无损探伤检查

① 整个转子用着色渗透探伤检查，重点检查键槽、螺纹表面、螺纹根部及其过渡处、形状突变部位、过渡圆角部位、焊接叶轮的焊缝以及动平衡打磨部位等。对怀疑的部位（铁磁性材料）应采用磁粉探伤做进一步检查。

② 对易于遭受硫化氢侵蚀的天然气压缩机焊接叶轮，特别是焊缝和热影响区；对有可

能遭受氢损害的合成气压缩机高压缸叶轮、轴的螺纹部位和轴径变化处，应定期用磁粉探伤法进行检查。

③ 对在运行中振动幅值和相位曾发生无规律变化的转子，应考虑对整个转子轴进行磁粉探伤检查。

④ 主轴轴颈、轴端联轴器工作表面至少每两个大修周期用超声波探伤检查有无缺陷。

7.2.2.4 转子的动平衡检查

当发生下列情况之一时，应考虑对转子进行动平衡检查。

① 运行中振动幅值增大，特别是在频谱分析中发现工频分量较大时。

② 运行中振动幅值增大，而振动原因不明，或振幅随转速不断增大时。

③ 转子轴发生弯曲，叶轮端面跳动和主轴径向跳动增大，特别是当各部位跳动的方向和幅值发生较大变化时。

④ 叶轮沿圆周方向发生不均匀磨损和腐蚀，材料局部脱落时。

⑤ 通过临界转速时的振幅值明显增大，且无其他可解释的原因时。

动平衡工作要则如下。

① 转子既可通过低速动平衡，也可通过高速动平衡使其达到质量平衡。但对高速轻载转子，或经低速动平衡后，在工作转速下振动仍较大的转子，或更换了叶轮和平衡盘（鼓）等主要转动元件的转子，或最大跳动方向不在同一轴向截面同一方向上的转子，都应考虑进行高速动平衡。

② 动平衡去重位置、打磨深度和表面粗糙度应符合制造厂设计要求。所有打磨表面均应光洁且平滑过渡，并用金相砂纸抛光。打磨时注意控制打磨进给量和砂轮转速，不得使材料过热。

③ 联轴器等可拆的旋转元件（当更换这些部件时）应事先进行单独平衡。只有当这些元件都证明是平衡的时候，才能组装进行整体平衡。进行整体平衡时，不得在已经经过平衡的部件上校正，平衡后可拆旋转部件与轴之间应有装配对位标志。

平衡转速与动平衡精度的要求：低速动平衡的转速可按动平衡厂家和动平衡机的条件决定，但必须使动平衡精度达到 ISO 1.0 级；高速动平衡应保证在正常工作转速下，转子在动平衡机支架上的振动烈度不超过 1g·mm/s。

7.2.2.5 其他检查

转子在缸内组装，应检查各级叶轮出口与扩压器进口中心线对位情况，对中偏差应符合设计图样要求；各轮盖密封应不悬出叶轮口环；两端机械密封组装的工作长度应能满足压缩量要求。

7.2.3 气缸与隔板

（1）气缸体检修技术要求

① 清扫缸体内外表面，检查机壳应无裂纹、冲刷、腐蚀等缺陷。有疑点时，应进一步采用适当的无损探伤方法进行确认检查。

② 空缸扣合，打入定位销后紧固 1/3 中分面螺栓，检查中分面结合情况，用 0.05mm 塞尺检查应塞不进，个别塞入部位的塞入深度不得超过气缸结合面宽度的 1/3。

③ 缸体导向槽、导向键清洗检查，应无变形、损伤、卡涩等缺陷，间隙符合标准要求。

④ 认真清扫气缸猫爪与机架支承面，该面应平整无变形，清洗检查缸体紧固螺栓和顶丝，丝扣应完好。猫爪与紧固螺栓之间预留的膨胀间隙应符合要求。

⑤ 缸体中分面平整，定位销和销孔不变形，中分面无冲蚀漏气及腐蚀痕迹。中分面有沟槽缺陷时，可先用补焊填平（一般用银焊或铜焊），然后根据损伤面积和部位确定修理方

法。对小面积表面缺陷，可用手工锉、刮修整；对大面积或圆弧面，用车、镗才能保证修整质量。

⑥ 水平剖分气缸剖分面间的间隙值若小于0.3mm，或拧紧1/4气缸螺栓后间隙消除，可不做处理，只需按装配要求拧紧缸盖螺栓。若缸体变形很大，影响密封和内件装配时，应做进一步空缸装配检查，视情况制定具体检修方案。

⑦ 为保证运行安全，对气缸应定期做探伤检查，通常采用着色法对内表面进行探伤。若裂纹深度小于缸壁厚的5%，在壳体强度计算允许、不影响密封性能的情况下，用手提砂轮将裂纹打磨除去，可不再处理。除此之外的裂纹，都应制定方案进行补焊或更换。

⑧ 检查所有接管与缸体焊缝，应无裂纹、腐蚀现象，必要时进行无损探伤检查。缸体各导淋孔干净畅通，并用空气吹扫，以防堵塞。

⑨ 中分面连接螺栓探伤检查，若有裂纹或丝扣损伤等缺陷必须更换。

⑩ 检测气缸与轴承座的同轴度，气缸中心线与轴承中心线应在同一轴心线上，其同轴度偏差不大于0.05mm。检测方法常用假轴找正法，将假轴两端用轴承支撑（轴承与轴配合间隙为0.04~0.06mm），轴上安装一个可调的百分表架，然后旋转假轴，从表测量数据中，找出缸内表面的各个加工面的偏差值。如果偏差大于允许值，可根据结构情况及偏差方位调整轴承座，或者修整轴承座孔，或重新配制新瓦壳。

（2）隔板检修技术要求

① 清洗并检查隔板，应无变形、裂纹等缺陷，所有流道应光滑平整，无气流冲刷沟痕。若有严重气流冲刷沟痕，应采取补焊或其他方法消除。每次大修时对隔板均应进行无损探伤检查。

② 隔板上、下剖分面光滑平整、配合紧密、不错口，用0.10mm的塞尺应塞不通，各沉头螺钉完好无损。

③ 隔板与气缸上隔板槽的轴向、径向配合应严密不松动。

④ 检查各级叶轮气封和平衡盘（鼓）气封，应无污垢、锈蚀、毛刺、缺口、弯曲、变形等缺陷，气封齿磨损、间隙超标者应更换。各级气封套装配后无过松和过紧现象，固定气封套的各沉头螺钉完好无损。

⑤ 检查两端气封应无冲蚀、缺口、变形、腐蚀等缺陷，气封齿磨损、间隙超标者应更换。气封装配要求松紧适宜。

⑥ 气封两侧间隙用塞尺测量，两侧气封侧隙之和即为水平方向气封间隙；吊出转子，在下半缸底部气封处放入铅丝，再将转子放入原来位置。在上半缸顶部密封范围内也放入铅丝，之后将上半缸扣上，并上紧部分螺栓。然后吊开上半缸及转子，测量同一密封处上、下铅丝厚度，上、下铅丝厚度之和即为垂直方向气封间隙。

⑦ 检查轴承座与下半缸体的连接螺栓应无松动。

⑧ 当出现各级气封偏磨，经检查若发现是由于缸体变形或个别隔板、个别定位槽加工误差引起的某级隔板不同心且偏心小于该处直径间隙的1/3时，允许修刮该密封进行补偿，否则应视具体情况制定方案处理；当全部密封出现有规律性的偏磨，经找中心证明是由于轴承座松动变形引起时，则应对轴承座的位置进行调整。

（3）垂直剖分型离心式压缩机检修的特殊要求　垂直剖分型压缩机外缸为筒形，这种压缩机承压高、密封性好，但检修工作量相对较大。与水平剖分型压缩机相比，检修时的特殊要求见表7-9。

表 7-9　垂直剖分型离心式压缩机检修的特殊要求

项　目	要　求	说　明
内部组合件的长度控制	内部组合件组装完毕后的长度应比外筒两端盖间的距离短 0.25～0.4mm	可以用压铅法进行测量
轴承座的对中	外筒端面和端盖间的间隙,用塞尺在圆周均匀等分的八个点上进行检查,其差值应小于 0.1mm	端盖和外筒的连接螺栓应均匀上紧;垫片的厚度不能随意改变
内部密封(指用于分开各段及进、出口间的密封,一般是使用各种橡胶 O 形圈)	O 形圈一般装在组合件的外圆周上;当内部组合件装入外筒后,O 形圈受到压缩,压缩量应为 O 形圈原始切面尺寸的 10%～15%	为了密封可靠,在 O 形圈压力低的那一侧放置背环,背环可用聚四氟乙烯扁条制成

7.2.4　增速箱的检修及技术要求

7.2.4.1　增速箱拆卸程序

① 拆卸增速箱盖上的仪表探头、温度计和管线接头。

② 拆卸联轴器护罩及接筒,拆卸齿轮轴端盖。

③ 拆卸增速箱中分面螺栓,用顶丝顶开中分面,吊下箱盖,取下上半径向轴瓦。

④ 吊出两齿轮轴,取下径向轴瓦下半部。增速箱回装程序与拆卸程序相反。

7.2.4.2　增速箱检修技术要求

(1) 增速箱箱体

① 增速箱上、下半箱体的中分接合面应密合,不拧紧中分面螺栓用 0.05mm 塞尺沿整周不得塞入,个别塞入部位处的塞入深度不得大于密封面宽度的 1/3,沿整周不得有贯穿接合面的沟槽。

② 下半增速箱用煤油做渗漏检查,不得有漏油、浸油。

③ 当检修中发现齿轮啮合线歪斜、啮合不良、齿面磨损、运行中噪声增大时,应用精密假轴检查两齿轮轴的平行度,其平行度偏差应在 0.025mm 以内,中心距极限偏差不得超过 0.10mm。平行度误差在 0.10mm 以内时,可结合修刮轴承进行处理,否则应制定处理方案或更换齿轮箱。

④ 两齿轮轴在箱内用水平仪检查齿轮轴的扬度,两齿轮轴的扬度方向应相同。

⑤ 下半箱体在充分上紧地脚螺栓的情况下,检查箱体水平结合纵、横向水平,并使其在 0.02mm/s 以内。

(2) 大、小齿轮

① 大、小齿轮齿面无磨损、胶合、点蚀、起皮、烧灼等缺陷,缺陷严重时更换齿轮。

② 齿轮轴轴颈无磨损和其他损伤,轴颈的圆柱度和圆度偏差均在 0.015mm 以内。

③ 轴端联轴器工作表面无沟槽、划痕、裂纹等缺陷。

④ 齿轮做着色探伤检查。

⑤ 当运行中出现原因不明的振动增大,而无其他原因可寻时,应对齿轮连同联轴器进行动平衡测试。

(3) 组装

① 用压铅法检查大小齿轮啮合侧的侧隙、顶隙。

② 用涂色法对齿面做接触检查,沿齿宽方向的接触应达 85%,沿齿高方向的接触应达 55%,接触印痕均匀。

③ 检查齿轮轴颈与径向轴承下半瓦的接触,在下半瓦底部 60°～90° 范围内的接触应达

80％以上，下瓦侧间隙对角偏差用塞尺检查不得超过 0.02mm。

④ 检查止推轴承间隙，超差时应更换轴承，两侧止推工作端面的接触检查达 80％以上，上、下半轴承扣后检查中分端面不得错口，止口的间隙不减小。

⑤ 齿轮箱组装完毕，沿工作方向盘动大齿轮，应转动灵活，窜动大齿轮检查止推轴承间隙应与扣盖前相一致。

⑥ 喷油嘴安装位置正确、牢固，喷嘴方向和位置符合润滑要求，喷嘴畅通。

7.2.5 离心式压缩机的试运转

离心式压缩机组试运转的目的和内容主要是：

① 检验和调整机组的技术性能，消除设计、制造、检修中的问题；

② 检验、调整机组各部的运动机构，并得到良好跑合；

③ 检验、调整机组电气、仪表自动控制系统及其附属装置的灵敏性和可靠性；

④ 检验机组各部的振动情况，消除异常振动和噪声；

⑤ 机组润滑系统、冷却系统、工艺管路系统及附属装置的正确性和严密性。

(1) 润滑系统的试运转 机组能正常运转的首要条件是润滑系统的清洁和可靠性，所以，在正式试运转前，必须先进行润滑系统的清洗试运。驱动机、增速机和压缩机三部分的单独循环情况不应少于 8h，直至检查合格；三部分同时循环清洗不少于 8h，直至检查合格后，将脏油全部放出，换上合乎要求的润滑油。

(2) 压缩机的无负荷试运转 试前将进气管上的节流蝶阀开启 15°～20°，将排气管路上的闸阀关闭，将放空管路上的手动放空闸阀打开，使试车时空气不经压缩而直接排入大气；还应先开动电动油泵供油并打开冷却系统的阀门。无负荷试运转分四步进行：首先冲转 10～15s，检查增速器、压缩机内部应无异常音响和振动，检查推力轴承窜动应符合规定要求；运转 5min，检查运转应无杂音，轴承温度不得超过 85℃，油温应保持在 35～45℃ 之间；运转 30min，检查压缩机振动、声音、油温、油压和轴承温度均应无异常；连续运转 8h，全面复查均正常。

(3) 压缩机的负荷试运转 负荷试运转前，各相关阀门的关闭及供油、供水情况与无负荷试运转相同。负荷试车分两步进行：第一步，开动 1min，检查各部件应无异常声响和振动及碰擦现象；第二步，开动达正常转速后，首先无负荷运转 1h，检查无问题后按规定加负荷，在满负荷及设计压力下连续运转 24h。加负荷的步骤是慢慢开大进气管路的蝶阀，使介质气吸入量逐渐增加；同时，逐渐关闭手动放空闸阀，使压力逐渐上升，在 10～15min 内将负荷加满；加负荷时，应按照制造厂规定的曲线进行，按电流表与仪表的指示同时加量和加压，以防脉动和超负荷；加压时，要盯住压力表，当达到设计压力时，应立即停止加压，关闭手动放空闸阀，禁止压力超过设计值。在试车全过程，用阀门调节压缩机的出口压力，使压力波动不超过 0.01～0.03MPa（表压）。从负荷试车开始，应每隔 30min 做一次试车记录，并将运行中的问题、疑点做详细记录，以便停车后处理。

压缩机负荷试运转后的检查内容是：

① 拆开各径向轴承和轴向推力轴承，检查巴氏合金的摩擦状况，有无裂纹、擦伤；

② 检查轴颈表面有无刻痕、擦伤；

③ 用压铅法检查轴承间隙；

④ 检查增速器齿轮副啮合面的接触情况；

⑤ 检查联轴器的定心情况；

⑥ 检查所有连接的零部件是否牢固；

⑦ 检查和消除连接部位的渗漏现象以及其他所有缺陷；

⑧ 更换润滑油等，以及检查辅助系统均应正常。

当压缩机负荷试车检查确认无问题后，还要再负荷试运转，时间不得少于 4 h。经有关部门鉴定合格后，签字验收，交付生产。

7.3 离心式压缩机的状态监测、常见故障及排除

7.3.1 离心式压缩机的状态监测

离心式压缩机的状态监测一般采用两种振动评定方法，即机壳表面振动及轴振动的评定方法。在机壳表面例如轴承部位测得的振动是机器内部应力或运动状态的一种反映。多数现场应用的由机壳表面测得的振动速度，可提供与实践经验相一致的可信评定。

离心式压缩机、汽轮机等大型旋转机械通常含有扰性转子轴系，在固定构件上（如轴承座）测得振动响应不足以表征机器的运转状态，对这类设备必须测量轴振动，根据实际需要，结合固定构件上的振动情况综合评定设备的振动状态。

测点一般布置在每一主轴承或主轴承座上，并在径向和轴向两个方向上进行测量。对于立式或者倾斜安装的机器，测量点应布置在能得出最大振动读数的位置或规定的位置上，并将测点的位置和测量值一同记录。测定位置应固定，一般应做明显标记。机器护罩、盖板等零件，不适应作测点。

测量仪器一般采用由传感器、滤波放大器、指示器和电源装置等组成的测量仪表，允许采用能取得同样结果的其他仪器。测量时应当掌握在整个测量范围之内仪器的频率响应和精度，并考虑温度变化、磁场、声场、电源波动、传感器的电缆长度、传感器的方位和安装方式等因素对测量系统的影响。

7.3.2 离心式压缩机常见的故障及排除

离心式压缩机的性能受吸入压力、吸入温度、吸入流量、进气分子量、进气组成和原动机的转速和控制特性的影响，一般多种原因互相影响发生故障或事故的情况最为常见，现将其常见的故障及排除列于表 7-10 中，仅供参考。

表 7-10 离心式压缩机常见的故障及排除

故障现象	原因分析	排除方法
1. 压缩机性能达不到要求	(1)设计错误	(1)审查原始设计,检查技术参数是否符合要求,发现问题应与卖方和制造厂家交涉,采取补救措施
	(2)制造错误	(2)检查原设计及制造工艺要求,检查材质及其加工精度,发现问题及时与卖方和制造厂家交涉
	(3)气体性能差异	(3)检查气体的各种性能参数,如与原设计的气体性能相差太大,必然影响压缩机的性能指标
	(4)运行条件变化	(4)应查明变化原因
	(5)沉积夹杂物	(5)检查在气体流道和叶轮以及气缸中是否有夹杂物,如有则应清除
	(6)间隙过大	(6)检查各部间隙,不符合要求者必须调整

续表

故障现象	原因分析	排除方法
2. 压缩机流量和排出压力不足	(1)通流量有问题 (2)压缩机逆转 (3)吸气压力低 (4)分子量不符 (5)运行转速低 (6)自排气侧向吸气侧的循环量增大 (7)压力计或流量计故障	(1)将排气压力与流量同压缩机特性曲线相比较、研究,看是否符合,以便发现问题 (2)检查旋转方向,应与压缩机壳体上的箭头标志方向相一致 (3)和说明书对照,查明原因 (4)检查实际气体的分子量和化学成分的组成,与说明书的规定数值对照,如果实际分子量比规定值小,则排气压力就不足 (5)检查运行转速,与说明书对照。如转速低,应提升原动机转速 (6)检查循环气量,检查外部配管,检查循环阀开度,循环气量太大时应调整 (7)检查各计量仪表,发现问题应进行调校、修理或更换
3. 压缩机启动时流量、压力为零	(1)转动系统有毛病,如叶轮键、连结轴等装错或未装 (2)吸气阀和排气阀关闭	(1)拆开检查,并修复有关部件 (2)检查阀门,并正确打开到适当位置
4. 排出压力波动	(1)流量过小 (2)流量调节阀有毛病	(1)增大流量,必要时在排出管上安装旁通管补充流量 (2)检查流量调节阀,发现问题及时解决
5. 流量降低	(1)进口导叶位置不当 (2)防喘阀及放空阀不正常 (3)压缩机喘振 (4)密封间隙过大 (5)进口过滤器堵塞	(1)检查进口导叶及其定位器是否正常,特别是检查进口导叶的实际位置是否与指示器读数一致,如有不当,应重新调整进口导叶和定位器 (2)检查防喘振的传感器及放空阀是否正常,如有不当应校正调整,使其工作平稳,无振动摆振,防止漏气 (3)检查压缩机是否喘振,流量是否足以使压缩机脱离喘振区,特别是要使每级进口温度都正常 (4)按规定调整密封间隙或更换密封 (5)检查进口压力,注意气体过滤器是否堵塞,清洗过滤器
6. 气体温度高	(1)冷却水量不足 (2)冷却器冷却能力下降 (3)冷却管表面积污垢 (4)冷却管破裂或管子与管板间的配合松动 (5)冷却器水侧通道积有气泡 (6)运行点过分偏离设计点	(1)检查冷却水流量、压力和温度是否正常,重新调整水压、水温,加大冷却水泵 (2)检查冷却水量,要与冷却器管中的水流速应小于 2m/s (3)检查冷却器温差,看冷却管是否由于结垢而使冷却效果下降,清洗冷却器芯子 (4)堵塞已损坏管子的两端或用胀管器将松动的管端胀紧 (5)检查冷却器水侧通道是否有气泡产生,打开放气阀把气体排出 (6)检查实际运行点是否过分偏离规定的操作点,适当调整运行工况

故障现象	原因分析	排除方法
7. 压缩机的异常振动和异常噪声	(1)机组找正精度被破坏,不对中	(1)检查机组振动情况,轴向振幅大,振动频率与转速相同,有时为其2倍、3倍……卸下联轴器,使原动机单独转动,如果原动机无异常振动,则可能为不对中,应重新找正
	(2)转子不平衡	(2)检查振动情况,若径向振幅大,振动频率为n,振幅与不平衡量及n成正比;此时应检查转子,看是否有污垢或破损,必要时转子要重新找动平衡
	(3)转子叶轮的摩擦与损坏	(3)检查转子叶轮,看有无摩擦和损坏,必要时进行修复与更换
	(4)主轴弯曲	(4)检查主轴是否弯曲,必要时进行校正直轴
	(5)联轴器的故障或不平衡	(5)检查联轴器并拆下,检查动平衡情况,并加以修复
	(6)轴承不正常	(6)检查轴承径向间隙,并进行调整,检查轴承盖与轴承瓦背之间的过盈量,如过小则应加大;若轴承合金损坏,则换瓦
	(7)密封不良	(7)密封片摩擦,振动图线不规律,启动或停机时能听到金属摩擦声。修复或更换密封环
	(8)齿轮增速器齿轮啮合不良	(8)检查齿轮增速器齿轮的啮合情况,若振动较小,但振动频率高,是齿数的倍数,噪声有节奏的变化,则应重新校正啮合齿轮之间的不平行度
	(9)地脚螺栓松动,地基不坚	(9)修补地基,把紧地脚螺栓
	(10)油压、油温不正常	(10)检查各油系统的油压、油温和工作情况,发现异常应进行调整,若油温低则加热润滑油
	(11)油中有污垢,不清洁,使轴承发生磨损	(11)检查油质,加强过滤,定期换油。检查轴承,必要时给予更换
	(12)机内浸入或附着夹杂物	(12)检查转子和气缸气流通道,清除杂物
	(13)机内浸入冷凝水	(13)检查压缩机内部,清除冷凝水
	(14)压缩机喘振	(14)检查压缩机运行时是否远离喘振点,防喘裕度是否足够,按规定的性能曲线改变运行工况点,加大吸入量,检查防喘振装置是否正常工作
	(15)气体管道对机壳有附加应力	(15)气体管路应很好固定,防止有过大的应力作用在压缩机气缸上;管路应有足够的弹性补偿,以应对热膨胀
	(16)压缩机负荷急剧变化	(16)调节节流阀开度
	(17)部件松动	(17)紧固零部件,增加防松设施
8. 压缩机喘振	(1)运行工况点落入喘振区或距离喘振边界太近	(1)检查压缩机运行工况点在特性曲线上的位置,如距喘振边界太近或落入喘振区,应及时脱离并消除喘振
	(2)防喘裕度设定不够	(2)预先设定好的各种工况下的防喘裕,度应控制在1.03~1.50,不可过小
	(3)吸入流量不足	(3)进气阀开度不够,滤芯太脏或结冰,进气通道阻塞,入口气源减少或切断,应查出原因并采取相应措施
	(4)压缩机出口气体系统压力超高	(4)压缩机减速或停机时气体未放空或未回流,出口逆止阀失灵或不严,气体倒灌,应查明原因,采取相应措施
	(5)工况变化时放空阀或回流阀未及时打开	(5)进口流量减少或转速下降,或转速急速升高时,应查明特性线,及时打开防喘的放空阀或回流阀

续表

故障现象	原因分析	排除方法
8. 压缩机喘振	(6)防喘装置未投自动 (7)防喘装置或机构工作失准或失灵 (8)防喘振定值不振 (9)升速、升压过快 (10)降速未先降压 (11)压缩机气体出口管线上逆止阀不灵	(6)正常运行时防喘装置应投自动 (7)定期检查防喘装置的工作情况,发现失灵、失准或卡涩,动作不灵,应及时修理调整 (8)严格设定防喘数值,并定期试验,发现数值不准应及时校正 (9)运行工况变化,升速、升压不可过猛、过快,应当缓慢均匀 (10)降速之前应先降压,合理操作才能避免发生喘振 (11)经常检查压缩机出口气体管线上的逆止阀,保持动作灵活、可靠,以免发生转速降低或停机时气体的倒灌
9. 压缩机漏气	(1)密封系统工作不良 (2)O形密封环有问题 (3)气缸或管接头漏气 (4)密封胶失效 (5)密封浮座太软,不能动 (6)密封件破损、断裂、腐蚀、磨损	(1)检查密封系统元件,查出问题立即修理 (2)检查各O形环,发现不良或变质时应更换 (3)检查气缸接合面和各法兰接头,发现漏气应及时采取措施 (4)检查气缸中分面和其他部位的密封胶及填料,发现失效应更换 (5)发现部件腐蚀时,应更换材料,发现密封部分和密封弹簧内部有固体物质时,应分析气体成分 (6)检查各密封环,发现断裂、破损、磨损和腐蚀时应查明原因,并采取措施解决
10. 压缩机叶轮破损	(1)材质不合格,强度不够 (2)工作条件不良造成强度下降 (3)负荷过大,强度降低 (4)异常振动,动、静部分碰撞 (5)落入夹杂物 (6)浸入冷凝水 (7)沉积夹杂物 (8)应力腐蚀和化学腐蚀	(1)重新审查原设计和制造所用的材质,如材质不合格,应更换叶轮 (2)工作条件不符合要求,由于条件恶劣,造成强度降低,应改善工作条件,使其符合设计要求 (3)因转速过高或流量、压比太大,使叶轮强度降低,造成破坏;禁止严重超负荷或超速运行 (4)振动过大,造成转动部分与静止部分接触、碰撞,形成破损;严禁振值过大强行运转;消除异常振动 (5)压缩机内进入夹杂物打坏叶轮或其他部件;严禁夹杂物进入压缩机,进气应过滤 (6)冷凝水浸入或气体中含水分在机内冷凝,可能造成水击和腐蚀,必须防止进水和积水 (7)保持气体纯洁,通流部分和气缸内有沉积物应及时清除 (8)防止发生应力集中;防止有害成分进入压缩机;做好压缩机的防腐蚀措施

7.3.3 冷却水系统常见的故障

对冷却系统应着重检查其效率,可通过各级气缸出入口的气体温度来判定。当气缸部件的工作正常,而进、排气口的气体温度升高时,说明气缸水套或冷却器的冷却效率差;故应经常检查进、出水的温度,及时调整水流量。若出水量少和温度升高、开大排水或进水阀、增加出水量后气体温度仍然很高时,表明冷却系统内积垢太厚,严重阻碍了正常的热交换而使冷却效率大大降低。

还应检查冷却水有无断续出水或气泡现象。如果气缸出水带气，可能是气缸垫破裂或未压紧，使水、气道串通而使缸内气体泄漏随水带出。若中间冷却器出水带气，则说明冷却器内换热管或接头处破损。当水泵轴封处或吸水管漏气、水池水位太低时也会造成断续供水。

冷却系统的故障一般为冷却不良、漏水等。

（1）出水温度低于 40℃，但排气温度过高　主要是由于冷却水供应不正常。原因是冷却器积垢或冷却器的散热管接头处脱开，或是冷却器芯子端头与外壳的密封不严或挡垫吹开而影响了冷却效果。排除方法是调整水量、清洗水路、检修冷却器（对脱落部位应重新浸锡锌合金）。

（2）出水温度超过 40℃　一般为水量不足、进水温度过高或水管破裂所致。应调整水量、控制进水温度、检修管路。

（3）管路漏水　它将造成水流量减少，使水压降低。这时应修补或更换已坏的管路。

（4）气缸内有水　通常是因为气缸密封垫损坏而漏水。当二级缸内有水时，极可能是中间冷却器或后冷却器密封不严或管子破裂，应立即停机检修。

（5）气体带水（不属空气湿度大时的带水）　一般是中间冷却器故障或气缸密封垫损坏，确定后应立即停机修理。有时由于长时间没有排放中、后冷却器及储气罐中的冷凝油水，也会使排出的气体带有大量的水。如果气体中大量的水分被带入缸内，将是十分危险的，由于水的不可压缩性，将会在缸内产生破坏力极大的"水击"，严重损坏气阀、阀片，乃至气缸盖、活塞、连杆、曲轴等。因此，定期排放各处的冷凝油水，经常检查油水分离器的工作情况就显得十分重要。当气缸温度很低、气体温度过高时，大量水蒸气在缸内凝结成水，也会产生水击。

对油水集中排放的压缩空气站，某机停机后排油水阀未关，正在运行的空压机排出的油水会造成倒灌。因此，应严格遵守操作规程，当重新启动时，先进行盘车、打开排油水阀，水击事故就可以完全避免。

（6）水路无渗漏处，开足进、出水阀，水流量仍然很小，无法调节出水温度　主要原因是系统内严重结垢，缩小了冷却水的通道截面，这时需进行彻底的清洗和除垢。

（7）停水断路器失灵　其原因为浮筒破损后失去浮力或电气触点锈蚀，应及时检修以保证其动作灵敏、可靠。

（8）冷却水的消耗量过大　主要由于渗漏或进出水温度过高而致蒸发量加大之故，应排除渗漏和温度过高的因素。

7.3.4　润滑系统常见的故障

对运行中的润滑系统，应经常检查以下项目。

（1）油池的油位　油位应保持在两油标线的 2/3 以上高度处，注意油池高、低压处回油情况是否正常。如果各处无滴漏而油位逐渐下降，表明刮油环密封不严或损坏，油被带入气缸；若油位反而逐渐升高，则是油冷却器或中、后冷却器内出现泄漏，使油中渗入水分。润滑油中带水是十分危险的，必须及时处理（必要时应紧急停机）。

（2）注油器的注（滴）油情况　当滴油速度减慢或停止、经调节无效时，表示注油器机件发生了故障或吸油管滤网堵塞。可用手触摸气缸上注油管，如果发热，说明止逆阀失灵，缸内气体倒回；若油管发热、注油器停止滴油，则应检查油管是否畅通。止逆阀上装的阀门打开后无油流出，表明无油进入气缸，如无法迅速处理者应停机检修。

润滑系统的故障一般表现为油压下降、油温过高、耗量大、供油不良等。

（1）循环润滑机构

① 油压突然降低并正常工作的表压为 0.1～0.3MPa，低于 0.1MPa，经调节无效时应停机检查。

原因一般：油池的油量不足、油压表失灵、油冷却器吸油管路或油过滤网严重堵塞、刮油环损坏、齿轮油泵本身或管路故障，如轴套磨损过大、止回阀失灵、管路或连接管堵塞、破裂等。经检查确定后，可采取清洗、修理或更换损坏件的相应方法来排除。

② 油压逐渐降低　通常原因是由于：

a. 油管漏气，如果是油管连接处不严密，将螺母拧紧或对破损的油管进行修补、更换或加衬垫即可；

b. 油过滤器太脏或过滤网逐渐堵塞；

c. 连杆大小头瓦因磨损而间隙过大、油泵齿轮磨损使轴向间隙过大、油泵密封垫漏气或油压调节阀故障等，都会导致泄油过多成油不经油管而直接流回机身内，造成油压逐渐降低，应予检修或更换磨损过大的零件；

d. 油的牌号不对（太稀）、油温过高，油冷却器及机件温度过高都能引起油压降低。

③ 油压过高　油压过高的危险性比油压低时更大。首先检查油压是否调得太高。运转中油压突然升高，说明某处出油管路堵塞，这时应立即停机检查，否则会造成断油的烧瓦事故。同时，油的黏度大也会使油压升高（油的黏度大与温度为反比关系），因此，应按规定牌号用油。

④ 润滑油的温度过高

a. 先检查油池内的油量和牌号是否符合要求，油是否太脏（太脏的主要原因是油被机身内表面的粘砂、涂料等污染，油的使用时间过长或加了不干净的油）。如果油太脏或牌号不对，应将机身清洗后换上经澄清过滤的新油。

b. 检查油冷却器是否太脏及阀门是否打开，冷却水量是否太少或进水温度是否过高。

c. 运动部件在装配时间隙超过规定值（过大或过小）、摩擦面拉毛、轴瓦配合过紧等，都会使油温很快升高。这时应细心地检查、修理和保证规定的间隙。

d. 油泵供油量不足、油压过低，也会使油温升高。故保持一定的油压是实现正常润滑的前提。

⑤ 齿轮油泵的故障　齿轮油泵在运转过程中主动轴、从动轴与齿轮、泵体、轴套因磨损而间隙过大，油压调节阀与阀座磨损，调节弹簧太软，吸油管或滤网堵塞等，都会导致油泵的供油不良，造成油压下降。应及时修理或更换磨损过大的零、部件，确保循环润滑的动力性能。

（2）气缸润滑机构

① 气缸进油量过少，此时可见注油器视油罩内的油阻积不下沉，拆开出油管螺母或打开止逆阀上的阀门观察，若有气泡冒出或手摸油管发热，则表明止逆阀不严密，应及时修理。

② 注油器供油不良，应拆卸清洗、检查油管是否堵塞，柱塞与套的磨损程度，各处滚珠与座的密封情况。经修理或更换严重超差的零件后，正确调整柱塞行程使供油量达到要求。

③ 在气缸内壁、排气腔内、活塞与活塞环及气阀上焦渣、积炭严重，其原因如下。

a. 吸入空气过脏：空气中的灰尘、杂质等与润滑油混合为硬化物，在一定温度和压力下与油中的有机物焦化成黑色油渣，时间一长便形成厚实的积炭（其危害极大）。应拆下有关部件认真清洗，除去积炭；对空气过滤器（尤其是滤网）应勤加清洗除污。

b. 压缩温度过高易使缸内润滑油结焦、积炭，当压力不正常时尤其。应加强冷却（必要时采取强制通风、散热等办法来改善冷却效果）和进行有针对性的检修。

c. 气缸供油过多，促使焦渣形成，应适当调节注油器的供油量。

d. 油质太差易炭化，应换成优质润滑油。

e. 刮油环密封不严或已损坏（包括填料的刮油环），刮油效果差，使油窜入气缸而增加缸内油量，应修理或更换损坏的刮油环。

（3）润滑油的消耗量过大　原因可能有以下几点：①各油路连接处有漏油现象，应紧固连接螺母或更换密封垫；②注油器供油过多，可调节柱塞行程，减少供油量；③油池油位过高或活塞环磨损严重，应随时保持合适的油位及活塞环的完好程度；④刮油效果太差，由于刮油环磨损过大而收缩不均使与活塞杆的配合间隙过大，或因活塞杆磨损不均、圆柱度超差而窜油。这时应按活塞杆的技术要求检修或更换刮油环。当泄（回）油通路堵塞时，应清洗疏通油路。

（4）润滑油过浓、过稀、过脏，油面过高以及供油过多或过少　这些导致润滑不良的因素都会造成如下故障出现：严重积炭、摩擦面过热、轴承过热、压缩机过热、油压下降、耗油量过多等，从而加剧活塞环与气缸以及各运转部位摩擦面的磨损，使设备的性能下降，零、部件的使用寿命缩短，严重时会引起活塞在缸内"卡死"，造成重大事故。而随着被压缩空气带到冷却器、储气罐和输气管网中的油量增加，更是造成严重的燃烧、爆炸事故的重要原因之一。因此应力图避免这些因素的发生，必要时需更换新的润滑油，不能局限于规定的换油时间，尤其是在粉尘较多环境作业时。

7.4　汽轮机的拆装及常见的故障处理

工业汽轮机在使用中，随着运行时间的推移，各部件不可避免地会出现磨损、冲刷、腐蚀或其他缺陷，使机器效率和运行的可靠性下降。为保证设备安全、稳定、高效率地运行，必须定期对设备进行预防性维修和不定期的针对性维修，消除故障或故障隐患，使设备恢复和达到原有的完好水平。在配置有在线状态监测和故障诊断系统的机组，可根据设备实际运行情况适当延长或缩短检修周期，或根据状态监测结果实行状态维修。

7.4.1　检修内容

根据检修范围不同，汽轮机的检修一般可分为小修、中修、大修三个等级。

（1）小修

① 对运行中振动或轴位移较高的轴承进行检查修理。

② 对运行中温度较高的轴承及相应的上、回油管线进行检查修理。

③ 消除各种管线、阀门、法兰的跑、冒、滴、漏。

④ 消除运行中发生的其他故障、缺陷。

（2）中修

① 包括小修的全部内容。

② 解体检查径向轴承和止推轴承，测量瓦量、瓦背紧力、油封间隙、转子窜量和分窜量，必要时进行调整或更换零部件。

③ 检查轴颈、止推盘完好情况，必要时进行修整。

④ 各联轴器、联轴器螺栓清洗，测量联轴器套筒浮动量，检查内外齿套配合、磨损情况，对联轴器螺栓进行无损探伤。

⑤ 检查清洗缸体滑销，检查、调整各主要管道支架、弹簧吊架。

⑥ 清洗并检查危急遮断器，测量危急遮断器杠杆与轴位移凸台及危急遮断器飞锤头部

间隙。

⑦ 检查、清理调节阀传动机构；试验主气阀动作情况。

⑧ 调节系统做静态调试，汽轮机做超速试验（年度大修期间做）。

⑨ 主冷凝水泵、主润滑油泵解体检修。

⑩ 机组检修的复查对中，检修后更新找正。

（3）大修

① 包括中修的全部内容。

② 汽轮机打开缸体，将零部件全部解体清洗、检查。

③ 转子清洗除垢、宏观检查、形位状态检查，有关部位作无损探伤，必要时对转子做剩磁检查及电磁偏差检查。

④ 对凝汽式汽轮机检查后几级长叶片叶根、拉筋的紧固情况，对长度超过80mm的叶片应测定各单独叶片或成组叶片的静频率。

⑤ 根据转子检修前的运行情况和实际检查情况，决定转子是否进行动平衡试验或更换备用转子。

⑥ 清洗、检查气缸、隔板、静叶持环、各级静叶片、喷嘴等，并做着色检查。

⑦ 清洗各级气封、平衡盘密封、轴端气封等，测量各部位气封间隙，修理或更换损坏件。

⑧ 气缸、隔板与轴承座中心检查，并根据情况进行调整。

⑨ 检查转子在缸体中的工作位置，测量各通流部位的间隙，视情况进行调整。

⑩ 解体检查调节阀、错油门油动机、启动器、压力变换器等，测量有关部位的间隙，阀头、阀座探伤检查。

⑪ 解体检查主气阀、危急保安器等安全保护装置。

⑫ 调速器调校整定。

⑬ 检查、清洗调速器减速箱，测量各轴承间隙、减速齿轮啮合间隙以及蜗杆、蜗轮间隙。

⑭ 盘车器检查。

⑮ 辅助冷凝水泵、辅润滑油泵解体检修。

7.4.2 汽轮机的拆、装程序

（1）汽轮机的拆卸 汽轮机的型号不同，其拆装检修程序也不完全相同，现以图7-16中的抽气、注气、凝气式汽轮机为例简述汽轮机的主要拆装程序。

① 汽轮机停机后，当前气缸温度降到120℃以下时允许拆除保温，降到80℃以下时才能进行其他拆卸工作。

② 拆除振动探头等有关仪表元件，注意保护好仪表接线、接头及套管。

③ 拆除妨碍检修的有关油、气管线，封好所有开口，做好复位标记。

④ 拆除联轴器外罩，测量并记录联轴器中间套筒浮动量；拆除联轴器中间套筒并记录轴间距；复查对中。

⑤ 在气缸前后紧固螺栓下垫入0.5mm厚的铜皮并压紧；将下半缸前部猫爪下顶丝顶到位并垫入适当厚度的垫铁，以保证松开螺栓后，下半缸上下工作位置不变。

⑥ 用液压专用工具拆下联轴器轮毂。

⑦ 拆除汽轮机转子与调速器减速齿轮轴之间的弹性联轴器，复查对中；解体检测调速器减速箱的各部位配合间隙。

⑧ 拆除盘车器、PG-PL调速器和润滑油路设备。

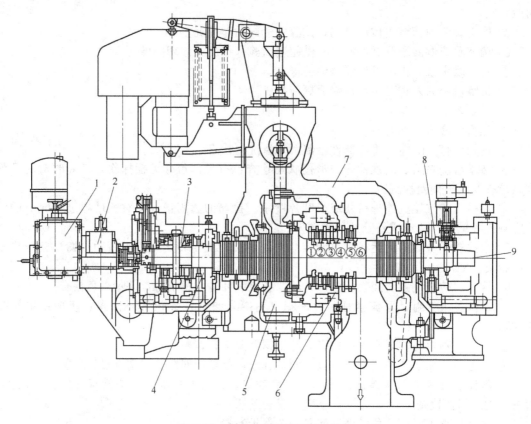

图 7-16　背压式工业汽轮机的结构

1—调速器；2—件速箱；3—止推轴承组件；4,8—径向轴承组件；
5—透平内缸；6—静叶持环；7—透平外缸；9—透平转子

⑨ 窜动转子测量并记录止推轴承间隙；将转子推向工作侧、复查危急遮断器杠杆与转子上轴位移凸台及危急保安器飞锤头部之间的间隙。

⑩ 拆除前后轴承箱上盖，检查径向轴承和止推轴承，测量并记录径向轴承间隙及瓦背过盈量；拆除止推轴承副止推瓦块，并扣上轴承箱上盖，把紧部分螺栓，测量转子自工作位置向进气侧的分窜量；再拆除主推力瓦块，测量转子总窜量。

⑪ 按低压段到高压段的顺序拆卸气缸中分面螺栓，拆除定位销。

⑫ 将转子推到总窜量的 1/2 位置，安装好起吊上气缸的导向杆，挂好起吊工具。

⑬ 用顶丝将上半缸均匀顶起 3～5mm，检查转子、静叶持环、汽封套等部件，不应随其上移，确认正常后慢慢起吊起上半缸，将上半缸放在指定位置，并用枕木垫牢，在整个起吊过程中要保持缸体四角吊起高度一致。

⑭ 拆卸蒸汽室、低压段内缸和各静叶持环的中分面螺栓，并吊开上半部分。

⑮ 装上主止推瓦块，将转子靠在主推力瓦块上，测量通流部分各部间隙和所有气封间隙，之后再取出主止推瓦块。

⑯ 吊出转子，放在专用支架上；拆除轴承下瓦。

⑰ 吊出蒸汽室、低压段内缸和各静叶持环的下半部分。

⑱ 拆除上半气缸上的调节阀、主气阀，将上半气缸翻转并垫牢。

（2）汽轮机回装　汽轮机回装程序与拆卸程序相反，回装时应遵循以下规定。

① 转子、轴承、联抽器、静叶持环、气封、缸体均已按各质量标准和检修技术要求进

行清洗和检查，存在的缺陷已消除并做了记录。

② 所有部件和进、出口接管以及缸体疏水管线等均已检查和吹扫，并确认无异物掉入，所加封口用物均已拆除。

③ 更换的新备件按质量标准进行了全面检查，并经试装符合组装技术要求。

④ 汽轮机本体的下列检查和调整项目已经完成并做了记录：

a. 缸体洼窝中心相对转子旋转中心的偏差；

b. 上、下气缸空扣时中分面的结合情况；

c. 缸体纵、横向水平度，转子前、后轴颈扬度；

d. 各气封的上、下、左、右以及前、后间隙，喷嘴间隙和其他通流部分间隙；

e. 缸体及轴承座滑销系统已检查、调整；

f. 联轴器外齿轮毂与转子轴锥段接触情况符合要求。

⑤ 缸体扣大盖应遵循下列原则：

a. 缸内所有检查和检修项目均已完成；

b. 确认缸内无异物，缸内零部件无漏装和误装；

c. 中分面密封涂料质量符合要求；

d. 扣大盖、紧固螺栓应连续进行，不应中断，防止涂料干固。

7.4.3 汽轮机的调试

在汽轮机检修和安装完成后，为及早发现设备在安装、生产等方面的问题，提高机组投产后安全、经济、稳定的水平，实际检验汽轮机的启动、自动控制以及附属设备、系统控制的性能，其中包括逻辑、联锁、定值参数等的合理性，及安全经济运行。在正式开机前需对设备进行必要的调试。

（1）调试应具备的基本条件

① 汽水管道的吹扫和清洗完成。

② 冷却水系统通水试验和冲洗完成。

③ 化学水系统经冲洗，能供给足够合格的化学水。

④ 真空系统灌水严密性试验合格。

⑤ 完成各辅助设备及系统的分部试运及三方验收签证工作。

⑥ 油系统（包括抗燃油）循环滤油，油质合格。

⑦ 调节保安系统静止状态的调整工作完成。

⑧ 调节保安系统试验完成。

⑨ 高、低压旁路系统调试完毕。

⑩ 全部热工仪表、电气仪表经校验合格，保护、报警、信号、音响装置，TSI 系统，DEH 及控制装置，HITASS 系统的静态调试完毕。

⑪ 汽轮机及辅助系统所有的顺控、联锁试验完成。

（2）调试方法　机组首次启动涉及调整、试验、逻辑、定值的修改，甚至与设计、制造、安装有关的问题。整组联合启动调试分三个阶段进行。第一阶段：机组空负荷调试。第二阶段：机组带负荷调试。第三阶段：机组 168h 满负荷运行。

首次冷态启动采用"中压缸启动"方式，温态及热态采用"高压缸启动"方式。

① 第一阶段　机组空负荷调试。汽轮发电机组启动采用"中压缸启动"方式，此阶段主要进行升速、摩擦检查以及阀门切换、定速、脱扣试验、注油试验、电气试验、并网带 25％额定负荷、超速试验。进行机组空负荷调试目的主要是：a. 获得汽轮发电机组的启动、升速、空载特性及有关数据；b. 进行轴系振动监测、分析及处理；c. 检验汽轮机 DEH

控制装置的性能；d. 注油试验；e. 电气试验；f 超速试验。

② 第二阶段　机组带负荷调试。该阶段调试的目的是：a. 获得阀转换的性能；b. 获得旁路系统切换的数据；c. 机组带负荷特性；d. 回热设备投入后的调节特性；e. 全面记录规定工况的热力参数；f. 真空严密性试验；g. 主气门、调节气门活动试验；h. 校验汽轮机自启动装置的性能以及各子回路等控制性能；i. 机、炉参数匹配数据；j. 获得温热态启动的性能数据。

③ 第三阶段　168h 满负荷运行。通过调试，全面对主、辅设备及电气和控制系统进行考验。全面记录满负荷稳定运行工况下的各种参数。

汽轮机具体的启动步骤根据汽轮机类型及设计参数不同略有差异，可参考相关设备使用说明或汽轮机安装及检修标准，本书不再一一赘述。

7.4.4　汽轮机常见的故障及排除

工业汽轮机作为一种高速动力机械，结构复杂，并且附属设备较多，运行中事故判断的难度也较大。所以对操作人员的素质要求也较高，必须熟悉汽轮机操作的有关知识、规程，在运行中做好对各项工艺指标的监视和调整工作，及时发现和分析运行中出现的异常现象以及由于各种原因造成的事故，做到果断、准确地处理，防止事故扩大，确保机组安全、经济、稳定运行。现将汽轮机在运行过程中常见的故障及其处理方法见表 7-11，仅供参考。

表 7-11　汽轮机在运行过程中常见的故障及其处理方法

故障现象	故　障　原　因	处　理　方　法
1. 调节系统故障（转速波动调速器不能控制）	①仪表压力变送器故障，风压控制信号波动 ②错油门、油动机卡涩 ③控制油压力低或油压波动 ④油质太脏 ⑤传动执行机构卡涩 ⑥调节气阀卡涩、阀座松动、阀头脱落或调节阀提杆断裂 ⑦主气阀未全开，处于节流状态 ⑧蒸汽参数太低或蒸汽压力波动 ⑨调节阀提板组件装反 ⑩调速器内部故障	①汽轮机转速控制改为手动，检修仪表风压变送器 ②清洗、检修错油门、油动机 ③检查控制油系统 ④清洗油循环系统，检查更换油过滤器 ⑤清洗传动机构，转轴处加润滑剂 ⑥检修调节阀 ⑦全开主气阀 ⑧检查蒸汽系统，恢复蒸汽参数 ⑨检修调节阀组件 ⑩检修调速器
2. 汽轮机轴位移增加	①设备长期超负荷运行 ②蒸汽压力、温度突然降低，流量大幅度增加 ③汽轮机排气压力高 ④通流部分结垢，使级前压力增加；级反动度增加，使轴向推力增加 ⑤负荷增加过快，叶片流道内蒸汽加速度、轴向分速度瞬时增大，轴向力增加 ⑥平衡活塞与级间的密封间隙磨损增大，使平衡室与叶轮前压力增高，轴向推力增大 ⑦联轴器内外齿间结垢；中间套筒窜量太小，使一个转子的轴向力传给另外一个转子 ⑧推力盘轴向跳动大，止推轴承座变形 ⑨轴位移探头零位调整不正确或探头性能不好	①降低机组负荷，恢复到正常值 ②调整蒸汽参数至正常值 ③调整提高真空度 ④监测第一级后压力变化，超过规定值时 ⑤控制加负荷速度 ⑥检修时各密封间隙应调整合格，按规定启动和运行，不使密封发生摩擦 ⑦联轴器应清洗干净，联轴器套筒有足够的浮动量 ⑧更换推力盘，查找轴承座变形原因，并予以消除 ⑨重新调整探头零位或更换探头

续表

故障现象	故 障 原 因	处 理 方 法
3. 汽轮机异常振动	①暖机不彻底,气缸或转子热变形,产生摩擦 ②气缸热膨胀受阻 ③转子不平衡 ④轴颈或轴承故障 ⑤蒸汽带水或水冲击 ⑥汽轮机进汽量波动 ⑦基础不均匀下沉或机座变形 ⑧轴承座松动或下沉 ⑨动、静部件轴向间隙小于热胀差 ⑩联轴器不对	①严格按操作程序规定暖机和升速 ②检查并消除滑销系统卡涩,监测气缸热膨胀值 ③检查转子弯曲度,消除结垢、叶片或拉筋损坏等,转子进行动平衡 ④修理轴颈,消除由于轴颈偏磨引起的形位公差超差。检查轴承间隙是否太大,瓦壳是否松动,轴承巴氏合金层是否磨损或脱层,检修或更换轴承 ⑤降低负荷,提高蒸汽参数,如无明显效果则立即停机 ⑥检查调速系统的工作情况 ⑦停机消除机座变形,修复后应达到机组基础或机座在同一水平面上 ⑧检查轴承座支承和紧固系统,消除松动 ⑨重新调整动、静部件轴向间隙 ⑩联轴器重新对中,消除管道外力的影响,必要时进行热态对中检查
4. 轴瓦温度过高	①测温热偶问题 ②供油温度高 ③润滑油量减小 ④润滑油性能下降 ⑤轴承间隙太小或损坏 ⑥轴向推力增大或止推轴承组装不当 ⑦汽轮机轴封漏气量太大 ⑧机组对中不好	①检查和校验各热偶 ②检查冷却水的压力和流量,必要时投用备用油冷器 ③检查储油箱的油位与泵工作情况,检查润滑油过滤器前后的压差、油系统阀门开度和漏油情况,查出原因,予以处理 ④对润滑油作性能分析,润滑油变质时更换润滑油,油中含水量太大时进行脱水处理 ⑤检查、修理或更换轴承 ⑥检查汽轮机的工作情况,消除使轴向力增大的因素。检查止推轴承,消除缺陷 ⑦调整轴封漏气量,必要时更换气封 ⑧重新对中
5. 冷凝器真空下降	①抽汽器喷嘴阻塞 ②真空系统不严密、漏气 ③冷却水温度高或量小 ④凝汽器水侧堵塞、结垢 ⑤凝汽器液面高,淹没了列管 ⑥工作蒸汽压力波动或压力低,抽汽器达不到工作能力 ⑦汽轮机轴封间隙大或轴封汽压力调整不合适,沿轴封漏入空气 ⑧凝汽器至抽汽器的管线阀门未全开 ⑨汽轮机排气量太大 ⑩汽轮机排气安全阀未建立水封	①投入辅助抽汽器,清洗原用抽汽器喷嘴 ②检查泄漏部位并修理 ③降低冷却水温度或增加冷却水量 ④清洗凝汽器 ⑤及时启动两台冷凝液泵运行或打开冷凝水总管排放阀 ⑥提高蒸汽工作压力并保持稳定 ⑦更换汽轮机轴封或调整轴封气压力 ⑧全开该阀门 ⑨调整机组负荷 ⑩送密封水建立水封

213

第 8 章

其他形式的压缩机的检修

8.1 螺杆式压缩机

螺杆式压缩机是用途比较广泛的回转式压缩机，属于容积式压缩机的一种。它具有在较低压力下，流量幅度较宽的操作特性。在石油化工生产中，常常用于天然气集输，燃料气的增压、冷冻、压缩（丙烷/丁烷），放火炬气体压缩以及空气压缩等场合。螺杆式压缩机常用的有无油螺杆式压缩机和喷油螺杆式压缩机，无油螺杆式压缩机通常用在排气量为 $3\sim 1000\text{m}^3/\text{min}$、排气压力小于 1.0MPa 情况下，喷油螺杆式压缩机通常用在排气量为 $5\sim 100\text{m}^3/\text{min}$、排气压力小于 1.7MPa 情况下。

和往复式压缩机相比，螺杆式压缩机有以下特点：

① 结构简单，运动部件少，没有往复式压缩机需要经常维修的气阀、活塞环、填料密封等零部件，维护简单，费用较低，使用寿命较长；

② 减少或消除了气流脉动；

③ 能适应压缩湿气体以及含有液滴的气体；

④ 在有冷却润滑剂连续流动的情况下，允许的单级压力比要高得多（可高达 $20\sim30$），并且排气温度较低；

⑤ 由于不存在往复惯性力，可在高转数、高压比下工作，特别是喷油或喷液的螺杆式压缩机，由于压缩气体内冷效果好于往复式压缩机的外部冷却，因而功率利用充分；

⑥ 转子型线复杂，加工要求高，不适于作高压压缩机用，特别是干式螺杆压缩机为了减少内部温度的上升，必须用增速齿轮提高其转数，因此机械损失大，运行中气流噪声较大。

8.1.1 螺杆式压缩机的分类、基本结构和工作原理

8.1.1.1 螺杆式压缩机的分类和基本结构

螺杆式压缩机可分为干式（无油润滑）螺杆压缩机和湿式（喷油或喷液式）螺杆压缩机两类。干式（无油润滑）螺杆式压缩机（图 8-1）为了保障转子间必不可少的间隙，通常采用同步齿轮。干式螺杆压缩机中阳转子（主动转子）靠同步齿轮带动阴转子（从动转子），转子啮合过程中互不接触，靠有一定间隙的一对螺杆高速旋转，达到密封气体和压缩气体的目的。干式螺杆压缩机的气缸上带有冷却水套，用来冷却被压缩的气体。其基本结构包括气缸、阴转子、阳转子、同步齿轮、轴承、密封装置以及气量调节装置等主要部件。

常见的喷油式螺杆制冷压缩机的基本结构如图 8-2 所示。

喷油式螺杆压缩机通常不设同步齿轮，阳转子直接带动阴转子，并且靠喷入的润滑油在转子间形成油膜，起到密封、润滑和冷却的作用。

喷液式螺杆压缩机是靠喷入制冷剂或喷水起到冷却和密封的作用。它改变了单纯喷油

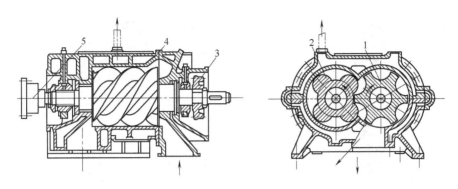

图 8-1　无油润滑螺杆式压缩机
1—阴螺杆；2—阳螺杆；3—啮合齿轮；4—机壳；5—联轴器

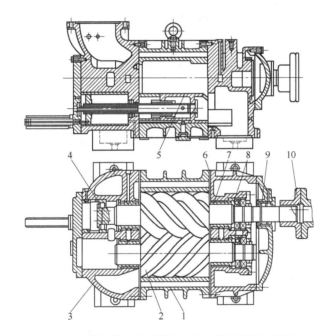

图 8-2　常见的喷油式螺杆制冷压缩机的基本结构
1—机体；2—阴、阳转子；3—吸气端座；4—平衡活塞；5—滑阀；
6—排气端座；7—主轴承；8—径向止推轴承；9—轴封；10—联轴器

（喷油量甚至高达机器容积排量的 1％）而必须增加庞大的油处理、回收系统。但是喷液也不宜全部代替喷油，油的润滑作用是制冷剂所不能取代的。

8.1.1.2　螺杆式压缩机的工作原理

通常螺杆式压缩机的主动转子节圆外具有凸齿，从动转子节圆内具有凹齿。如果将阳转子的齿当做活塞，阴转子的齿槽视为气缸（齿槽与机体内圆柱面及端壁面共同构成工作容积称为基元容积），这就如同活塞式压缩机的工作过程，随着一对螺杆旋转啮合运动，转子的基元容积由于阴、阳转子的相继侵入而发生改变。在吸气端设置同步齿轮，由厚齿和薄齿叠合在一起，通过调整厚齿和薄齿的相对位置，可以调整阴、阳转子间的啮合间隙，保障阴、阳转子即使在反转时也不接触，减少了磨损，提高了使用寿命。如图 8-3 所示为螺杆式压缩机的工作原理示意。

螺杆式压缩机的吸、排气口分别位于机体两端，呈对角线布置。气体经吸入口进入基元

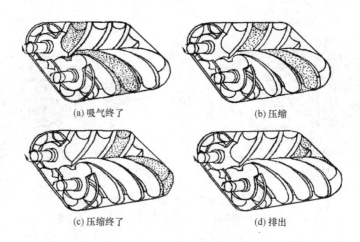

图 8-3　螺杆式压缩机的工作原理

容积对（阴、阳转子各有一个基元容积组成一对基元容积），由于转子的回转运动，转子的齿连续地脱离另一个转子的齿槽，齿槽的空间容积不断增大，直到最大时，吸气终了，如图 8-3（a）所示。基元容积对与吸入口隔开，开始压缩。压缩过程中，基元容积对逐渐推移，容积在逐渐地缩小，气体被压缩，如图 8-3（b）所示。转子继续旋转，在某一特定位置（根据工况确定的压力比而求取的转角位置或螺杆某一长度），基元容积对与排气口连通，压缩终了，如图 8-3（c）所示。排气过程如图 8-3（d）所示，直到气体排尽为止。基元容积由于空间接触线分割，排气的同时，基元容积对在吸气端再次吸气，接着又是压缩、排气。

8.1.2　螺杆式压缩机的主要参数及其性能指标

（1）最佳齿顶圆周速度和转数　螺杆齿顶圆周速度是影响螺杆式压缩机性能的重要参数。而圆周速度的改变又对压力比、机器的泄漏损失和流动损失产生影响，如图 8-4 和图 8-5 所示。

最佳圆周速度通常用阳螺杆的齿顶圆周速度来表示，见表 8-1。

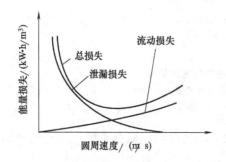

图 8-4　螺杆式无油润滑压缩机能量
损失和圆周速度的关系

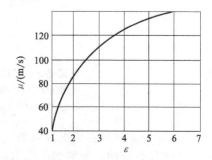

图 8-5　无油对称圆弧齿形最佳圆周
速度与压力比的关系

表 8-1　螺杆式压缩机最佳齿顶圆周速度

齿　型	干式螺杆压缩机/（m/s）	喷油式螺杆压缩机/（m/s）
对称圆弧齿型	80～120	30～45
不对称齿型	60～100	15～35

压缩机为高压力比时，最佳齿顶圆周速度可取表 8-1 中上限，反之取下限。当圆周速度确定之后，转数也随之确定。排气量相同时，不对称齿型螺杆式压缩机的转数远低于对称齿

型螺杆式压缩机的转数。通常，喷油压缩机若为不对称齿型时，其转数为 $730\sim4400\text{r/min}$，可与电动机直连。无油式压缩机转数范围为 $2960\sim15000\ \text{r/min}$，甚至更高。

（2）螺杆公称直径和长径比　我国规定的螺杆公称直径系列为（mm）：（63），（80），（100），125，160，200，250，315，400，500，630，（800）。带括号的公称直径只适用于不对称齿型，其中以 160、200、250、315 最为常用。长径比即螺杆长度与螺杆直径之比，通常为 $0.9\sim1.5$。排气量相同时，长径比小的机器螺杆直径大，吸排气口面积也大，气体流动损失小。长径比小的螺杆短而粗，刚性好，增加了运转可靠性，用在高压差级中，结构更为紧凑。对排气量大的压缩机一般长径比较大。较大的制冷螺杆式压缩机通常要求长径比为 $1.60\sim1.65$。

（3）转子齿数　在通常的情况下，螺杆式压缩机阳/阴转子的齿数一般在 $3/3\sim10/11$ 之间，最常用的是 3/4、4/5、5/6、5/7、6/8 等。

（4）压力比和级数　压力比和级数是影响压缩机尺寸和性能的重要参数。表 8-2 是螺杆式压缩机各级压力和级数的关系。

表 8-2　螺杆式压缩机各级压力和级数的关系

压缩机类型	级数	压力/MPa
无　油	1	$\leqslant0.4$
	2	$0.4\sim1.0$
	3	$1.0\sim2.0$
	4	$2.0\sim3.0$
喷　油	1	$0.7\sim1.7$
	2	$1.3\sim2.5$

注：介质为空气，常压进气。

除上述参数外，螺杆压缩机与活塞式压缩机类似还有排气量 V_L、功率 N_{id} 和排气温度 T_d 等。

8.1.3　螺杆式压缩机主机的安装与检修

8.1.3.1　主机的安装

普通螺杆式压缩机，无论其用途是压缩制冷还是工艺气体压缩，主机通常都是经组装、试车合格后，整体包装出厂。在规定质量保证期内，一般不必对主机拆开重新检查。安装程序可按以下步骤进行：

① 基础中间检查验收合格后，将地脚螺栓孔清理干净，并在预留的地脚螺栓孔两侧放置好垫铁组，以便调节机组的水平；

② 主机吊装就位，起吊时不允许利用压缩机和电动机的吊环螺栓，而应该利用机组本身预留的起吊部位；

③ 找正、找水平完成后，用混凝土浇灌将地脚螺栓固定；

④ 混凝土干固以后，旋紧地脚螺栓，最后以垫铁再次找水平，确认无误后将垫铁组用电焊固定住；

⑤ 二次灌浆，填满机组底座和基础间的空隙，抹光基础；

⑥ 管路连接，注意将管路内部氧化皮及其他杂质清除掉。连接吸排气管路时，不可强制连接，以免造成连接件变形以及主机和电动机对中的偏移。吸排气口带有波纹膨胀节的，按设计要求调整其预拉伸（或压缩）量；

⑦ 机组入口应设置永久性过滤器（40～80 目），安装过程中应严格保证机体内不允许落入异物；

⑧ 试车之前，电动机和压缩机之间的联轴器必须重新找正，机组联轴器对中找正值应

满足设备技术文件要求，如果无明确要求，其径向圆跳动和端面圆跳动值均不大于 0.05mm。

8.1.3.2 检修

（1）检修周期 进口 255、321 型螺杆压缩机和国产 LG 型螺杆压缩机大修周期为 36 个月，石油气螺杆压缩机大修周期为 24 个月，进口螺杆压缩机视运行情况可以合理延长大修周期。小修期限可根据设备运行情况决定，但是每连续运行一年，应进行小修一次。

（2）检修内容

① 小修项目

a. 检查或更换机械密封（石油气螺杆压缩机组检查或更换滚动轴承）。

b. 清洗、检查油冷器。

c. 清洗油过滤器，包括粗滤器（用于清除自油冷却器向油泵流去的润滑油中杂质）和精滤器（中心部位装有永久磁铁和滤芯，过滤自油泵流来的油中杂质，特别是微小的金属粉末）。

d. 清洗压缩机进口过滤网。

e. 检查电气、仪表设备的自保动作。

f. 检查压力、温度继电器的动作。

g. 冷冻机检查能量调节装置的动作灵敏情况。

h. 石油气螺杆压缩机组检查同步齿轮磨损情况及啮合侧间隙。

i. 校核联轴器的对中情况。

j. 油泵的检查参照相应泵的检修规程执行。

② 大修项目

a. 包括小修项目。

b. 压缩机组解体检修：

ⓐ 测量阴、阳转子轴颈径向圆跳动，必要时进行转子动平衡校正；

ⓑ 测量阴、阳转子与壳体之间的径向间隙、滑阀与机体的径向间隙、轴向窜动；

ⓒ 测量阴、阳转子啮合线处间隙；

ⓓ 测量同步齿轮啮合间隙及侧间隙；

ⓔ 测量转子排气端面与排气端座、吸气端面与吸气端座之间的间隙；

ⓕ 测量平衡活塞与平衡活塞套、油活塞与油缸间的间隙；

ⓖ 测量轴承护圈与推力轴承外围端面的间隙；

ⓗ 测量滑动轴承间隙。

c. 检查机体内表面、滑阀表面、转子表面、两端及吸排气端匣的磨损情况。

d. 测量机体内径、滑阀外径、转子外圆、平衡活塞等各部尺寸。

e. 检查轴承，必要时更换。

（3）检修程序

① 拆卸前准备

a. 掌握运行情况，备齐必要的图纸资料和检修记录。

b. 备齐检修工具、配件和材料，起重设备必须处于完好状态。

c. 切断水、电源，关闭机组所有进出口阀门，放净机内介质，符合安全检修条件。

② 拆卸与检查

a. 拆卸联轴器护罩及螺栓，拆除联轴器中间短节并复查对中情况。

b. 拆卸进出口法兰连接螺栓。

c. 拆除润滑油管线及其他与机体相连接的管线。

d. 拆除压缩机与底座连接螺栓，拆除吸气过滤器连接螺栓。

e. 吊下吸气过滤器，拆下吸气逆止阀和联轴器，将压缩机吊至修理平台。

③ 拆卸与检查实例　螺杆冷冻机（图8-6）主机解体检查步骤如下

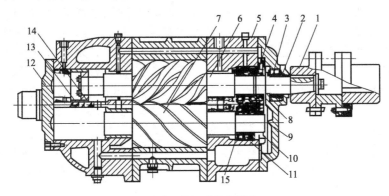

图8-6　螺杆冷冻机结构

1—压缩机联轴器；2—轴封压盖；3—轴封组件；4—轴承压盖；
5—排气端座；6—阳转子；7—阴转子；8、10—锁紧螺母；
9—排气端盖；11—滚动轴承；12—吸气端盖；
13—平衡活塞套；14—平衡活塞；15—调整环

a. 拆除能量指示器外罩、电气元件等能量指示组件。

b. 取出定位销后，平行取下吸气端盖，取出油活塞（321型机组为排气端盖，并取出滚动轴承）

c. 取出定位销后，拆下吸气端座。

d. 拆卸轴封盖，取出轴封组件。

e. 取出定位销后拆下排气端盖。

f. 松开圆螺母，拆下止推轴承，注意做好装配标记。

g. 将机组吸气端面向上竖起放在总装架上。

h. 缓慢吊出阴、阳螺杆转子。

i. 拆除排气端座与机体的连接螺栓（321型机组则拆除吸气端座与机体的连接螺栓），拆下排气端座（321型机组为吸气端座）。

j. 取下滑阀组件。

（4）部件回装、调整及技术要求　螺杆压缩机重新装配前，需保证壳体内表面和油管干净，水夹套应无泥、碎屑等，去除转子、壳体、轴承支座、同步齿轮等上面的毛刺和粗糙点。用干净的油清洗轴承，使用无纤维布擦拭机件。

回装与调整方法如下。

① 将压缩机壳体排出端向下置于枕木上，将阳转子装回壳体内。

② 小心地将阴转子旋入壳体内。边滑动边转动阴转子以防止与阳转子碰在一起损坏密封线，保证转子上的装配标记对准。

③ 将入口壳体安装到入口端。

④ 将壳体置于水平位置，然后安装密封组件。清理、检查各密封部件并测量各配合尺寸，看是否符合要求并做好记录：安装吸入口和排出口侧迷宫密封件前检查迷宫套磨损情况，各密封齿应无锈蚀、裂纹、折断和毛刺等缺陷，密封套上的疏水孔要畅通。如果使用的是机械密封，要检查机械密封是否有O形圈变形腐蚀、动环在传动座中卡住、动静环不同心、弹簧压缩量调整不正确等缺陷；如果使用的是石墨环密封，应检查石墨

环的工作面应无裂纹、划痕、缺陷，巴氏合金层无龟裂，石墨环表面粗糙度应小于$Ra0.20\mu m$，石墨环和壳体上配合的端面要光滑平整、接触均匀，石墨环方向需安装正确。

⑤ 在入口、排出口端安装径向轴承，转轴两端应加以支撑以便安装。安装前要检查轴承的磨损情况，滑动轴承的表面不得出现拉毛、气孔、脱壳、砂眼等现象，滚动轴承不允许有脱落、锈蚀或变形等现象，其与壳体的配合应为 H7/h6 或 G7/h6，与轴的配合应为 H7/k6 或 H7/js6。转子轴颈（轴承处）表面粗糙度不大于$Ra0.8\mu m$，其径向圆跳动值应小于 0.01mm，圆柱度偏差不大于 0.01 mm。轴承的安装方法可参照前述部分内容。

⑥ 安装到此处时，应按下述要求检查转子平行度。

a. 在压缩机排出端两转子轴的端部上方靠近轴颈处放置一个精密的水平仪，在水平仪的下侧使用塞尺将水平仪的气泡调到对中位置，应保证水平仪贴在轴和塞尺上。记录好塞尺的厚度也就是轴的下沉量。

b. 下一个测量点是压缩机入口端的轴承外伸轴，为了防止出现误差，在阳转子排出端放置水平仪测量后，再在阳转子的入口端放置水平仪测量，通过塞尺测量轴下沉量。

c. 平行度偏差（即塞尺读数差）应不大于 0.05mm。

d. 校正平行度，按下面方法进行。

ⓐ 拆卸入口壳体定位销钉，将支撑顶丝放在入口壳的销钉孔下。

ⓑ 将千分表固定在入口端的轴上，以便观察垂直和水平方向上的所有变化。将水平仪放在吸入端的两轴上。

ⓒ 松开入口壳体下半部的螺栓和螺母。带上（但不要拧紧）入口壳体上半部的螺栓。

ⓓ 顶起入口壳体的下部直至使轴在进口、出口处都位于同一水平面，拧紧螺栓，小心不要改变轴的位置，重新检查水平，如需要调整可扩铰销钉孔，使用大直径的销钉定位。

⑦ 安装止推轴承，安装前检查止推盘、止推瓦的磨损情况：止推瓦表面不得有变形、裂纹、剥落、脱层、划痕等现象，止推瓦工作面与止推座接触面积应达 75％以上。在更换了所有影响止推轴承间隙的零件（如转子、止推垫、推动轴承座、止推板、止推隔环等）后，应检查和重新调整止推轴承的间隙并符合要求。

⑧ 测量阴阳转子吸、排气端面与机体吸、排气端座侧间隙，测量转子与机壳内壁径向间隙。转子排气端面与机体排气端座间隙标准见表 8-3，转子与机体的径向间隙标准见表 8-4。

表 8-3　转子排气端面与机体排气端座间隙标准

机组型号		排气端面与排气端座间隙/mm
200L4		0.15～0.22
250L5		
KSL31MZ-20LMZ	一　级	0.12～0.15
	二　级	0.08～0.11
KS40LAZ-25LA8	一　级	0.03～0.07
	二　级	0.02～0.04
MY. 200. VSD		0.07～0.08
LYZ30/06		0.15～0.20
KAl6		0.08～0.10

表 8-4 转子与机体的径向间隙标准

机组型号	转子与机体的径向间隙/mm	机组型号	转子与机体的径向间隙/mm
200L4	0.55~0.75	KAl6	0.08~0.10
250L5	0.33~0.38	K20-48	0.24~0.25
LYZ06/30	0.20~0.25	K25-100	0.18~0.23

按下列步骤检查调整转子游隙和端面间隙。

a. 固定千分表在压缩机壳体的排出端（或吸入端），检查测量转子游隙和端部间隙，尽可能地使转子轴向活动，以得到真实的千分表读数。

b. 在未安装上止推轴承时，通过轴向推动将轴从入口端推到排出端，然后返回，使轴的窜动量最大，记下千分表的读数。

c. 安装隔离环、止推轴承和止推套，用一个管状隔离套套在转子轴和同步齿轮之间，并用锁紧螺母拧紧，以消除零件之间叠压现象，在排出端转子的密封圈和壳体之间放入间隙规或通过排出口放进去测量。

d. 可通过改变隔离环的厚度来调节排出端的间隙，减少隔离环的厚度就可减小间隙，如果必须增加间隙，应使用一个新的隔离环。

e. 安装止推轴承板，使轴再次轴向窜动，测量止推轴承的间隙，通过增加或取下在止推轴承壳和止推轴承板之间放置的塑料垫来调节轴承间隙。

注：阳、阴转子必须单独检查测量其间隙，按上面给出的 a~e 步骤进行。

⑨ 加热（热油或保温箱）阳转子同步齿轮和阴转子同步齿轮轮毂，并套在各自的配合轴上，为了保证齿轮和轮毂与轴和止推套很好地贴合，在冷却期间不允许它们活动，应及时把同步齿轮锁紧螺母拧紧。

⑩ 套装上阴转子同步齿轮时，应对准齿轮的装配配合标记。

⑪ 根据机组的随机技术文件测量并调整转子的同步齿轮啮合齿侧间隙。

⑫ 根据机组的随机技术文件测量并调整阴、阳转子啮合间隙。

阴阳转子啮合间隙按照如下方法进行调整。

在机体内安装好转子与轴封、轴承等部件，确认轴承径向、轴向间隙、转子与气缸径向与轴向间隙符合标准后，将调节齿轮大、小齿圈安装到阴转子的齿轮毂上，同时安装阳转子上的主动齿轮。用打表法来测量同步齿轮的啮合间隙，当测量的数值小于标准时，向逆时针方向稍微转动调节齿轮的小齿圈；当测量的数值大于标准时，向顺时针方向稍微转动调节齿轮的小齿圈。为了转动调节齿轮小齿圈来调整间隙，要在固定大、小齿圈的螺栓孔里装一根合适的圆棒，然后用手锤轻轻敲击圆棒，获得合适的同步齿轮啮合间隙后上紧调节齿轮大、小齿圈与轮毂的固定螺栓。

用塞尺法测量阴、阳转子的间隙，应在出口侧进行测量，盘车时要驱动阳转子。测量的转子两侧值的比值应在 0.8~1.2 之间。测量阴、阳转子的间隙，确认同步齿轮间隙＜轴瓦间隙＜阴、阳螺杆转子间隙，符合标准后，用锁紧板锁定调节齿轮的紧固螺栓，上紧锁紧螺母，将大、小齿圈与轮毂固定为一体。

⑬ 安装端盖。

⑭ 安装附属管线。

⑮ 联轴器对中，按复查联轴器对中的方法进行。

(5) 附属设备的检修

① 油箱

a. 清洗油箱，严禁用棉纱等擦拭，清洗后用面粉团沾净。

b. 检查油箱的接管、垫片、接口等部件的内外锈蚀及泄漏情况。

c. 油箱内电加热器绝缘及接地应良好；蒸汽盘管不应锈蚀、泄漏。

d. 润滑油箱低液位报警系统准确可靠。

e. 检查清洗液面计。

② 润滑油泵　按 SHS 01017—2004《齿轮泵维护检修规程》进行检查修理。

③ 油冷却器

a. 检修内容：清洗除垢，试压试漏。

b. 检修质量标准如下。

ⓐ 经清洗除垢，管子每根都畅通。板式油冷器经清洗除垢后，每块板片都应清洗干净，显出金属本色。

ⓑ 壳体内壁、管与管之间必须干净无污垢。

ⓒ 油冷器的壳体、管箱、头盖等部件因冲蚀、腐蚀减薄应在 GB 150—2008《钢制压力容器》所规定的范围内。

ⓓ 管束因介质腐蚀损坏，允许堵管，但每个管程堵管的数量不得超过管程管子总数的 10%。

ⓔ 油冷却器的试压：水压试验按最高工作压力的 1.25 倍进行；压力升到规定压力后，应保压 10min；降至工作压力后，再保压 30min；试压所用的压力表必须经过校正并有铅封及合格证；压力表的量程一般为试验压力的两倍。

④ 油过滤器

a. 各滤网片不应有抽丝、开裂和洞眼。

b. 滤网片应用毛刷、煤油仔细清洗，并在装配中保持清洁。垫片应完好无损。

c. 转换手柄应对准左开或右开位置，转动灵活好用。

⑤ 分离器

a. 检修内容

ⓐ 检查容器壳体及焊缝。

ⓑ 清洗除垢，检查破沫网，随系统试压。

b. 检修质量要求

ⓐ 分离器壳体、头盖等部件因冲蚀、腐蚀减薄应在 GB 150—2008《钢制压力容器》所规定的范围内。

ⓑ 分离器检修质量要求可参照 SHS 01004——2004《压力容器维护检修规程》执行。

⑥ 管道

a. 油、水、汽、风管道均应畅通并消除漏点。

b. 油管道一般每两年拆卸清洗一次。

c. 进出口管道

ⓐ 管道检修不应对机体产生任何附加力。安装时不得采用强力对口、加热管子、加偏垫或多垫等方法来消除接口端面的空隙、错口或不同轴等缺陷；管道预拉伸（或压缩）必须符合设计要求。

ⓑ 管道两端法兰位置准确，保持平行，并按配管要求进行。

8.1.3.3　螺杆压缩机的试车与验收

（1）试车前的准备工作

① 检查检修记录，确认检修数据正确，有试车方案。

② 向油分离器（储油器）、油冷却器注油，油从注油接头加入（可由外油泵或机器本身油泵加入）。注油时，应看油分离器上视镜油面，正确的油位应大约保持在视镜的 3/4 处。

③ 检查油箱油位，对于装备有蓄油器的机组，必须确认蓄油器的气囊压力在设计范围内。

④ 开机前应保证润滑油温度在 16～27℃。

⑤ 启动润滑油泵，检查油泵转向正确，使油循环大约 30min，关闭油泵，检查过滤网，重返以上过程直到过滤网干净为止。

⑥ 检查机组密封气、密封水压力是否符合工艺指标要求，确认冷却水系统运行正常。

⑦ 在压缩机出入口处安装临时过滤网。

⑧ 检查压缩机出入口阀、止回阀及管线旁路阀是否完好。

⑨ 检查机组的自保护联锁系统和停车系统，确保动作灵敏准确。

⑩ 用氮气置换压缩机机体内的空气，并检查机体所有接合面是否有泄漏。

⑪ 电动机（汽轮机）单机试运转正常，旋转方向正确。

⑫ 带增速器的机组，增速器应在工作转速下单试合格。

⑬ 检查压缩机排污阀是否畅通。

⑭ 压缩机向正确方向慢慢盘车几圈（阳转子要转动 3 圈以上），应无卡涩、摩擦等现象。

⑮ 试车前所有零部件及附件必须齐全、完整。

（2）试车（开车）注意事项

① 无油螺杆压缩机的试车（开车）注意事项如下。

a. 接通缓冲气或其他密封流体到压缩机。

b. 启动主油泵，初次启动时大约运转 1h，检查油压力表和油视镜是否正常。

c. 手动盘车，确认压缩机处于自由状态。

d. 先打开密封氮气，然后引密封水至压缩机。

e. 打开压缩机排放管和旁路阀。

f. 用氮气充满压缩机旁路回路。

g. 启动电机（汽轮机），将机组转速提高到 1/4 工作转速后关闭电机，让机组慢慢停下来，应保证整个过程无异常振动和噪声。

h. 关闭排放管，启动电机（汽轮机）到工作转速，让机组在零排出压力下运行 2min。

i. 若驱动机是汽轮机，机组提速应严格按照汽轮机操作规程进行。

j. 逐渐关闭旁路阀，大约在 15min 内把压缩机压力提升到工作压力，打开压缩机出口排放阀给系统通气。

② 螺杆制冷压缩机的试车（开车）注意事项如下。

a. 检查压缩机，应可用手轻易地转动。

b. 检查油分离器中油面在合适位置。

c. 检查吸入阀、排出阀、油过滤器进出口阀、压力表及其他与压缩机相连的阀是否打开。

d. 氨制冷机应检查油冷却器水阀是否打开，对于氟里昂制冷机应注意油温不低于 30℃，当低于 30℃ 时打开电加热器，油温高于 35℃ 时再打开水阀，冷却水的压力不低于 0.15MPa。

e. 检查电动机电压是否正常。

f. 合上控制电源，检查控制灯是否正确。

g. 启动油泵，使油泵出口压力高于排气压力 0.2～0.3MPa。

h. 使四通阀处于减载或增载位置，检查滑阀移动是否正常，然后将滑阀调至零位。

i. 用手多次盘动压缩机，应能轻易转动。

j. 合上主机电源及控制电源，观察压力表压力及检查主机机体与轴承处的温度是否正常。

③ 机组在上述情况下运行 30min，检查系统和辅助设备的工作情况，检查是否存在异常振动和噪声，机组振动应在规定范围之内。

④ 在电机启动运转时，应慢慢打开吸气截止阀，否则过高的真空度将增大机器的噪声和振动。

⑤ 机组运行稳定后，必要时可做机组的性能试验。

⑥ 做好试车记录。

(3) 验收

① 机组经过连续运行 24h 后，各项技术指标达到设计要求或能满足生产需要。

② 设备达到完好标准。

③ 检修记录齐全准确，按规定办理验收手续。

(4) 停车注意事项

① 无油螺杆压缩机的停车注意事项

a. 将主电机断电。

b. 气量调节阀关闭，自动放空阀打开。

c. 切断水源，排空系统中的水。

d. 检查盘车是否轻快。

e. 油泵停运。

② 螺杆制冷机停车注意事项

a. 将能量调节阀手柄旋转至减载部位，使滑阀回到零位。

b. 关闭油冷却器的水阀。

c. 将主电机断电。

d. 油泵停运。

8.1.4　螺杆式压缩机的维护与故障处理

(1) 维护

① 定时巡检，严格控制进出口压力、润滑油压力、过滤器前后压差、油温、排气温度等主要操作指标，按时填写操作记录，并做到齐全、准确。

② 定时检查机组各部位的振动情况及有无异常杂音及异常温升。

③ 定时检查机组密封、各管线接头、阀门等处是否有漏气、漏水、漏油现象。

④ 检查石油气螺杆机油箱上通气帽处是否有大量气体逸出，如有则表明转子轴封已严重损坏，同时注意油质变化，并尽早检查或更换机械密封。

⑤ 定时检查压缩机轴承及电机轴承有无异常现象。

⑥ 定期检查进口蝶阀或滑阀调节动作是否正常、分离器液位是否超过正常液位。

⑦ 严格执行设备润滑管理制度。

⑧ 机器停用时，要求每天按规定盘车一次。

(2) 常见故障与处理

① 制冷压缩机常见故障与处理见表 8-5。

表 8-5　制冷压缩机常见故障与处理

序号	故障现象特征	故障原因	处理方法
1	启动负荷大或不能启动	(1)机体内充满油和液体 (2)部分运动部件磨损烧坏 (3)排气端压力过高 (4)滑阀未停在 0 位	(1)用手盘动压缩机,将液体排出 (2)拆卸检修 (3)启动旁通阀 (4)调整滑阀至 0 位

序号	故障现象特征	故障原因	处理方法
2	机组振动	(1)吸入的液体或润滑油过量 (2)滑阀不能定位且振动 (3)吸气腔真空度过高 (4)机组地脚螺栓松动 (5)压缩机与电动机同轴度变差 (6)管道振动引起机组振动加大	(1)停机、手动盘车将液体排出 (2)检查油活塞增减载阀是否泄漏 (3)开大吸气截止阀 (4)紧固 (5)重新找正 (6)消除管道振动
3	运行中有异常响声	(1)转子内有异物 (2)滑动轴承磨损,转子与壳体摩擦 (3)运转连接杆松动 (4)吸入大量液体 (5)滑阀偏斜	(1)检查压缩机吸气过滤器 (2)更换滑动轴承,对机组进行检修 (3)拆开检查 (4)调整操作或停机排液 (5)检修滑阀导向块及导向柱
4	制冷能力不足	(1)喷油量不足 (2)吸气阻力过大 (3)机器摩擦后间隙过大 (4)吸气管线阻力损失过大 (5)滑阀故障	(1)检查油路、油泵、提高油量 (2)清洗吸气过滤器 (3)调整或更换零件 (4)检查阀门(如吸气截止阀或止回阀) (5)检查指示器或检修滑阀
5	压缩机机体温度过高	(1)机体与转子有摩擦发热 (2)吸入气体过热	(1)迅速停机、进行检修 (2)降低吸气温度
6	排气温度或油温过高	(1)压缩比过大 (2)油冷却器冷却不够 (3)吸入气体过热 (4)喷油量不足	(1)降低压比或降低负荷 (2)清除污垢,降低水温,增加水量 (3)提高蒸发系统液位 (4)提高油压或检查原因
7	制冷量调节机构不动或不灵活	(1)电磁阀动作不灵 (2)油管路或接头不通 (3)油活塞间隙过大 (4)滑阀或油活塞卡死	(1)检修电磁阀 (2)检修,吹扫 (3)检修,更换 (4)拆修检查
8	润滑油耗量大	(1)排气温度过高,油分离效率下降 (2)回油过滤器或管线脏堵 (3)油分离器效率下降	(1)降低油温 (2)清洗回油过滤器或回油管 (3)更换油分离芯
9	吸气温度过高	(1)系统制冷剂不足,吸入气体过热度较高 (2)调节阀及供液管堵塞 (3)调节阀开度小	(1)向系统内充入制冷剂 (2)检修及清理 (3)加大供液量
10	轴封泄漏	(1)封油不足 (2)密封元件失效	(1)检修或加大供油量 (2)检修更换密封元件

② 石油气螺杆压缩机组故障与处理见表 8-6。

表 8-6　石油气螺杆压缩机组故障与处理

序号	故障现象特征	故障原因	处理方法
1	压缩机达不到额定压力	气量调节的压力控制器上限调得过低	调高压力控制器上限压力
2	压缩机排温过高	(1) 喷液量小 (2) 进气温度高 (3) 环境温度高	(1) 调大喷液量 (2) 可适当降低排压 (3) 降低循环水温度
3	螺杆咬死、气缸烧毁	(1) 安装不当,使机组变形 (2) 运行后管道外力使机身变形	(1) 重新安装 (2) 重新校正、安装管道
4	排气温度高	(1) 吸气温度过低,进气口处结冰引起阻塞,造成真空过大,使排温升高 (2) 正常情况下,喷液量不足或喷液温度过高引起温度升高	(1) 调整工艺系统,检查是否阻塞 (2) 调整喷液量
5	轴承温度过高	(1) 配油器中油量分配不合理 (2) 油变质、进入异物,引起轴承失效	(1) 调整配油器各阀门 (2) 解体检查,更换润滑油
6	油压下降	(1) 平衡活塞泄漏太大 (2) 齿轮油泵磨损 (3) 油温升高	(1) 解体检查 (2) 解体检查 (3) 解体检查
7	油温升高	(1) 油冷却器冷却效果下降 (2) 某个润滑部位温度太高 (3) 环境温度高	(1) 解体检查 (2) 加大冷却水量 (3) 降低循环水温度
8	主机振动加大	(1) 轴承磨损,轴承间隙大 (2) 同步齿轮磨损,侧隙加大 (3) 电机与主机联轴器对中变差	(1) 检修 (2) 检修 (3) 检修

8.2　轴流式压缩机

8.2.1　轴流式压缩机概述及其特点

轴流式压缩机最早出现于 20 世纪中叶,由于测试手段的现代化及电子计算机技术的发展,使压缩机的理论研究、试验及设计日臻完善。目前轴流式压缩机的效率可高达 90%,而容量也有了很大的提高,功率最大已达 150000kW,最大的流量达 20000m³/min。轴流式压缩机单机压比达到 7～9,甚至到 10～15。

我国陕西鼓风机厂在 20 世纪 70 年代末,从瑞士苏尔寿公司引进了标准型轴流式压缩机的专利和技术,现在可以生产 A 和 AV 两个用途广泛的轴流式压缩机系列。此外,南京汽轮机厂、哈尔滨汽轮机厂也能生产轴流式压缩机。国外比较有名的轴流式压缩机生产厂,除了瑞士苏尔寿公司外,还有德国 GHH 公司、美国 D-R 公司及美国 Elliott 公司等。

轴流式压缩机与离心式压缩机各有自己合适的工作范围与气动特点。轴流式压缩机与离心式压缩机相比,在性能上有下列优、缺点。

轴流式压缩机的优点是：

① 在设计工况下效率较高，绝热效率能提高 $5\%\sim10\%$，可达 $86\%\sim90\%$；

② 静叶可调时流量调节范围宽；

③ 流量大、重量轻、体积较小；

④ 结构简单，运行维护方便。

⑤ 在同样操作参数条件下，价格便宜；

轴流式压缩机的缺点是：

① 单级压力比较低；

② 等转速时稳定工况范围较窄，性能曲线较陡，变工况性能较差，容易发生喘振工况；

③ 操作不当有可能出现阻塞工况及逆流工况；

④ 对工质中的杂质敏感，叶片易受磨损，必须设置入口空气过滤器；

⑤ 动叶片，尤其是前 1、2 级比较容易损坏；

⑥ 控制系统较复杂，要求高；

8.2.2　轴流式压缩机的性能参数及选型的一般要求

（1）轴流式压缩机的性能参数　轴流式压缩机的性能参数主要有压缩机的流量、压比、效率与功率。

① 压缩机的流量可用体积流量 V（m^3/s、m^3/min）或质量流量 M（kg/s、kg/min）表示，在给定的进气状况或标准状况下两者可以相互换算。

② 压缩机的压比 $\varepsilon=p_d/p_s$。这里 p_d、p_s 各表示压缩机出口与进口的气体绝对压力，单位为 MPa。

③ 压缩机效率的表示方法较多，有绝热效率 η_{ad}、多变效率 η_{pol}，还有将压缩机的外部损失也都考虑进去的压缩机有效效率 η_e。

④ 压缩机功率是指驱动压缩机所需要的轴功率 N_e，单位为 kW。

每一台压缩机产品都有铭牌，其上标明了压缩机的主要技术参数、所用的工质和进气条件。

（2）选用轴流式压缩机的一般要求

① 在选择机型时，应尽可能使压缩机的运行工况点落入压缩机特性曲线有效使用的区域内，年平均工况点必须位于高效区。

② 选择额定效率高、高效区较宽广的压缩机，以便压缩机长时间处于经济运行状态。

③ 应具有良好的调节性能和灵活的安全保护系统，以确保安全、稳定、可靠的运行。

④ 在压缩输送可燃、易爆及对人体有害的气体时，应选择轴封严密的压缩机，防止介质泄漏。

⑤ 选择运行费用低、体积小、重量轻的压缩机，以节省投资。

8.2.3　轴流式压缩机的结构及附属设备

8.2.3.1　轴流式压缩机的工作原理与结构

轴流式压缩机的结构，总体有两大基本组成部分：一是以转轴为主体的可以旋转的部分，简称为转子；二是以机壳及装在机壳上各静止部件为主体的固定部分，简称为静子或定子。

轴流式压缩机一般由壳体（或叫汽缸）、转子、密封体、轴承箱、有或无静叶调节机构（或叫执行机构）、联轴器及底座等组成。

轴流式压缩机的气体运动是沿着轴向进行的，期间排有动、静相间扭曲形的叶片，转子高速旋转使气体产生很高的流速，而当气体流过依次串联排列着的动叶片和静叶栅时，速度就逐渐减慢，气体得到压缩，其动压能转变为静压能，从而达到输送气体并增压的目的。

AV 系列轴流式压缩机主要由转子、静叶片承缸、调节缸及支撑、机壳（包括进口、收敛器、出口、扩压器、支耳或叫突缘）、轴承箱或叫轴承座（包括滑动轴承、油封）、可调静叶执行机构或叫伺服马达（包括伺服阀、动力油缸）、联轴器、底座（包括支座）等组成，如图 8-7 所示为 AV 型轴流式压缩机的剖面图，A 系列的也可参见此图。

（1）机壳（气缸） 机壳采用铸铁或铸钢件，不易变形，吸收噪声效果好。气缸水平剖分，且为分缸结构。固定静叶型的机壳由内缸（叶片承缸）和外缸两个缸组成。可调静叶型的由内缸、中间气缸（即静叶调节缸）和外缸三个缸组成；中缸通过缸内导向环来移动静叶片的曲柄，达到改变静叶角度的目的。这种双缸、三缸的结构，大大减小了应力和由于热膨胀所造成的变形，而且刚度也大。内缸及调节缸便于机加工和铸造，使废品减少。安装静叶的内缸级数越多，则轴向尺寸越长。内缸有的是做成整体的，也有的做成多段结构，以便于加工。整个中间静叶调节气缸由机壳内 4 个凹槽支脚支承。小型号的机器，其轴承座与机壳铸成一体；大型号的机器，轴承座与机壳分开，轴承座为钢板焊接结构。

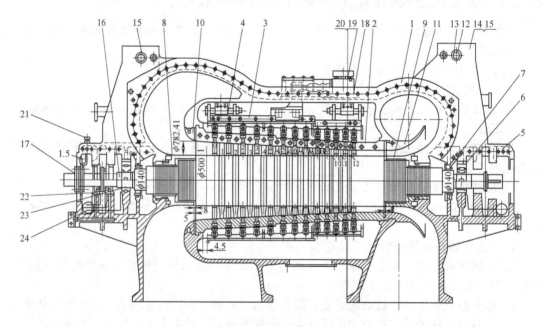

图 8-7 AV 型轴流式压缩机的剖面图

1—机泵；2—静叶承缸；3—调节缸；4—驱动环；5—轴承箱；6—径向轴承；7—油封；8—密封套（进气侧）；
9—密封套（排气侧）；10—进口收敛通道；11—扩压器；12—螺栓；13—垫圈；14—支腿；15—导向键；
16—转子；17—联轴器；18—调节缸支撑；19—伺服马达（右）；20—伺服马达（左）；
21—位移监测器；22—止推轴承；23—径向轴承；24—热电偶

机壳本体有进气室、进口收敛器、出口扩压器、出气室，壳体两轴端嵌镶有带封齿的密封体。

（2）转子 轴流式压缩机通流部分采用等内径结构，即各级转鼓的直径相同，这样，转轴加工较为方便。转鼓的结构有实心和空心的两种。近年来，由于锻造加工设备能力增大，所有转子已全部做成实心转子。

转子是高速旋转的部件，通过转子上的动叶把机械能变为压力能，转子要求有足够的强度和刚度，结构要紧凑。转子中间段的两侧可作为平衡盘，平衡盘的吸气侧与排气管连通，引入高压气体，而排气侧的平衡盘与吸气管连通引入低压气体。结果给转子的排气侧一面以轴向推力来平衡转子动叶片上所承受的指向吸气侧的轴向推力。

（3）叶片 转子上的叶片应有足够的强度安全裕量，防止振动疲劳断裂。材料要求防腐、防锈，加工型线精确。叶片包括动叶和静叶，每一列动叶和其后的静叶组合称为一级。

动叶是扭曲叶片，又称工作轮叶片，是用叶根榫头均匀地固定在转鼓或转盘外缘的槽道中。其作用是将转子上的旋转机械功传给气体，以增加气体的压力能和动能。

静叶是直叶片，又称导流器，位于动叶后用叶根榫头均匀地固定在气缸内壁的槽道中，其作用是将动叶中流出的气体的动能转化为压力能，另外，又使气流在进入下一级动叶前有一定的速度和方向。静叶有可调和不可调两种。可调叶片的叶根为圆柱形结构，使用可调静叶可扩大稳定工况区，减少启动功率。

所有叶片全部采用美国 NACA 的原始叶型，但通过试验做了某些修改。例如，动叶顶部改薄，根部加厚，静叶沿叶高做成直叶片。叶片沿叶高基本上是按等环量规律扭曲的，并采用反动度80%的 N8 叶型和反动度为50%的 N5 叶型叶片。前面几级叶根榫头为纵树形结构，后面的几级为倒 T 形（即燕尾形）结构。各级动叶沿圆周方向安装在转子的凹形槽内，每两个动叶间由隔叶块定位，隔叶块是整体的。每级最末安装的两个动叶片之间的隔叶块是由三部分组成的，这是为了装配的方便。在叶根的最下面钻一小孔，其中放一个小弹簧，使叶片安装于转子上后，借弹簧力顶住叶片。

可调静叶的叶根为圆柱形的结构，以便根据需要改变静叶角度。可调静叶支杆上的轴承，是用无油润滑的石墨青铜材料做成的。为防止静叶支杆上转动处漏气或有污垢进入，在支杆处装有特殊橡胶密封圈。

各级可调静叶都有一套调节机构，各级调节机构安装在同一调节气缸上，这样可便于安装，调节气缸由液压执行机构驱动。

（4）轴端密封 采用拉别令密封，用不锈钢密封片插入轴端的凹形线槽内，并用钢丝固紧，而不采用在轴上直接加工出密封圈的设计，以便于更换。由于密封片嵌入轴端，一旦机器振动或转子有跳动时，密封片与气缸相摩擦所产生的局部高温热量就被气缸散发出去。如果密封片装在气缸上，这时若产生局部高温，就会传到转轴上，而造成转子弯曲。

（5）进、出口导流器（或叫导叶、导流栅，出口的也常叫整流器） 进口导流器位于初级的前面，用来控制进入第一排动叶前的气流方向。如果不用进口导叶，那么气体一般是以轴向方向进入第一排动叶流道，这种情况称作轴向进气。出口导流器位于末级的后面，其作用是使由最后一排静叶出来的气流方向变为轴向，进入后面的环形扩压器流道后再经排气室排出。静叶不可调时，进、出口导流端安装在机壳内；静叶可调时，安装在静叶承缸内。

（6）轴承箱 轴承箱位于壳体的两端，两端有油封，箱内装有滑动轴承。

压缩机采用的轴承分为支承轴承（或叫径向轴承）和止推轴承两类。支承轴承的作用是承受转子重量和其他附加径向力，保持转子转动中心和气缸中心一致，并在一定转速下正常旋转。止推轴承的作用是承受转子的轴向力，限制转子的轴向窜动，保持转子在气缸中的轴向位置。压缩机一般采用滑动轴承。

滑动轴承属于动压轴承，即依靠轴颈（或止推盘）本身的旋转，把润滑油带入轴颈（或止推盘）与轴之间，形成楔状油膜，受到负荷的挤压建立起油膜压力以承受载荷。轴承实现液体润滑（油膜具有稳定的承载能力）的必要条件是：轴颈（或止推盘）和轴承工作面间隙必须使进油处的间隙大于出油处的间隙（即油隙呈楔状）；轴颈有足够高的转速；有足够的供油量；润滑油具有一定的黏度；外载荷必须小于油膜的承载能力。

轴承油膜的形成和油膜压强的大小受轴的转速、润滑油黏度、轴承间隙、轴承负荷及轴承结构等因素的影响。一般转速越高，油的黏度越大，被带进的油就越多，油膜压强越大，承受的载荷也越大。但是，油的黏度过大，会使油分布不均，增加摩擦损失，不能保证良好的润滑效果。轴承间隙过大，对油膜形成不利，并增大油的消耗；间隙过小，又会使油量不足，轴瓦就会烧坏。对支承轴承来说，轴承的长度和直径的比 L/d 过大，油不容易从轴端流走，使温度升高，而且由于制造安装误差，不可避免的轴偏斜使轴承端部产生边缘压力过大，造成严重磨损和疲劳破坏。因此，L/d 一般为 0.4～1.0。

a. 径向轴承　大功率、低转速的采用椭圆瓦两油隙轴承，其椭圆比大于 2；小功率、高转速的采用可倾瓦（活支多瓦）轴承。椭圆瓦轴承的结构基本上与圆瓦结构相同，只不过椭圆瓦的内表面呈椭圆形，轴承侧间隙大于或等于顶间隙，一般顶间隙为轴颈 d 的 $(1\sim1.5)/1000$，而侧间隙为轴颈 d 的 $(1\sim3)/1000$，而圆瓦侧间隙为 1/2 顶间隙。轴颈在旋转中形成上下两部分油膜，这两部分油膜的压力产生的合力与外载荷平衡。椭圆瓦轴承与圆瓦轴承相比有如下优点：首先，它的稳定性好，在运转中若轴上下晃动，比如向上晃动，上面的间隙变小，油膜压力变大，下面的间隙变大，油膜压力变小，两部分力的合力变化会把轴颈推回原来的位置，使轴运转稳定；其次，由于侧隙较大，沿轴向流出的油量大，散热好，轴承温度低，因此它的顶隙可以比同样尺寸的圆瓦轴承的顶隙小。但是，椭圆瓦轴承的承载能力比圆瓦轴承低，由于产生上下两个油膜，功率消耗大，在垂直方向抗振性好，但水平方向抗振性差些，轴承上下两半瓦由螺钉连接在一起，为保证上下瓦对正中心设有销钉；下轴瓦有三个轴瓦垫块，一个位于正下方，其余两个分别位于侧面，其中一个带有进油孔。垫块可保证轴瓦在轴承壳中定位及对中，可以通过磨削垫块与轴承间的垫片来调整轴承的位置。

可倾瓦轴承（图 8-8）主要由轴承体（或叫轴承壳）、两侧挡油环（或叫阻油环）和自由摆动的瓦块组成。瓦块有 3～5 块不等，一般有 5 块可倾斜轴承瓦块，等距离安装在轴承体的槽内，用特制的销钉或螺钉定位，其中有一块瓦在轴颈的正下方，以便停车时支承轴颈及冷态时找正。轴承体在水平中分面分为上下两半，用销钉定位，螺钉固紧。为防止转动，轴承上方有防转销钉。瓦块的背面直径小于轴承壳体孔的内径，每一块瓦背圆弧与轴承壳孔都是线接触，能绕其支点自由地摆动，自动调节瓦块的位置，以达到形成最佳承载油楔，保证运转时处于最佳状态。可倾瓦内侧有热电偶热敏元件测温。

轴承体由 25 或 35 锻钢制造，瓦块内表面（工作面）浇铸一层轴承合金（通常用锡基巴氏合金 ChSnSbll-6），厚度一般都在 1～3mm。这类轴承加工制造精度较高，瓦壳与瓦块配合内径公差及等分的定位销孔中心距公差控制在 0.025mm 范围内；瓦块厚度公差控制在 0.0125mm 范围内，这样可保证瓦块的互换性，在装配时不必刮研找正。

可倾瓦轴承的特点是：①进一步改善轴瓦的流体动力学性能；②转轴圆周上受力均匀，因而运转平稳、振动小；③允许一定范围的偏差；④抗油膜振动性能好。

b. 止推轴承　转子轴向推力大部分由平衡盘承受，剩余的 20～40kN 的轴向推力，则由止推轴承承受，若采用刚性联轴器，而又是汽轮机拖动时，压缩机上就不设止推轴承，这样，压缩机转子上剩余的轴向推力，可由汽轮机上的止推轴承承担，使结构更为简单。若用电动机拖动，采用刚性联轴器时（如齿轮联轴器），则压缩机必须有自己的止推轴承。

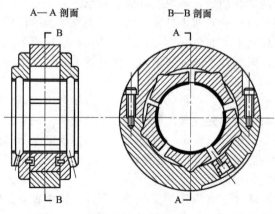

A—A 剖面　　　　B—B 剖面

图 8-8　可倾瓦轴承

止推轴承为米契尔型摆动多瓦块式，如图 8-9（a）所示为米契尔轴承，如图 8-9（b）所示为米契尔轴承与可倾瓦轴承的组合，米契尔轴承的活动部分为单层扇形止推块，通过瓦块后的刃口与底［环（或叫基环）］接触，当止推块承受推力时，止推瓦块可以根据承载的大小自动调位，以保持每个块上的负荷均匀分配。将推力盘传来的轴向推力传到轴承座上。米契尔型轴承结构简单，轴向尺寸小，缺点是当瓦块厚度稍有差别或轴承底环与止推盘平行度有误差时，会造成部分瓦块过载。

在推力盘两侧分别为主推力瓦块和副推力瓦块。正常情况下，转子的轴向力通过推力盘经过 主推力瓦块、底环传给轴承座。在启动或甩负荷时可能出现反向轴向推力，此推力将由副推力瓦块来承受。瓦块表面上浇铸巴氏合金，厚度为 $1 \sim 1.5mm$，其厚度应小于压缩机动、静部分间的最小轴向间隙。推力盘的轴向位置是由止推轴承来保证的。推力盘和瓦块间留有间隙，通常称为推力间隙或转子的工作窜量，以便保证止推盘和瓦块间形成油楔以承受转子的轴向推力。

（7）联轴器 联轴器用优质合金钢制造，加工精度很高。可根据机器的种类选择合适类型的联轴器，如钢性的齿式、弹性的膜片或膜盘式联轴器等。

（8）底座（或底板） 底座由钢板焊接而成，压缩机本体重量通过下壳体的突缘（支耳、支腿）支承在底座的 4 个支柱（支座）上，下机壳与底座上的支座间有定位及导向结构。

整个轴流式压缩机的重量支承在 4 个支柱（支座）上，其低压侧的两个支柱与机壳支腿的上下面做成球面的，支柱与支腿之间有间隙，因此允许机器的低压侧在各个方向上摆动、移动，以适应受热膨胀（其热膨胀量可达几厘米）。定子的死点在高压侧，所以高压侧的支柱不允许机器的高压侧轴向移动，只允许垂直于轴的横向移动。为了保持轴孔的水平高度不变，高压侧的两个支柱由特殊材料做成，不因受热而伸长。

（9）静叶调节机构（执行机构）它由仪表控制的伺服阀和动力油缸（或叫差动油缸、泊动机）组成。通过油缸活塞杆的直线往复运动驱动中缸做往复旋转运动，带动静叶支杆上的曲柄（或叫摇臂）导向环（或叫联动环、驱动环）绕支杆中心转动，以改变静叶片安装角度。静叶支杆上的轴承是用无油润滑的石墨浸铜材料制成的，为防止转动处漏气，在支杆处装有可耐 250℃ 高温的橡胶密封圈。

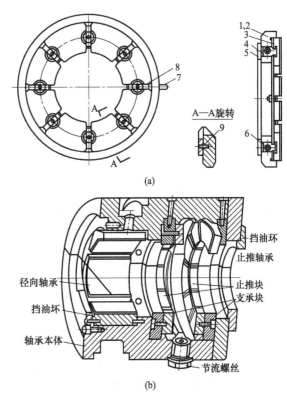

图 8-9 米契尔摆动瓦止推轴承

1,2—上、下推力底环（基环）；3—推力瓦块；
4—固定位块；5—调整垫片；6—固定螺钉；
7—键；8,9—螺钉

8.2.3.2 轴流式压缩机的附属设备

（1）轴流式压缩机进风管道 轴流式压缩机常见的进风管道系统如图 8-10 所示。

① 入口空气过滤器 在标准状态下，大气中含尘量为 $5 \sim 20mg/m^3$，随工厂的具体生

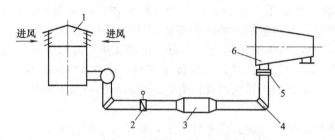

图 8-10　轴流压缩机常见的进风管道系统
1—空气过滤器；2—进气节流阀；3—进气消声器；
4—整流栅；5—柔性补偿器；6—吸气流量装置

产性质不同，尘粒分布也不同。大气中所含的粗糙矿物尘粒及各种气体的混合物对透平压缩机有下列危害：

　　a. 对于前几级叶片（1～3级），粉尘附着于叶片表面，对叶片造成点状腐蚀，孔径可达 1.5mm，深度 2mm；

　　b. 后几级叶片（3级以后），由于被压缩气体的温度升高，粉尘难以附着于叶片表面，而是随着气流对叶片冲刷磨损，动叶片的尖端磨损最大可达 1.5mm；

　　c. 由于上述原因压缩机的风量降低，喘振点压力降低，效率降低。

　　离心式压缩机的入口含尘量（标准状态下）$\leqslant 3\sim 5\ mg/m^3$，粒径 $\leqslant 5\mu m$。轴流式压缩机吸入口含尘量（标准状态下）$\leqslant 0.6\sim 1.5\ mg/m^3$，粒径 $\leqslant 5\mu m$。为使压缩机吸入气体满足此条件，吸入管道上应设置空气过滤器。用于轴流式压缩机的空气过滤器有卷帘式、布袋式、自洁式以及浸油式等型式。有的入口空气过滤器出气端还装有进气消声器。

　　② 进气消声器　轴流式压缩机在运行期间产生的噪声会沿着进气口传出，除空气过滤器用于消声式结构时可不设进气消声器外，一般均需设置进气消声器。进气消声器通常采用阻尼式消声结构，其消声性能要求为：在 $600\sim 2000Hz$ 之间的消声量约为 25dB（A），阻损 $\leqslant 50Pa$。

　　③ 整流栅　当吸气管道的弯曲半径由于布置的原因难以满足 $R\geqslant D_w$ 时，应于压缩机入口弯管处设置整流栅，使压缩机所吸入的气流稳定，不影响压缩机的吸入特性，整流栅的结构如图 8-11 所示。

　　④ 柔性补偿器　轴流式压缩机是高速旋转的机械，必然要将机械振动传递给吸入气管道产生噪声。为隔离压缩机对吸气管道的机械振动、降低噪声，同时补偿压缩机的热膨胀位移，也利于压缩机检修时设备的对中调整，在压缩机与吸入气管道的连接处需设置柔性补偿器。

　　对柔性补偿器的要求：根据压缩机设备，确定轴向及横向位移值；采用柔性合成橡胶材料，其耐温值以产生逆流时的风温确定。

　　⑤ 进气流量装置　由于轴流式压缩机吸入气管道的管径大、线路短，难以满足流量装置对直管段的要求，对于大、中型压缩机来说则要求压缩机设置进气流量装置。进气流量装置设置于压缩机吸入口法兰内部，由制造厂设置。

　　⑥ 进气节流阀　进气节流阀用于电动机驱动的轴流式压缩机组。电动机启动时，通过进气节流阀的调节，达到降低启动功率、减少启动设备的容量的目的。因此，进气节流阀仅在压缩机启动时产生一定的阻力，而在压缩机正常运行时，它的阻力应越小越好。

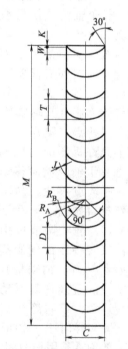

图 8-11　整流栅的结构

　　进气节流阀通常采用蝶阀或叶栅式阀，通过调整蝶阀的开度或叶栅的角度控制节流阻力值。静叶可调的轴流式压缩机的进气节流阀为进口导叶或叫零级导叶，它随其他各级导叶一起转动。

（2）轴流式压缩机出口管道　轴流式压缩机的出口管道系统如图8-12所示。

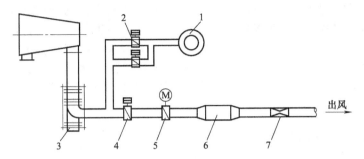

图 8-12　轴流式压缩机的出口管道系统
1—放空消声器；2—放空阀；3—金属补偿器；4—止回阀；
5—主风阀；6—出口消声器；7—出口流量装置

① 金属补偿器　随着压缩机出口压力的升高，供、出气体的温度也随之升高。为减小管道系统对压缩机出口法兰的推力，压缩机出口管道上需设置金属补偿器。金属补偿器在设置时要考虑下列因素：出口管道的热膨胀；压缩机受热的热位移值；压缩机的振动；压缩机检修时，对调整轴中心的要求。

② 放空阀　小容量压缩机一般装配一个放空阀。当压缩机轴功率大于3000kW时，通常装配两个放空阀，即主放空阀和副放空阀，防喘振阀常采用国外阀。放空阀的作用是防止压缩机喘振、逆流的发生，因此，要求放空阀具有快开、慢关反应的能力及可靠的性能。

为了提高控制系统的可靠和灵敏程度，通常采用油动阀（动力油缸、弹簧执行机构）。

③ 放空消声器　放空消声器入口处噪声功率为150~160dB（A），因此要求消声器的降噪值为40~50 dB（A）。放空消声器从结构上常用的有两种：一种为地坑式消声器；另一种为塔式消声器，如图8-13所示。地坑式消声器对中、高频消声效果好，可达20~30dB（A），结构简单，造价低，但要占用室外场地。因此，在室外场地允许的情况下应尽量采用此方式。塔式消声器通常采用阻抗复合式结构，由于要求的降噪声值大，因此设备高大。

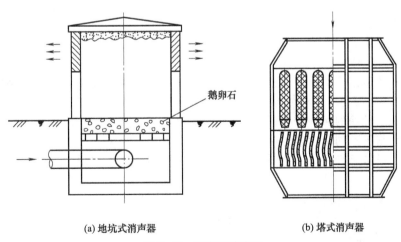

(a) 地坑式消声器　　　　　　　(b) 塔式消声器

图 8-13　放空用消声器

④ 止回阀　止回阀也叫单向阀，为防止因逆流发生对压缩机叶片及进口管道设备的损坏，在出口管道上装设止回阀。要求止回阀随动性能好，快关。由于出口管道内风速高、风

压大，快速地关闭易对止回阀造成损坏，因此止回阀采用缓闭式结构。单向阀常采用国外阀，如双偏心带助推气缸的单向蝶阀。

⑤ 出口消声器　出口消声器设置的目的是防止压缩机内部的噪声沿管道内传出。出口消声器通常采用阻尼式，其消声性能：在 $600\sim2000\,Hz$ 之间，消声量约为 25dB（A）。

⑥ 主风阀　主风阀也叫主切断阀，其的目的是有效地关闭压缩机出风管道，即在机组检修过程中，防止管网中高温压缩气体通过而影响机组的检修。因此要求上风阀关闭要严密、开启时阻力要小，开关灵活。主风阀通常采用金属硬密封或复合密封蝶阀结构，或采用铸钢电动闸阀。

8.2.4　轴流式压缩机的检修

轴流式压缩机的检修按检修性质分为临时停修、故障抢修、装置停工检修；按检修的规模又分为大、中、小修。因为对于关键的大机组，现在都配有状态监测系统，因此大机组的检修都是按状态检修，即预知检修，而不是按年限检修。但是，为了全面了解轴流式压缩机检修的程序、内容及质量标准，下面按大修叙述。轴流式压缩机的检修以 AV 型为例，其他类型的轴流式压缩机的检修可参照此进行。

8.2.4.1　轴流式压缩机的检修周期、程序、准备及检查

（1）检修周期　轴流式压缩机的检修周期一般应与装置检修周期同步，但检修周期还受机组内其他主要设备的制约。一般来说，检修周期为 3 年，但对状态监测及诊断系统完备的机组，可根据状态监测结果适当调整检修周期。凡遇装置停工检修的机会，虽然轴流式压缩机运行的时间可能不到 2 年，但还应进行检修，主要对动叶片，尤其是第一、二级的动叶片进行宏观及无损探伤检验。

（2）检修的基本程序

① 压缩机检修前的准备工作。

② 压缩机检修拆卸前的安全检查。

③ 压缩机的拆卸（或叫解体）。

④ 压缩机和零部件的检测及处理。

⑤ 压缩机的组装（或叫回装、装配）。

⑥ 压缩机附属设备及管道的检修。

⑦ 压缩机的试运转。

⑧ 压缩机检修后的验收。

（3）检修前的准备工作

① 压缩机的检修应根据现场条件、有关图纸资料、上次检修和本周期压缩机运行中缺陷以及改进措施情况等编写检修方案。

② 备齐机组检修的配件和材料。

③ 备齐检修工具和经检验合格的量器具。

④ 对起吊设施进行检查，应符合安全规定（SH/T 3515—2003《大型设备吊装工程施工工艺标准》）。

⑤ 准备好零、部件的存放场所。

⑥ 检修记录表、试运转记录表均应准备齐全。

（4）检修拆卸前的安全检查

① 拆卸前将机组电源切断，机组冷却到常温，润滑油退出油系统。

② 检查机组内介质的吹扫以及机组、附属设备与外部水、汽、风系统的隔断情况应安全可靠，并做好排凝工作。

③ 检修现场应符合安全卫生标准，检修前应办好作业票。

8.2.4.2　轴流式压缩机的检修及组装

轴流式压缩机的典型结构如图 8-7 所示。

（1）拆卸程序　轴流式压缩机拆卸的主要工艺过程为：联轴器护罩→仪表监测元件→静叶调整机构→进、排气侧轴承箱上盖→隔套拆卸→进、排气侧上半轴承→起吊上机壳→上半调节缸及驱动环→上半静叶承缸→吊出转子→进、排气侧下半轴承→下半静叶承缸和调节缸组合件。拆卸过程中的要求应按照一般规定的有关条款执行。

轴流式压缩机的起吊程序如图 8-14 所示。

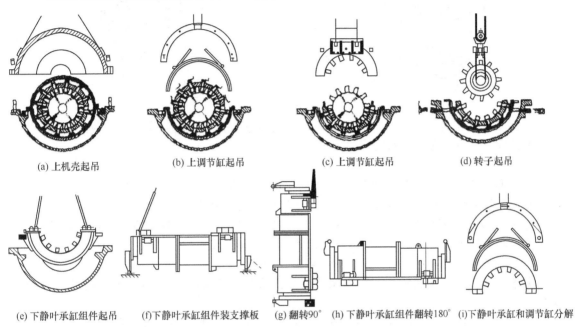

(a) 上机壳起吊　　(b) 上调节缸起吊　　(c) 上调节缸起吊　　(d) 转子起吊

(e) 下静叶承缸组件起吊　(f)下静叶承缸组件装支撑板　(g) 翻转90°　(h) 下静叶承缸组件翻转180°　(i)下静叶承缸和调节缸分解

图 8-14　轴流式压缩机的起吊程序

（2）检修项目、内容和质量要求

① 地脚螺栓　检查地脚螺栓应完好无损，无松动。

② 机壳

a. 外观　检查机壳应无变形、裂纹。

b. 导向键　水平剖分面应光洁，无损伤、划痕。

ⓐ 检查横向导向键与底座接触应严密，调节垫片应无毛刺、卷边，螺钉连接应牢固，与键槽的配合间隙应符合技术要求，如图 8-15 所示。横向导向键顶面与机壳承载面接触局部间隙应符合技术要求。

ⓑ 垂直导向键与机壳组装间隙应符合技术要求，如图 8-16 所示。

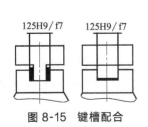

图 8-15　键槽配合

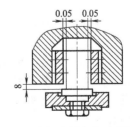

图 8-16　垂直导向键与机壳组装间隙

  c. 水平度　机壳剖分面的水平度如图 8-17 所示。纵向水平度允许偏差和横向水平度允许偏差符合技术要求。

  d. 支腿、底座和连接螺栓　检查支腿、底座和连接螺栓间的间隙，检查部位如图 8-18 所示，间隙应符合技术要求。

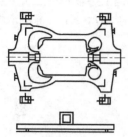

图 8-17　机壳剖分面的水平度

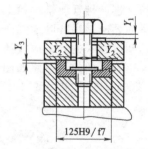

图 8-18　支腿、底座和连接螺栓间的间隙

  ③ 转子

  a. 外观　转子各轴颈、止推盘处应进行理化检查，其表面应光洁，无裂纹、锈蚀及麻点，其他处不应有机械损伤和缺陷。

  b. 动叶片的裂纹检验

  ⓐ 一般情况下，应仔细地检查处于安装好状态的第一级、第二级和倒数第一、第二级动叶片的工作部分及叶片的连接部分，其余各级叶片进行目测。

  ⓑ 如果发生下列情况之一，应对叶片全部进行裂纹检验：机器不稳定工作的逆流、旋转失速；叶片发生条痕；流道内发现机械杂物；发生腐蚀现象。

  c. 当机器发生喘振时，必须进行全部叶片的检验。

  d. 检验方法：根据具体情况可采用的检验方法有着色检验、磁粉探伤、测频法、涡流探伤。

  在对转子进行检查时，需注意以下一些事项：任何情况下，检查时都应将转子从机壳中吊出来；着色时，不允许使用含有氯化物的渗透剂；检查轴颈圆度、圆柱度时允许偏差值为 0.01mm；转子跳动检测部位如图 8-19 所示，允许跳动值应符合技术要求。

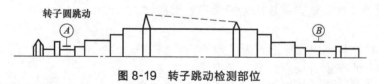

图 8-19　转子跳动检测部位

  e. 所有传感器部位（径向振动和轴位移），其最终表面粗糙度 Ra 值应达到 $0.4\sim0.8\mu m$。

  f. 校正动平衡。动平衡精度等级按制造厂要求，如制造厂无要求，按不低于 G2.5 级处理。

  ④ 轴承箱

  a. 各配合表面　检查各配合表面应无损伤，水平剖分面接触应严密，自由间隙不应大于 0.05mm。

  b. 油孔、油道　油孔、油道应清洁无杂质，并应畅通无阻，连接法兰面无径向划痕。

  c. 内表面涂料　检查内表面涂料应无起皮和脱落现象，否则应彻底清除后重涂。

  d. 试漏　机器正常运转时，轴承箱部位若有油渗漏现象，检修时应做煤油渗透检查，4h 无渗漏为合格。

  e. 连接螺栓　检查连接螺栓应完好无损，否则应更换。

⑤ 径向轴承

a. 外观　轴瓦应无裂纹、夹渣、气孔等缺陷。

b. 轴瓦脱壳检查　对轴承进行无损探伤，检查轴瓦有无脱壳现象。

c. 轴瓦背与座孔的接触面积　轴瓦背与座孔应接触良好，接触面积不小于75%。

d. 轴瓦与轴颈的接触面积　轴瓦与轴颈的接触，沿长度方向接触面积应大于75%。

e. 轴承水平剖分面　检查轴承水平剖分面自由间隙不应大于0.05mm。

f. 轴承间隙　检查轴承间隙应符合要求。

g. 轴瓦背过盈量　检查轴瓦背的过盈量应为0.01~0.05mm。

⑥ 止推轴承

a. 外观　检查轴瓦应无裂纹、夹渣、气孔重皮等缺陷。

b. 脱壳检查　对轴承进行无损探伤，检查轴瓦有无脱壳现象。

c. 瓦块、摆动瓦块厚度　检查止推瓦块的厚度应均匀一致，厚度允许偏差为0.02mm。

d. 止推瓦块与止推盘的接触面积　止推瓦块与止推盘接触面积不少于80%。

e. 组装后摆动　组装后瓦块的摆动应灵活可靠，无卡涩现象。

f. 组装后平行度　组装后检查瓦块承力面与定位环应平行，平行度允许偏差为0.02mm。

g. 调整垫片　调整轴承间隙用的调整垫片应光洁，无卷边、毛刺等缺陷。

h. 轴承剖分接合面　检查轴承剖分接合面自由间隙应不大于0.05mm。

i. 止推间隙　轴承的止推间隙应用垫片调整，调整后上、下两半轴承的垫片厚度应相等。用百分表测量止推间隙应符合技术要求。

⑦ 油封

a. 外观　外观检查油封齿嵌装应牢固，无裂纹、卷曲、歪斜等缺陷，回油孔畅通。

b. 油封间隙　油封间隙 Y_1 和 Y_2（图8-20）应符合技术要求，超过最大值时应更换。

⑧ 迷宫密封

a. 外观　密封套外观检查应无损伤，进排气孔应畅通，密封片应无裂纹、卷曲或歪斜等损伤。

b. 连接　密封套与座孔的配合应紧密、无松动，连接螺栓应锁紧防松。

c. 水平剖分面　检查水平剖分面应平整，接触严密，不错位。

d. 径向和轴向间隙　检查密封间隙 $Y_3 \sim Y_5$（图8-21），应符合技术要求。

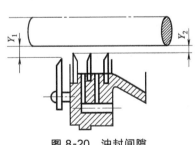

图8-20　油封间隙

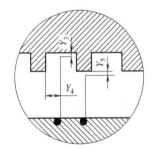

图8-21　迷宫密封间隙

e. 间隙调整　密封间隙的调整可用修刮或更换密封片的方法来达到规定值。

⑨ 静叶承缸

a. 检查静叶承缸应无变形、裂纹。

b. 各接合面应光洁，无锈蚀和损伤，各连接螺栓应无变形。

c. 承缸背压板和螺栓应无松动和锈蚀。

⑩ 可调静叶

a. 外观 检查静叶片应无裂纹、锈蚀、损伤、变形等缺陷。

b. 静叶密封圈、石墨轴承及静叶附件 检查时应符合下列要求：检查静叶密封圈应无老化、断裂等损伤，若发现应更换；检查石墨轴承磨损情况，若发现有裂纹、破碎等缺陷应更换；石墨轴承与静叶转轴的配合间隙应符合要求，若超过最大值，应更换密封轴承；检查静叶附件如滑块、曲柄等，防松不锈钢丝应牢固可靠，所有静叶的调节转动应灵活、准确。

c. 裂纹检验 静叶片的裂纹检查与动叶片的裂纹检查相同，具体可参见本章动叶片检查部分。

⑪ 静叶栅角度测量（图 8-22）

a. 万能角度尺应靠近叶根，并垂直于叶片轴线。

b. 各级静叶栅角度应保证一级静叶栅角度值在最小开度、中间开度和最大开度时分别测量。

c. 各级静叶栅角度值应符合要求。

d. 一级静叶栅特殊角度值与标尺的对应关系应符合规定。

e. 移动调节缸时应左右同步进行。

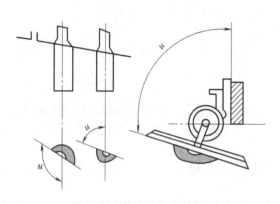

图 8-22 静叶栅角度测量

⑫ 叶片间隙

a. 动静叶片顶间隙应在其最上和最下部取 3～4 片用压铅法测量，两侧间隙应在下承缸水平剖面处用塞尺逐片检测。

b. 用压铅法测叶顶间隙时，铅丝直径应比设计最大间隙值大 0.5mm，将铅丝放置于各叶顶并弯折后，用胶布贴牢。

c. 转子吊入后严禁盘动。

d. 叶顶间隙应符合要求。

⑬ 调节缸和驱动环

a. 外观 检查各接合面应光洁，无锈蚀等损伤，各连接螺栓能用手拧入。驱动环应无扭曲变形，内表面光洁，无锈蚀，外表面漆膜完好，各驱动环与滑块接触良好。

b. 调节缸两侧支撑及间隙 检查调节缸两侧支撑应无裂纹等缺陷，导杆无弯曲、变形。导向套与导杆的配合间隙、滑道与滑板的配合间隙应符合要求。

c. 驱动环与滑块间隙 测量驱动环与滑块的侧间隙应符合要求（图 8-23）。

⑭ 伺服马达

a. 拆卸的主要工艺过程为：终端机壳斗-连杆-活塞杆螺纹销钉-密封轴套-端盖-活塞-活塞杆。安装顺序与此相反。

b. 拆卸电机注意事项：拆卸时，要按程序进行，各连接螺栓及销钉等都应拆开取下，以免损伤零部件；装配时，活塞杆上的定位螺钉要点铆固定。

c. 检查各连接螺栓、螺钉及销钉不应有变形，螺纹应完整无缺陷。

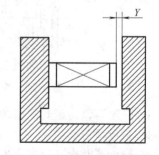

图 8-23 驱动环与滑块的侧间隙

d. 检查缸套内表面的磨损情况，活塞与缸之间的间隙应在 0.06～0.10mm 之间。

e. 检查活塞环表面不得有纵向沟纹，其圆周与缸壁用透光法检查，应接触良好。

f. 活塞杆的跳动值允许偏差为 0.08mm，圆度允许偏差为 0.04mm。

g. 橡胶密封圈应无老化及断裂现象，否则应予以更换。

h. 可调静叶栅角度在中间开度时，指针应指在标尺中间位置处，传动杆锁紧螺母的外端面与传动板套筒的外端面间距 A，间距环与伺服电机端盖的端面间距 B，应符合要求（图 8-24）。

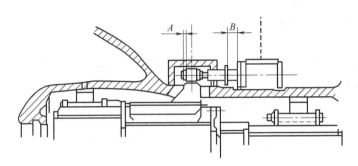

图 8-24　可调静叶栅中间开度

i. 传动杆内连接套的球形螺母应无松动。

j. 电液转换器必须在动力油系统冲洗合格后才能安装。

（3）组装

① 组装程序　轴流式压缩机的组装程序与拆卸程序相反。

② 组装要求

a. 轴承组装　径向轴承和止推轴承组装时，质量要求应符合规定的要求。轴瓦和轴颈表面应浇上润滑油。轴承应按标记组装，对轴承的监测元件和接线应经仪表工检验后装入。

b. 静叶承缸、驱动环、调节缸的组装　组装时应符合下列要求：翻转下静叶承缸，调整各级静叶转轴、曲柄和滑块的轴线位于同断面内；装入各级驱动环；吊装调节缸，拧紧与驱动环的连接螺栓，穿入不锈钢丝防松；用专用工具将组合件纵向翻转 180°，水平剖分面保持水平，对正放入下机壳中；安装调节缸两侧支撑导杆和支撑滑板，然后拨动调节缸，使调节缸的传动板与伺服电机的传动板对正连接防松；拨动调节缸使伺服电机的行程指针对正标尺中位置。

c. 转子吊装　吊装时应符合下列要求：拨动调节缸，把静叶栅角度调到最小开度；起吊转子时，应使用制造厂提供的专用工具；转子起吊过程中严禁发生碰撞；转子就位后盘动转子应无碰擦、偏重现象。

组装件的上半部组装除应符合下半部组装的有关规定外，还应符合下列要求：水平剖分面涂密封胶；上静叶承缸下落以导杆定位；盘动转子应无碰擦、偏重现象；静叶承缸环槽内装入 O 形密封圈，且插接牢固；应先拧紧与驱动环的连接螺栓，再拧紧调节缸水平剖分连接螺栓，且均应穿入不锈钢丝防松。

d. 油封　将油封清洗干净后，进行组装。水平剖分面间隙不大于 0.05mm。

e. 迷宫式密封　密封片应镶嵌牢固，水平剖分面应平整，接触严密，密封套与座孔配合紧密、不松动，连接螺栓拧紧后防松。

f. 上机壳吊装前的质量验收　机壳扣合前应确保机壳内部所有缺陷均已处理完毕，各部间隙测量结果均在质量要求的范围内，无漏项；记录齐全、准确无误；所有零部件安装质量都应合格，无异物掉入。

g. 上机壳就位　机壳扣合时应符合下列要求：上机壳下落时靠导向杆定位，并应缓慢下落；插入定位销后，拧紧水平剖分面的连接螺栓不应有碰撞或卡涩；螺纹应涂防咬合剂，紧固螺栓时应对称拧紧，螺母下面需加垫片；罩形螺母与螺栓内部顶间隙不应小于2mm。

8.2.5　轴流式压缩机附属设备、工艺管道及特殊阀门的检修

8.2.5.1　附属设备的检修

附属设备检修主要指油站（包括高位油箱）、入口空气过滤器、消声器及出口消声器。

（1）油站

① 油箱　油箱清扫后应清洁、无污、无锈，防腐层无脱落，箱内过滤网清洁、无破损，电加热器管束干净。

② 油泵　油泵（润滑油泵、动力油泵）一般采用齿轮泵或螺杆泵。

a. 检查、组装应符合设备技术文件的要求，若无要求，可按 SHS 01017—2004《齿轮泵维护检修规程》或 SHS 01016—2004《螺杆泵维护检修规程》进行检修。

b. 组装后盘动应灵活。

③ 油冷却器

a. 应进行解体检查，当发现列管污垢较严重时，应进行清洗。

b. 油冷却器回装后应做耐压试验。

c. 换向阀应灵活、严密，指示标记应明显、无误。

④ 双筒过滤器

a. 各滤筒或网片不应有抽丝、开裂及孔洞。

b. 金属滤筒或网片应用毛刷、煤油仔细清洗；检查各密封圈应完好无损，并应在装配中保持清洁。

c. 转换手柄应灵活好用。

⑤ 蓄能器

a. 蓄能器皮囊氮气试验应符合设备技术文件的规定。

b. 各接头连接可靠，无松脱，在试验压力下应无泄漏。

⑥ 空气过滤器

a. 箱体各接合面不得出现漏气现象。

b. 卷帘式过滤器的滤料滚筒、齿轮箱和电动机连接后盘动应灵活，滤布无损坏；抽吸风机应转动灵活，无刮碰杂音。

c. 滤筒式过滤器的滤筒干净、完好无损，与箱体连接密封良好。

d. 过滤室内清洁。

8.2.5.2　工艺管道及特殊阀门的检修

工艺管道检修主要指压缩机的出入口管道、管道上的法兰、入口柔性补偿器、入口整流栅、出口金属波纹管补偿器的检修；特殊阀门指压缩机出口防喘振放空阀、单向阀、防阻塞阀（大部分压缩机不配备此阀）及出口切断阀。

（1）管道及管件　一般管道的检修只是开入口管道的人孔，进行管道内部检查和清扫。如果法兰处泄漏则应更换法兰垫片，也有可能需要更换或修理出口金属补偿器。

如果更换管道，管道的检修要按 CB 50235《工业金属管道工程施工及验收规范》的规定进行施工，管路与压缩机不应强行连接，必须严格控制管道安装产生的应力及力矩对压缩机的影响。

（2）特殊阀门 特殊阀门对压缩机的安全保护及临时解体抢修压缩机起着非常重要的作用，对其要求是：开关灵活，无卡涩现象、严密。

① 如要解体检修时，零部件应无锈蚀、损伤。

② 各部间隙应符合机器技术文件规定。

③ 阀门应按设计要求回装，流向正确。

④ 调试合格。

8.2.6 轴流式压缩机开、停机注意事项

（1）开机注意事项

① 开机前应对轴流式压缩机入口过滤器进行全面检查、清扫，过滤器及进口不能有脏东西、杂物存在。过滤器周围地面和入口风道地面必须清扫干净，防止有脏东西吸入压缩机。

② 检查轴流式压缩机入口过滤器卷帘机构电动、手动状态均好用，卷帘布干净无断裂现象。

③ 做好轴流压缩机出口电动阀、出口阻尼单向阀的开关试验。

④ 检查调试防喘振阀，在全开、全关以及中间位置是否准确、灵敏好用。

⑤ 检查压缩机可调静叶执行机构，在全开、全关以及中间位置是否准确、灵敏好用；现场紧急手动操纵杆，可操纵可调静叶在任意位置。

⑥ 启动时应将压缩机出口放空阀全部打开，静叶角度应超越旋转失速区域。若为了降低启动时的负荷，静叶角度落入旋转失速区，则应在旋转达到额定转速时迅速将静叶开大到安全角度，且这一操作应在三秒内完成。

（2）停机注意事项 停机前，应先将轴流式压缩机切出系统，即逐渐将出口阀关闭，同时逐渐关小静叶可调角度到合适位置和开大防喘振放空阀。

8.2.7 轴流式压缩机的维护及故障处理

（1）轴流式压缩机的维护 操作员应熟练掌握机器的结构、性能、操作及维护，必须经过严格培训、考试，只有合格后才能上岗操作。操作时严格按操作规程进行操作，严禁机组在超温、超压、超负荷、超振等异常工况下运行。按时巡回检查，发现故障，要及时联系处理，按时、认真地做好操作记录。对压缩机运行状态监视的主要参数是油压、轴承温度、轴振动、流量与安全线的距离。生产车间管理人员（建议设专职工程师，负责机组的工作）必须认真管理好本车间的大机组工作；做好对操作员的技术培训工作，不断提高操作人员的操作水平，特别是提高对事故的处理能力；按规定时间做好大机组的油品采样分析工作，保证机组的润滑。

设备主管部门应牵头做好大机组的特护管理工作，加强对电气、仪表、机械等设备的维护和保养，发现故障要认真分析、诊断，及时处理。按规定进行状态监测工作，并建立档案。正常运行中的自保联锁均应投自动，因特殊原因需摘除时，必须制定可靠的防范措施，并办理相应的审批手续后，方可执行并限期恢复。

需要注意的是：① 一定要做好入口空气过滤器的管理及维护工作，这方面的工作常常被人们忽视，因为空气质量达不到要求，往往是轴流式压缩机效率下降、叶片断裂的重要原因之一；② 启动过程中，如果已经达到正常转速，但是压缩机的可调静叶角度仍处于启动位置，没有到达安全位置，即使轴振动不大，也必须立即停机，处理好仪表故障后才能重新启动，避免旋转失速运行。

（2）轴流式压缩机的故障及处理　轴流式压缩机的故障及处理见表8-7。

表 8-7　轴流式压缩机的故障及处理

故障名称	现象和原因	处理措施
1. 润滑油压低	(1)油过滤器堵塞 (2)油箱液位低 (3)压控阀有故障 (4)安全阀有故障 (5)油泵故障(包括吸入口堵塞、漏气) (6)测压系统故障	(1)切换过滤器,清洗滤芯 (2)适当加润滑油 (3)处理压控阀故障,重新定位 (4)处理安全阀故障,重新定压 (5)处理油泵故障 (6)处理测压系统故障
2. 动力油压低	(1)泵出口溢流阀故障(如漏油) (2)蓄能器末投入或氮气压力不足 (3)其余见"润滑油压低"现象或原因	(1)处理溢流阀故障 (2)投蓄能器或将其充压至规定值 (3)其余见"润滑油压低"处理
3. 轴承温度高	(1)进油量不足、油变质或油带水 (2)冷却水量小或水温高或冷抽器结垢 (3)测温系统故障 (4)轴承损坏	(1)适当提高油压或更换润滑油或脱水 (2)增加水量或改用新鲜或冷油器除垢 (3)不停机处理测温系统故障 (4)若轴承温度超过极限值,则停机处理
4. 风流量降低	(1)入口中气过滤器堵塞 (2)出口系统压力升高 (3)密封间隙过大 (4)静叶执行机构故障 (5)出口流量检测系统故障	(1)更换入口过滤材料 (2)将出口主风阀全开到位 (3)停机更换轴封 (4)停机处理静叶执行机构故障 (5)处理出口流量检测系统故障
5. 停 380V 电	主油泵停运,油压下降,辅助油泵自启动报警	主油泵停运后,检查辅助油泵是否已启动,若备用泵不能启动,则立即停机
6. 停 24V 直流电	由 UPS 供电,若超过 UPS 允许供电时间,则 24V(DC)彻底断电,所有报警及控制仪表失灵,自保联锁启用,机组停机	由 UPS 供电时,应立即向班长报告,及时处理并做好停机处理的准备
7. 停仪表风	防喘振阀开,风压力、流量均下降,阻尼单向阀全关	维持机组安全运行状态或停机
8. 停水	冷油器出口温度上升,轴承温度上升,电动机定子温度升高	循环水切换用新鲜水 若轴承温度大于100℃或绕组温度大于120℃,紧急停机
9. 振动过大	(1)转子不平衡(如动叶损坏、主轴弯曲) (2)联轴器对中不良 (3)轴承间隙过大或轴承压盖松动 (4)轴与密封接触 (5)地脚螺栓或支撑螺栓松动 (6)压缩机在失速区运行 (7)测振系统故障	除不停机处理测振系统故障、失速运行、螺栓松动外,其余均需停机检查、处理

故障名称	现象和原因	处理措施
10. 喘振	(1)压缩机出口压力、流量大幅度波动 (2)主电机电流大幅度波动 (3)压缩机入口温度迅速升高 (4)出口管道晃动,机组振动且声音异常	检查原因,消除喘振;如防喘振控制器失灵,机组又不能进入安全运行状态,则应紧急停机;若重新开机后又出现喘振现象,则应停机处理,出口管道堵塞处,可能是膨胀节导流筒变形所致
11. 逆流	(1)瞬间压缩机就会严重破坏,尤其是用于催化裂化装置的压缩机,操作失误; (2)出口没有单向阀或单向阀损坏	(1)吸取教训,提高操作水平 (2)更换质量好的随动单向蝶阀;大修或更换压缩机
12. 防喘振放空阀开	压缩机低流量报警	(1)从工艺操作上查找原因 (2)从仪表(PLC)上查找原因 (3)从防喘振阀上查找原因
13. 停 6000V 高压电	电压、电流表指示回零,压缩机流量、出口压力迅速下降	机组自动停车

附　录

附录1　转子平衡问题分析与处理实例

在工厂设备中大多数运动是回转运动。人们把绕固定轴回转的构件称为转子。造成转子不平衡的原因主要是转子质量不均或制造安装误差等，转子若有不平衡重，旋转后会产生惯性离心力或惯性力偶矩，这样对轴承产生动压力，从而在轴承中引起附加摩擦力与附加内应力，致使轴承磨损加剧，并使零件的强度降低，寿命缩短；同时还会产生有害振动，导致机械的工作精度、可靠性、机械效率和使用寿命降低，甚至可能因共振而使机械损坏，为减小转子的不平衡危害，对转子要进行平衡，方法有计算法和试验法。在对转子进行结构设计时要用计算法进行平衡计算，转子制造出来后还需用试验法通过平衡试验，这样转子才能具有一定的平衡精度。

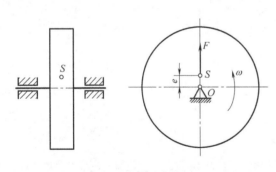

图1-1　静平衡示意

根据转子不平衡质量的分布情况，转子的平衡可分为静平衡和动平衡。静平衡是对于长径比 $L/D \leqslant 1/5$ 的轴向宽度不大的转子（如叶轮、沙轮、齿轮等），可以近似地认为质量都分布在同一回转平面内，因其离心惯性力矩可忽略，故其不平衡仅由离心惯性力引起。转子的质心不在其回转轴线上，这样的不平衡状态，在转子静力状态下即可显示出来，如图1-1所示。把转子放在摩擦力很小的支承上，若转子的质心 S 不在回转轴线上，则在重力矩的作用下，转子将会转动，直到质心 S 转到回转轴线的铅垂下方时方能静止。这样的不平衡称为静不平衡，使这样的转子得以平衡的措施称为静平衡。

动平衡是对于宽度较大的转子（长径比 $L/D > 1/5$），质量分布则不能近似认为在同一回转面内，可看做在沿轴向互相平行的若干平面内，如图1-2和图1-3所示。在此情况下，即使回转件质心在其轴线上，也会形成惯性力矩，这种转子仍然是不平衡的，这种不平衡状态，只有当转子转动时才能显示出来，因而称为动不平衡，使这样的转子得以平衡的措施称为动平衡。

由理论分析和实验得知，对于静不平衡的转子，只需要在偏重位置的反方向加一个适当的配重，即可达到平衡。当然，根据结构条件，也可以在偏重方向适当位置处去掉一部

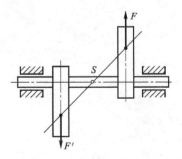

图1-2　动不平衡平面示意

分质量 m_b'（图 1-4）。只要能保证 $m_b r_b = -m_b' r_b'$，同样能使转子达到平衡。但一般是做平衡试验来确定不平衡方向。

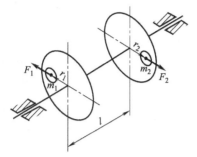

图 1-3　动不平衡立体示意

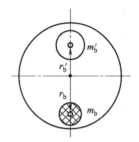

图 1-4　静平衡图解示意

一、静平衡试验

大多数教材介绍的静平衡试验方法，忽略了转子轴颈与导轨之间的滚动摩擦阻力，实际工作中如滚动摩擦阻力较大则不能忽略，否则，静平衡试验的结果与实际产生较大误差。故下面介绍的静平衡试验方法考虑了轴颈与导轨之间滚动摩擦阻力的影响。

通常找静平衡是在平行导轨式的平衡架上进行的，如图 1-5 所示。平行导轨的断面有平刀形、棱柱形、梯形和圆形四种，如图 1-6 所示。平刀形和梯形的导轨，形式非常简单；但是，由于顶部的宽度 b 不能变动，所以，必须备有顶部宽度各不相同的整套导轨，才能满足各种不同重量的转子找平衡的要求。棱柱形导轨有四个宽度各不相同的工作平面，可以平衡重量不同的转子；但是，它在垂直方向上的刚度较小，因此，只能用于重量较小（200kg 以下）的转子。圆形导轨没有平顶面，其优点是加工简单（外圆磨削），同时，只要把导轨转过一个不大的角度，就可以把损坏的地方移出接触区，它用于质量不超过 $40 \sim 50$kg 的转子。

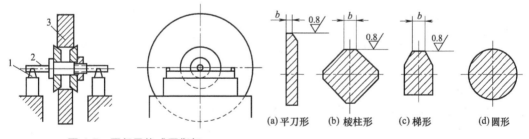

图 1-5　平行导轨式平衡架
1—平行导轨；2—万能心轴；3—转子

图 1-6　导轨的断面形状
(a)平刀形　(b)棱柱形　(c)梯形　(d)圆形

在这种平衡架上进行平衡工作时，若转子的轴颈与导轨间的滚动摩擦系数越小，则平衡工作的精度也就越高。因此，为了要减少摩擦系数，导轨的工作部分应该淬硬，而且要磨得很光（$Ra = 0.8\mu m$）。宽度为 b 的工作面和其他各面所形成的棱，要制成圆角，使转子的轴颈或心轴不会被磨坏或碰伤。导轨工作面的宽度 b 应尽可能做得窄些，窄到不会在轴颈表面刻出凹槽为限。一般导轨工作面的宽度 b 可由下式确定。

$$b = \frac{G}{2d} \quad (\text{mm})$$

式中　G——转子的质量；
　　　d——转子的轴颈或心轴的直径。

平行导轨的工作长度，在任何情况下都不能小于轴颈或心轴周长的两倍，以便在找平衡时可以让转子在导轨上滚动两圈。平行导轨两工作表面（刀口）应严格的水平和相互平行，其水平度和不平行度误差不得大于 0.02mm/m。找平衡时，应预先调整好。平行导轨还应该有足够的刚度，以免在进行转子平衡时产生弯曲而影响平衡的精度。

在平行导轨式平衡架上找转子的静平衡时，可能会遇到以下两种情况。

第一种情况是转子重心的偏离量大，转子偏重所引起的转动力矩将大于滚动摩擦阻力矩。这时，任意放置在平行导轨上的转子均有可能沿着导轨发生滚动，直到转子的重心 O_1 转到旋转中心 O 以下和稳定区域为止（在这稳定区域内，其转动力矩等于或小于滚动摩擦力矩）。这样的转子就称为具有明显不平衡的转子，如图 1-7 所示。这种情况可以用下列不等式来表示。

$$G\rho > G\mu \qquad 或 \qquad \rho > \mu$$

式中　G——转子的质量，kg；

　　　　ρ——转子重心的偏移量，mm；

　　　　μ——转子轴颈或心轴与导轨之间的滚动摩擦系数，mm，对于软钢 $\mu = 0.05$mm，对于淬火钢 $\mu = 0.01$mm。

第二种情况是转子重心的偏移量小，转子偏重所引起的转动力矩将小于或等于滚动摩擦阻力矩。这时，任意放置在平行导轨上的转子不可能沿着导轨发生滚动。这样的转子就称为具有不明显不平衡的转子，如图 1-8 所示。这种情况可以用下列不等式来表示。

$$G\rho \leqslant G\mu \qquad 或 \qquad \rho \leqslant \mu$$

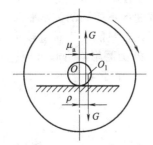

图 1-7　明显不平衡的转子

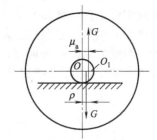

图 1-8　不明显不平衡的转子

对于上述两种不平衡的转子，可以采用不同的方法来找静平衡。

1. 试重定点法

此法可找明显不平衡转子的静平衡，其操作步骤如下。

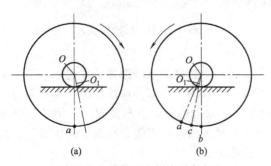

图 1-9　不平衡重方位的测定方法

（1）转子不平衡重的方位　测定时，先让转子在导轨上自由地滚摆数次，若最后一次滚摆是在顺时针方向完成的，则转子重心一定位于垂直中心线的右侧（因有摩擦阻力的关系），此时，在转子的最低点 a 处，用白粉笔做一个记号，如图 1-9（a）所示。然后再次使转子自由地滚摆，并且让它最后一次滚摆是在逆时针方向完成，则转子重心一定位于垂直中心线的左侧，同样在转子的最低点 b 处做一个记号，如图 1-9（b）所示。

显而易见，转子的重心 O_1 必定位于 $\angle aOb$ 的分角线 cO 上，故在 c 点处做出红色的记号，以表示转子不平衡重所在的方位。一般在找静平衡时，多半不考虑最后一次滚摆的旋转方向，而只是多测定几次就定出不平衡重的方位，这是一种比较简便但不十分精确的方法。

（2）确定平衡重的大小　首先，将转子上的 c 点（即不平衡重方位）转到水平位置，如图 1-10（a）所示，并且在其对面的 d 点上加上适当的试重 Q，使转子能在不平衡重作用之下顺箭头方向转动一个很小的角度（大约 $10°$）。然后再将转子反转 $180°$，使其不平衡重和试重重新处于水平位置，如图 1-10（b）所示。这时，在试重 Q 处再添加一个适当小的附加试重 q，其大小要刚好能使转子顺箭头方向转动同样的小角度（大约 $10°$）。由此可见，第一次转动转子的力矩为：

$$M_1 = G\rho - QR - G\mu$$

而其第二次转动转子的力矩为：

$$M_2 = (Q+q)R - G\rho - G\mu$$

由于两次转动的角度相等，所以，这两个力矩也应相等，即：

$$G\rho - QR - G\mu = (Q+q)R - G\rho - G\mu$$

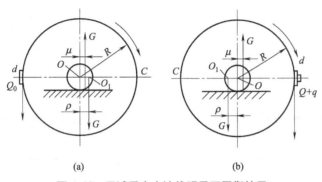

图 1-10　用试重定点法找明显不平衡转子

由上式可知，等式两边的滚动摩擦阻力矩（$G\mu$）正好相互对消，即说明滚动摩擦的影响已被消除，所以，这种静平衡方法可称为摩擦消除法，但根据它在测定时只在固定点上加试重的特点，故称它为试重定点法或一点法。

将上式整理和移项后，可得下式。

$$G\rho = \left(Q + \frac{q}{2}\right)R$$

如果要使转子达到静平衡，在平衡重 Q_0 加在转子上后，必须满足下面力矩平衡方程式：

$$Q_0 R = G\rho$$

所以

$$Q_0 R = \left(Q + \frac{q}{2}\right)R$$

即

$$Q_0 = \left(Q + \frac{q}{2}\right)$$

在找静平衡时，试重 Q 和 q 可以用小磁铁、黄泥或油腻子暂时加上。在平衡工作完成后，把它们称量一下，就可用上式算出平衡重的重量 Q_0。平衡重 Q_0 应该加在转子放试重 Q 的位置上，它可以用相等于 Q_0 重的铁块焊接或铆接在转子上，也可以从试重 Q 正好相对称的点上取出重量相当于 Q_0 的金属，这时可用锉削、磨削、凿削或钻削的方法来进行，但不应该影响转子的强度。如果安放平衡重的力臂（半径）改变，如图 1-11 所示，则永久平衡重的重量可用下式换算。

$$Q_0 R = Q'_0 R'$$

式中　Q_0——测定出的平衡质量，g；

247

R——Q_0的力臂（安装半径），mm；

Q'_0——永久平衡质量，g；

R'——Q'_0的力臂（安装半径），mm。

2. 试重周移法

用此法可找不明显不平衡转子的静平衡，其操作步骤如下。

（1）测定转子不平衡重的方位　测定时，先把转子的圆周分成八等分，并依次标上号码，如图1-12所示。然后轮流让每一分点转到水平位置，并在该点上试加一个适当的试重，使转子刚好能顺箭头方向缓慢地转动同样大小的一个角度（大约10°）。最后把各分点上所加的不同的试重分别记入表1-1中。

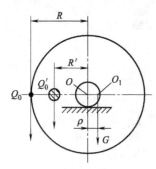

图 1-11　平衡重的换算

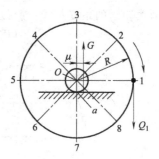

图 1-12　转子圆周分点

表 1-1　试重记录

项目	分点位置							
	1	2	3	4	5	6	7	8
试重代号	Q_1	Q_2	Q_3	Q_4	Q_5	Q_6	Q_7	Q_8
质量/g	56	40	24	20	24	40	56	60

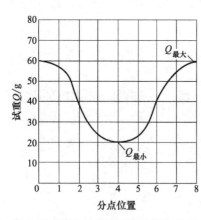

图 1-13　分点位置和试重的关系曲线

因此，可以根据表中所列的数据绘制分点位置和试重的关系曲线，如图1-13所示。

在这些试重中，最小试重$Q_{最小}=Q_4$，最大试重$Q_{最大}=Q_8$。显而易见，转子的不平衡重一定在最小试重的方位上，所以平衡重应加在最大试重的位置上。

（2）确定平衡重的大小　当不平衡重方位找到后，就可根据下面的力矩平衡方程式来确定平衡重的大小。如图1-14（a）所示，当在分点4上加上试重$Q_{最小}$后，使转子转动的力矩为：

$$M_1 = Q_{最小}R + G\rho - G\mu$$

如图1-14（b）所示，当在分点8上加上试重$Q_{最大}$后，使转了转动的力矩为：

$$M_2 = Q_{最大}R - G\rho - G\mu$$

由于两次转子的角度相等，所以，这两个力矩也应相等，即：

$$Q_{最小}R + G\rho - G\mu = Q_{最大}R - G\rho - G\mu$$

由上式可知，等式两边的滚动摩擦阻力矩也正好互相抵消，所以，此法实质上也是一种摩擦消除法。但是根据它在测定时沿圆周各分点上轮流加试重的特点，故称它为试重周移法。

将上式整理和移项后，可得下式：

$$G\rho = \frac{1}{2}(Q_{最大} - Q_{最小})R$$

如果要使转子达到静平衡，在平衡重 Q_0 加在分点 8 上以后，必须满足下面的力矩平衡方程式：

$$Q_0 R = G\rho$$

所以

$$Q_0 R = \frac{1}{2}(Q_{最大} - Q_{最小})R$$

即

$$Q_0 = \frac{1}{2}(Q_{最大} - Q_{最大})$$

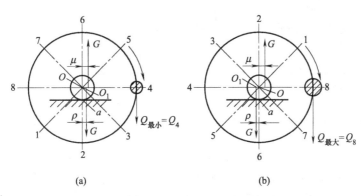

图 1-14　用试重周移法找不明显不平衡转子

平衡重的重量确定后，就可在 8 点处加上或由 4 点处取出重量为 Q_0 的金属，这样即可消除转子的不明显不平衡现象。

用此法找静平衡时，为了消除导轨不精密的影响，每次试验时转子的轴颈都应该和导轨上同一点 a 接触。

对于长度大于半径的转子，最好将平衡重平均分放在两个端面上去校正。如果要平衡由轴和装在轴上的一组圆盘所组成的组合转子（如多级离心泵、多级鼓风机、离心式压缩机的转子等），必须用逐次平衡法（每装上一个圆盘就平衡一次）。

在找静平衡时，并不是所有的转子都需进行找不明显的不平衡，对于某些小型低速的转子，只需要找明显的不平衡即可。在这种情况下，可以用试重周移法来检验转子静平衡的精度，确定剩余的重心偏移量 ρ 和剩余的重径积 $G\rho$。

在平行导轨式的平衡架上找静平衡时，要求转子能沿导轨滚动，因此，它只能用来平衡两端轴径相等的转子。若要平衡两端轴径不相等的转子，通常采用滚柱式平衡架，如图1-15所示。它是由两个支架组成，在每个支架上分别装上带有滚动轴承的滚柱。找平衡时，转子放在滚轴上，其平衡方法与平行导轨平衡架基本相同。但是，此时被平衡的转子不沿直线滚动，而是就地绕轴转动。由于滚动轴承式平衡架的支承滚柱安装高度可以调整，所以它可以用来平衡两端轴径不相等的转子。但这种平衡架的平衡精度一般比平衡导轨式平衡架低。这是因为用滚柱式平衡架来进行平衡时，由于接触表面之间的压力增加，因而也就产生了较大的摩擦力，另外又多了一项滚动轴承的摩擦阻力。

二、转子的动平衡

对于轴向宽度较大（长径比 $L/D > 1/5$）的刚性转子，一般必须通过动平衡试验，才能达到一定的平衡精度，而且，一般要先经过静平衡试验，然后再做动平衡试验。这样做的原

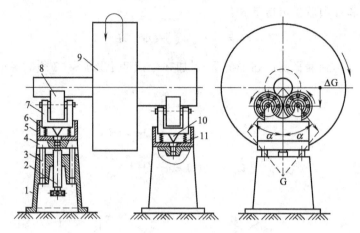

图 1-15　滚柱式平衡架

1—支座；2—调节螺杆；3—导向杆；4—升降台；5—转盘；6—弹簧；7—滚柱轴承座；
8—滚柱；9—转子；10—三角支承；11—转盘轴

因是可以有效地减少动平衡试验中的加重（或减重）量，同时可以避免损坏动平衡试验设备。

　　动平衡试验需要在专门的动平衡试验机上进行。动平衡机的种类很多，分类方法也不尽相同，但大体上可分为机械式和电测式两大类。另外，还有用于整机平衡的测振动平衡仪，可用它在机器本体上对其中的回转构件进行动平衡试验。

　　20 世纪 50 年代以前，大都使用机械式动平衡机，它利用补偿原理求出不平衡质径积，并利用共振原理放大振幅以提高精度。由于机械式动平衡机的灵敏度和平衡精度较低，目前在生产中已很少应用。电测式动平衡机是随着电子技术的发展而出现并逐步完善的，其测试原理是：利用传感器来检测转子的振动信号，并通过电子线路将测得的振动信号加以处理和放大，可以获得很高的灵敏度和平衡精度。为适应现代工业对高转速、高精度、大型回转构件的动平衡要求，并提高生产效率，现代动平衡试验技术还发展了激光去重的自动动平衡试验机、带有真空筒的大型高速动平衡试验机等，并已实现了动平衡试验的自动化。动平衡试验技术已发展成为一门独立的学科，其具体内容已超出目前谈论的范围。但是，不论哪一种动平衡机，其目的均在于测定转子不平衡质径积的大小和方位，只是测量的原理和方法不同而已。

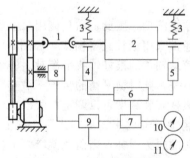

图 1-16　电测式动平衡机的工作原理示意

　　如图 1-16 所示是电测式动平衡机的工作原理示意。它由驱动系统、试件支承系统和不平衡量的测量系统三个部分组成。

　　驱动系统常采用调速电机，经过一级带传动，并用万向联轴器 1 驱动被测转子 2 旋转。

　　转子 2 安放在弹性支承架 3 上，它使转子在某一近似的平面（通常是水平面）内作微振动。若转子有不平衡量存在，则在旋转时就会引起支承系统的振动，振动信号由传感器 4 和 5 检测出来。

　　由传感器 4 和 5 测得的振动信号，被输入解算电路 6 进行处理，以便消除两个平衡平面之间的相互影响。然后经过放大器 7 将信号放大，最后由仪表 10 指示出不平衡质径积的大小。同时，由一对传动比 $i=1$ 的齿轮传动带动基准信号发生器 8，产生与转子转速同步的基准信号，并将基准信号和放大器 7 输出的信号一起输入鉴相器 9 进行处理,最后由仪表 11 指示出不平衡质径积的相位。

当已知不平衡质径积的大小后,就可以依据下面叙述的转子平衡精度来判定该转子是否符合动平衡要求;若不符合动平衡要求,又知道了不平衡质径积的相位,则可以用在选定的平衡平面内加(或减)重的方法使转子符合动平衡精度要求。

三、转子不平衡校正方法

转子的不平衡是因其中心主惯性轴与旋转轴线不重合而产生的。平衡就是改变转子的质量分布,使其中心主惯性轴与旋转轴线重合而达到平衡的目的。

当测量出转子不平衡的量值或相位后,有以下校正方法。

(1)去重法 即在重的一方用钻孔、磨削、錾削、铣削和激光穿孔等方法去除一部分金属。

(2)加重法 即在轻的一方用螺钉连接、铆接、焊接和喷镀金属等方法,加上一部分金属。

(3)调整法 通过拧入或拧出螺钉以改变校正重量半径,或在槽内调整两个或两个以上配重块位置。

(4)热补偿法 通过对转子局部加热来调整工件装配状态。

四、离心压缩机转子平衡方案的选择

对离心压缩机转子而言,遇到最多的就是动平衡问题。要进行动平衡测试,确定合理动平衡方案十分重要。动平衡方案应包括:①高、低速动平衡方案的确定;②动平衡精度的确定;③平衡平面的选取。当然还有其他的内容,以下主要对这三方面内容进行分析探讨。

1. 高、低速动平衡方案的确定

由于作低速平衡只能平衡转子的静不平衡和力偶不平衡,无法解决由于转子弯曲而产生的不平衡,即振型不平衡量。因而某些已作了良好低速动平衡的转子有可能在通过临界转速时或在工作转速下仍发生比较大的振动而无法工作。这就是通常所说的高速破坏低速的问题,而实际上是振型不平衡太大所致。

(1)低速动平衡方案的选用 对多数转子而言,都是通过作低速动平衡而达到平稳运转的目的。低速动平衡周期短、费用低,因此在不需要作高速动平衡的情况下,理所当然地选择低速动平衡方案。

在下列各种情况下选择低速动平衡方案是合理的、可行的。

① 在转子装配过程中,采用多次低速动平衡方法可取得良好的效果。比如一个多级压缩机转子,当其主要转子部件为偶数时,则先套中间两个,进行动平衡,每边再套一个,再进行动平衡,直到最后。而且每个部件(比如叶轮)在套装之前还要作单独动平衡。这种逐件多次低速动平衡的方法,可以做到不平衡量的当地平衡。只要达到了应有的平衡精度,就能保证平稳运转,不会出现大的不平衡振动及所谓高速破坏低速的情况。因此国内外几乎所有的制造厂家都使用这种办法。虽然次数多,但其周期和成本仍比高速动平衡低得多。

② 各种单级转子以及悬臂部分只有一个叶轮的单悬臂转子和双悬臂转子,这类转子由于主要的不平衡量集中在几个主要叶轮上,可以做到当地平衡,因此平衡效果也是好的。比如一个单级离心压缩机试验转子,其前三阶临界转速分别为 5000r/min、11200r/min、17150r/min,取叶轮的两侧面作为平衡面进行低速动平衡,效果良好,可以平稳地通过前两阶临界转速并平稳地在 16000r/min 下工作。再比如,目前国产转速最高的 H100 离心压缩机,高速轴转速达 24000r/min,超二临界运行,也是作低速动平衡而能平稳运转。

③ 如果转子在二、三阶临界转速之间运行,而前两阶临界转速为刚体型振动,这类转

子可视为刚性转子或准刚性转子，采用低速动平衡方案是合理的。比如 DH56 离心压缩机，其前两阶临界转速为刚体型振动（图 1-17）。进口 30 万吨合成氨厂用 CO_2 压缩机高压转子，前两阶临界转速也为刚体型振动（图 1-18）。这台机组的工作转速为 13980r/min，离第二临界转速很近，在第二临界转速的共振区内运行。由于前两阶主振型为刚体型，因此转子在运转后的大修中，通过作良好的低速动平衡，仍能达到满意的效果。

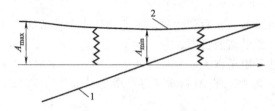

图 1-17 HD56 型离心压缩机低压转子振型

$1—A_{max}=1, A_{min}=0.62,$

$n_k=5033r/min; 2—n_k=7780r/min$

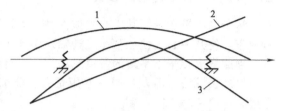

图 1-18 CO_2 离心压缩机高压转子振型

$1—n_{k1}=8279r/min; 2—n_{k2}=14460r/min;$

$3—n_{k3}=16327r/min$

必须指出，对转子动平衡，选取合理的平衡平面也很重要。比如，上述 CO_2 压缩机高压转子作低速动平衡，则应选择在距两支承大约为支承距离 1/3 处作为平衡平面，这样平衡效果较好。如果选在靠近两支承太近的两端的两个平面，则容易造成所谓低速被破坏的情况。

（2）高速动平衡的选用 对于整体多级转子，如果只作低速动平衡达不到要求，或者该转子特别重要，要求运转特别平稳，则应采用高速动平衡方案，以保证机组的安全运转。如图 1-18 所示的 CO_2 压缩机高压转子，各厂采用不同的动平衡方案，有的采用低速动平衡，有的采用高速动平衡，可视具体情况而定。

2. 高速动平衡是不是一定比低速动平衡好？

答案是否定的。第一个例子：西安交大与开封空分设备厂共同研制生产的 H100 离心压缩机，高低压缸的工作转速为 24000r/min 和 21000r/min，分别在超三阶和超二阶临界转速下运行。当时技术人员大胆地决定采用低速动平衡而不作高速平衡，结果很好，机组运转非常平稳。第二个例子：进口 30 万吨/年合成氨 CO_2 压缩机高压转子，工作转速为13980r/min，第二阶临界转速为 14600r/min，许多厂家在大修时作高速平衡，但结果并不理想。湖北化肥厂大胆采用低速动平衡方案，把平衡精度适当提高，取得了满意的效果。据了解，年产量为 30 万吨的大化肥厂用离心压缩机共有各种转子 16 种，国外制造厂全都采用低速动平衡。第三个例子：沈阳鼓风机厂 20 世纪 70 年代曾生产了一台多级离心压缩机，工作转速为 12000r/min，由于当时国内还普遍采用能量法计算转子临界转速。而这种方法计算的临界转速特别是第二阶临界转速误差太大。投入运行后振动大，并发现工作转速刚好接近转子的第二阶临界转速，故而无法正常运行。但是采用逐件多次低速平衡法重新组装转子后可以平稳运转。

低速动平衡的优点：低速动平衡具有许多优点，比如操作特别方便，迅速省时，无论是单个叶轮平衡，还是整个转子平衡，一般最多两个小时就可以达到很高的平衡精度。由于特别方便迅速，因此也就十分便宜，加之设备投资少，因此平衡费用仅为高速平衡的若干分之一。特别需要指出的是由于低速平衡特别方便迅速便宜，因此可以采用逐件多次动平衡法进行平衡，使转子上主要不平衡量都可以做到当地平衡，因此不但可以保证转子在工作转速下的平稳运转，而且可以保证启动中每一个转速阶段都平稳运转，这一点也优于高速平衡。

建议如下。

（1）只要制造厂具有良好的动平衡设备，通过逐件多次动平衡方法可以使转子达到非常好的平衡状态,保证转子在整个工作转速范围内平稳运转。

(2)对于经运行后平衡破坏需重新平衡的转子,多数转子也可通过选择合理的平衡面作低速平衡而达到要求,而不一定非作高速平衡不可。

(3)低速平衡还具有方便、迅速、经济的优点,这对制造厂和用户来说是十分重要的。

(4)对于稳定性较差的转子以及工作转速距临界转速较近的多级转子,在长期运转后需要重新平衡时,只作低速动平衡难以保证平稳运行,应进行高速平衡。

五、现场动平衡技术

1.现场动平衡技术产生背景

通常的离线动平衡存在如下缺陷。

(1)转子在动平衡机上平衡时的装配、支承条件和平衡转速均不同于实际使用时的条件,这也会造成在动平衡机上已达到的平衡精度,在实际使用条件下明显下降。

(2)在运输过程中造成的损伤导致平衡精度下降。

(3)在检修过程中由于多次装拆造成各零部件相对位置的变化而导致平衡精度下降。检修时间长,工序复杂,费用高,对大型转子尤其困难。

近年来,在排除不平衡故障时发现,现场动平衡技术与以往的方法相比,优点是避免大量拆装,节约了拆装工时、运输工时,保存了转子原有的安装精度;缩短检修时间,降低修理费用,减少停机损失;利用了原有的传动系统来进行整机全速动平衡,有效地提高了整个转子系统的平衡精度;检验平衡效果和精度直观准确,且平衡成本低;能解决专用平衡设备难于解决甚至不能解决的动平衡问题。现场动平衡是指旋转机械在现场工作状态或接近现场工作状态下,对其进行测量分析和平衡校正的一种平衡方法。它的原理主要是影响系数法,转子轴承系统是一个线性系统,轴承处的振动响应是各平衡面的不平衡量各自引起的振动响应的线性叠加。而各平衡面的单位不平衡量在各轴承处引起的振动响应,即为其影响系数。现场动平衡的具体做法是通过对转子平衡面试加平衡量,测量试加平衡量前后的轴承振动响应,确定各影响系数,从而求得应加平衡重量。

2.现场动平衡技术应用实例

2008年7月20日,某石化公司一个吸风机因振动过大而无法运行。该风机为单级悬臂式风机,转速为730r/min,叶轮叶片为12片,轴承振动标准为<0.16mm。2008年7月21日,对该风机进行了现场监测。该机组的测点布置简图如图1-19所示,应用全频测振仪测得的机组全频振动值见表1-2。

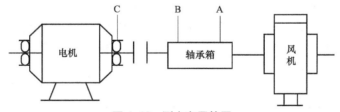

图 1-19 测点布置简图

振动测试及频谱分析显示:轴承箱靠风机端轴承水平振动大于垂直振动(具体数值见表1-2);振动频率主要为转速频率(振动频谱如图1-20所示)。从频谱分析仪上看出,轴承箱靠风机端轴承水平和垂直方向振动相位差近似为90°,且相位稳定,符合悬臂转子动不平衡特征,因此判断为风机叶轮结垢造成的不平衡故障。于是利用频谱分析仪对该风机进行了动平衡校正,操作步骤见表1-3。再次应用全频测振仪测得的机组全频振动值见表1-4。

表 1-2　机组全振动值（一）

位置	A水平	A垂直	A轴向	B水平	B垂直
振值/μm	296	165	143	218	127

　　显然全频振值已经满足轴承振动标准，所以此次故障分析基本正确，并且现场动平衡校正也是非常成功的。从始至终只用了 1.5h，即恢复正常生产。由此可见，利用现场动平衡技术可以方便而快捷地解决不平衡问题。据不完全统计，该石化公司每年作现场动平衡多达 50 台次以上，而且效果都非常好，保证了公司机组的安全、平稳、高效运行。

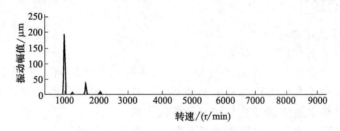

图 1-20　振动频谱图

表 1-3　动平衡校正步骤

步骤	质量/g	相位/(°)	工频振值/μm
原始振动		−36	218.6
加试重	1000	90	
加试重后振动		−54	132.4
第一次校正	2500	−68	
第一次校验运行		−45	23.5

表 1-4　机组全频振动值（二）

位置	A水平	A垂直	A轴向	B水平	B垂直
振值/μm	41	32	36	25	22

　　结论与建议：①在进行现场动平衡前，通过频谱分析和相位分析，正确诊断故障原因，避免盲目实施校验，延误检修时间；②作现场动平衡时，结合相位能达到事半功倍的效果。③现场动平衡技术能够有效用于一些有配重条件的设备上，如在给水泵的联轴节上可用螺栓加螺帽配重，风机在叶轮上焊配重块，在发电机的加重槽内配重等。④现场动平衡技术经常用于质量、体积较大，无法支承的转子，尤其在大型风机叶轮、发电机转子的动平衡校验上有较大优势，既可弥补静平衡误差大的缺陷，又可免于拆装机器所造成的轴承损耗，不仅可以提高工作效率，还提高了经济效益。

　　总之，现场动平衡技术可以在不拆卸叶轮的条件下，对机组进行整机全速动平衡测试。可以极大地提高设备维修效率，大幅度降低设备维修成本。

附录 2　大型离心压缩机喘振工况的快速判断与处理

　　大型离心压缩机具有排气量大、效率高、体积小、运转平稳、压缩气流恒定无脉动等特点，已成为不可或缺的动设备，近年来其市场占有率越来越高，已广泛应用于石油、化工、冶金、动力、空分等行业。这些行业的生产具有连续性强的特点，要求压缩机必须拥有良好的性能，以保证生产安全、稳定的进行。

然而喘振作为离心压缩机的固有特性，具有较大危害性，是压缩机损坏的主要原因之一。在生产过程中，由于对喘振的危害性认识不足，导致判断喘振工况滞后，使机器损伤严重，有时甚至导致机器功能丧失。为了保证离心压缩机稳定、长周期运行，必须快速判断并迅速使其脱离喘振工况。下面探讨关于大型离心压缩机喘振工况的快速判断和处理措施等。

一、喘振的危害

喘振现象发生后，应及时使压缩机脱离喘振区域或紧急停车，查清原因后方可再次开车，否则将对压缩机造成伤害。喘振对压缩机的危害主要表现在以下 5 个方面。

① 喘振引起流量和压力强烈脉动和周期性振荡，会造成工艺参数（压力、流量等）大幅度波动，破坏生产系统的稳定性，导致一些测量仪表、仪器准确性降低，甚至失灵，如轴承测温探头、主轴振动探头、主轴位移量探头和各级进排气温度、各密封气压力指示仪表等，都是最容易损坏的测量仪器、仪表。

② 受气体强烈、不稳定冲击，叶轮应力大大增加，使叶片强烈振动，噪声加剧，大大缩短整个转子的使用寿命；同时，也会引起机组内部动、静部件的摩擦与碰撞，使压缩机的轴弯曲变形，碰坏叶轮，最终造成整个转子报废。机器多次发生喘振，轻者会缩短压缩机的使用寿命，重者会损坏压缩机本体以及连接压缩机的管道和设备，造成被迫停车。

③ 由于流量和压力高速振荡，会伴随发生反向的轴向推力，使压缩机内部部件产生强烈振动，破坏润滑油膜的稳定性，加剧轴承、轴颈的磨损，使轴承合金产生疲劳裂纹或脱层，甚至烧毁。严重时会烧毁推力轴承的轴瓦，使转子产生超过设计值的轴向窜动量，造成主轴和压缩机大面积损坏。

④ 会损坏压缩机级间密封及轴封，使压缩机效率降低，迷宫密封齿片磨损，间隙增大，造成气体泄漏量增大。如果空分设备的原料空气压缩机和可燃气体压缩机的润滑油密封片因喘振而磨损，将会使润滑油窜入生产介质流道，引发爆炸和火灾等事故，后果不堪设想。

⑤ 喘振可能使压缩机的地脚螺栓松动，造成机组联轴器对中数据偏移，进而引起联轴器对中不良，导致联轴器的使用寿命缩短，甚至有可能发生疲劳性断裂。使用膜片式联轴器的机组，喘振严重时可能使膜片撕裂，联轴器报废，影响压缩机的正常运转。

二、喘振工况的快速判断

由于喘振的危害性较大，在喘振的初始阶段，操作人员就应及时进行判断，同时迅速调整工况，使压缩机快速脱离喘振区域，只有这样才能保证压缩机正常运行。

1. 从现场各类仪表的指示值判断

① 压缩机的进口气体温度指示值升高，说明压缩机已经进入喘振工况。这是由于高温气体倒流至压缩机进口所致。此时压缩机各级压力会出现急剧波动。

② 压缩机流量指示值急剧下降并大幅波动，严重时空气甚至会倒流回吸气管道，在进口过滤器处有时能看到被反吹出的灰尘。

③ 用电机拖动的压缩机，电机的电流和功率指示值出现不稳定，大幅波动；用汽轮机拖动的机组，汽轮机的转速指示值会出现波动，机组运行工况不稳定。

④ 通过 DCS 控制系统或现场仪表指示值观察压缩机各轴承的振动情况，应该会发现喘振时，径向轴承的振动幅度明显增大，推力轴承的位移量显示值更是变化无常。

2. 从异常声响判断

① 当压缩机接近喘振工况时，排气管道会发出周期性、时高时低的"呼哧"、"呼哧"

声。进入喘振工况后，压缩机会发出周期性、间断的类似牛的吼叫声。噪声分贝立即增大，影响范围变大。

② 喘振时，压缩机出口管道上的单向阀门会时开时关，阀芯反复撞击阀体，发出"啪啪"的异常声响，同时出口管道剧烈振动。

③ 压缩机出现强烈而有规律的低频率振动，管道内气流同时发出异常声响。系统内各管线振动剧烈，机身也会剧烈振动，并使出口管道、厂房、辅助机组发生强烈振动。如果是大型离心压缩机进入喘振工况，那么在附近的建筑物上也能感觉到振动。

三、喘振的诱发因素

引发离心压缩机喘振工况的因素不是单一的，往往是多种因素综合作用的结果。但是离心压缩机发生喘振的最根本原因是：进气量减少并达到压缩机允许的最小值。理论和实践证明，喘振发生的原因包括使离心压缩机工作点进入喘振区域的各种因素，有以下几方面。

① 压缩机入口管线气流阻力增大，进气压力下降，主要是由进口过滤器前后压差变大造成的。而进口过滤器前后压差变大可能是进口过滤器堵塞或吸气负压值高所致。

② 汽轮机的动力蒸汽供给异常，造成压缩机转速下降，而离心压缩机转速降低，易发生喘振。

③ 进口带可调导叶机构的离心压缩机，因导叶开度调整不正确，实际开度小于指示开度，造成盲目加减加工气量，也会引发喘振。

④ 离心压缩机进气温度升高，气体密度减小，也会引发机组喘振。因此，压缩机夏季比冬季更易发生喘振。

⑤ 级间气体冷却器的换热效果降低，会造成压缩机各级排气温度上升，也可能诱发机组喘振。

⑥ 离心压缩机出口压力值设定在喘振区边缘，也易引发机组喘振，但这种情况一般比较少见。

⑦ 离心压缩机启动过程中操作不当，出口阀开启不到位或升压过快，也易引发机组喘振。

⑧ 离心压缩机出口管道阻力增大，使排气压力升高、排气不畅，造成出口堵塞而引发喘振，最终原因可能是出口单向阀开启不灵活。

⑨ 后续生产系统用气量突然大幅度降低，导致系统压力迅速升高，直接使离心压缩机进入喘振工况。

⑩ 由于离心压缩机排气管直径较小，导致气体流速较快，也可能引发喘振。解决的办法就是扩大压缩机排气管的直径，以改善压缩机的运行现状，使其远离喘振区域。

⑪ 不带回流旁路流程的离心压缩机，其防喘振阀后的放空消声器排气孔一定要保持畅通。如果发生堵塞，那么在防喘振阀打开后若卸放不及时，也会造成机组喘振。

⑫ 带回流旁路流程的离心压缩机，其回流阀一定要保持运行正常。如果开启滞后或阀位开度偏小，会直接引起机组喘振。

⑬ 由于离心压缩机使用年限长，自身能力降低，对工况波动较敏感，也易发生喘振。

⑭ 中间冷却器阻力过大，也易引发离心压缩机喘振。

四、防止喘振的控制措施

在实际生产运行过程中，为了防止离心压缩机发生喘振，可以采取以下措施。

① 在运行过程中，提高离心压缩机入口流量和入口压力的参数，同时加装低流量报警装置。在流量不变时，可通过降低离心压缩机排气压力、提高入口压力或两者相结合的方

法，减小出口、入口压比，以防止压缩机发生喘振。

② 在离心压缩机出口管路上设置自动防喘振装置。目前，绝大多数离心压缩机已采用了防喘振阀，但从实际使用情况看，由于受温度、压力和调节阀自身灵敏度、准确度的影响，有些使用效果不是很理想。合理选择防喘振阀，其全行程反应时间最好控制在 1s 内，不能超过 2s；防喘振阀的型号、尺寸应根据离心压缩机的性能和操作条件选取，一定要留有较大的余量。另外，防喘振阀的变送器应安装在离阀门尽可能近的地方，以缩短反应时间。

③ 在离心压缩机出口管路上增设非放空安全阀，以确保防喘振阀出现故障时能及时、迅速地卸压。

④ 设置回流旁路流程，使离心压缩机出口的部分气体经过冷却器后回流到压缩机入口，从而增加压缩机入口流量，减少喘振发生的概率。设计工艺管道时，压缩机出口管路及回流管路的容量应根据实际需要最小化（包括减小管径和长度）。因为管路的容量越大，喘振的振幅越大且频率越低；管路的容量越小，喘振的振幅越小且频率越高。

⑤ 大型空分设备离心压缩机进口过滤器若采用自洁式过滤器，要选择合适的过滤筒。

⑥ 定期调校安全阀、防喘振阀、压力及流量联锁仪表，确保其整定值准确、动作灵敏。要重点做好防喘振系统仪表的定期检查工作，确保该系统开启迅速。另外，要定期维护离心压缩机的出口单向阀，确保其灵活好用。进口带可调导叶机构的离心压缩机，其导叶执行机构要反应灵敏，反馈信号一定要准确无误，还应每隔 2 年校对导叶开度的精确性。

⑦ 提高岗位操作人员的综合素质，全面提升操作质量。在离心压缩机启动前，要首先做好各项检查工作；启动后系统升压操作要缓慢、平稳，切忌操作阀门的幅度过大，尽量减少工况的大幅度波动。"机、电、化、仪"四位一体的多工种联合检查、维护要到位。要加强机组运行状态的检测，发现异常现象应及时处理，必要时应紧急停车并检查。

⑧ 在设备运行期间，离心压缩机转子、叶片、叶轮的腐蚀和结垢，会使压缩机特性曲线发生变化，导致喘振线移位，当喘振线位移量足够大时，最初的防喘振线就不能再起到防止压缩机发生喘振的作用。所以，每隔 3 年应验证 1 次原喘振曲线的准确性，如果位移量过大，需重新修正。

⑨ 由于离心压缩机存在喘振问题，流量范围有限定，因此，对一定规模的生产装置选用流量过大的离心压缩机或留有过大裕度系数并非有利。如果离心压缩机的流量选得过大，那么为了避免发生喘振，必须使物料大量循环或放空，造成浪费。

附录 3 GT 063 L3K1 型离心空压机激光找正实例

某公司离心空压机组高压电机定子线圈温度偏高的问题已经存在一段时间，决定利用空分设备停车检修的机会，将配套电机整体更换成备用的新电机。由于电机为整体吊装，会产生移位，在回装过程中必须对机组进行轴心对中找正。传统的轴心对中找正方法需要制作专用假轴，且整个找正过程需要耗费大量的时间和人力。考虑上述因素，决定使用激光对中仪来对机组进行轴心对中找正。

一、空压机组结构及找正技术要求

GT 063 L3K1 型离心空压机，由国外公司生产，机组配套 6kV N3 HYC.630K.4CH 型高压同步电机，功率为 3600kW。离心空压机组的结构如图 3-1 所示，机组内共有 3 级叶轮、6 副支撑轴承、3 个传动齿轮，压缩机端靠背轮固定在大齿轮轴上。压缩机端靠背轮与主电机端靠背轮由中间轴连接，轴长 1442 mm。由于中间轴较长，要求轴心对中找正的误差更小，故较其他设备轴心对中找正的过程更为复杂。

空压机生产厂家提供的机组找正允许偏差值：位移偏差±0.35mm；角度偏差±0.05°/100°；电机端热膨胀值＋0.37 mm（电机垂直方向需抬高）。

二、 激光对中仪找正的测量原理和结构

1. 激光对中仪找正的测量原理

激光对中仪的测量原理与传统的单表找正法原理相近，如图 3-2 所示。单表找正法是利用百分表来测量两个转子的联轴

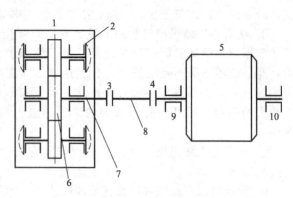

图 3-1　离心空压机组的结构
1—压缩机；2—叶轮；3—压缩机端靠背轮；4—电机端靠背轮；
5—电机；6—大齿轮；7—主轴；8—中间轴；
9—电机前轴承；10—电机后轴承

器外圆，即将一个百分表安装在固定设备轴上测量可移动设备轴上联轴器的外圆，而另一个百分表在可移动设备轴上测量固定设备轴上联轴器的外圆。可见，单表找正法只能测量两个转子的径向误差，而不能测量联轴器的端面误差。

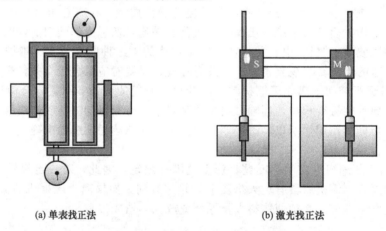

(a) 单表找正法　　　(b) 激光找正法

图 3-2　单表找正法和激光找正法示意

在激光找正法中，激光发射器 S（探测器）和激光反射器 M（接收器）分别替代两个百分表固定在联轴器两侧，根据相似三角形的几何原理输入相应数据，操作完成后计算机将自动计算出水平方向与垂直方向上的平行偏差和角度偏差，并自动给出可调整设备前、后机脚下相应的调整值。

2. 激光对中仪的组成

Fixturlaser XA 型激光对中仪的主要组成：激光发射器 S（探测器）、激光反射器 M（接收器）、计算机、支架、链条、连接线和测量尺等。

三、激光找正法在离心空压机组轴心对中找正中的应用实践

1. 准备工作

① 检查机组润滑油和冷却水系统是否恢复正常。

② 检查电机轴的磁力中心线是否在规定的位置，如未达到规定位置，可以通过盘动电

机轴进行调整。

③ 确认中间轴的安装距离，如不合适则需在找正前进行调整。

2. 找正过程

（1）安装和固定测量装置　首先安装探测器 S，并将其固定在压缩机端轴上，然后安装接收器 M，并将其固定在电机端轴上，最后连接上两根连接线。

（2）启动测量系统　按下启动按键进入程序列表，触摸水平轴对中菜单图标进入设置界面，选择时钟测量法。

（3）允差输入　触摸相应图标进入允差表菜单，选择或输入机组的允许位移偏差和角度偏差，保存并设置为当前数值。

（4）热膨胀预置　进入相应程序，选择输入方法（二选一），并输入相应的热膨胀值：地脚位移和角度变化值，保存并设置为当前数值。

（5）测试虚软脚　首先触摸相应图标进入软脚测量程序，将激光对中仪转到 12 点钟位置，调整激光束到靶心位置并打开目标靶；然后输入两个探头之间的距离、接收器 M 到前地脚中心的距离和前后地脚间的距离；接着依次松开和拧紧地脚螺栓，最后显示所有软脚的结果，按程序给出的数据调整垫片位置。

（6）测量程序　首先按画面的提示输入相应的距离并确认，然后将轴依次转到 9 点钟、3 点钟、12 点钟点钟的位置，并记录数据。

（7）显示测量结果　电机的水平和垂直位置将用图像、数字显示出来。

（8）调整　首先把轴旋转到 12 点钟的位置，在垂直方向把角度偏差和位移偏差都调整到误差允许范围内；然后把轴旋转到 3 点钟的位置，在水平方向把角度偏差和位移偏差都调整到误差允许范围内；最后把轴转回到 12 点钟的位置，确定垂直方向的误差是否还在偏差允许范围内。

（9）重新测量复查　调整结束后，需要对结果进行复查，触摸相应图表进入重新测量程序。为保证最终找正数据真实可信，一般需进行两次复测。如果 3 次测量得出的数据均在允许偏差范围内，即可认为整个找正工作已经完成。

离心空压机组轴心对中找正测量数据见表 3-1。

3. 找正时的注意事项

① 激光发射器的固定链条应最大限度上紧，否则测量值会出现较大误差。

② 测试虚软脚前，应该确认每个地脚螺栓都已紧固，且在依次确认时，需猛地拧紧螺栓。

③ 按激光对中仪上画面要求测量相应的长度和距离，要求尽可能测量准确，这样自动计算出的调整值才会更接近实际值。

④ 进行测量前，应将两个激光发射器在位移和角度上的偏差值调低至 ± 0.05mm 和 $\pm 0.05°/100°$ 以下。

⑤ 使用时钟测量法时，第一个测量点应该是从压缩端看左手方向，即 9 点钟方向，其余测量点按激光对中仪画面显示依次测量。

表 3-1　离心空压机组轴心对中找正测量数据

偏差	垂直方向		水平方向	
	位移偏差/mm	角度偏差/(°)/100°	位移偏差/mm	角度偏差/(°)/100°
找正最终测量数据	+0.30	+0.02	-0.04	0.00
第一次复测数据	+0.23	+0.03	-0.01	-0.04
第二次复测数据	-0.14	+0.02	-0.09	-0.05

本次离心空压机组轴心对中找正过程只耗费了 5h，为机组整体检修节省了许多宝贵的时间。找正的最终数据说明轴心对中满足离心空压机组的运行要求。空压机组投入正常运行后，通过计算机在线监测其各级轴振动值和轴瓦温度，各项参数都在允许范围内，表明机组运行状况良好。

附录 4　活塞式压缩机常见事故处理实例

一、润滑油缺乏中断事故

1. 事故简介

绵阳某肉类联合加工厂制冷车间发生一起重大的制冷活塞压缩机损坏事故。该厂制冷车间安装大连冰山牌单作用二级氨制冷压缩机 S8-12.5（1993 年出厂）2 台。

根据操作人员介绍故障现象为：该制冷压缩机二级排气温度过高，超过 160℃。操作人员停机，拆开检查，没有发现异常，更换活塞、缸套后启动运行。几分钟造成活塞顶部打坏，排气温度还是很高。又停机检查清洗，更换活塞，启动运行约一小时，突然听到曲轴箱有撞击声，立即停机，拆开发现压缩机气缸盖被击穿，冷却水套漏水；活塞、缸套以及吸、排气阀座、连杆均打坏，曲轴与轴瓦发生抱轴，更为严重的是压缩机机体固定缸套的螺栓孔拉成豁口，造成机体不能使用的重大事故，造成全厂陷于停产。

2. 原因分析

活塞压缩机排气温度过高的原因有：

① 压缩机气缸中余隙过大；

② 压缩机中吸、排气阀门、活塞环损坏；

③ 压缩机安全旁通阀泄漏；

④ 压缩机吸气温度过高；

⑤ 压缩机气缸中润滑油中断；

⑥ 压缩机吸气管道或过滤器有堵塞现象，隔热层保温层损坏；

⑦ 压缩机回气管道中阻力过大，气体流动速度慢，易产生过热现象，致使排气温度升高；

⑧ 制冷压缩机冷凝压力过高、冷凝器中有油垢或水垢等；

⑨ 压缩机缸盖冷却水套水量不足或冷却水温度过高；

⑩ 压缩机的制冷能力小于库房设备能力，如蒸发面积过大；

⑪ 压缩机排气管道中阻力过大；

⑫ 制冷压缩机节流阀开启度过大或堵塞；

经过上述分析，结合现场情况排除了①、②等 11 条，只有⑤条，操作人员没有检查。经检查曲轴发现，该曲轴是原来修复过的旧曲轴，结果发生抱轴的那位置，在原来就磨损了，后用堆积方法修复的，从修复后到发生事故前已使用了三个月，现场发现在原修复位置的堆积层发生脱落，脱落物堵塞了轴瓦上的油孔，致使活塞部分缺少润滑，操作人员在先前的检查只是检查了活塞部位，没有认真检查连杆与曲轴及轴瓦，因此造成了这么大的损害。更严重的是该班组的操作人员没有压缩机设备的操作资格证书。

3. 解决办法

除电机外，更换整个制冷压缩机。

4. 吸取的教训

在以后的工作中要严格执行操作人员持证上岗制度,在加强管理的同时企业应该认真履行设备的计划检修制度和设备的运行管理制度,使事故的发生防患于未然。

二、开口销断裂事故

1. 事故简介

2008年10月4日,宝鸡有色金属加工厂七分厂动力分厂1#空压机(型号:4L-20/8)正在运行中,9:35左右,值班室操作工听到空压机有异常声响,立即到机房按停车按钮,未能停车。声响越来越大,在奔赴配电室拉空气开关的过程中,听到一声巨响,而且有一块压盖碎片落在操作工跟前,后在配电室拉开了空气开关,压缩机才停了下来,时间为9:40(已过了大约5分钟)。次日分厂组织有关人员到现场对空压机解体检查发现:皮带轮掉在地上,轮孔已裂开;曲轴被扭断,一级主轴颈处有损伤痕迹;皮带轮端滚动轴承内圈开裂,轴承压盖破裂成三块,有一块飞到较远的操作室门前;一级十字头撞碎,其碎块全部掉在曲轴箱内;一级连杆卡在曲轴箱内呈U形,当时无法拿下,连杆大端瓦盖已分离,瓦已严重损伤;一个连杆螺栓(M24×1.5)断裂成两件(螺栓的螺纹部分与螺母、ϕ5mm开口销完好),另一个连杆螺栓完好(螺栓与螺母脱开,ϕ3.6mm开口销断裂成三段);机体一级滑道两侧下端撞掉两大块,二级滑道下部靠曲轴箱处有一小块撞掉。空压机损坏相当严重,是一次大的设备事故。

2. 原因分析

这次事故是空压站建站30多年来从未发生过的。经分析,确认设备事故原因如下。

① 设备检修时,维修人员没有按要求检修。连杆螺栓紧固不到位,开口销不合适(应装ϕ5mm而实装ϕ3.6mm),造成设备在运行中开口销被剪断,连杆螺栓、螺母脱出,这是事故的直接原因。

② 操作人员责任心不强,未及时发现设备运行中的异常声响(螺栓与螺母松动,曲轴箱内就会有异常声响,开口销剪断后,在螺母从螺栓上退下的过程中声响会继续加大)且未及时处理(分析:只是在连杆大端瓦盖分离后,听到异常声响才采取措施。另外,一声巨响是连杆掉在机体内,造成曲轴断裂、轴承盖损坏、大轮落地的响声,然后才拉空气开关实现停车)是导致设备事故扩大的主要原因。

③ 操作人员发现异常声响,按按钮未能停车(由于空压机电力拖动采用的是直流无声运行技术,因剩磁原因,需压下停钮3~4s后才能消磁停车,而实际只压1~2s)也是事故扩大的原因之一。

3. 预防措施

① 严格执行《空压机检修规程》、《空压机维护保养规程》,按要求对设备进行维修保养,提高检修质量,严格检修验收制度。

② 严格执行《空压机操作规程》以及空压机的巡检、点检制度。在执行点检、周检时,对涉及安全运行的隐患部位要认真检查,不能走过场。

③ 对电气控制系统进行技术改造,简化停车操作,达到一按停钮就能停车。同时,开展反事故演习,提高操作工紧急处理事故的能力。

④ 对操作工人开展往复机械状态监测与故障诊断技术知识的培训,提高判断故障原因的能力。大力开展岗位练兵活动。

⑤ 对设备管理、维修和操作人员加强岗位责任心的教育,牢固树立敬业爱岗精神。分厂加大检查与考核力度,保证设备安全运行。

三、曲轴断裂事故

1. 事故简介

2002 年 9 月，某化肥厂 1# 主轴瓦（从电机侧数第一块）温度突然升高。停车，拆开主轴瓦盘车检查，发现主轴第一主轴位油孔处开裂，主轴瓦也被刮废。

2. 原因分析

① 一段活塞杆断裂后，十字头在连杆、曲轴的带动下还做着往复运动，上行的十字头与下行的活塞杆就不可避免地发生碰撞，在其他活塞力不减的情况下，无疑加大了曲轴的扭矩，当超过设计强度时，有可能导致曲轴断裂。

② 曲轴的毛坯是在德阳某重型机械厂锻造的，由于该厂的烘炉不够长，所以只能分两次加温锻打，这就造成了两次加温的分界处金相组织的不连续。

③ 第一主轴位受扭矩最大，而其油孔处又是最薄弱的地方，再加上油孔光洁度比较差，应力集中情况严重。

④ 主轴与电机轴原始安装没有达到径向偏差小于 0.03mm、轴向倾斜小于 0.05mm/1000mm 的要求（断开联轴器，用百分表测得径向偏差为 0.75mm）。

3. 采取对策

① 由于主轴没有备件，制造新主轴至少需要半年时间，因此采用在第一组曲拐与第二组曲拐两主轴瓦中间加装一套胀套联轴器（与电机轴的一个主轴联轴器相同），改后使用效果一直很好。

由此可见，如果曲轴在制造过程中由于锻造设备的制约不能整体锻造时，可以考虑分成两段锻造、加工，用联轴器联成整体。

② 换轴后重新找正曲轴与电机转子轴的同轴度，使其达到径向偏差小于 0.03mm，轴向偏差小于 0.05mm/1000mm 的要求。

③ 将设备主轴轴瓦、气缸润滑油路的紫铜管改为碳钢管。

四、连杆的断裂事故

连杆及螺钉断裂，其原因如下。

(1) 连杆螺钉长期使用产生塑性变形

① 螺钉头或螺母与大头端面接触不良产生偏心负荷，此负荷可大到是螺栓受单纯轴向拉力的七倍之多，因此，不允许有任何微小的歪斜，接触应均匀分布，接触点断开的距离最大不得超过圆周的 1/8 即 45°。

② 薄壁瓦余面过高或厚壁瓦两边垫片不均匀。

③ 螺钉材质或加工有问题。

④ 安装或检修在拧紧螺栓时，应松紧适当，最好用扭矩扳手，必须穿上新开口销，以免松动。

⑤ 质量不好或不符合图纸技术要求的连杆螺栓不能使用。

(2) 连杆断裂　连杆断裂往往发生在小头或杆身的连接处，此外是大头与杆身相接的直角处；因为这两处均为危险断面，如果材质不良或有加工缺陷会造成断裂。在安装或检修时，一定要按技术规定拧紧连杆螺母，认真检查连杆螺栓，并锁好开口销，防止撞缸；检查连杆材质和制造质量。

1. 事故简介

2000 年 1 月 2 日 12 时 5 分，云南某集团压缩机操作人员突然听到 2# 甲烷压缩机发出异响，还未来得及停车，机组就联锁跳车。机组停下后，经检查发现，一级东侧缸连杆断裂，曲轴箱北侧有直径 85mm 的穿孔，并有两条裂纹向上左右延伸至箱体肋筋上，曲轴箱盖被掀起 105mm×125mm 的 1 口子并伴有裂纹，活塞杆弯曲，十字头变形，拆开气缸检查，东面一级活塞端头粉碎性损坏，缸头及连接螺栓经检查没有发现变形及裂纹，查操作记录，事故前各工艺指数均在指标范围内。

2. 原因分析

经分析认为主要是该压缩机的活塞采用空心铸铝，由于活塞在设计制造时，活塞端面排砂工艺孔采用锥形螺纹丝堵进行密封，活塞与丝堵两种材料均为 ZGA1，丝堵拧紧后再上车床光平，没有采取必要的锁紧措施。当活塞在往复运行中，活塞空腔内存在一定的交变压力作用，在交变压力作用下，丝堵预紧力逐渐下降，丝堵就慢慢退出，当退至一定位置，预紧力小于气压差力时，丝堵就突然脱落于气缸中，造成活塞与缸体前端密封面机械撞击，致使活塞端面损坏，活塞碎片落入缸头活塞背帽孔中，活塞杆运动力直接作用于缸头上，活塞杆、连杆受拉、压折力的作用下，而使连杆最薄弱处断裂。断裂的连杆随曲轴做圆周运动，甩动连杆使曲轴箱、曲轴箱盖、箱内油管损坏，最终因油压降低而联锁自动停车。

3. 解决办法

① 停车将活塞取出，退出丝堵，在活塞各丝堵沿螺纹圆周镗 60°、深 20mm 的坡口，然后在其中一个丝堵上钻直径为 8mm 的通孔，作加热和焊接时的排气孔。

② 将活塞吊至焊接平台，用电阻加热器缠绕活塞的侧面，用 2~2.5h 将活塞加热至 250℃，用直径 4mm 铝焊丝，采用手工氩弧焊焊接。首先将损坏部位焊好，再焊各丝堵，然后在不拆保温层的条件下使活塞整体慢慢冷却至常温，再用铝棒将丝堵上所钻的孔堵死，用手工氩弧焊焊死铝棒。焊好的活塞上车床车光平端面并检查圆柱度。

③ 曲轴箱损坏部位的处理：首先用磨光机打磨损伤部位，找出各裂纹及裂纹终点，在各裂纹终点打直径 6mm 的通孔防止裂纹进一步延伸，然后对曲轴箱侧面裂纹用磨光机打磨 60°、深 15mm 的坡口，用气焊将裂纹四周做预热处理，再用 Z208 焊条对裂纹进行手工电弧焊接，在焊接过程中采用间断焊接且边焊边敲打，焊后用气焊对焊缝周围加热使其慢慢冷却，以便消除焊接产生的应力。在通孔部位周围打直径 10mm 的通孔（应避开肋筋）8 个，然后用厚度为 8mm 的盖板加密封垫，通过螺栓连接封死通孔，防止漏油，曲轴箱盖穿孔也是用盖板的方法做同样处理。

4. 吸取的教训

① 对于铝材活塞，在设计制造时，清砂工艺孔采用焊接方法处理是最理想的，或将活塞从中部分作两段浇铸，再靠机加工保证尺寸及密封位置精度，然后由活塞杆及活塞背帽来连接紧固。

② 无论用什么材料制成的活塞，在加工处理时，工艺孔丝堵不宜采用锥形螺纹，最好是丝孔内有密封端面，加热密封拧紧丝堵，防止压缩机在运行中活塞体内腔有压力变化，另外，工艺孔用丝堵处理时，丝堵一定要做防松处理，以防丝堵脱落

五、气缸、气缸盖破裂

气缸、气缸盖发生破裂的原因如下。

① 由于冬季长时间停车，冷却系统的水结冰膨胀而造成气缸、中间冷却器、水管等冻裂。这需要在结冰地区工作的压缩机，厂房内温度不得低于 5℃，长时间停车时必须把冷却系统及气缸水套中的积水全部放出。

② 由于在运转中断水，没有及时发现气缸的温度过高，而又突然放入冷却水后气缸被炸裂。遇有气缸因缺水而造成温度高时，禁止立即放入冷却水，待停车自然冷却后再做处理。

③ 活塞与气缸相撞，而把气缸盖或气缸撞裂，主要原因有：气缸死点间隙太小，甚至没有间隙；由于活塞杆与活塞固定的防松螺母松动，而造成活塞撞在气缸盖上，使气缸盖或气缸撞裂；气缸内掉入金属物等或活塞上的丝堵脱出等。这需要在检修安装时，一定要做

到：把气缸死点的间隙核对准；检修与装配活塞时认真检查活塞，防止螺母上的开口销丢失，认真检查防松垫是否上好；检修安装完毕，要用人工转动压缩机 2～3 转，试试是否掉入杂物，认真检查活塞上的丝堵是否紧固。

六、压力表爆炸事故分析及预防

1. 事故简介：

2004 年 2 月 18 日 17 时 7 分左右，甘肃省某化工集团公司合成车间 VK-3 氢氮压缩机操作工进行正常的巡回检查，未发现任何异常。回到操作室后听到一声爆响，随即看见 VK-3 氢氮压缩机仪表盘着火。操作工立即进行了紧急切气处理和干粉灭火，使事故得到了及时合理的控制。

2. 原因分析

经认真勘察，事故源自二段出口电接点压力表。该表内一个弹簧管经使用后出现了一条约 40mm 长的裂缝。造成从二段来的氢气和氮气漏至表腔内，形成爆炸性混合气体，并达到爆炸范围。当表腔内压力达到一定值后，因电接点压力表定值调节旋钮存在质量问题，难以承受压力而被打出，产生火花，引发爆炸着火。

3. 预防措施

① 在未配置更高防爆等级的电接点压力表之前，由生产部下联络笺，暂时解除氢、氮气系统报警。对生产线上确实不需要报警的电接点压力表解除报警。

② 将生产线上所有易燃、易爆介质的压力表进行一次摸底汇总，其计量检定级别由 B 级提升至 A 级。压力弹簧管压力试验情况要有记录，试压人员要签字，并注明达到的压力等级。

③ 仪表恢复时，将压力表盘和温度巡检仪表盘用钢板隔开。

④ 仪表盘内要保持良好的正压通风，并做好阀门开度的控制和巡检工作。

⑤ 尽快提出材料计划，购买防爆型电接点压力表，对个别非防爆型电接点压力表进行更换。

⑥ 今后在技术改造和新装置等设计时，从整体配置到各元件的选型都要符合安全要求。

七、空气压缩机气阀故障快速诊断方法

无锡压缩机股份有限公司生产的 LW-40/8-X 型无油润滑压缩机，此压缩机为 L 型二级双缸复动水冷无油润滑空气压缩机。在一些化工公司生产系统中起着非常重要的作用。通过不断的研究和摸索，总结出了一套迅速有效诊断空气压缩机故障的方法。

1. 通过电流表判断

空气压缩机满负荷运行时，正常电流为 310～330A。当空气压缩机电流小于 300A 时，主要原因是由一级吸排气阀漏气、一级活塞环磨损和空气滤清器滤网堵塞造成的。当空气压缩机电流大于 340A 时，主要原因是二级吸气阀漏气、储气罐压力过高和二级活塞环磨损造成的。

2. 通过温度计判断

常温下空气压缩机正常运行时，一级吸气阀阀盖温度为 35～45℃ ，一级排气阀阀盖温度为 95～110℃；二级进气温度为 32～36℃，二级排气阀阀盖温度为 110～130℃，二级吸气阀阀盖温度为 35～45℃，油温为 25～30℃。一级排气阀阀盖温度高于 110℃，原因是一级排气阀漏气，用非接触测温仪查找能准确查找出损坏的排气阀。

一级吸气阀阀盖温度高于 45℃，原因是一级吸气阀漏气。二级进气温度大于 40℃，主要原因是中间冷却器冷却水量不够、中间冷却器内部结垢严重或中间冷却器风道短路。

二级排气阀阀盖温度高于130℃，主要原因是二级排气阀漏气或二级进气温度过高。二级吸气阀阀盖温度高于45℃，主要原因是二级吸气阀漏气。

油温高于35℃，主要原因是油冷却器冷却水量不够或油冷却器管内结垢严重。

3. 通过压力表判断

空气压缩机在全做功和半做功时，正常一级排气压力在0.18～0.22MPa。油压为0.15～0.3MPa。空气压缩机在全做功时，一级排气压力高于0.23MPa，原因是二级吸排气阀漏气或二级活塞环磨损较大；一级排气压力低于0.17MPa，原因是一级吸排气阀漏气、空气滤清器滤网堵塞或一级活塞环磨损。

全做功时一级排气压力正常，半做功时一级排气压力升高，原因是一级吸气阀顶开装置间隙过大；而半做功时一级排气压力降低，原因是二级吸气阀顶开装置间隙过大。油压低于0.1MPa，原因是润滑油量不够、油滤网堵塞严重或油泵故障。

4. 空气压缩机运行中吸排气阀故障的判断（常温下）

空气压缩机最常见的故障是吸排气阀的损坏，主要是阀弹簧或阀片因磨损、疲劳断裂或变形；阀片与阀座密封面不平整或吸入空气不洁引起密封面结垢。空气压缩机运行正常时，吸气阀阀盖温度为35～45℃，排气阀阀盖温度为95～110℃。用便携式非接触测温仪对吸排气阀阀盖测温，吸气阀阀盖温度超过45℃或排气阀阀盖温度超过110℃，说明气阀已有轻微漏气。吸气阀阀盖温度超过55℃或排气阀阀盖温度超过130℃，说明气阀已严重漏气。

5. 空气压缩机停运后二级排气阀故障的判断

拆除一个二级排气阀，再微开排气管道控制阀门，让储气罐压缩空气倒回，可以直接用手触摸判断出漏气的排气阀。

使用以上故障诊断方法，不仅有效缩短了维修时间，而且减轻了维修工的劳动强度，值得使用同类机型空压机的企业借鉴。

八、活塞式压缩机改造

某炼油厂烷基化车间PSA乙烯乙烷提浓装置自2005年正式建成投产以来，到2006年12月共运行2593h，其间由于压缩机故障停工检修11次。

1. 事故简介

置换废气压缩机2D20-140/6.37-BX发生故障的主要部位是活塞组件和气阀，检查结果表明，发生故障时压缩机气缸气阀的温度偏高。在压缩机停止运行后拆除活塞和气阀检查，发现气缸的内壁磨损严重，气缸内杂质较多，缸盖上附着了大约10mm厚的油泥，且气阀阀片也完全被油泥堵死。

2. 原因分析

发现气缸内的油泥是由介质中的粉尘与注入缸体润滑活塞环和支承环的润滑油接触形成的。油泥吸附在活塞环和支承环上加快了活塞环及支承环的磨损。吸附在气阀上，使阀片、弹簧失效，造成排气温度过高，效率降低。因此，介质中的粉尘与注入缸体润滑活塞环和支承环的润滑油形成油泥是置换废气压缩机2D20-140/6.37-BX发生故障的主要原因，预防该压缩机发生故障应从这两方面进行改进。

3. 改造方案

（1）净化介质　对介质进行过滤，在介质进入机组前加入过滤网进行多次过滤。

（2）采用无油润滑技术　活塞环选用填充聚四氟乙烯材料，为了提高耐磨性和导热性，活塞环和支承环所采用的聚四氟乙烯材料的填充剂为二硫化钼和碳纤维两种。填充聚四氟乙烯活塞环的弹性没有铸铁活塞环大，一般在填充聚四氟乙烯活塞环内侧表面设一个金属弹力环，来产生径向压力，如图4-1所示。

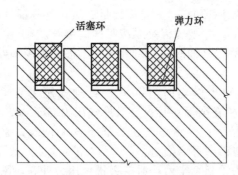

图4-1 聚四氟乙烯活塞环内侧的金属弹力环

4. 改造效果

按改造后每年多运行 30 d 计算，则每年可以增加 3000 万元的产值，经济效益显著。

附录 5   螺杆式压缩机检修案例

一、干式螺杆压缩机检修

干式螺杆压缩机结构简单、工作可靠、操作简便、易损件少、运转平稳，其突出的优点是在气体压缩缸内运动件相互之间、运动件与固定件之间均不需要润滑，气体在被压缩过程中，完全不与润滑油接触，能很好地保证压缩气体的清洁，特别适用于压送洁净度要求高的气体；同时，在阴、阳转子之间存在间隙，能耐液体冲击，可以输送含液或粉尘气体，并适合压送易聚合气体。因此，干式螺杆压缩机在化工、医药等行业应用十分广泛。

1. 干式螺杆压缩机的应用及其主要参数

在某厂的气体输送流程上，从 20 世纪 90 年代初开始，干式螺杆压缩机逐渐取代往复活塞式压缩机而成为气体输送单元的重要机组类型。目前，空压站 14 台空气压缩机组中有 8 台机组都是无锡压缩机总厂生产的两级干式螺杆压缩机组；乙炔尾气回收单元所用的尾气压缩机是上海压缩机厂生产的单级无油螺杆压缩机（表 5-1）。

表 5-1   干螺杆式压缩机的应用及压缩机主要参数

主要参数	空压站 1 号、2 号机	空压站 3 号机	空压站 5 号、11~14 号	乙炔
型号	LGW25/16-40/7	LGW-38/8-X	LGW-40/8-X	LG250
容积流量/(m^3/min)	40	38	40	25
主转子转速/(r/min)	4858/8594	4858/8594	4858/8876	1405
介质	空气	空气	空气	尾气
空气入口温度/℃	≤40	≤40	≤40	40
空气出口温度/℃	≤220	≤220	≤220	85
吸气压力/MPa	常压	常压	常压	0.01
排气压力/MPa	0.7	0.8	0.8	0.5
轴功率/kW	260	272	268	90

2. 干式螺杆压缩机的结构

以下以空压站无锡压缩机总厂（以下简称"锡压"）干式螺杆压缩机为重点，探讨干式螺杆压缩机的检修技术。这种压缩机的主体结构，主要由一对阴、阳转子、机壳、轴承、同步齿轮和轴封等组成，如图5-1所示。

锡压干式螺杆压缩机属于无油低噪声快装型，其压缩腔不注入润滑油，排出的气体是纯净、无油的压缩空气。工作原理是：气体压缩是在机体的"8"字形气缸内由两个平行配置、互相啮合的阴、阳转子作反方向旋转，使处于转子齿槽之间的容积不断产生周期性的变化来完成的。在转子旋转的过程中，当转子齿槽容积扩大时，气体通过适当配置的进气口进入齿槽容积，由于阴、阳转子齿的相互填嵌而不断缩小容积，从而提高气体压力，最后经适当配置的排气口，将压缩的气体排出，实现整个压缩过程。

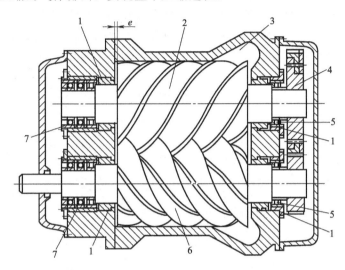

图5-1 干式螺杆压缩机的基本结构

1—轴封；2—阴转子；3—压缩腔；4—同步齿轮；5—吸气端轴承组件；
6—阳转子；7—排气端轴承组件

干式螺杆压缩机实现"无油"的关键是借助同步齿轮的作用，使阴、阳转子之间保持极小的间隙，实现无接触啮合，这种机组因为主要工作部件不接触，正常工况下不会发生任何磨损，所以能从始至终地保证工作效率，有效地克服活塞式压缩机由于气缸、活塞、气阀及其他密封元件的磨损而降低工作效率和经济效益这一缺陷。

3. 干式螺杆压缩机运行中存在的主要问题

干式螺杆压缩机在投运后较短时间内经常出现压缩机效率降低、转子轴向窜动、转子排出端面与压缩机腔体碰撞摩擦导致端面烧损、推力轴承烧损、轴封漏油、漏气等故障。特别是2005年以前，空压站干螺杆压缩机二级机头及推力轴承烧损十分频繁，严重影响全厂仪表用气的供应。通过对振动大、有异响、效率低或烧损后的干式螺杆压缩机进行解体，发现主要缺陷是：

① 转子轴向窜动与气缸腔体碰撞，导致二级机头及推力轴承烧损；

② 阴、阳转子气、油封磨损变形；

③ 阴、阳转子啮合面、气缸内壁防腐蚀层脱落及磨损；

④ 阴、阳转子气、油封轴颈磨损。

4. 干式螺杆压缩机存在问题的原因分析

针对干式螺杆压缩机解体后发现的问题，从工作原理和组件结构与运行两大方面进行分析。

(1) 工作原理 在螺杆压缩机中，排气端面存在排气压力到吸气压力的压力差，排气端面间隙直接影响机组的性能特别是容积效率。排气端面间隙过大，排气腔内的高压气体倒流回齿间容积，使压缩机的容积效率下降，同时产生较大的附加功耗；间隙过小，压缩机在工作时，由于温度的升高，转子受热膨胀，其端面极易与排气端板发生摩擦而造成设备损坏。所以，螺杆压缩机在设计中，起轴向定位作用的推力轴承总是放在排气端。影响排气端面间隙的因素是排气端面到推力轴承间一段轴的热膨胀。根据文献，该厂所用的小型干式螺杆压缩机排气端面间隙取值范围一般为 0.08～0.12mm，理论上完全满足转子热膨胀的要求。

（2）转子、推力轴承受力分析与计算　螺杆压缩机在运行中产生的转子轴向窜动是由作用在转子上的轴向力产生的。转子上的轴向力主要由气体压力产生，其中包括气体压力作用于转子螺旋齿面上所产生的轴向分力 F_{gaa}、气体压力作用于转子排气和吸气端面上所产生的轴向力 F_{gad} 和 F_{gas}。此外，转子上同步齿轮传动所产生的轴向分力 F_{gea} 也作用于转子上，转子的受力分析如图 5-2 所示。

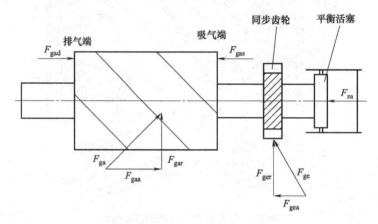

图 5-2　转子的受力分析

F_{gad}—气体压力作用在排气端的力；F_{gas}—气体压力作用在吸气端的力；F_{ga}—气体压力作用在齿面上的力；
F_{gaa}—F_{ga} 的轴向分量；F_{gar}—F_{ga} 的径向分量；F_{ge}—齿轮传动产生在转子上的力；
F_{gea}—F_{ge} 的轴向分量；F_{ger}—F_{ge} 的径向分量；F_{za}—作用在转子上的轴向力合力

因此，作用在转子上的轴向力为：

$$F_{za}=F_{gad}-F_{gas}+F_{gaa}-F_{gea}$$

其中 F_{gaa} 和 F_{gea} 作用较小，忽略不计。螺杆压缩机中阴、阳转子所受到的轴向力是不同的，其中阳转子所受轴向力远远大于阴转子。以空压站 LGW25/16-40/7 螺杆压缩机中阳转子为例进行转子轴向力的分析计算，计算基本数据为：

转子直径 $D=160mm$，轴颈 $d=60mm$，吸气压力 $p_1=0.16MPa$，排气压力 $p_2=0.8MPa$。

① 气体压力在转子吸入端面产生的轴向力

$$F_{gas}=P_1(A_a-A_b)$$

$$A_a=\frac{\pi D^2}{4}-zA_0 \qquad A_b=\frac{\pi d^2}{4}$$

式中　A_a——转子端面面积；

　　　D——转子外直径；

　　zA_0——转子齿间面积（一般计算取值约为转子端面面积的 20%）；

　　　d——转子端面处轴颈；

　　　A_b——转子端面处轴颈面积。

$$F_{gas}=p_1\left(\frac{\pi D^2}{4}-zA_0-\frac{\pi d^2}{4}\right)=2084.4N$$

② 气体压力在转子排出端面产生的轴向力 F_{gad}　在转子的排出端面上，作用着不同的气体压力，处于排气口区域的端面上，作用着排气压力 p_2，远离排气口区域的转子面积上，作用着吸气压力 p_1，介于其间的转子面积上，作用着一个中间压力。因此，通常假定在一半的排出端面面积上，作用的气体压力为吸气压力 p_1 和排出压力 p_2 的算术平均值。而在另一半面积上，作用的气体压力为吸气压力 p_1，于是有：

$$F_{gad}=(A_a-A_b)\frac{p_1+p_2}{4}+p_2\frac{A_a-A_b}{2}=5720.94\text{N}$$

③ 作用在转子上的轴向力合力

$$F_{za}=F_{gad}-F_{gas}=5720.94-2084.8=3636.14\text{（N）}$$

通过计算可以看出转子所受总端面轴向力的方向是由排气端指向吸气端。

④ 平衡活塞产生的轴向力　为了抵抗转子总端面轴向力对转子的影响，该机组在阳转子吸入端设计有平衡轴向力的平衡活塞。平衡活塞圆半径 R 为 50mm，平衡活塞的工作腔内油压为油泵出口压力 0.4MPa，另一端为常压，所以 $p=0.4$MPa。平衡活塞产生的轴向力 $F_{ba}=p\pi R^2=3077$N。

⑤ 推力轴承承受的轴向力　由于介质气体产生的轴向力和平衡活塞上润滑油压产生的平衡力均是沿着螺杆转子轴心线，方向相反，因而作用于推力轴承上的轴向力 F 为：

$$F=F_{za}-F_{ba}=3636.14-3077=559.14\text{（N）}$$

计算表明，由压缩机吸、排气压差产生的轴向力，虽然绝大部分被平衡活塞平衡了，但是，作用在转子上未被平衡掉的轴向力将由推力轴承承受。因此，推力轴承的间隙控制对于转子轴向窜动将产生直接影响。

（3）组件结构与装配原因分析

① 推力轴承选用与装配原因分析　该机组推力轴承选用的是 D176310 轴承，查文献得其基本组的游隙为 0.076～0.126mm，其第三组和第四组的游隙更大，为 0.116～0.206mm。而按设计要求，转子与气缸排气端面的间隙应为 0.086～0.12mm。因此，在机组装配时，如果没有准确测量出轴承的实际游隙值，并消除轴承游隙的影响，转子端面与气缸间将不能保证正确的间隙值，就会造成转子窜动，进而引起转子与气缸壁的摩擦和碰撞，甚至造成推力轴承烧损。

② 轴封结构与装配原因分析　干式螺杆压缩机的压缩过程是在一个完全无油的环境中进行的，这就要求在压缩机的润滑区和气体区之间设置可靠的轴封。轴封不仅需要能在高圆周速率下有效地工作，并且必须有一定的弹性，以适应采用滚动推力轴承时转子可能产生的轴向移动；同时，与气、油封相配合的转子轴颈必须具有耐高温、自润滑、硬度低、摩擦系数小等性能。干式螺杆压缩机轴封结构如图 5-3 所示。在轴封结构中，气、油封及气、油封轴颈的配合间隙的准确控制十分重要。间隙过大易产生漏气、漏油，间隙过小运转不灵活，易产生磨损。从近年检修解体情况看，阴、阳转子气、油封磨损变形，气、油封轴颈磨损，导致压缩机在运行过程中漏气、漏油，一般发生在间隙数据未

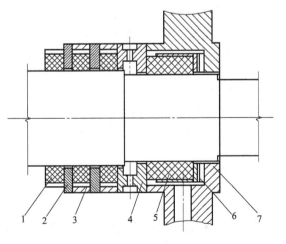

图5-3　干式螺杆压缩机轴封结构
1—密封环；2—密封隔片；3—隔圈；4—通气环；
5—密封环；6—波形弹簧；7—压盖

调整好的检修或压缩机长时间运行之后，其根本诱因即是装配间隙技术参数不准确或发生改变。

③ 阴、阳转子定位装配原因分析 从前述的干式螺杆压缩机工作原理可知，"干式无油"的关键是保证运转中阴、阳转子始终保持极小的间隙而实现不接触，不接触就不会发生磨损。可见，转子准确定位十分关键。如果阴、阳转子运行时无法始终保持极小的间隙将发生转子啮合面碰撞和摩擦；如果转子端面与气缸端面的间隙没有准确控制，在启动或运行过程中，在气缸内被压缩气体的压差作用下，转子将发生轴向窜动，直接撞击气缸端板。这就是阴、阳转子啮合面、气缸内壁防腐蚀层脱落及磨损的直接原因，窜动、撞击的恶化都将导致二级机头和轴承烧损。可见，安装轴承、轴封没有准确控制装配间隙、转子定位不当，以及运行一段时间后轴承及轴的磨损，都会导致较大的径向跳动和游隙，从而引起阴、阳转子擦伤和窜动。这些都是引起该机组失效的直接原因，因此保证准确的装配间隙十分重要。

5. 干式螺杆压缩机的检修及装配技术探讨

以下着重探讨阴、阳转子准确定位、利用假轴准确调整推力轴承间隙以及油封装配数据控制等检修技术。

(1) 阴、阳转子准确装配定位检修技术闭 锡压干式螺杆压缩机阳转子四个齿、阴转子六个齿。型线间隙的调整是整个压缩机检修中最为关键的一步，这种调整实际上是阴、阳转子齿面总间隙（δ）的分配的过程。如图 5-4 所示，以 2 级转子定位为例，装配步骤如下：第一步，阴、阳转子型线间隙"分中"。先将占 δ_1 调整到与占 δ_3 相等。用塞尺检查齿面的总间隙 δ，将阴转子同步齿轮定位后，按旋转方向用厚度适当的塞尺塞入阴、阳转子工作面的最小点。由于阴、阳螺杆齿数比为 6∶4，需经多次盘车，反复检查阴、阳转子的啮合间隙，找出最小值。

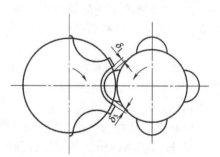

图5-4 转子定位

第一步，固定阳转子，用拉力将阳转子拉向低压端，调整阳转子同步齿轮与轴颈的相对位置，在调整时可用铜棒打同步齿轮上的螺杆，直至塞尺被压紧为止。如图 5-5 所示，固定百分表，顺时针转动阴转子（只能在一个槽内活动），将表调零，再逆时针转动阴转子，使阴转子正好与阳转子相碰（此时阴转子是固定的），表上显示晃动量读数 0.3mm（实际上为晃动弧度）。

在阴转子出、入口处，同时用千斤顶顶住盘车杆，调整使 $\delta_1 = \delta_3$，其值为 0.060～0.085mm，用塞尺检查。

紧固阳转子齿齿圈上的固定螺栓，抽出

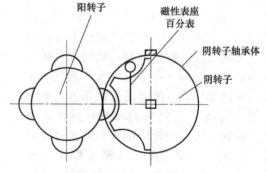

图5-5 转子定位

阴、阳转子间的塞尺，此时的间隙，即为阴、阳转子齿面啮合间隙 δ_1，非工作面间隙 δ_3 应为 $\delta - \delta_1$。

第二步，同步齿轮啮合间隙"分中"。固定阴转子齿圈，用同样方法将同步齿轮啮合间隙分中，间隙值在 0.005～0.020mm 之间，下定位销，上紧齿圈螺栓。

第三步，按正常运转方向盘车数次，复查 δ_1 和 δ_3 有无变化。

(2) 轴承装配技术的改进

① 制作专用假轴工装的原因分析 利用与转子轴承轴颈尺寸相同的专用假轴改进传统的检修装配技术。这样做是因为该类机组的转子端面间隙和轴承轴向游隙的调整及测量既关键又困难。体现在以下几点。

a. 排出端面间隙的检查调整主要由排气端轴承箱下调整垫片保证，而该机组体积较小、结构紧凑，其压缩腔又是采用筒体式结构，用传统的塞尺测量法测量排出端面间隙不容易得到准确的数据，在依靠这些不准确的数据对端面间隙进行调整、确定调整垫片的厚度尺寸时，很容易造成排气端面间隙过大，压缩机效率降低；或是间隙过小，转子热膨胀与压缩腔端板碰摩。

b. 推力轴承轴向游隙的检查调整。干式螺杆压缩机使用的都是集装式轴承组，如图 5-6 所示。在检修时，为了保证在装配中能够准确调整转子间、转子端面与缸体间以及同步齿轮间的间隙，必须准确测量出推力球轴承的轴向游隙并将其调整到合理的范围。推力轴承装配轴向游隙一般为 0.003～0.005mm。在测量其轴向游隙时，传统方法很难保证所测数据的真实性，常出现因推力游隙过小，推力轴承试车时烧损；或推力游隙过大，在调整排出端面间隙时出现误差，导致压缩机检修后效率降低、转子轴向窜动等问题。传统测量调整方式都是直接将轴承组件在转子上初装好后，利用压缩机缸体进行测量调整。这种测量调整方法受很多外在因素的影响，如果某个零部件在主轴上装配不到位或多个零部件的装配误差累积都可能影响到测量数据的准确性。因此，只有在解决推力轴承轴向游隙和排气端面间隙测量的准确性的基础上，才能保证机组装配的质量，避免出现压缩机效率降低、转子轴向窜动和压缩腔体碰摩转子产生轴向窜动，损坏机组等问题。

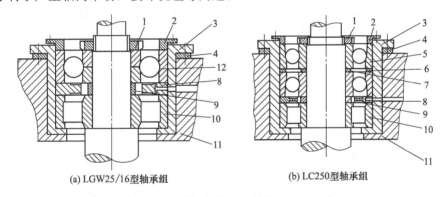

(a) LGW25/16型轴承组   (b) LC250型轴承组

图5-6 轴承组结构

1—锁紧螺母；2—轴承压盖；3—轴承箱；4—排出端面调整垫片；

5—推力轴承；6～9—推力轴承调整垫；10—径向轴承；

11—壳体；12—内圈可分式推力轴承

② 轴承轴向游隙调整及测量方式的改进

a. 制作专用假轴工装。为解决精确测量推力轴承轴向游隙的问题，经查阅有关资料、反复分析论证装配工艺和长期摸索和检修实践，笔者认为，建立一个调整测量工装能够有效地解决这个问题。如图 5-7 所示，测量出压缩机转子与轴承配合的轴颈部位的尺寸，根据这一尺寸加工一段调整测量的专用假轴，将原来转子轴颈与轴承的过盈配合变为假轴与轴承的过渡配合。并将这段假轴固定在一个平板上并与其同心布置一件轴承箱支架。在平板上相应设置测量调整所需的专用表架等辅助设施。利用这一假轴，在机组检修中可以方便准确地测量出集装轴承组的轴向游隙，并将其精确地调整到所需的范围内。操作过程：轴承等零件在轴承箱中装配好后，用锁紧螺母固定在假轴上，同时用螺栓 1 将轴承箱固定在支架上，架设百分表，调整零位，松开螺栓 1，用螺栓 2 顶起轴承箱，百分表读数即为推力轴承游隙，依

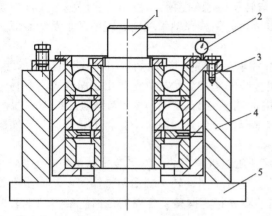

图5-7 假轴工装结构示意
1—假轴；2—百分表；3—螺栓、圆
周均布4件；4—支架；5—底座

此为依据，修磨内外调整垫片，将推力游隙调整到位。

b. 轴承组装配方法的改进按照传统的装配顺序，很难保证推力轴承的内圈完全装配到位，现利用假轴调整好轴承游隙，并记下装配数据，如图5-7所示，然后将调整好的轴承组在转子上装配，装配后测量推力轴向游隙。如得到相同数据，说明轴承组件已装配到位；反之，则未到位。推力轴承的轴向油隙应为0.08～0.13mm。

(3) 转子排出端面间隙的测量技术 传统的排出端面间隙检测是在压缩机处于水平位置用塞尺测量，这种方法的弊端是：未消除推力游隙对端面间隙测量的影响，测量空间狭小，薄塞尺刚性不够，容易造成极大的测量误差。改进后的测量方法如图5-8所示，将装配好的压缩机气缸缸体翻转至垂直位置后固定，在轴头架设百分表，装入厚度比规定的端面间隙薄0.50mm左右的测量垫块，拧紧轴承箱固定螺栓调整百分表零位，松开固定螺栓，在下方用千斤顶向上顶起转子至百分表数字不再增大为止，此时百分表读数即为排出端面的实际间隙，按下式可得出规定的排出端面所需调整的垫片厚度：调整垫片厚度＝测量垫块厚度＋(测量数据－规定的端面间隙数据)。LGW25/16-40/7的端面间隙见表5-2。

表5-2 LGW25/16-40/7的端面间隙 单位：mm

项目	一级	二级
吸气端端面间隙	0.50～0.65	0.30～0.40
排气端端面间隙	0.10～0.15	0.08～0.12

(4) 轴封装配检修技术 锡压干式螺杆压缩机组轴封如图5-3所示，采用的是浮环密封结构，三道浮动碳环封气、一道带波形弹簧的浮动碳环封油，在封气与封油碳环之间有通气环，由碳环来的气、油微量泄漏经通气环直接进入大气，保证气、油互不渗漏。为确保该轴封运行正常，检修装配上必须注意：① 碳环、通气环、轴径等密封组件从材质、尺寸、精度方面严格把关；② 一级碳环与轴装配径向间隙为1.10～0.13mm；二级碳环与轴装配径向间隙为0.08～0.13mm。

乙炔尾气回收螺杆压缩机和空压站干式螺杆压缩机，在应用上述新装配工艺检修后，效果十分明显。原来1号、2号机二级机头和乙炔尾气螺杆

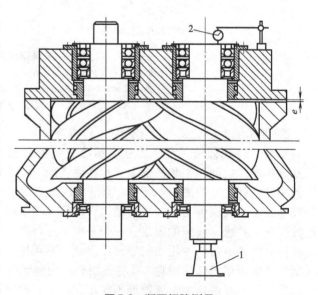

图5-8 断面间隙测量
1—测量垫块；2—百分表

压缩机故障频繁，抢修经常发生。现在，这种状况明显改变，乙炔尾气干式螺杆压缩机的稳定运行周期原来约 12 个月，改造后至今已约运行了 36 个月；空压站 1 号、2 号机连续运行周期由原来 2~6 个月延长到了 2 年。运行期间未出现试车时推力轴承烧损或效率降低、转子轴向窜动等问题，并且出口压力、排出流量等各项工艺指标完全满足工艺生产的需要，充分证明此装配检修技术的合理性及有效性。

二、石油气螺杆压缩机检修

某化工有限责任公司目前有 5 台螺杆压缩机，1 台是上海压缩机厂生产的，4 台是上海七一一研究所生产的，介质分别是瓦斯气、丙烯气、氮气。由于螺杆压缩机具有复杂的空间几何形状，一直是设备检修的难点。以下结合对石油气螺杆压缩机的多次检修，进行一些实践探讨。

两个厂家的压缩机结构示意如图 5-9 所示，结构形式有一定差别。两个厂家的压缩机检修基本原理相同，上海七一一研究所的压缩机优点更多，应用更广，所以以七一一的压缩机为例，从实践出发，介绍石油气螺杆压缩机的检修。

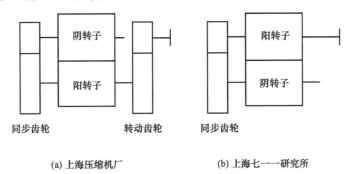

(a) 上海压缩机厂　　　　　　　(b) 上海七一一研究所

图 5-9　两个厂家的压缩机结构示意

1. 螺杆压缩机结构特点

① 阴、阳转子之间、转子外圆与气缸体之间以及转子端面与气缸端面之间均保持极小的间隙，工作时互不接触，在压缩气体过程中既没有摩擦，又起到密封作用，这样可以使压缩机达到较低的漏气损失和机械损失，从而获得较高的效率。考虑到热膨胀对极小间隙的影响，从入口法兰处向气缸内腔喷入适量的软化水或柴油，控制气体的出口温度低于 80℃。这些极小的间隙是由同步齿轮和轴承保证的。

② 阳转子有四个凸齿，阴转子有六个凹齿，两个转子直径相同，转子齿顶上和端面上有加工精致的密封棱边。两个螺杆转子的传动比和两个大小同步齿轮的传动比完全相同。

③ 机壳由进气座、气缸体、排气座、前端盖和后端盖等部分组成。每个转子两端各有一个短圆柱轴承和两个角接触球轴承配对安装，其结构示意如图 5-10 所示。

2. 螺杆压缩机检修技术要领及检修心得

(1) 螺杆与气缸体的圆周间隙

① 进气座竖直放置在专用工作台上。吊装气缸体并紧固。吊装一个螺杆转子，根据啮合标记吊装另一个螺杆转子。注意：啮合标记一般打在转子端面或者凹凸齿型的齿顶齿根上，如果拆卸时发现没有标记，调试合格后必须做好标记。

② 测量螺杆与气缸体的圆周间隙，由于转子没有定位，只能用塞尺测出总间隙再除以二。

(3) 转子排气端面间隙、转子轴向窜量

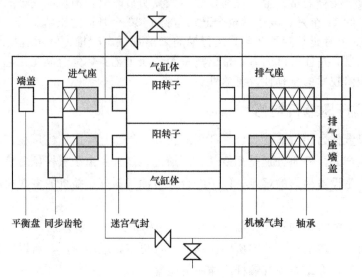

图5-10　螺杆式压缩机结构示意

① 吊装排气座并紧固。在每个转子上端面设置百分表（磁力表座吸在排气座上），下端面设置千斤顶。

② 转子轴向总窜量：利用千斤顶和百分表测量。一般转子轴向总窜量为1mm左右或稍大一点。

③ 测量转子轴向窜量：千斤顶松开，轴承座和轴承压盖的螺栓紧固，百分表调零。同时慢慢顶起两个转子下端面的千斤顶，直到压缩机壳体被完全顶起来。这时百分表读数就是转子轴向窜量。轴承压盖与轴承座轴向有间隙，轴承压盖是顶紧在轴承上的，所以转子轴向窜量实际上就是轴承自身的轴向游隙。要求值是0.02～0.04mm。如果更换新轴承，测值一般是0.02mm。对旧轴承，如果测值超标，表明存在磨损，应予以更换。

④ 测量转子排气端面间隙：松开轴承座或者轴承压盖的螺栓，此时百分表读数就是转子排气端面间隙。由于轴承座与排气座的配合相比轴承外圈与轴承座的配合松一点，一般松开轴承座螺栓来测量。注意：如果测值和要求值偏差较大，有可能轴承座和排气座之间有一点卡，需要用铜棒敲击排气座；为了测值准确，必须多测一两次。

⑤ 如果转子排气端面间隙偏差过大，通过轴承座下面的调整块进行调整，磨削垫块或加铜皮。转子排气端面间隙一般要求值为0.07～0.11mm。

⑥ 转子进气端面间隙：转子总窜量和转子排气端面间隙的差值。转子进气端面间隙一般1mm左右，这是转子运行时轴向热胀的余量。

（3）同步齿轮啮合侧隙

① 同步齿轮的作用：保证两个螺杆转子之间的啮合间隙以及反转时转子型面背部不被擦碰。阴转子上的被动同步齿轮由轮毂和厚、薄齿三大件组成。阴、阳转子间的啮合间隙及同步齿轮的啮合侧隙就是分别依靠厚、薄齿片的调整获得的。同步齿轮结构示意如图5-11所示。

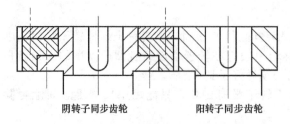

阴转子同步齿轮　　　阳转子同步齿轮

图5-11　同步齿轮结构示意

② 薄齿和厚齿通过圆锥销和螺钉连接，薄齿相对厚齿有极小的错位，这就保证转子反转不会相碰。同步齿轮啮合侧隙实际就是两个齿轮之间的转动活动量，不

同于它们的原始啮合间隙（原始啮合间隙一般实测值超过 0.20 mm）。

③ 同步齿轮啮合侧隙要求值一般为 0.03～0.06mm。在两个同步齿轮上各放置一个杠杆式百分表，百分表表头分别打在齿轮的节圆处。然后轻轻用手来回盘动一个齿轮并尽量使另一个齿轮不转动，如果一个齿轮百分表读数保持不变，另一个来回盘动的齿轮百分表的读数就是同步齿轮齿侧间隙。

④ 调整方法：松开薄齿和厚齿之间的圆锥销及螺钉。薄齿轻微错位，紧固螺钉，测量此时的啮合侧隙；如此反复，直到啮合侧隙合格。此时薄齿和厚齿之间圆锥销孔必已轻微错位，用 1：50 圆锥铰刀铰孔，在圆锥销上涂红丹粉检验合格后，打紧圆锥销。

（4）螺杆啮合间隙

① 螺杆啮合间隙要求值是 0.07～0.11mm，实际上，要保证螺杆齿型前后面的啮合间隙相同，两个转子运行时不接触。

② 测量方法：测量时，按照转动方向缓慢盘动阳转子，使用手电筒从排气法兰口向里面观察两个转子齿型的啮合位置变化，在合适位置时，停止盘车，伸入塞尺测量。为了减少测量误差，需要多盘车、多测几个位置。

③ 如果齿型两侧螺杆啮合间隙偏差过大，必须调整。同步齿轮的厚齿和轮毂通过圆锥销和螺钉连接，两者如果轻微相互错位，就会改变螺杆齿型前、后面的啮合间隙。调整方法：松开厚齿和轮毂之间的圆锥销和螺钉。在两个同步齿轮啮合处的上面夹入一块厚铜皮，使它们夹紧；用扳手夹住阴转子轴头处的六方块，使用铜棒敲击扳手；由于厚齿被铜皮夹住不能动，轮毂通过键和阴转子主轴就发生轻微转动；这样，螺杆齿型两侧啮合间隙就会发生变化。如此反复，直到螺杆齿型两侧啮合侧隙基本相同为止。紧固厚齿和轮毂之间的螺钉，此时圆锥销孔必已轻微错位，用 1：50 的圆锥铰刀铰孔，在圆锥销上涂红丹粉检验合格后，打紧圆锥销。由于轮毂后面的空隙很小，铰刀一般必须截短才能使用。

（5）平衡盘　平衡盘与进气座端盖之间的圆周间隙实测只有 0.04～0.05mm。如果进气座端盖紧固不均，压缩机会盘不动车。这时，拆掉端盖的圆锥销和螺钉，调整端盖位置，直到端盖螺钉紧固后压缩机盘车无问题为止。然后用 1：50 的圆锥铰刀铰孔。

（6）检修心得

① 专用工具：螺杆压缩机拆卸、安装的每一步都需要专用工具，但往往不够用。多准备几把 $\phi8mm$、$\phi10mm$、$\phi12mm$、锥度为 1：50 的锥度铰刀。同步齿轮需要气焊加热拆卸，轴承、密封在一般情况下需要加热拆卸。

② 专用检修平台。螺杆压缩机拆装时必须竖立放置，为了安全检修，需要制作一个专用检修平台，如图 5-12 所示。

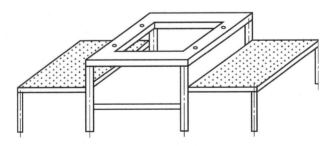

图 5-12　专用检修平台结构示意

③ 两个同步齿轮安装时放置在加热箱内加热，加热时间必须充分。

④ 拆装时必须注意同步齿轮、螺杆的啮合标记。阴、阳转子的进、排气端共四个腔的所有部件都打有不同的标记，拆卸时四个腔的部件分开放置，安装时注意不要弄混。

⑤ 压缩机有 5 处润滑油入口：前后轴承、前后密封、平衡盘。轴承油压一般为 0.25～0.40MPa，机械密封油压应比密封后面平衡腔里介质的压力高 0.1～0.2MPa，平衡盘油压约为压缩机排气压力的 2/3，具体根据介质进、出口压力而定。5 处润滑油压应该按照设备出厂说明书的要求值进行调整。

⑥ 如果油箱液位下降或润滑油乳化，有可能密封泄漏。可以打开密封平衡管上的阀门，这时压缩介质和冷却介质喷出，观察有无润滑油痕迹，可以判断密封是否泄漏以及具体哪一套密封泄漏。这一点很实用，可以减少不必要的维修量。

⑦ 压缩机本体支脚有两个圆锥定位销，可以保证压缩机检修回装后找正误差较小。

⑧ 根据压缩机厂家以及检修规范的说明，有两个技术尺寸的标准值在实际组装中可以适当放大。螺杆啮合间隙标准值为 0.07～0.11mm，可以放大至 0.20～0.25mm；转子排气端面间隙标准值为 0.07～0.11mm，可以放大至 0.10～0.15mm。

⑨ 压缩机喷柴油或软化水冷却，通过出口的气液分离器循环使用。开机前，必须通过排污阀把气缸体内的冷却介质积液放干净，否则启动负荷大或不能启动；在开机前几秒，冷却介质喷入。

⑩ 由于介质的腐蚀作用，螺杆转子上机械密封和迷宫气封对应处的轴颈有时会有很多腐蚀坑，影响到密封效果，如果腐蚀程度过重，螺杆转子也需要更换。

⑪ 气缸体与进气座、排气座的中分面结合处有氟橡胶 O 形圈进行密封，该 O 形圈需要黏结。

⑫ 如果压缩机运行时有异常声响，可能气缸内部出现擦碰、轴承损坏、某一连接件松动或气缸内进入异物，需要停车检查。

螺杆压缩机结构特殊，测量和调整不同于其他设备。气缸内部各处间隙极小，如果调整不当，就会发生转子之间、转子与定子之间碰磨，造成压缩机事故。笔者单位有一台上海压缩机厂的螺杆压缩机曾经发生转子断轴、排气座裂纹的事故，可能就与螺杆啮合间隙或转子排气端面间隙严重失调、在运行中因热胀间隙胀死有关。对螺杆压缩机而言，螺杆啮合间隙、转子排气端面间隙、同步齿轮啮合侧隙是最重要的数据，保证两个转子之间以及与定子之间的极小的间隙，在检修过程中必须加以注意。

参 考 文 献

［1］ 王福利主编．压缩机组．北京：中国石化出版社，2007.
［2］ 靳兆文主编．压缩机工．北京：化学工业出版社，2007.
［3］ 黄志远，黄勇，杨存吉等编．检修钳工．北京：化学工业出版社，2008.
［4］ 靳兆文主编．化工检修钳工实操技能．北京：化学工业出版社，2010.
［5］ 张麦秋主编．化工机械安装修理．北京：化学工业出版社，2007.
［6］ 崔继哲主编．化工机器与设备检修技术．北京：化学工业出版社，2000.
［7］ 崔天生主编．微小型压缩机的使用维护及故障分析．西安：西安交通大学出版社，2001.
［8］ 徐少明，金光熹编著．空气压缩机实用技术．北京：机械工业出版社，1994.
［9］ 李善春主编．石油化工机器维护和检修技术．北京：石油工业出版社，2000.
［10］ 中国石油化工集团公司人事部组织编写．机泵维修钳工．北京：中国石化出版社，2008.
［11］ 李桐林，李军主编．装配钳工．北京：化学工业出版社，2005.
［12］ 黄志远，韩立江主编．实用检修钳工手册．北京：化学工业出版社，2003.
［13］ 甄诚，陈长征，王长龙．激光对中技术在离心式压缩机找正中的应用．风机技术，2006（5）.
［14］ 杨建平．干式螺杆压缩机检修技术的探讨．石油化工设备技术，2008，29（6）.
［15］ 费德，冯克坚，肖五三，李虹．螺杆式压缩机的修复．武钢技术，2004，42（5）.
［16］ 董云滨．石油气螺杆压缩机检修实践．石油化工设备，2009（3）.
［17］ 杨建，杨轶．空气压缩机气阀故障快速诊断．煤矿机电，2007（3）.
［18］ 刘士学，李占良．低速动平衡的优点与功能．风机技术，1997（2）.
［19］ 谭兴斌，兴成宏，赵兴华，赵黎辉．利用现场动平衡技术提高石化企业设备维修效率．中国设备工程，2008（11）.
［20］ 谭兴斌，兴成宏，李迎丽，李犇．转子动平衡技术探讨．中国设备工程，2011（2）.
［21］ 刘士学，李占良．离心压缩机转子平衡方案的选择．流体机械，1994（11）.
［22］ 朱方鸣主编．化工机械结构原理．北京：高等教育出版社，2009.